新潮文庫

量子革命

アインシュタインとボーア、
偉大なる頭脳の激突

マンジット・クマール
青木　薫訳

ラームバー・ラムとグルミット・カウル
パンドラ、ラヴィンダー、そしてジャスヴィンダーに

量子革命◎目次

第三部　実在をめぐる巨人たちの激突

量子革命

――アインシュタインとボーア、偉大なる頭脳の激突

プロローグ　偉大なる頭脳の邂逅(かいこう)

パウル・エーレンフェストの目には涙が浮かんでいた。彼は心を決めたのだ。近々参加する予定の一週間にわたる会議では、量子革命の立役者たちが、自分たちが作り上げたものの意味を探ることになっていた。彼はその会議の場で、長年の友人であるアルベルト・アインシュタインに、自分はニールス・ボーアの側につくことにしたと告げなければならない。オランダのライデン大学で理論物理学教授を務める四十七歳のオーストリア人、エーレンフェストは、原子の領域は、ボーアの言う通り、奇妙で捉(とら)えどころのない世界だと確信するに至ったのである。

その会議の最中、エーレンフェストは次のようなメモをアインシュタインに手渡した。「笑わないで！　煉獄(れんごく)には量子論の教授たちのための特別部門があって、そこで彼らは毎日十時間、古典物理学の講義を受けなければならないとか」。アインシュタインはこう答えた。「わたしとしては、彼らのおめでたさを笑うしかないね。何年かして誰が最後に笑うかなど、誰にもわからないよ」。しかしアインシュタインにとって、事態は笑い事ではすまなかった。なにしろその論争には、まさしく実在の本性という、物理学の魂ともいうべきものがかかっていたのだから。

第五回ソルヴェイ会議は、「電子と光子」をテーマとして、一九二七年の十月二十四日から二十九日にかけて、ベルギーの首都ブリュッセルで開催された。その会議に参加した人たちの集合写真には、物理学の歴史上、もっとも劇的だった時代が凝縮されている。招待された二十九人の物理学者のうち、最終的には十七人がノーベル賞を受賞することになるこの会議は、歴史上、もっとも輝かしい知性の邂逅のひとつだった。[1] そしてまた、物理学の黄金時代――ガリレオとニュートンによってその幕を切って落とされた十七世紀の科学革命以来、科学的な創造力がもっともめざましく発揮された時代――の終焉（しゅうえん）を告げる出来事でもあった。

写真の後列、左から三番目に、少し前かがみになっている人物がパウル・エーレンフェスト。前列には、男性が八人、女性がひとり、合わせて九人が椅子（いす）にかけている。その九人のうち七人までが、物理学または化学でノーベル賞を受賞することになる。女性の名はマリー・キュリー。一九〇三年に物理学賞、一九一一年には化学賞で二度ノーベル賞を受賞した。栄誉ある中央の席を占めているのは、やはりノーベル賞受賞者で、ニュートンの時代以来もっとも有名な科学者アルベルト・アインシュタイン。彼はまっす

第５回ソルヴェイ会議

1927年10月24日〜29日、新しい量子力学とそれに直結する諸問題が論じられた。

後列左から、オーギュスト・ピカール、E・アンリオ、パウル・エーレンフェスト、E・ヘルツェン、T・ド・ドンデ、エルヴィン・シュレーディンガー、J・E・ヴェルシャフェルト、ヴォルフガング・パウリ、ヴェルナー・ハイゼンベルク、ラルフ・ファウラー、レオン・ブリユアン。

中列左から、ピーター・デバイ、マルティン・クヌーセン、ウィリアム・L・ブラッグ、ヘンドリク・クラマース、ポール・ディラック、アーサー・H・コンプトン、ルイ・ド・ブロイ、マックス・ボルン、ニールス・ボーア。

前列左から、アーヴィング・ラングミュア、マックス・プランク、マリー・キュリー、ヘンドリク・ローレンツ、アルベルト・アインシュタイン、ポール・ランジュヴァン、シャルル＝ウジェーヌ・ギー、C・T・R・ウィルソン、オーウェン・リチャードソン。

Photograph by Benjamin Couprie, Institut International de Physique Solvay, courtesy AIP Emilio Segrè Visual Archives

ぐに前を見据え、右手で椅子をつかんで、なにやら落ち着かない様子に見える。落ち着かないのはウィング・カラーのシャツとネクタイのせいだろうか？　それとも、それまでの一週間に聞かされた話のせいだろうか？　二列目の右端にいるのがニールス・ボーアで、彼は余裕を漂わせ、謎(なぞ)めいた微笑(ほほえ)みを浮かべている。ボーアにとっては良い会議だった。それでも彼は、量子力学が実在の本性について何を明らかにしたかに関する「コペンハーゲン解釈」を、アインシュタインに認めさせることができないまま、落胆してデンマークに帰ることになった。

アインシュタインはボーアに対して一歩も譲らず、量子力学には矛盾があり、ボーアのコペンハーゲン解釈には欠陥があることを明らかにするために、その一週間を費やした。アインシュタインは後年、次のように述べた。「この理論のことを考えていると、すばらしく頭の良い偏執症患者が、支離滅裂な考えを寄せ集めて作った妄想体系のように思われるのです」

マリー・キュリーの向かって左隣で、手に帽子と葉巻をもっている人物が、量子の発見者マックス・プランク。一九〇〇年にプランクは、光をはじめあらゆる電磁放射のエネルギーは、ある大きさの塊でしか、物質に吸収されたり物質から放出されたりできないと考えざるをえなくなった。「量子」とは、そんなエネルギーの塊に対し、プランクが与えた名前だった。「エネルギー量子」という考え方は、確立されて久しいエネルギー観――すなわち、エネルギーはあたかも蛇口から流れ落ちる水のように、なめらかに途切れなく放出されたり、吸収されたりするという考え――と、きっぱり手を切る過激な提案だった。ニュートン物理学に支配された巨視的な日常の世界では、水がポタリポタリと雫（しずく）になって蛇口から滴（したた）ることはあっても、エネルギーがさまざまなサイズの滴（しずく）として交換されることはなかった。だが、原子やそれ以下の階層は、量子の支配する領域なのだ。

やがて、原子の内部に存在する電子についても、そのエネルギーは「量子化」されていることが明らかになった――原子内の電子は、とびとびの値のエネルギー量しかもつことができないのである。同様のことは、エネルギー以外の物理量についても言えた。微視的な領域は、ぶつぶつに切り離された離散的な世界であって、単に日常世界をスケールダウンしただけではないことが明らかになったのだ。日常の世界では、点Aから点Cに移動するためには、どこか中間の点Bを通過しなければならない。ところが微視的な世界では、原子内の電子はエネルギー量子を放出したり吸収したりすることで、いかなる中間点も通過することなく、ある場所で消え、次の瞬間には別の場所にひょっこり現れることができるのだ。そんな現象は、連続的な古典物理学で扱える範囲を超えていた。それはあたかも、ロンドンで謎のように消えた物体が、次の瞬間にはパリ、あるいはニューヨークやモスクワに現れるというようなものだった。

一九二〇年代に入る頃までには、量子物理学はもう長いこと、その場しのぎのやりくりを続けており、たしかな基礎も論理的構造もないことは誰の目にも明らかになってい
た。そんな混乱と危機感の中から、のちに量子力学として知られることになる、大胆な新理論が浮かび上がってくる。今日の学校でも教えられている、太陽系のような原子モデル——原子核の周囲を電子が回っているもの——は捨てられ、視覚的にイメージすることのできないモデルで置き換えられた。そして一九二七年には、ヴェルナー・ハイゼンベルクが不確定性原理を発見する。その原理はあまりにも常識に反していたため、ドイツの生んだ神童ハイゼンベルクさえも、はじめはどう解釈したものかわからず頭を抱えたほどだった。不確定性原理の教えるところによれば、粒子の速度を正確に知ろうとすれば、その粒子の位置を正確に知ることはできなくなる。また、粒子の位置を正確に知ろうとすれば、その粒子の速度を正確に知ることはできなくなる。

量子力学の方程式をどう解釈すればよいのか、そして量子力学は量子レベルの世界の性質について何を教えているのかがわかっている者はひとりもいなかった。原因と結果に関する問題や、夜空の月は誰も見ていなくても存在するのか、といった問題について考えることは、プラトンとアリストテレスの昔から、哲学者たちの仕事とされてきた。しかし量子力学が登場してからは、まさにそのような問題を、二十世紀のもっとも偉大な物理学者たちが論じ合うようになったのだ。

量子物理学の基本的なパーツがすべて出そろった時期に開かれた第五回ソルヴェイ会議は、量子の物語における新たな章の幕開けとなった。この会議でアインシュタインとボーアが火花を散らした論争は、今日なお、多くのすぐれた物理学者と哲学者の心を捉えて放さない。実在はどんな性質をもつのだろうか？　どんな記述ならば、この宇宙を説明していると考えてよいのだろうか？　科学者であり小説家でもあるC・P・スノーは、次のように述べた。「今日にいたるまで、これほど深くて知的な論争が起こったことはない。ふたりの論争が、その性質ゆえに、広く一般の人たちに知られていないのは残念なことである」

この物語にはふたりの主人公がいる。一方のアインシュタインは、いわば二十世紀のアイコンだった。彼は一度など、ロンドンのパラディウム劇場で、三週間の予定で開かれるアインシュタイン・ショーに出演してほしいと依頼されたほどだ。彼が登場すれば女性は失神し、若い女性が彼を訪ねてわざわざジュネーブにまで来たこともあった。当時の彼の騒がれ方は、今日ならばポップ・シンガーや映画スターのそれだろう。しかし、アインシュタインが史上はじめて科学のスーパースターになったのは、第一次世界大戦の傷痕(きずあと)も生々しい一九一九年に、彼の一般相対性理論が予測した光の湾曲が、観測により立証されたためだった。それからだいぶ経(た)った一九三一年一月に、アメリカへの講演旅行中、ロサンゼルスでチャーリー・チャップリンの映画『街の灯』のプレミアに彼が出席したときにも、同様の騒ぎが起こった。チャップリンとアインシュタインが登場すると大群衆は騒乱状態になったのだ。チャップリンはアインシュタインにこう言った。「彼らがわたしを歓呼するのは、わたしを理解しているからですが、彼らがあなたを歓呼するのは、誰もあなたを理解していないからなのです」

アインシュタインの名前は天才科学者の代名詞となったが、もうひとりの主人公であるニールス・ボーアは、当時も今も、それほどの知名度はない。しかしボーアと同時代を生きた科学者にとって、彼はまぎれもない巨人だった。量子力学の発見に大きな役割を果たしたマックス・ボルンは、一九二三年に次のように書いた。「ボーアは、われわれの時代の理論と実験の両方に、他のどんな物理学者よりも絶大な影響を及ぼしている」。それから四十年後の一九六三年には、ヴェルナー・ハイゼンベルクが次のように書いた。「今世紀の物理学と物理学者に及ぼしたボーアの影響力は、ほかの誰よりも――アルベルト・アインシュタインよりも――大きかった」

アインシュタインとボーアは、一九二〇年に初めてベルリンで会ったときから、とげとげしい雰囲気にならずに知的な刺激を与え合い、量子についてのアイディアを出し合い、発展させて行ける相手であることを互いに見てとった。本書ではこのふたりと、一九二七年のソルヴェイ会議に参加した何人かの人たちを通して、量子物理学が開拓されていった年月を見ていくことにしよう。一九二〇年代にはまだ学生だったアメリカの物理学者、ロバート・オッペンハイマーは、「あれは英雄の時代だった」と述べた。「実験室では忍耐強い作業が進められ、重要な実験が行われて、勇気ある行動がとられた。最初の一歩から間違っていることも稀(まれ)ではなく、最終的には捨てられる予想がたくさん立てられた時代でもあった。腹蔵ない言葉の応酬、慌(あわ)ただしく開かれた会議、論争、批判、そして輝かしい数学上の創意の時代だった。その活動に加わった人びとにとって、それはまさしく創造の時代だった」。しかし原子爆弾の父であるオッペンハイマーにとって、それは「新しい洞察を得て、天にも昇るような気持ちを味わった時代だったと同時に、恐怖の時代」でもあった。

量子がなかったら、わたしたちが生きるこの世界は、まったく別のものになっていただろう。それにもかかわらず、物理学者たちは二十世紀のほとんどを通じて、実験室で測定できることを超えた実在など存在しないと主張する量子力学解釈を受け入れていたのだ。ノーベル賞を受賞したアメリカの物理学者、マレー・ゲルマンは、そんな状況を指して次のように述べた。量子力学は、「真に理解している者はひとりもいないにもかかわらず、使い方だけはわかっているという、謎めいて混乱した学問領域である」。じっさいわたしたちは、量子力学を使うことによって、コンピューターから洗濯機、携帯電話から核兵器までを現実に作り上げ、今日の世界を動かし、社会を形づくっているのである。

量子の物語の幕が開くのは、十九世紀の末である。当時、電子、エックス線、放射能が発見され、原子は本当に存在するのかという問題をめぐって論争が起こっていたにもかかわらず、物理学者の多くは、大きな発見はすでに成し遂げられ、もう何も残っていないと信じていた。アメリカの物理学者アルバート・マイケルソンは、一八九九年に次のように断じた。「物理学の重要な基本法則や実験事実はすべて発見され、しっかりと確立されているので、今後何か新しい発見がなされ、すでに確立されたことが打ち倒される可能性はきわめて低い。将来的に何か発見をするためには、小数点以下六桁(けた)目を探さなければならないだろう」。小数点以下の物理学というマイケルソンの意見に賛同する者は多く、未解決の問題はすべて、こまごました個別的な事柄であって、物理学という学問にとってはほとんど問題でさえなく、早晩、時間の試練に耐えてきた理論と原理にもとづいて解決されるだろうと考えられていたのだ。

十九世紀が生んだもっとも偉大な物理学者であるジェームズ・クラーク・マクスウェルは、早くも一八七一年には、現状に満足しきったそんな態度に警鐘を鳴らした。「今日の実験にみられるこの特徴、すなわち、もっぱら測定ばかりが行われているという特徴はあまりにも顕著であり、重要な物理定数はこれから数年のうちにすべて決定され、科学者に残された仕事は、その測定値の小数点以下の精度を上げることだけだという考えが蔓延(まんえん)しているように見える」。しかし、「慎重な測定」が目指すべきは、精度の向上ではなく、「新しい研究分野を発見」することであり、「新しいアイディアを生み出すこと」だ、とマクスウェルは指摘した。量子の発見は、まさしく彼がいうような、「骨の折れる慎重な測定」の賜物(たまもの)としてもたらされるのである。

一八九〇年代には、ドイツの指導的な物理学者の何人かが、ながらく頭を痛めてきた難問に、憑(つ)かれたように取り組んでいた。鉄の火かき棒を熱したとき、その温度と、火かき棒が発する光の色合い、そして光の強度とのあいだには、どんな関係があるのだろうか？　この問題は、当時物理学者たちを実験室に急がせ、せっせとデータをとらせていたエックス線や放射能の謎に比べれば、取るに足りないささいなことのように見えた。しかし、一八七一年にできたばかりの新生ドイツにとって、熱い火かき棒の問題――のちに「黒体問題」として知られるようになるもの――を解決することは、自国の照明産業に、イギリスやアメリカのライバル企業に対抗できるだけの競争力をつけさせる必要性と、分かちがたく結ばれていたのである。だが、第一線で活躍する物理学者たちが懸命に努力したにもかかわらず、この問題を解決することはできなかった。一八九六年には、いったんは解決されたかに思われたが、わずか数年後に新しい実験データが得られると、解決されていないことが明らかになった。マックス・プランクはその問題をついに解決することになるのだが、しかしそれには代償がともなっていた。その代償が、量子である。

第一部　量子

結局、わたしのやったことは窮余の策だった。

マックス・プランク

まるで足もとの大地が下から引き抜かれてしまったかのように、確かな基礎はどこにも見えず、建設しようにも足場がなかった。

アルベルト・アインシュタイン

量子論にはじめて出会った時にショックを受けない者に、量子論を理解できたはずがない。

ニールス・ボーア

第一章　不本意な革命――プランク

「新しい科学的真実は、それに反対する者たちを納得させ、理解させることによって勝利するのではなく、反対者たちがやがて死に絶え、新しい真実に慣れ親しんだ、新しい世代が成長することによって勝利するのである」。マックス・プランクがこう書いたのは、長かったその人生も終わりに近づいた頃のことだった。いまや言い古された感のあるこの言葉は、もしもプランクが「窮余の策」として、長年大切にしてきたいくつかの考えを捨てなかったなら、そのまま彼の科学者人生に対する追悼の辞となっていたかもしれない。ダークスーツに糊（のり）の効いた白シャツを着て、黒い蝶（ちょう）ネクタイを結んだプランクは、「大きなドーム型をした禿頭（とくとう）の下で、相手を射通すように見つめる二つの目」がなかったなら、十九世紀末のプロイセンの役人そのものという風采（ふうさい）だった。じっさい彼は保守的な官僚よろしく、科学上のことであれ、ほかの何についてであれ、自分の立場を決めるときには細心の注意を払った。彼はある学生にこう語ったことがある。「わたしの座右の銘は今も昔も変わらない。前もってすべてのステップを注意深く吟味すること。しかし、いったん責任を取れると思ったなら、何があっても引き下がらないことだ」。プランクは、容易に変心する男ではなかった。

彼のそんな態度や身なりは長年ほとんど変わらず、一九二〇年代に彼の講義を聞いた学生のひとりは、後年、その思い出をこう語った。「これがあの革命の火蓋を切った人物だとは、とても信じられなかった」。心ならずも革命を起こしてしまったプランクは、自分でもそのことが信じられないほどだった。プランク自身の言葉によれば、彼は「生来争いごとを好まず」、「危なっかしい冒険はしない」タイプだった。また、自分には「知的な刺激に対して、すばやく反応する能力が欠けている」とも言っている。新しい考えと、彼の心に深く根ざした保守性とのあいだに折り合いをつけさせるために、何年もの時間を要することもあった。ところが一九〇〇年十二月、四十二歳のときに、プランクは黒体放射の分布式を見出し、はからずも量子革命を起こすことになったのである。

あらゆる物体は、もしも温度が十分に高ければ、熱と光を放射し、その強度と色は温度とともに変化する。鉄の火かき棒を炎の中に置きっぱなしにしておくと、先端がくすんだ赤色に輝きはじめる。温度が上がるにつれ、赤色は鮮やかさを増し、やがて黄色味がかったオレンジ色になり、ついには青味を帯びた白色になる。火かき棒を炎から取り出すと、温度は徐々に下がり、それにつれて先端の色は、さっきとは逆の順序で移り変わり、しまいには目に見える光は出なくなる。しかしそうなっても火かき棒はまだ灼熱の状態で、目に見えない熱放射を出している。さらに温度が下がると熱放射も出なくなり、ついには手でさわれるまでに冷める。

一六六六年のこと、二十三歳のアイザック・ニュートンは、白色光はさまざまに色づいた光の糸で織りなされていること、そしてプリズムに通すと、赤、橙、黄、緑、青、藍、紫という七色の糸にほどけることを示した。(1) その光のスペクトルは、赤と紫の両端で終わっているのだろうか？　それとも、そこから先は、人間の目には見えないだけなのだろうか？　この疑問に答えが得られたのは、ようやく一八〇〇年のことだった。その年、天文学者のウィリアム・ハーシェルは、開発されたばかりの高感度で正確な水銀温度計を、光のスペクトルの中に差し入

マックス・プランク　1900年12月に黒体から放出される電磁放射の分布式の導出方法を示して、保守的な理論家の彼が思いもよらず量子革命の火蓋を切った。AIP Emilio Segrè Visual Archives, W. F. Meggers Collection

れ、色の帯を横切るように紫から赤に向かって温度計を動かして行くと、それにつれて温度が上がることに気づいた。たまたまハーシェルは、その温度計を、赤い光の領域を過ぎてから一インチほどの場所に置きっぱなしにした。すると驚いたことに、温度計の目盛がさらに上がっていたのだ。ハーシェルは、光が生み出す熱を検出することにより、人間の目には見えない光――のちに赤外線と呼ばれることになるもの――の存在を明らかにしたのである。[2] 翌一八〇一年には、ドイツのヨハン・リッターが、硝酸銀は光が当たると黒っぽく変色することを利用して、スペクトルのもう一方の端である紫の向こうに、やはり目に見えない光――紫外線――が存在することを発見した。

加熱された物体はすべて、温度さえ等しければ同じ色の光を出すということは、陶工たちのあいだでは古くから知られていた。しかし、温度と色の関係について理論的な研究を行ったのは、一八五九年、当時三十四歳のハイデルベルク大学の物理学者、グスタフ・キルヒホフが最初だった。キルヒホフは、問題の取り扱いを簡単にするために、あらゆる波長の放射を完全に吸収し、かつ放出するような物体を考え、それを「黒体」と名付けた。キルヒホフの命名は、そのような物体にふさわしいものだった。なぜなら、放射を完全に吸収するということは、光をまったく反射しないということを意味するので、その物体は黒く見えるはずだからである。しかし、その物体が完全な放射体でもあるというなら――少なくとも、その温度がスペクトルの可視光領域の光を放出できるぐらいに高ければ――黒く見えるはずがないのではないか?

　キルヒホフが架空の黒体としてイメージしたのは、からっぽの容器に小さな穴を開けたようなものだった。その容器に入る放射はすべて――目に見えるものも、見えないものも――その小さな穴を通る。つまり、完全な吸収体になりすまし、黒体のように振舞うのは、実はその穴なのだ。いったん容器に入った放射は、内壁にぶつかっては反射されるということを繰り返し、いずれは壁に吸収される。キルヒホフは、黒体の外壁は断熱されているものと仮定した。そうすると、容器を加熱したときに内部を満たす放射の出どころは、容器の内壁だけであることにキルヒホフは気がついた。

　容器の内壁は、鉄の火かき棒と同じく、はじめはくすんだ赤色をしており、その時点ではまだ、出ている放射は主に赤外線である。もっとずっと高温になると、遠赤外線から紫外線までの、あらゆる波長の光を出すようになり、内壁は青味を帯びた白色に輝く。穴から外に逃げ出す放射は、それぞれの温度で容器内に存在する波長をもれなく含むサンプルになるだろう。その意味において、壁に開いた小さな穴は、完全な放射体として振る舞うのである。

　キルヒホフは、陶工たちが昔から窯(かま)を見て知っていたことに数学的な証明を与えた。その「キルヒホフの法則」は、次のように述べていた。「空洞内に存在する放射の波長域と強度は、その黒体の材質にも、形状や大きさにもよらず、温度だけで決まる」。キルヒホフは熱い火かき棒の問題を独創的な方法で別の問題に焼き直した。すなわち、「ある温度で火かき棒が発する色の範囲と強度との関係を明らかにせよ」という問題を、それと同じ温度で黒体が発するエネルギー量の問題にしたのである。かくしてキルヒホフは、自分自身と仲間の物理学者たちに次の課題を示したのだった。「与えられた温度における、黒体放射のエネルギー分布、すなわち、赤外線から紫外線までのそれぞれの波長でのエネルギー量を測定せよ。そして、すべての温度で、その分布を再現するような式を導け」。この課題は、「黒体問題」として知られるようになった。

ガイド役となるべき現実の黒体を使った実験が存在しないなか、理論だけによってその先に歩を進めることはできなかったものの、キルヒホフが物理学者たちに示した方向は正しかった。彼は、エネルギー分布が黒体の材質によらない以上、求める分布式に含まれる変数は、「黒体の温度」と「放射の波長」のふたつだけのはずだと論じたのである。当時、光は波だと考えられていたので、異なる色の光を区別するためには、波に特徴的な性質である「波長」（隣り合う山と山、谷と谷の距離）が用いられた。波長の逆数が、「振動数」（一秒間に特定の点を通過する山、または谷の数）である。波長が長いほど振動数は小さく、波長が短いほど振動数は大きい。しかし、もっと直接的に振動数を知ることもできる。そのためには、波が一秒間に何回上下するか、つまり何回「波打つ」かを数えればよい[3]。

じっさいに黒体を作り、その放射を検出・測定するために必要な装置類を開発するには技術的な壁があったため、その後四十年にわたり、これといった進展はなかった。しかし一八八〇年代になると、いくつかのドイツ企業が、英米のライバル企業よりも効率の良い電球や電灯の開発に取り組むようになり、黒体のスペクトルを測定し、キルヒホフがあるはずだと言った式を見つけるという課題の優先順位が上がってきた。

アーク灯、発電機、電動モーター、電信といった発明がつづくなか、最新の発明として登場した白熱電球は、ただでさえ急激な成長を遂げていた電気産業を、ますます勢いづけた。技術革新がひとつ達成されるたびに、何にせよ電気にかかわる測定をしようとすればかならず必要になる、世界共通の単位や規格を制定することが緊急の課題となった。一八八一年にパリで開かれた第一回国際電気標準会議には、二十二の国から二百五十人の代表が集まり、ボルトやアンペアといった単位が制定され、それぞれの名称も定められた。しかし、光度については合意形成ができなかったため、エネルギー効率の高い人工照明の開発に支障が出はじめる。黒体は、あらゆる温度で完全な放射体として振る舞うので、熱、すなわち赤外線の放出量も最大である。そのため黒体のスペクトルは、熱の発生をできるだけ少なく抑えながら、可能なかぎり多くの光を

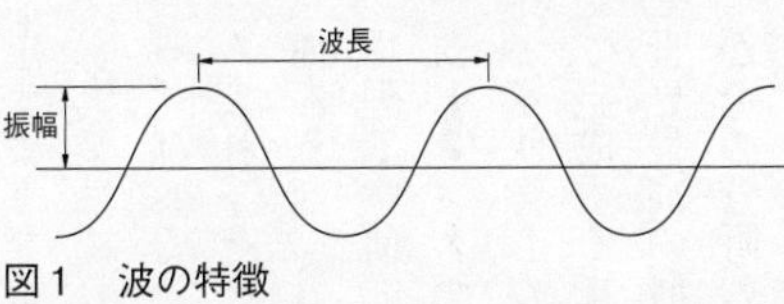

図１　波の特徴

出すような電球を作る際に、ひとつの基準としての役目を果たすのだ。

実業家にして発電機の発明者でもあったヴェルナー・フォン・ジーメンスは、次のように述べた。「現在、国家間で繰り広げられている競争では、新しい道に最初に足を踏み入れ、それをひとつの産業分野に育て上げることのできた国が、決定的優位に立つであろう」。ドイツ政府はなんとしてでもその競争に勝利しようと、一八八七年に、帝国物理工学研究所（Physikalisch-Technische Reichsanstalt : PTR）を創設する。PTRは、ジーメンスが寄付したベルリン郊外シャルロッテンブルクの土地を用い、英米に挑むことを決意したドイツ帝国にふさわしい研究所として構想された。複合的な建築物がすべて完成するまでには十年あまりを要し、装置類も世界最高なら、投入された資金の額も世界最高の研究所となった。その使命は、規格を作り、新製品のテストを行い、ドイツがその分野の応用にかけて世界をリードできるようにすることだった。重要な課題のひとつに、国際的に認められるような光度の単位を考案することがあった。より良い電球を作る必要に迫られたPTRは、一八九〇年代に、黒体研究プログラムを推進する。かくして舞台は整い、プランクがその仕事にうってつけの人材として登場し、たまたまの幸運によって量子を発見するのである。

マックス・カール・エルンスト・ルートヴィヒ・プランクは、一八五八年四月二十三日、当時はデンマーク領だったホルシュタイン地方のキールという街で、教会と国家に奉仕する家系に生まれた。学問に秀でたその資質は、ほとんど先祖伝来のものだった。父方の曾祖父と祖父は、ともに高名な神学者であり、父親はのちにミュンヘン大学の憲法学の教授となった。神の法と人間の法を尊び、義務を重んじる高潔なプランク家の人びとは、揺るぎない愛国心をもっていた。マックスもまたその例外ではなかった。

　プランクはミュンヘン随一の名門中等学校、マクシミリアン・ギムナジウムに学んだ。クラスではつねにトップグループに入っていたが、一番になったことはなく、その成績は努力と克己心のたまものだった。そんな勤勉さこそは、膨大な知識を丸暗記させるようなカリキュラムをもつ教育システムが、生徒たちに求めた資質でもあった。プランクは、「まだ子どもっぽい面を残してはいるが」、十歳にしてすでに「きわめて明晰かつ論理的な頭脳」をもち、かならずや「ひとかどの者」になるであろうと、通知表に書かれたこともあった。まだ十六歳にもならないプランクの心を引き寄せたのは、ミュンヘンの名高い酒場ではなく、オペラハウスやコンサートホールだった。ピアノの才能があったプランクは、音楽の道に進むことも考えた。しかし決心がつかないまま、ある人物に相談したところ、にべもなくこう言われたのだった。「他人にそんな相談をしなきゃならないぐらいなら、ほかのことを学びたまえ！」

一八七四年十月、十六歳のプランクはミュンヘン大学に進んだ。自然の仕組みを知りたかった彼は、物理学を学ぶことにした。ギムナジウムの軍隊式教育とは打って変わって、ドイツの大学生はほぼ完全な自由を認められていた。学問上の指導もないに等しく、履修すべきことが定められていたわけでもなかった。そのおかげで学生たちは、あちこちの大学を渡り歩き、聴きたい講義を聴くことができたのだ。学問を志す者たちは、遅かれ早かれ、名門大学で一流の教授の講義を聴くようになった。ミュンヘン大学では、物理学の重要なことはすべて発見されてしまっているので、「物理学をやっても仕方がない」と言われたが、それでもプランクはミュンヘンで三年を過ごしたのち、ドイツ語圏で最高の学府であるベルリン大学に向かった。

一八七〇年から七一年にかけてのフランスとの戦争にプロイセンの主導のもとに勝利し、その結果統一ドイツが打ち立てられると、ベルリンはヨーロッパの新たな大国の首都となった。ハーフェル川とシュプレー川との合流点に位置するこの街は、ロンドンやパリと肩を並べることを望み、フランスからの賠償金のおかげで急速な発展が可能になった。一八七一年には八十六万五千人だった人口は、一九〇〇年には二百万人に迫るほどに膨れ上がり、ベルリンはヨーロッパ第三の大都会となる。[4] 東欧での迫害、わけても帝政ロシアで起こったポグロム［訳注：ユダヤ人大虐殺］を逃れてきたユダヤ人をはじめ、さまざまな人たちがこの街に流れ込んだ。当然の結果として、住居費や生活費は暴騰し、街にはホームレスや貧窮者があふれかえった。あちこちに貧民街ができ、段ボール箱の製造業者は、「良質安価な住居用箱」と広告を打った。

　多くの者はベルリンに到着するなり厳しい現実に直面することになったが、産業の発展とテクノロジーの進歩、そして経済の繁栄に関して言えば、ドイツは空前の成長期に突入していた。ドイツ諸邦が統一されたおかげで関税が撤廃されたことと、フランスとの戦争で得た賠償金とを主な駆動力として、ドイツの産業の生産額と経済力は、第一次世界大戦が勃発するまでのあいだ、アメリカに次いで世界第二位につけていた。当時のドイツでは、ヨーロッパ大陸で生産されていた鉄鋼の三分の二、石炭の半分、そして英仏伊の三国を合わせたよりも多くの電力が生産されていたのである。一八七三年の証券市場の暴落による景気後退と経済不安は、ヨーロッパに深刻な影響を及ぼしたが、それですらドイツの発展を数年分ほど遅らせただけにとどまった。

　統一ドイツが誕生すると、新帝国の顔というべき首都ベルリンは、ほかのどの都市にも負けない立派な大学をもつべきだという気運が生まれた。ドイツ最高の物理学者という名声を誇っていたヘルマン・フォン・ヘルムホルツは、ハイデルベルク大学から引き抜かれてベルリンにやってきた。もともと外科医として教育を受けたヘルムホルツは、生理学者としても名高く、検眼鏡を発明し、人間の眼の仕組みを明らかにする上で重要な貢献をしていた。当時五十歳だったこの博識家は、自分の価値を十分に理解していた。

基準の何倍もの高い給料をもらうのは当然のこととして、ヘルムホルツはベルリンに移るための条件として、大きな物理学研究所を要求したのである。一八七七年にプランクがベルリンに移ってきて、目抜き通りウンター・デン・リンデンに面した、ベルリン国立歌劇場の向かいにある大学の中央棟で行われていた講義を聴きはじめたとき、ヘルムホルツが要求した物理学研究所であるPTRはまだ建設中だった。

教師としてのヘルムホルツはひどく期待はずれだった。プランクは後年、「ヘルムホルツは明らかに、ろくに講義の準備をしていなかった」と述べた。やはり理論物理学の教授としてハイデルベルク大学から来ていたグスタフ・キルヒホフは、あまりにも準備が良すぎて、「まるで文章を丸暗記しているかのように、味気ない棒読みのような」話しぶりだった。知的な刺激を受けられると期待していたプランクだったが、「講義から得るものはほとんど何もなかった」。そんなプランクが「学問への飢え」を癒すために本を読みあさっていたときに、たまたま出くわしたのが、ボン大学の五十六歳のドイツ人物理学者、ルドルフ・クラウジウスの論文である。

高名な二人の教授による講義がパッとしなかったのとは対照的に、クラウジウスの「文章は明快、説明は教育的でわかりやすい」く、プランクはたちまち心を奪われた。クラウジウスの熱力学の論文を読むうちに、プランクの胸に物理学への情熱がよみがえってきた。熱力学とは、熱そのものだけでなく、熱とさまざまなタイプのエネルギーとの関係を扱う学問分野である。当時、熱力学の要点はたったふたつの法則にまとめられていた。[5]ひとつ目の法則、熱力学第一法則は、エネルギーには「保存される」——見た目は変わっても量は変わらない——という特殊な性質があるということを厳密に定式化したものである。何もないところからエネルギーを生み出したり、すでにあるエネルギーを消滅させたりすることはできず、できるのはただ、エネルギーの種類を変えることだけなのだ。木にぶらさがったリンゴは、地球の重力場の中の位置（地面からの高さ）に由来するポテンシャル・エネルギーをもっている。そのリンゴが木から落ちれば、ポテンシャル・エネルギーは運動エネルギーに変わる。

プランクがエネルギー保存則とはじめて出会ったのは、ギムナジウム時代のことだった。彼がのちに語ったところによれば、エネルギー保存則には、「人間の働きかけとは無関係に成り立つ、絶対性、普遍性」があり、その出会いは「まるで啓示のようだった」という。それは彼が永遠を垣間見た瞬間であり、プランクはそのとき以来、絶対的かつ基本的な自然法則を探究することこそは、「人生でもっとも崇高な科学的探究」だと考えるようになった。そしていま彼は、熱力学第二法則のクラウジウスによる定式化にも、それに負けないほど魅了されていた。クラウジウスによれば、熱力学第二法則は次のように述べることができる。「冷たい物体から熱い物体へと、熱が自発的に移動することはない[6]」。クラウジウスが「自発的に」という言葉で表そうとしたことを理解するためには、後世の発明品である電気冷蔵庫を考えてみるとよい。温度の低いものから高いものへと熱を移動させるには、冷蔵庫を外部のエネルギー源——この場合は電源——に繋(つな)がなければならない。

プランクは、クラウジウスが単に当たり前のことを言っているのではなく、何か非常に重要なことを言っているのがわかった。熱とは、温度の高い物体Aから、温度の低い物体Bへのエネルギー移動のことである。熱というものを考えれば、熱いコーヒーが冷めたり、コップの水に浮かべた氷が溶けたりするような、日常ありふれた出来事を説明することができる。しかし、その逆の出来事は、外部から働きかけをしないかぎり起こらない。なぜ起こらないのだろうか？　エネルギー保存則は、熱いコーヒーがさらに熱くなって周囲の空気のほうが冷えるプロセスや、コップの水に浮かべた氷の温度が下がり、水の温度が上がるプロセスを禁じてはいない。冷たいものから熱いものへと熱が自発的に流れても、法則違反にはならないのだ。にもかかわらず、何かがそれを食い止めていた。クラウジウスはその「何か」を発見し、エントロピーと名付けた。自然界には、起こる現象もあれば起こらない現象もあるのはなぜだろう？　その問題の核心にあるのが、エントロピーだった。

熱いコーヒーが冷めると、エネルギーは散逸して非可逆的に失われ、それとともに周囲の空気が温まる。そうなってしまえば、もはや逆のプロセスは起こらない。エネルギー保存則が、起こりうる物理的取引が成立したときの、「自然」なりの帳尻（ちょうじり）の合わせ方だとすると、じっさいに起こったすべての取引について、「自然」は代価を請求する。クラウジウスによれば、じっさいに取引が起こるか起こらないかによらず、その代価がエントロピーだ。孤立系では、エントロピーが変化しないか、あるいは増大するようなプロセス（取引）しか起こらない。エントロピーが減少するプロセスはすべて、厳格に禁止されるのだ。

　クラウジウスはエントロピーを、物体（ないし系）に出入りする熱を、そのプロセスが起こったときの温度で割ったものとして定義した。温度が五百度の物体から二百五十度の物体に、千単位のエネルギーが移ったとすると、高温物体のエントロピーは$-1000/500=-2$だけ減少する。一方、二百五十度の低温物体は千単位のエネルギーを受け取ったのだから、そのエントロピーは$+1000/250=4$だけ増加する。結局、高温物体と低温物体を合わせた系の全エントロピーは、2だけ増加したことになる。じっさいに起こるプロセスはすべてエントロピーを増加させるので、後戻りのできない非可逆過程である。エントロピーは、冷たいものから熱いものへと、熱が自発的に流れるのを食い止めるために、「自然」が採用した方法なのだ。可逆過程は、エントロピーの変化しない理想的なプロセスである。可逆過程は物理学者の頭の中だけで起こり、現実には決して起こらない。かくして宇宙のエントロピーは最大値に近づいていくのである。

プランクは、エネルギーとともにエントロピーもまた、「物理系のもっとも重要な性質」だと考えた。一年間のベルリン滞在を終えてミュンヘンに戻ったプランクは、博士論文の研究を非可逆性の探究に捧げた。それは彼にとって名刺代わりになるべき仕事だった。ところが彼の論文は、「評価されるどころか興味すらもってもらえず、この話題に頭を痛めているはずの物理学者たちからさえ何の反応も」なく、プランクは落胆した。ヘルムホルツは論文を読まなかったし、キルヒホフは、読みはしたものの、論文の内容には賛成しなかった。プランクに絶大な影響を及ぼしたクラウジウスは、彼の手紙に返事すらくれなかった。プランクはそれから七十年を経て、悔しさをにじませながら、「わたしの学位論文は物理学者たちからほとんど無視された」と語った。しかし、「内なる衝動に突き動かされていた」プランクは、それしきのことでは挫けなかった。熱力学、とくにその第二法則は、プランクがプロの物理学者としてのキャリアをスタートさせて以降、彼の研究の焦点となっていく。

ドイツの大学は国立の教育機関だったので、公務員である員外教授と正教授の任命および採用は、教育省の管轄下にあった。一八八〇年、プランクはミュンヘン大学の私講師となった。私講師とは、大学から給料をもらわない教員のことである。国家から任用されたわけでも、大学に雇われたわけでもなく、プランクは単に自分の講義に出席する学生から謝礼をもらって教えることを許されたにすぎなかった。彼は五年のあいだ員外教授に任命されるのを待ったが、結局、その願いは叶わなかった。理論物理学は、まだ学問分野として確立されておらず、実験をするつもりのない理論家のプランクが昇進できる見込みは薄かった。一九〇〇年になってさえ、理論物理学の教授は、ドイツ全体でわずか十六人しかいなかったのだ。

ポストを得るためには、「なんとしてでも、科学研究で高い評価を得る必要があった」。そんな彼にチャンスが巡ってきたのは、ゲッティンゲン大学が、同大学主催の威信ある論文コンテストのテーマを、「エネルギーの本性」とすると発表したときのことだ。一八八五年の五月、プランクが応募論文のための仕事に取り組んでいると、「救いの手紙」が舞い込んだ。プランクは二十七歳にして、キール大学の員外教授に招かれたのである。プランクの父親がキール大学の物理学の主任教授と親しかったので、そのコネが利いたのかもしれない、とプランクは考えた。先輩格の物理学者は何人もいたし、その人たちもポストを求めていることを、彼は知っていたからだ。ともかくもプランクはその招きを受け、生まれ育ったキールに戻り、その後まもなくゲッティンゲン大学のコンテストへの応募論文を完成させた。

そのコンテストに応募してきた論文はわずか三篇だったにもかかわらず、二年も待たされたあげくに、一位該当者はなしとの発表があった。プランクは一位なしの二位だった。審査員たちは、彼を優勝させないことにしたのである。その理由は、ゲッティンゲン大学のある教授とヘルムホルツとのあいだに科学上の論争があり、プランクはヘルムホルツの学説を支持していたからだった。審査員たちがそういう態度に出たことを知って、ヘルムホルツはプランクとその仕事に興味をもつようになった。そしてキールに来てから三年ほどが過ぎた一八八八年の十一月、プランクに思いもよらない栄誉あるポストが舞い込んだ。彼はその人事の第一候補でなかったばかりか、第二候補ですらなかったのだが、ほかの候補者たちが辞退したため、ヘルムホルツの後押しを受けたプランクが、グスタフ・キルヒホフの後任たる理論物理学教授として、ベルリン大学に招かれたのである。

一八八九年の春、統一ドイツの首都ベルリンは、プランクが十一年前に見たのとはまるで別の都市になっていた。蓋（ふた）もされていなかった下水溝は姿を消し、新しい下水道システムが完成して、この街を訪れる者すべてを驚かせていた悪臭はすっかり消えていた。夜ともなれば、目抜き通りは近代的な電気照明で明々と照らされた。ヘルムホルツはすでにベルリン大学物理学研究所長の座を退き、五キロほど離れた場所に完成した壮大なPTRの所長に就任していた。ヘルムホルツの後任として物理学研究所を任されたアウグスト・クントは、このたびの人事には関係していなかったが、プランクのことを、「すばらしい人材で、人格的にも立派」だといって歓迎してくれた。

それから五年後の一八九四年、ヘルムホルツとクントは、わずか数カ月のうちに相次いで世を去った。ヘルムホルツは七十三歳、クントは五十五歳だった。正教授に昇進してわずか二年のプランクは、三十六歳にして、ドイツ最高の大学の、しかも最上位の物理学者になってしまったのだ。その双肩には否応なく重い責任がのしかかってきた。そのひとつが、『アナーレン・デア・フィジーク［物理学年報］』の理論物理学部門の顧問という役割だった。ドイツ最高の物理学誌である『アナーレン』に投稿された理論物理学の論文すべてに対し、掲載を拒否する権限を握るという、絶大な影響力をもつことになったのである。そんな高い地位についたことにプレッシャーを感じ、二人の同僚の死に深い喪失感を覚えたプランクは、心の慰めを物理学の研究に求めた。

緊密なネットワークをもつベルリンの物理学者コミュニティーの中で指導的な地位にあったプランクは、そのころＰＴＲで産業界の主導のもとに進められていた黒体研究のことはよく知っていた。黒体が放射する光と熱を理論的に分析するためには、熱力学が非常に重要だ。しかし信頼できる実験データがなかったため、プランクは、キルヒホフのいう未知の方程式の厳密なかたちを導き出すという仕事には手をつけていなかった。しかしそうこうするうちに、ＰＴＲで研究していた長年の友人が突破口を切り開いたことで、プランクもついに黒体問題を避けては通れなくなる。

一八九三年二月、二十九歳のヴィルヘルム・ヴィーンは、温度によって黒体放射の強度分布がどのように変わるかを記述する、簡単な数学的関係を発見した。[7] ヴィーンは、黒体の温度が上がるにつれて、放射強度が最大になる波長はどんどん短いほうに移動することを発見したのだ。[8] 温度が上がるにつれて放射エネルギーの総量が増えるということはすでに知られていたが、ヴィーンの発見した「変位則」は、厳密に成り立つ関係を明らかにした――放射の量が最大になる波長に、黒体の温度を掛けたものは、つねに一定になるのである。したがって、温度が二倍になれば、「ピーク」の波長は半分になる。

ヴィーンの発見は、どれかひとつの温度でピークの波長（放射強度が最大になる波長）を測定し、いったんその定数を求めてしまえば、すべての温度でピークの波長がわかるということを意味していた。[9] また、熱せられた鉄の火かき棒は、なぜあのように色が移り変わるのか、という問題にも説明がついた。火かき棒ははじめ、主にスペクトルの赤外領域の、波長の長い放射を出している。温度が高くなるにつれて、すべての波長領域で放射エネルギーが増え、それとともにピークの波長は短いほうにずれていく――つまり波長が「変位」する。結果として、スペクトルの紫外端に近い領域の放射が増え、放出される光の色はそれに応じて赤からオレンジへ、さらに黄色へと変わり、最後には青みがかった白い光を発するようになるのである。

ヴィーンが、理論家としても実験家としても一流という、物理学者の中では絶滅危惧種というべき種族の一員であることは早くから明らかだった。彼は変位則を本業のかたわら発見したため、PTRの許可を得てそれを発表することができず、「私信」というかたちで公表するしかなかった。当時ヴィーンは、オットー・ルンマーの率いるPTRの光学研究室で、助手として働いていたのだ。昼間ヴィーンがやっていたのは、黒体放射の実験をしようとすればかならず必要になる、実際的な仕事だった。

ルンマーとヴィーンが最初に取り組んだのは、光度計の改良である。光度計とは、ガス燈や電球など、さまざまな光源から出る光の強度——ある波長領域で出るエネルギーの量——を比較する装置だ。ふたりが均一な温度に加熱できる改良型の空洞黒体を開発したのは、一八九五年の秋も過ぎようという頃のことだった。

ヴィーンは、昼間はルンマーとともに新しい黒体の開発にあたり、夜は引き続き、ひとりでキルヒホフのいう黒体放射の分布式を探す仕事に取り組んだ。一八九六年のこと、ヴィーンはのちに「ヴィーンの分布則」として知られることになるひとつの式を発見する。すぐさまハノーファー大学のフリードリヒ・パッシェンが、黒体放射の短波長領域でのエネルギー分配について、ヴィーンの式は彼がそれまでに集めたデータと良く合うことを確認してくれた。

同年六月、その「分布則」が活字になったまさにその同じ月に、ヴィーンはアーヘン工科大学の員外教授に迎えられてPTRを去った。彼は黒体放射に関する仕事で、一九一一年にノーベル物理学賞を受賞することになるが、自分の見出した分布則を高い精度で検証するという仕事は、後に残ったルンマーにゆだねられた。その検証をするためには、かつてない広い波長領域で、非常に高い温度まで測定を行わなければならない。ルンマーは、フェルディナント・クルルバウムとエルンスト・プリングスハイムの協力を得て、二年のあいだ改良と修正を続け、ついに一八九八年、最先端の電気加熱式の黒体を完成させた。千五百度という高温にまで加熱することができるその黒体は、PTRで十年にわたり忍耐強く続けられた仕事の到達点だった。

ルンマーとプリングスハイムは、縦軸に放射強度を、横軸に波長をとって、データをグラフ化してみた。すると、波長が長くなるにつれて放射強度は立ち上がるが、あるところでピークを打ち、そこから先は減少に転じることがわかった。黒体放射スペクトルのエネルギー分布は、釣鐘型のカーブを描き、イルカの背びれのような形になっていたのだ。温度が高くなるにつれて、全体としての放射強度は大きくなり、その特徴的な形がいっそうはっきりと現われた。黒体をさまざまな温度に加熱し、波長ごとに放射強度を測定して、グラフにカーブを描いていくと、温度が高くなるにつれ、最大の強度で放射される波長はスペクトルの紫外端に向かってずれていくことがわかった。

ルンマーとプリングスハイムは、一八九九年二月三日にベルリンで開かれたドイツ物理学会で、その結果を報告した。[10] ルンマーは、プランクをはじめその場に集まった物理学者たちを前に、自分たちの発見は、ヴィーンの「変位則」を確証するものだと述べた。しかし、ヴィーンの「分布則」のほうについては、それほどはっきりしたことは言えなかった。なぜならふたりの得たデータは、ヴィーンの理論的な予測と大まかには合っていたものの、スペクトルの赤外領域では、けっして小さいとは言えない食い違いがあったからだ。その食い違いは、実験誤差の範囲に収まる可能性もあったが、いずれにせよ、この問題にはっきりと決着をつけるためには、「もっと広い波長域について、広範な温度で実験を行うしかない」とふたりは主張した。

それから三カ月も経たないうちに、今度はフリードリヒ・パッシェンが、ルンマーとプリングスハイムよりも低い温度で測定を行い、ヴィーンの分布則の予測とぴったり合う結果を得たと発表した。プランクはそれを知って胸をなで下ろし、プロイセン科学アカデミーの部会でパッシェンの論文を読み上げた。ヴィーンの分布則のような

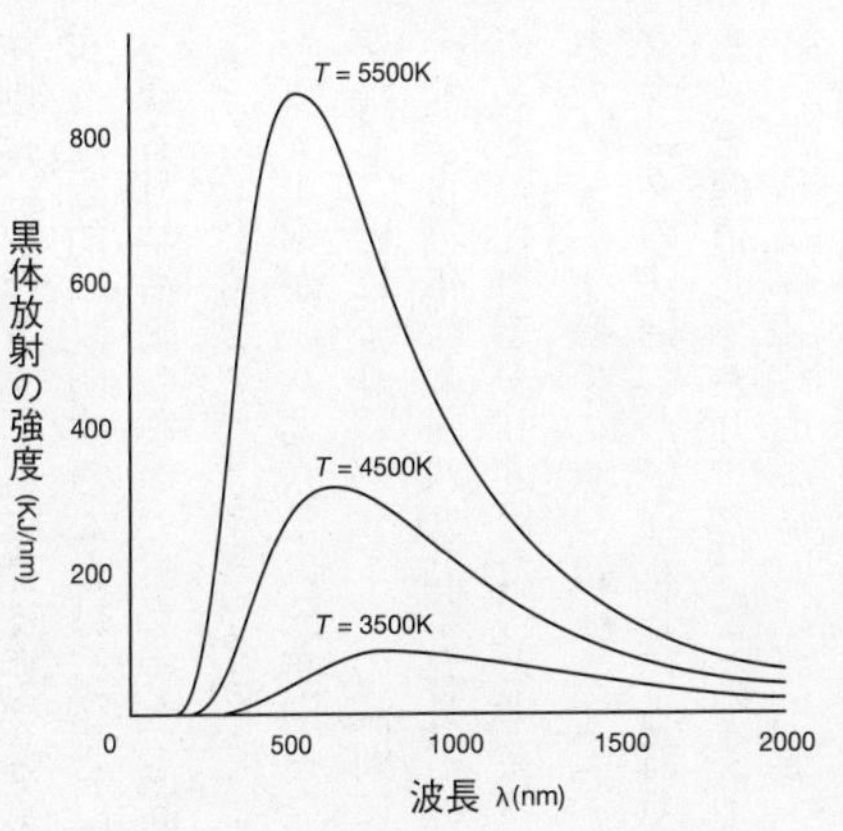

図２　黒体放射の分布関数　ヴィーンの変位則が成り立っている。

法則は、プランクの心に深く訴えるものがあった。彼にとって黒体放射のエネルギー分布を理論的に説明することは、「絶対」の探求そのものだった。「絶対の探求こそは、あらゆる科学活動のなかで、もっとも高邁な目標だとつねづね思っていた」プランクは、「勢い込んでその仕事に取りかかった」。

ヴィーンが一八九六年に分布則を発表するとすぐ、プランクは、第一原理から分布式を導くことにより、ヴィーンの法則に確固たる基礎を与えるという仕事に取りかかった。それから三年後の一八九九年五月、彼は熱力学第二法則の威力と正当性に立脚して、みごとその仕事をやり遂げた、と考えるに至った。ほかの人たちも彼の考えを支持してくれたので、実験家の意見はまちまちだったものの、ヴィーンの分布則は、「ヴィーン＝プランクの法則」という新しい名前で呼ばれるようになった。プランクはその法則の正しさを確信しており、「仮にこの法則の有効性に限界があったとしても、それは熱力学第二法則の適用限界に等しい」と述べた。プランクは、より高い精度で分布則を検証することが急務であると訴えた。なぜなら彼にとってその法則を検証することは、熱力学第二法則を検証することに等しかったからだ。もしもそれができれば、ついに彼の夢が叶うことになる。

ルンマーとプリングスハイムは、実験誤差の原因となりそうなものを徹底的に取り除き、測定範囲を広げることに九カ月を費やしたのち、一八九九年十一月のはじめに、

「理論と実験とのあいだに系統的な食い違いが認められた」と発表した。ヴィーンの分布則は、短波長領域では申し分なく実験と合っていたが、長波長領域では、一貫して実験よりも大きな放射強度を予測することが示されたのだ。ところが、それからわずか数週間のうちに、今度はパッシェンが、ルンマーとプリングスハイムのものと矛盾する結果が得られたと発表した。パッシェンは新しいデータを示し、ヴィーン＝プランクの分布則は、「厳密に成り立つ自然法則であるように見える」と述べた。

ベルリンで開催されていたドイツ物理学会の会合は、この街に暮らし、研究活動を行っている第一線の専門家たちのほとんどが参加し、黒体放射とヴィーンの分布則の現状に関する議論の主要な舞台となっていた。会合は二週間に一度のペースで開かれていたが、一九〇〇年二月二日に、ルンマーとプリングスハイムが最新の測定結果を発表すると、その会合の報告書もまた、分布則の話題だけでほぼ埋め尽くされた。ふたりの得た結果とヴィーンの分布則による予測とは、赤外領域（長波長領域）では、実験誤差とは考えられない系統的なずれを示していたのである。

ヴィーンの分布則の破綻（はたん）が明らかになると、それに代わる法則をわれ先に見出そうとさまざまな分布則が提案された。しかし、そういうその場しのぎの案は、結局は満足の行かないものであることが判明し、ヴィーンの分布則は本当に実験と合わないのかどうかを議論の余地なく明らかにするために、もっと波長の長いところまで測定範囲を広げるべきだとの声が高まった。なんといってもヴィーンの分布則は、波長の短い領域では、得られるかぎりすべてのデータと一致し、ルンマー=プリングスハイムの実験を別にすれば、すべての実験がそれを支持していたのだから。

プランクは、いかなる理論も、その成否を判定するのは冷徹な実験事実だということを良く理解していた。しかしその一方で、「観測と理論とのあいだの食い違いが、あらゆる疑いを超えて確かに存在していると言えるためには、異なる観測者の得た数値が十分に一致していなければならない」という強い信念の持ち主でもあった。とはいえ、実験家の得た数値が一致しなかったため、彼はやむなく自分の使ったアイディアを見直してみることにした。一九〇〇年九月の末、プランクがヴィーンの分布則を導いた際に使った方法を再検討していたまさにそのとき、深部赤外領域［波長がとくに長い領域］では、ヴィーンの分布則は実験と合わなくなることが確認されたのである。

その問題についに決着をつけたのは、プランクの親しい友人であるハインリヒ・ルーベンスと、その同僚フェルディナント・クルルバウムのふたりだった。ルーベンスは、ベルリーナー通りにあるベルリン工科大学を本務校とする、正教授に昇進したばかりの三十五歳の物理学者で、たいていは近くのPTRで客員として仕事をしていた。そのPTRで、ルーベンスはクルルバウムと協力して、スペクトルの深部赤外領域という、まだ誰も足を踏み入れたことのない領域の地図を作るために使える黒体を開発した。ふたりは一九〇〇年の夏中をかけて、０・０３㎜から０・０６㎜までの波長について、二百度から千五百度までの温度で放射エネルギーを測定し、ヴィーンの分布則が成り立っているかどうかを調べた。その結果、このような長波長領域では、理論と実験結果は明らかに食い違い、ヴィーンの分布則は破れていると考えざるをえないことが明らかになったのだ。

ルーベンスとクルルバウムは、その結果をドイツ物理学会で発表したいと考えた。しかし、十月五日の金曜日に予定されていた次の会合までに論文を書けそうになかったので、二人はさらにその二週間後の会議まで待つことにした。しかしプランクはすぐにでも最新の結果を聞きたいだろう、とルーベンスは考えた。

ベルリン西部のグルーネヴァルトは、銀行家や法律家、大学教授らの瀟洒(しょうしゃ)な邸宅が並ぶ高級住宅街である。その一角に、プランクが五十年にわたり住むことになった、広い庭のある大きな屋敷はあった。十月七日の日曜日、ルーベンスは妻をともなってプランク邸での昼食会にやってきた。親しい間柄であるふたりの会話は、まもなく物理学と黒体問題の話題へと移っていった。ルーベンスはプランクに、最新の測定結果には疑問の余地がないということを説明した。ヴィーンの分布則は、波長の長い領域で、温度が高くなると、実験と合わないということだ。彼らの測定結果によれば、そのような長波長領域では、黒体放射の強度は温度に比例していた。

その晩プランクは、ためしに黒体放射のエネルギー分布を再現するような式を作ってみようと考えた。いまや彼は、そのための手掛りになる重要な情報を三つつかんでいた。第一に、短波長領域では、ヴィーンの分布則は、測定された放射強度と合うということ。第二に、ヴィーンの分布則は赤外領域では破綻し、ルーベンスとクルルバウムによれば、その領域では放射強度は温度に比例するということ。そして第三に、ヴィーンの変位則は正しいということだ。プランクがやるべきは、黒体問題というジグソーパズルのこれら三つのピースを組み合わせて、求める式を作り上げることだった。長年にわたる刻苦勉励のなかで得た経験を生かし、彼は扱い慣れた方程式の記号をあれこれいじりはじめた。

二、三度ばかり行き詰まったものの、プランクは生き生きとした科学上の推理と直観を駆使して、ひとつの式を得た。その式はどうやら実験結果とうまく合いそうだった。しかし、はたしてその式は、ながらく探し求められていたキルヒホフの式なのだろうか？　スペクトルの全域にわたり、すべての温度で成り立つ式なのだろうか？　プランクは急いでルーベンスにその式のことを知らせる短い手紙を書くと、それを投函（とうかん）するために深夜外に出た。二日ほどして、ルーベンスが答えをもってプランク邸にやってきた。

プランクの式をデータと照らし合わせたところ、ほとんど完璧に合っていたというのだ。

十月十九日金曜日に開かれたドイツ物理学会の会合では、ルーベンスとプランクは聴衆に混じって席についていた。フェルディナント・クルルバウムが、ヴィーンの分布則は、波長の短い領域では実験と合うけれども、波長の長い赤外領域では合わなくなるという報告をした。クルルバウムが発表を終えて席に戻ると、プランクが立ち上がり、「スペクトルに関するヴィーンの式の改良」と題する短い「コメント」を発表した。プランクは、自分はこれまで「ヴィーンの分布則は正しいはず」だと信じてきたし、それについては前回の会合で述べた通りである、と話を切り出した。しかしまもなく明らかになったのは、プランクはヴィーンの分布則に小さな修正を施すという意味での「改良」を提案しているのではなく、彼自身が作った、まったく新しい法則を提案しようとしているということだった。

十分足らずの発言を終わると、プランクは自分の得た黒体スペクトルの式を黒板に書いた。そして見慣れた顔ぶれの同僚たちのほうを振り返ると、次のように述べた。「この式は、わたしが今現在知るかぎりにおいて、これまでに発表されたあらゆる観測データと合います」。プランクが席に戻ると、みんなは礼儀正しいうなずきを送ってよこした。聴衆の反応が盛り上がりを欠いたのも、当然と言えば当然だった。つまるところプランクの話は、実験データに合う式をひとつ作ってみました、という以上のものではなかったからだ。ヴィーンの分布則が長波長領域では実験と合わないかもしれないという懸念(けねん)が実験により裏づけられてからというもの、理論と実験の不一致を解消するために、すでにいくつもの式が提案されていたのである。

翌日、ルーベンスがプランク邸を訪れて、彼の分布式はたしかに実験データとぴったり合うということを、あらためて受け合ってくれた。プランクは後年、そのときのことを次のように語った。「彼が我が家にやってきて、閉会後、さっそくその晩のうちにわたしの式を自分の測定結果と照合してみると、すべての点で満足のいく一致が得られたと教えてくれた」。それから一週間と経たないうちに、ルーベンスとクルルバウムは五種類の分布式から得られる予測値と、自分たちの測定値とを比較した結果、もっともよく実験と合うのはプランクの式だったと発表した。パッシェンも、プランクの式は自分の得た結果と合うことを確認してくれた。こうして実験家たちが彼の分布式の優秀性をすみやかに保証してくれたにもかかわらず、プランクは悩んでいた。

式は作ってみたものの、いったいその式は何を意味しているのだろうか？　その式の基礎には、どんな物理があるのだろうか？　もしもこの問いに答えられなければ、自分の式はせいぜいのところ、ヴィーンの分布則の「修正版」にすぎず、「名目的な意味」しかもたない、「まぐれあたりの法則という位置づけ」を与えられるだけだということが、プランクにはよくわかっていた。後年、プランクは次のように述べた。「そういうわけで、わたしはこの法則を定式化したその日のうちに、それに真の物理的意味を与えるという仕事に全身全霊をかけて取り組んだ」。やるべきことはただひとつ、物理学の基本原理に立ち返り、そこから一歩一歩、自分の式にたどり着くことだった。プランクは目的地は知っていたが、どうすればそこにたどりつけるかがわからなかったのだ。彼の旅には、計り知れない価値をもつガイドがいた――式そのものである。しかし彼は、その旅のために払うことになる代償を、はたしてどこまで覚悟していたのだろうか？

プランクは後年、それにつづく六週間のことを、「人生であれほど仕事をしたことはない」と振り返った。しかし、「ついに闇のヴェールが上がり、思いもよらない光景が目の前に現れた」。十二月十三日、彼はヴィーンへの手紙に次のように書いた。「わたしの新しい式に十分納得がいきました。その式を説明する理論を得たのです。四週間後に、当地［ベルリン］の物理学会でそれを発表するつもりです」。プランクは、その理論に到達するまでの苦難の道のりについても、理論そのものについても、その手紙では何も語っていない。彼はその六週間に、十九世紀の物理学が生み出した偉大なふたつの理論――熱力学と電磁気学――と、自分の式とを両立させようと懸命な努力を続けた。しかしそれを成し遂げることはついにできなかったのだ。

「どんな代償を払ってでも、どれほど高くつこうとも、理論的解釈を見つけなければならなかった」。そのためなら、「物理法則について抱いていた確信のすべてを犠牲にすることもやむをえないと思った」。「肯定的な結果が得られるなら」、どんな代償をも払おうと、プランクは腹をくったのだ。ピアノの前でしか己の感情を表に出すことのない抑制のきいた人物にしては、じつに熱のこもった言葉である。自分の新しい式を理解しようと努力するなかでギリギリまで追い詰められたプランクは、「死にもの狂い」になり、ついに量子を発見するのである。

黒体の壁が加熱されて温度が上がるにつれ、壁は空洞内に、赤外線、可視光線、紫外線を放射するようになる。プランクは、自分の法則を理論的に矛盾なく導く方法を探るなかで、黒体放射スペクトルのエネルギー分布を再現する物理モデルを考え出す必要に迫られた。彼には前々から抱いていたアイディアがひとつあった。そのモデルが現実を正しく表していなくてもかまわなかった。プランクにとっては、空洞内に存在する放射エネルギーの振動数（または波長）分布を正しく与えてくれるモデルでありさえすればよかったのだ。そこでプランクは、考えられるかぎりもっとも簡単なモデルを作るために、黒体放射のエネルギー分布は、黒体の温度だけで決まり、黒体の材質にはよらないという事実を利用した。

一八八二年のこと、プランクはこう書いた。「原子論は大きな成功を収めてきたが、最終的には、物質は連続的だという仮説の前に放棄されねばならないだろう」。それから十八年を経た一九〇〇年になっても、原子の実在性に対する反駁の余地のない証明は得られていなかったため、彼はまだ原子を信じていなかった。プランクは、電磁気理論から、ある振動数で振動している電荷は、その振動数の放射だけしか放出したり吸収したりしないということを知っていた。そこで彼は、黒体の壁を、膨大な数の「振動する電荷」の集まりとして表すことにした――その振動する電荷を、彼は「振動子」と呼んだ。ひとつひとつの振動子は、どれかひとつの振動数の放射しか出さないが、集団としては、黒体の内部にみられるすべての振動数の放射を出す。

ひもにぶら下げたおもりは、振動運動をする。おもりが一往復して出発点に戻ってくるまでの運動を一回と数えると、一秒間に行う振動の回数が、この場合の振動数である。バネにぶら下げたおもりも、振動運動をする。静止の位置からおもりを引き下げ、その後手を放すと、おもりは上下に往復運動をはじめる。一秒間に行う上下運動の回数が、この場合の振動数である。こうした振動の物理学は、プランクが自分の理論モデルに「振動子」を用いるころまでには、理解されて久しい分野となっており、そのような振動は「調和振動」や「単振動」などの名前で呼ばれていた。

プランクが振動子の集団としてイメージしたのは、質量をもたないさまざまな硬さのバネに、電荷がひとつずつくっついたようなものだった。バネの硬さを変えるのは、振動数の幅を再現するためだ。黒体の壁を加熱すると、振動子が運動をはじめるために必要なエネルギーが与えられる。特定の振動子がじっさいに振動するかどうかは、温度だけで決まるだろう。もしも運動すれば、その振動子は空洞に放射を放出し、空洞から放射を吸収する。温度が一定に保たれれば、振動子と空洞内の放射との動的な放射エネルギーのやりとりはいずれ釣り合い、熱平衡状態に落ち着くだろう。

黒体放射スペクトルのエネルギー分布は、全エネルギーが各振動数にどう分配されるかを表わしている。そこでプランクは、エネルギーの分配の仕方は、振動数ごとの振動子の数で決まると仮定した。こうして仮想的モデルを作ったプランクは、次に、エネルギーを各振動子に分け与える方法を考えなければならなかった。分布式を発表してから数週間が過ぎた頃、プランクは、彼自身がそれまでずっと確立されたものとして受け入れてきた物理理論を使うかぎり、自分の発見した式は導けないという厳しい事実に直面した。切羽詰まったプランクは、オーストリアの物理学者ルートヴィヒ・ボルツマンの説に助けを求めた。ボルツマンは当時、もっとも強硬に原子論を推進していた人物である。プランクは長年にわたり、「原子論に反対」の立場を表明していたが、自ら発見した黒体放射の分布式を導くための道の途上で、ついに転向し、原子は単に便利なだけの作り物ではないという立場を受け入れたのである。

収税人の家に生まれたルートヴィヒ・ボルツマンは、背の低いずんぐりとした体つきの男で、十九世紀末に流行（はや）ったみごとなひげをたくわえていた。一八四四年二月二十日にウィーンに生まれた彼は、一時期、作曲家アントン・ブルックナーにピアノを習っていたこともあった。しかしピアニストよりは物理学者に向いていたボルツマンは、一八六六年にウィーン大学で博士号を取得する。その後まもなく、気体分子運動論の分野で基本的な仕事をして名を上げた。分子運動論という名前がついたのは、その理論を唱導する人たちが、気体はたえず動きまわる原子や分子でできていると考えたからだった。

一八八四年のこと、ボルツマンは、かつての師であるヨーゼフ・シュテファンが発見した、「黒体が放出する全エネルギーは温度の四乗T^4に比例する」という法則に理論的な基礎づけを与えた。その法則によれば、黒体の温度を二倍にすれば、黒体が放出するエネルギーは十六倍になる。

ルートヴィヒ・ボルツマン
1906年に自殺するまで原子論を先頭に立って唱導したオーストリアの物理学者。University of Vienna, courtesy AIP Emilio Segrè Visual Archives

ボルツマンは優れた教育者として評判を取り、また、理論家でありながら——しかも、ひどい近視だったにもかかわらず——実験家としても一流だった。ヨーロッパの名門大学でポストに空きが生じれば、たいていは彼の名前が候補に挙がった。グスタフ・キルヒホフの死後空席になっていたベルリン大学の教授ポストも、ボルツマンがそれを断ったため、少し格を落とした条件でプランクに回ってきたのだった。ボルツマンはあちこちの大学を渡り歩いたのち、一九〇〇年当時にはライプツィヒ大学にいて、偉大な理論家のひとりとして広く認められていた。それにもかかわらず、熱力学に対するボルツマンのアプローチは受け入れられないと考える人たちは、プランクをはじめ大勢いたのである。

ボルツマンは、たとえば圧力のような気体の性質は、力学法則と確率法則に支配されたミクロな現象が、マクロなスケールで現われたものだと考えていた。原子の存在を信じる人たちの観点からすれば、個々の気体分子の運動は、ニュートンの古典物理学に支配されていた。しかし、無数に存在する分子のひとつひとつにニュートンの運動法則を当てはめ、膨大な計算を遂行することは、あらゆる目的に照らして現実的ではなかった。ところが一八六〇年に、二十八歳のスコットランド人物理学者ジェームズ・クラーク・マクスウェルが、分子の速度をただのひとつも測定することなく、気体分子の運動を捉(とら)えることに成功する。マクスウェルは統計と確率を使って、気体分子がたえずぶつかり合い、容器の壁にも衝突しているとき、実現する可能性がもっとも高い分子の速度分布を明らかにしたのである。統計と確率の方法を持ち込んだのは大胆な新機軸であり、マクスウェルはそのおかげで、気体について観測されていたさまざまな性質を説明することができた。マクスウェルよりも十三歳年下のボルツマンは、その路線を引き継ぎ、気体分子運動論をいっそう強力なものにしようとした。一八七〇年代に、ボルツマンはエントロピーを無秩序と結びつけることにより新たな一歩を踏み出し、熱力学第二法則の統計的解釈を作り上げたのだった。

のちに「ボルツマンの原理」として知られることになるその解釈によれば、エントロピーとは、系がある特定の状態に見いだされる確率の尺度である。たとえば、良く切ってあるトランプは無秩序な系であり、そのエントロピーは大きい。それに対して新品のトランプは、ハートならハートごとにエースからキングまでのカードが順番に並んでいるから、きわめて秩序だった系であり、そのエントロピーは小さい。ボルツマンにとって熱力学第二法則は、系が、エントロピーの小さい（見いだされる確率の小さな）状態から、エントロピーの大きい（見いだされる確率の大きな）状態へ進むということを意味していた。熱力学第二法則は、つねに成り立つ絶対的な法則ではない。よく切ったトランプをさらにもう一度切ることによって、より秩序立った状態になることもないわけではないように、系が無秩序な状態から、より秩序立った状態へと進むこともありえないわけではないからだ。しかし、そのような出来事が起こる確率は極端に小さく、それがじっさいに起こるまでには、宇宙の年齢の何倍もの時間がかかるだろう。

プランクは、熱力学第二法則は絶対的だ、つまりエントロピーはつねに増大すると考えていた。ところがボルツマンの統計的な解釈によれば、エントロピーはほとんどつねに増大するにすぎない。プランクの立場からすれば、このふたつは天と地ほどもかけ離れていた。彼にとって、ボルツマンの立場に転向するということは、物理学者として彼が大切にしていることのすべてを放棄することを意味していた。だが、自分の得た黒体放射の分布式を導くための研究を続けるなかで、プランクにはそれ以外に選択肢がなくなったのだ。「そのときまで、エントロピーと確率との関係など眼中になかった。なぜなら、確率法則というものは、かならず例外を許すものだし、わたしは当時、熱力学第二法則は例外なく成り立つものと決めてかかっていたからだ」

最大エントロピーの状態、つまり最大限に無秩序な状態は、系が見出される確率がもっとも大きい状態である。黒体でそれにあたるのが熱平衡状態だ。それはプランクが、振動子にエネルギーを分配するとき、もっとも起こりやすい状態を知ろうとして行きついた状態だった。振動子が千個存在するとして、そのうち十個がν（ニュー）という振動数をもっているとすると、振動数νをもつ放射の強度を決めているのはそれら十個の振動子である。プランクがイメージした「電荷を帯びた振動子」は、それぞれ決まった振動数をもつけれども、振動子が放出したり吸収したりするエネルギーの「量」を決めているのは、振幅、すなわち振動の大きさだ。五秒間に五回振れる振り子の振動数は毎秒一回と決まっているが、運動エネルギーは、大きな弧を描いて振動する振り子のほうが、小さな弧を描いて振動する振り子よりも大きい。振動数はひもの長さで決まるが、エネルギーをたくさんもらった振り子は大きな弧を描き、大きな速度で運動することができる。ひもの長さが同じなら、描く弧の大きさはどうであれ、振り子は同じ時間に、同じ回数だけ振動する。

ボルツマンのテクニックを応用したプランクは、自分の黒体放射の分布式を導くことができるのは、振動子が吸収したり放出したりするエネルギーが、振動数に比例するような大きさの塊になっている場合だけであることを見出した。プランクはのちに、「その計算全体のなかで、もっとも本質的な点は」、各振動数のエネルギーを、それ以上分割することのできない、同じ大きさの多数の「エネルギー素量」と見なすことだったと述べた。そのエネルギー素量を、のちに彼は量子と呼ぶことになる。

自分の分布式をガイド役にして進んできたプランクは、エネルギー（E）を $h\nu$ という大きさの塊に分割せざるをえなくなった。ここで、ν は振動数、h は比例定数である。その関係を表す $E=h\nu$ という式は、あらゆる科学分野を通じて、もっとも有名な式のひとつとなる。たとえば、振動数を20、h を2とすると、エネルギー量子 $h\nu$ は、$20\times2=40$ である。この振動数に分配された全エネルギーが3600だとすると、十個の振動子に分配される量子の数は、$3600/40=90$ 個となる。プランクがボルツマンから学んだのは、これらの量子が振動子に分配される際に、もっともたしからしい分配の仕方だった。

プランクは、彼の振動子は、0、$h\nu$、$2h\nu$、$3h\nu$、$4h\nu$、……$nh\nu$（nは整数）という、離散的な大きさのエネルギーしかもつことができないのを知った。つまり、振動子が吸収したり放出したりするエネルギーは、大きさ$h\nu$の「エネルギー素量」、または「量子」の整数倍になっているのだ。それはちょうど、銀行の窓口で、1ポンド、2ポンド、5ポンド、10ポンド、20ポンド、50ポンドの紙幣でしか金を出し入れできないのと同じようなものである。そして、そういう大きさのエネルギーしか持てないせいで、プランクの振動子は、振動の大きさ――振幅――に制限が課される。それがどれほど奇妙なことかが実感できるように、日常のスケールに拡大して、バネ振り子の例で考えてみよう。

バネ振り子で、おもりを一センチメートルの振幅で振動させたときのエネルギーを1としよう（エネルギーの単位はここでは無視する）。おもりを二センチ引き下げてから振動させても、振動数は変わらない。しかし、振動のエネルギーは振幅の二乗に比例するので、この場合は4になる。もしもこのバネ振り子に、プランクの振動子に課せられた制約と同じものが課されたとすると、一センチから二センチのあいだで許される振幅は、1・42㎝と1・73㎝のふたつだけになってしまうのだ。なぜなら、振幅がこれらふたつの値である場合にかぎり、バネ振り子のエネルギーはそれぞれ2と3という整数値になるからだ。たとえば振幅が1・5㎝なら、振動のエネルギーは、2・25という非整数値になるため、この振動は許されない。エネルギー量子は、それ以上小さく分割することができない。振動子は、エネルギー量子のカケラを受け取ることはできず、丸ごと全部受け取るか、まったく受け取らないかのいずれかなのだ。そんな馬鹿(ばか)げたことは、当時の物理学では考えられなかった。当時の物理学によれば、振幅はどんな値でもとることができるし、振動子が一度に放出したり吸収したりするエネルギーの量にも、いかなる制約もなかった。

切羽詰まったプランクは誰も予想だにしなかった驚くべき発見をしたが、その意味がわからなかった。彼の振動子は、蛇口から流れ落ちる水のように、連続的にエネルギーを吸収・放出することができず、$E=h\nu$という、それ以上分割できない小さな単位でしか、エネルギーを受け取ったり、手放したりすることができないというのだ。この式に現れるνは、振動子の振動数を表し、その振動子が吸収したり放出したりすることのできる放射の振動数と完全に一致する。

日常的なスケールの振動子が、プランクの原子サイズの振動子と同じように振る舞うことがないのは、hが、0・000000000000000000000000006626 erg秒というきわめて小さな値だからである。プランクの式は、エネルギーがこれより小さな刻みで増加・減少することはないと述べていた。しかしhの値が極端に小さいため、日常的な世界で見る振り子や、子どものの遊ぶブランコや、揺れ動くおもりでは、量子現象は見られないのである。

プランクは、放射のエネルギーを、$h\nu$という一口サイズにして、自分の振動子に食べさせてやらなければならなかった。しかし彼は、放射のエネルギーが現実に量子に分割されていると考えていたわけではなかった。量子への分割は、彼の振動子がエネルギーをやり取りするときのスタイルだと考えていたのである。むしろプランクにとって問題だったのは、ボルツマンの方法に従って全エネルギーを切り分けて行くと、断片はどんどん薄っぺらになり、最終的には厚みが数学的ゼロになってしまうが、全エネルギーは元通りの大きさをもつということだった。一度スライスしたものを再度ひとつにまとめ上げるのは、微積分法の中核となるテクニックである。しかし残念ながら、プランクがそのテクニックを使うと、彼の分布式も消えてなくなり、別の式が導かれてしまったのだ。彼は量子に手こずったが、それほど心配はしていなかった。ともかくも式は導いた。あとの問題は、おいおい片づくだろう、と。

「みなさん！」と、プランクは切り出した。彼の前には、ベルリン大学物理学研究所で会議室の席についたドイツ物理学会の会員たちがいた。ルーベンス、ルンマー、プリングスハイムの顔を聴衆のなかに認めながら、彼は「正規スペクトルのエネルギー分配則に関する理論について」と題する講演を始めた。一九〇〇年十二月十四日金曜日の、午後五時過ぎのことである。「数週間前、わたしは正規スペクトルの全領域について、放射エネルギーの分布法則を正しく再現するように思われるひとつの新しい方程式を、みなさんにご覧いただくという栄誉に浴しました」。そして今日、プランクはその新しい方程式の基礎となる物理を示そうというのだった。

会合が終わると、同僚たちはそろって彼に祝福を述べた。プランク当人も、量子を導入したことを「それほど重く考えず」、「まったく形式的な仮定」と考えていたし、その日その場にいた者は全員、それと同じように考えていた。彼らにとって重要なのは、プランクが十月に提案した式に、彼自身がうまい物理的説明をつけたということだった。エネルギーを量子に切り分けて振動子に与えるというプランクのアイディアは、たしかにかなり奇妙ではあったが、時が経てば、あれこれの不都合も片づくだろう。量子は理論家の得意とする巧妙な工夫のひとつであって、正しい答えを得るための数学的テクニックにすぎず、物理的な意味などありはしないと誰もが考えていたのだ。今回もまた物理学者たちを感心させたのは、プランクの新しい法則が、じつにみごとに実験に合うということだった。エネルギー量子の導入を問題視した者は、プランク自身を含めてひとりもいなかったのである。

ある朝早く、プランクは七歳になる息子エルヴィンとともに家を出て、近くのグルーネヴァルトの森に向かった。プランクは散歩が好きで、よく息子をいっしょに連れていった。エルヴィンは後年、そのときのことを回想して、ふたりでおしゃべりをしながら歩いていると、父が次のように言ったと語った。「今日わたしは、ニュートンの発見に負けないぐらいの発見をしたよ」。長年を経てこの思い出を語ったエルヴィンは、その散歩の日付を正確に思い出すことができなかった。おそらくそれは、十二月の講演よりも前のことだろう。プランクは、量子の意味がわかっていたのだろうか？　それとも、まだ幼い息子に向かって、自分が見つけた新しい放射法則の重要性を伝えようとしただけなのだろうか？　そのどちらでもなかった。プランクがその言葉に込めたのは、ひとつならず、ふたつの基本定数を新たに発見した喜びだった。ひとつは、彼がボルツマン定数と呼んだ定数k。もうひとつは、プランク自身は作用量子と呼んだが、のちの物理学者たちはプランク定数と呼ぶことになるhである。このふたつは永遠に変わることのない定数であり、自然界におけるふたつの絶対だった。[11]

　プランクはボルツマンに多くを負っていることを認めていた。彼は、黒体放射の分布式を導く過程で発見した定数kにボルツマンの名前を与え、一九〇五年と一九〇六年のノーベル賞の候補者にボルツマンを推薦している。しかしときすでに遅く、ボルツマンの健康状態はひどく悪化していた。ボルツマンは、喘息（ぜんそく）、激しい偏頭痛、視力の低下、扁桃炎（へんとうえん）などに苦しめられていたが、こうした症状のどれにも増して彼を苦しめ、痛めつけたのは、重い躁鬱病の発作だった。一九〇六年九月、トリエステからほど近いアドリア海沿岸の町ドゥイノで休暇をとっていたとき、彼は縊死した。六十二歳だった。友人たちのなかには、前々から最悪の事態を恐れていた者もいたが、それでもボルツマンの死の知らせは大きなショックを巻き起こした。ボルツマンはしばらく前から、自分はどんどん孤立を深め、誰も自分を認めてくれないと思い詰めるようになっていた。しかし、それは事実に反する思い込みだった。彼は同世代のなかでもっとも称賛され、重んじられた物理学者のひとりだったのである。しかし、原子の実在性をめぐる論争が長引き、人生をかけて取り組んできた仕事が覆されてしまったと思ったボルツマンは、すっかり希望を失い、心が弱くなっていた。ボルツマンは一九〇二年に、三度目の、そして最後の復帰をしてウィーン大学に戻っていた。プランクは、ボルツマンの後を継いでウィーンに来てくれないかと声をかけられた。ボルツマンの仕事を「理論研究のもっとも美しい勝利のひとつ」と呼んでいたプランクは、ウィーン大学の申し入れに心を動かされたが、結局、それを辞退した。

　hはエネルギーを量子に切り分けるための斧であり、プランクはその斧を振るった最初の人物だった。しかし彼が量子化したのは、架空の振動子がエネルギーをやり取りするときのスタイルだけだった。プランクはエネルギーそれ自体を量子化して、$h\nu$ の大きさの塊に切り分けたわけではなかったのだ。発見をすることと、発見されたものを十分に理解することとは、また別なのである——とくに過渡期には。プランクの業績のなかには、彼の導出方法ではわかりにくいものもあり、プランク本人でさえ気づいていないことも少なくなかった。彼は、個々の振動子のエネルギーを量子化するという方向には向かわず、振動子の集団としての振る舞いを量子化するにとどまった。

その理由のひとつに、プランクはそのうち量子を厄介払いできるだろうと考えていたことがある。彼が自分の仕事の意味を悟るまでには長い時間がかかった。彼の心に深く根づいた保守的な直観のせいで、彼はそれからの十年間の大半を、既存の物理学の枠組みに量子を組み込もうとせずにはいられなかったのである。仲間の物理学者のなかには、そんな彼を悲劇的だと思う者もいたし、周囲にそう見られていることはプランクも知っていた。「しかし、わたしの見方は違う」と、プランクは書いた。「今ではわたしも、たしかな事実として、作用の素量子［h］は物理学において、わたしが最初予想したよりもはるかに大きな役割を演じたということを知っている」

プランクは一九四七年に八十九歳で亡くなった。それから長い年月を経て、彼の元学生であり同僚でもあったジェームズ・フランクは、「量子論を回避し、少なくとも、その影響力をできるかぎり小さくできはしないかと」、勝ち目のない戦いを続けているプランクを見守っていた時期のことを語った。フランクの見るところ、プランクは明らかに、「意に反して革命を起こした」のだった。そして「プランクはついに、こう結論づけた。『事態は悪化している。われわれは量子論と折り合いをつけるしかあるまい。しかも、量子論は間違いなく、今後さらに勢力を増して行くだろう』と」。心ならずも革命を引き起こしてしまった人物には、じつにふさわしい言葉である。

じっさい、物理学者たちは量子と「折り合いをつけ」なければならなかった。そして、それをやってのけた最初の人物は、プランクの身の周りにいた高名な物理学者たちではなく、スイスのベルンに暮らすひとりの若者だった。その若者だけが、量子の過激な本質を見抜いたのである。プランクその人が、エネルギー自体が量子化されていることの発見者と認めたその人物は、一介の下級公務員であり、プロの物理学者ですらなかった。その若者の名前を、アルベルト・アインシュタインという。

第二章　特許の奴隷（どれい）――アインシュタイン

一九〇五年の三月十七日金曜日、スイスの首都ベルン。朝の八時になろうという頃、ちょっとめずらしいチェック柄の背広上下を着た若者が、封筒ひとつを手に職場へと急いでいた。花柄の刺繡（ししゅう）のついた、くたびれた緑色の室内履きを履いたその若者、アルベルト・アインシュタインは、通りを行く人の目には、うっかりそのまま家を出て来てしまったように見えただろう。彼は週に六日、毎朝同じ時刻に、絵のように美しいベルン旧市街にある二間だけの小さなアパートに妻と幼い息子ハンス・アルベルトを残し、歩いて十分ほどのところにある砂岩づくりの大きな建物に通っていた。有名なベルンの時計塔や、石畳の道の両側につづくアーケードに彩（いろど）られたクラムガッセは、この首都の中でもとりわけ美しい街路だ。しかし、考えごとに没頭しているアインシュタインは、そんなまわりの風景には目もくれず、ひたすらスイス連邦郵便電話事業本部の建物を目指した。建物の中に入るとまっすぐ階段に向かい、四階まで上がる。そこには、スイス連邦知的財産局、通称スイス特許局の事務所が入っていた。特許局では、アインシュタインのほかに、もっと地味な色味の背広上下に身を包んだ十名ほどの男たちが、一日八時間机に向かい、どうにかものになりそうな申請を、どうにもならないものから選り分けていた。

アインシュタインはその三日前に、二十六歳の誕生日を祝ったところだった。アインシュタインが、彼の言うところの「特許の奴隷」になってから、かれこれ三年が過ぎようとしていた。その仕事に就いたおかげで、「腹をすかせるというつらい商売」にピリオドを打つことができたのだ。仕事そのものは楽しかった——さまざまな発明に触れることができたし、「多面的に考える」訓練にもなったし、静かで落ち着いた職場の雰囲気も気に入っていた。アインシュタインは後年、そんな職場環境のことを、「世俗の修道院」のようだったと語った。「技術専門職、三級」という身分はつつましいものだったが、給料は悪くなかったし、自分の研究をするのに十分な時間を作ることもできた。ハラーという恐い上司が目を光らせてはいたが、特許書類の審査のあいまに、こっそり自分の計算をすることにかなりの時間をつぎ込んでいたので、職場の机は彼の「理論物理学研究室」になっていた。

アインシュタインは、黒体問題の解決案を提唱したプランクの論文が出るとすぐにそれを読み、のちにそのときの気持ちを次のように述べた。「まるで足もとの大地が下から引き抜かれてしまったかのように、確かな基礎はどこにも見えず、建設しようにも足場がなかった」。アインシュタインが、一九〇五年三月十七日に、世界でも有数の物理学専門誌『アナーレン・デア・フィジーク』の編集人に送った封筒に入っていた論文は、量子をはじめて導入したプランクの論文より、いっそう過激な内容だった。その論文で提案した光量子説が異端の説だということを、アインシュタインは十分に理解していた。

それから二カ月後の五月の半ばのこと、アインシュタインは友人のコンラート・ハビヒトに宛てた手紙に、その年の暮れまでには四篇の論文が学術誌に掲載されるはずなので、別刷りが届いたらきみに送るつもりだ、と書いた。ひとつ目の論文は量子についてのもの。二つ目は、アインシュタインの博士論文で、原子の大きさを求める新しい方法を提案するもの。三つ目は、ブラウン運動——液体中に浮かんだ微粒子、たとえば花粉から出てくる小さな粒子などが、ランダムに動きつづける現象——に説明を与えた仕事だった。そしてアインシュタインはこう続けた。「四つ目の論文は、まだおおざっぱな下書きにすぎませんが、運動物体の電気力学に関するもので、空間と時間の理論を修正するというアプローチをとっています」。これは驚くべき論文リストである。科学の歴史において、アインシュタインが一九〇五年に成し遂げた偉業に匹敵するのは、唯一、一六六六年に二十三歳のイギリス人アイザック・ニュートンが成し遂げた仕事のみだろう。ニュートンはその一年間に、微積分と重力理論の基礎を築き、さらに光の理論の枠組みを作り上げたのである。

四つ目の論文は、のちにアインシュタインの代名詞のようになる相対性理論の構想をはじめて示したものだった。相対性理論は、空間と時間に関する人間の理解そのものを変えることになるのだが、アインシュタイン自身が「真に革命的」だと言ったのは、その相対性理論ではなく、光と放射に関するプランクの量子概念を拡張した仕事のほうだった。アインシュタインにとって相対性理論は、すでにニュートンやその他の人びとによって確立された考えを、「修正した」だけにすぎなかったのに対し、光の量子という新しい概念は、完全に彼の独創であり、従来の物理学との断絶の大きさという点では、もっとも過激だと考えていたのだ。アマチュアの物理学者とはいっても、そんな説を唱えるのは冒瀆（ぼうとく）的なことだった。

それまで半世紀以上にわたり、光は波だと誰もが思っていた。ところがアインシュタインは、「光の生成と変換に関する、ひとつの発見法的観点について」と題したその論文で、光は波ではなく、粒子状の量子でできているという説を打ち出したのだ。プランクは、黒体問題の解決策を示した論文の中で、エネルギーは粒子状の量子として吸収されたり放出されたりするという考えを、やむを得ず導入したのだった。しかしそのプランクも、他のすべての人たちと同じく、たとえ物質と相互作用するときにはどんなメカニズムでエネルギーを交換するにせよ、電磁放射それ自体は、なめらかにつながった波だと考えていたのだ。アインシュタインの革命的な「観点」とは、光は——というよりすべての電磁放射は——波のようになめらかにつながっているのではなく、小さな塊——光量子——に分割されていると考えたことだった。その後二十年間にわたり、光量子を信じる者は、彼のほかには事実上ひとりもいなかった。

アインシュタインははじめから、これは最初の一歩にすぎないということがわかっていた。彼は論文タイトルに「発見法的観点について」という表現を含めることで、あらかじめそれを警告しておいた。「発見法的」とは、『オックスフォード英語辞典縮約版』にあるように、「発見をするために役立つ」という意味である。彼が物理学者たちに示したのは、従来の考え方では説明できない現象を説明するひとつの方法であって、第一原理から導かれ、隅々まで調べつくされた理論ではなかったのだ。彼の論文は、そのような理論にいたる道のりの、最初の一歩というべきものだったが、光は波であるという、確立されて久しい学説とは正反対の目的地を目指すことに抵抗を感じる人たちには、その一歩さえ踏み出すことができなかったのだ。

三月十八日から六月三十日までのあいだに、『アナーレン・デア・フィジーク』に受理されたアインシュタインの四篇の論文は、その後の物理学を大きく変えることになった。驚くべきは、彼にはその同じ年のうちに、『アナーレン』に二十一件もの書評を寄せるだけの時間と余力があったことだ。しかも、まるでちょっとした思いつきででもあるかのように——というのは、彼はその件についてはハビヒトへの手紙で触れていないからだが——彼は五つ目の論文までも書いた。のちに知らぬ者のないほど有名になる、$E=mc^2$という式を導いた論文がそれだ。アインシュタインは、一九〇五年、ベルンの春から夏にかけて訪れた栄光の季節に、息つくまもなく論文を生み出していたときに彼を飲み込んだ創造力の奔流を指して、「頭の中で嵐が巻き起こった」ようだったと言った。

「運動物体の電気力学について」と題する論文を最初に読んだ人間のひとりが、『アナーレン・デア・フィジーク』の理論物理学の顧問を務めていた、マックス・プランクだった。プランクは即座に、彼が——アインシュタインではなく、彼が——のちに「相対性理論」と呼ぶことになるその理論の支持者となった。光の量子に関する論文についていえば、プランクはその考え方に重大な問題を感じたが、論文を掲載することは認めた。プランクはそのとき、珠玉の論文とゴミ屑のような論文を同時に書くことのできるこの物理学者は、いったい何者だろうと思ったに違いない。

「ウルムの人びとは数学者である」とは、ドイツ南西の角に位置するドナウ川河畔の街ウルムに、中世から伝わる風変わりな言葉である。そんな格好の舞台に、一八七九年三月十四日、ゆくゆくは天才科学者の代名詞となるアルベルト・アインシュタインは生まれた。彼の母親は、生まれたばかりの息子の後頭部がやけに大きく、しかもいびつだったので、頭が歪(ゆが)んでしまったのかと心配した。また、その子は言葉が遅く、そのままずっと口をきかないのではないかと両親に気を揉(も)ませた。一八八一年十一月に、唯一のきょうだいとなる妹のマヤが生まれたころから、アインシュタインの奇妙な癖がはじまった――言いたいことがあると、最初は小声でぶつぶつつぶやき、文章がすっかりできあがってはじめて、きちんと声に出してしゃべるのだ。しかし七歳までには普通に口をきくようになり、父親ヘルマンと母親パウリーネを安心させた。その頃には、アインシュタイン一家がミュンヘンに移り住んで、はや六年が経(た)っていた。ヘルマンが弟のヤーコプと共同で電気関係の事業をはじめるため、一家でミュンヘンに引っ越してきたのだ。

一八八五年十月、六歳になったアインシュタインは、最寄りの初等学校に入学した――ミュンヘンで最後の私立ユダヤ人学校は、それより十年前に閉鎖されていたのである。ミュンヘンがドイツのカトリック信仰の中心地であることを思えば驚くにはあたらないが、宗教教育はカリキュラムの柱だった。アインシュタインがのちに語ったところによれば、教師たちは「リベラルで、特定の宗教にもとづく差別はしなかった」という。しかし、たとえ教師はリベラルで優しかったとしても、ドイツ社会に染(し)みわたっていた反ユダヤ主義は、なにかにつけ表面化し、教室の中でさえも例外ではなかった。アインシュタインは、宗教の授業のときに教師が生徒たちに向かって、ユダヤ人がキリストを十字架に釘で打ちつけた、と言ったのをけっして忘れなかった。彼は後年、「子どもたちのあいだでは反ユダヤ主義が猛威を振るっていたが、とくに初等学校ではそうだった」と語っている。彼には学校の友だちがほとんどいなかったが、それも無理はなかったろう。彼はのちの一九三〇年に、「わたしは孤独な旅人で、母国にも、家庭にも、友だちにも、それどころか家族にさえも、心から溶け込むことができない」と語り、そんな自分を一頭立ての馬車になぞらえた。

初等学校時代のアインシュタインはひとりで遊ぶのを好み、とくにトランプの家を高くしていくのが大好きだった。十歳のときには、十四階もの高さの家を作るほどの粘り強さがあった。すでにして彼の性格の根幹をなしていたその忍耐力のおかげで、他の物理学者なら諦めてしまってもおかしくない状況でさえ、科学上の自分のアイディアをどこまでも追求することができたのだ。彼は後年、「神はわたしに、ロバの頑固さと、鋭い嗅覚とを与えた」と語っている。また彼は、人がなんと言おうと、自分には何か特別な才能があるのではなく、単に好奇心がとても強いだけだと言って譲らなかった。好奇心の強い者なら珍しくもないが、彼の場合はそれに頑固さが加わったおかげで、他の子どもたちが、「そんなことを聞くものではありません」と言われ、不思議に思うことさえやめてしまってから長い年月が経っても、「光線に乗ったら何が見えるだろう？」という、子どものような疑問への答えを探し続けることができたのだった。まさにその疑問に答えるために、彼は十年に及ぶ、相対性理論への旅路に踏み出すことになったのだ。

一八八八年、九歳になったアインシュタインは、ルイトポルト・ギムナジウムに進んだ。彼は後年、この学校での日々を辛辣な言葉で語った。かつて若きマックス・プランクは、反復練習を重んじるギムナジウムの軍隊式教育で力をつけたが、アインシュタインは違った。彼は教師たちに腹を立て、高圧的な教育方法に反発した。しかもそのカリキュラムは人文系の教科を重視していたが、にもかかわらずアインシュタインの成績は良かった。「この生徒は大した者にはなるまい」と言う教師もいたが、彼はラテン語ではトップの成績を収め、ギリシャ語の成績も良かった。

学校教育や家庭での音楽の個人レッスンでは、息苦しい反復学習が重視されたが、あるポーランド人の貧乏医学生はそれとは対照的に、彼の資質を伸ばすような影響を及ぼした。マックス・タルムードというその医学生が、毎週木曜日にアインシュタイン家で夕食をともにするようになったのは、タルムードが二十一歳、アルベルトは十歳のときだった。貧しい神学者を安息日の昼食に招くのは古いユダヤの伝統だが、アインシュタイン家の人びとも、彼らなりのやり方でその伝統を守っていたのである。タルムードはすぐに、質問好きな少年アルベルトに、自分と同じ精神を見てとった。まもなく二人は、タルムードが与えたり、勧めたりしてくれた本について何時間も論じ合うようになった。

ふたりはまず、一般向けの科学書から読みはじめたが、それがアインシュタインの言う、「若者の宗教的楽園」の終焉(しゅうえん)をもたらすことになる。

カトリックの学校にもう何年も通っていたことや、家庭内で親戚(しんせき)の者からユダヤ教について教わったことは、アインシュタインに深い影響を及ぼしていた。非宗教的な両親が驚いたことに、アインシュタインは、彼の言うところの「深い宗教性」を身に付けた。豚肉を食べなくなり、学校に通う道すがら宗教歌を歌い、聖書に書かれている天地創造の物語を既定の事実として受け入れたのである。ところが、科学の本を次から次へとむさぼり読むうちに、聖書に書かれていることの大半は、真実ではありえないということに気づいたのだ。その気づきは、「国が意図的に若者を欺(あざむ)いているという思いと結びついた、狂信的な自由思想」を彼の心に炸裂(さくれつ)させた。騙(だま)された、という気持ちは「壊滅的」だった。その経験が、彼が生涯抱き続けることになる、あらゆる権威に対する疑念の種を播(ま)いたのだった。アインシュタインはのちに、「宗教的楽園」を喪失したその経験を、「〝単なる個人的意見〟という束縛の鎖から、つまりは願望や期待、あるいは幼稚な感情といったものに支配された生き方から」、自らを解放しようという企ての最初のものとして位置づけた。

聖書の教えを信じる気持ちを失うやいなや、彼は尊ぶべき別の聖なる書物――小さな幾何学の本――の奇跡の味を知った。まだ初等学校に通っていた頃に、叔父のヤーコプが代数の初歩を手ほどきし、問題を出してくれるようになった。そのため、タルムードからユークリッド幾何学の本をもらったときにはすでに、普通ならば十二歳の子どもが知るはずのないレベルの数学を身につけていたのだった。タルムードは、アインシュタインが定理を証明し、練習問題を解きながら、その幾何学の本をどんどん読み進んでいくペースの速さに驚かされた。アインシュタインは勢い込んで勉強したので、夏休みが終わるまでには、次の学年で習う数学は学び終えたほどだった。

父と叔父が電気関係の仕事をしていたため、アインシュタインは書物から科学を学ぶだけでなく、科学の応用によって生まれる技術にも日常的に触れていた。科学の不思議と謎(なぞ)を、知らず知らずにアインシュタインに教えたのは、父親ヘルマンだった。ある日ヘルマンは、熱を出して寝ていた息子に、方位磁石を見せてやった。針はまるで奇跡のように動き、五歳だったアインシュタインは、「ものごとの背後には何か深く隠されたものがあるに違いない」と思い、ぞくっとふるえを感じたという。

ヘルマンとヤーコプのアインシュタイン兄弟の電気事業は、当初はなかなか好調だった。二人は、まず電気機器の製造を手掛け、やがて電力と照明のネットワーク敷設(ふせつ)に事業を拡大していった。有名なミュンヘンのオクトーバーフェストにはじめて電灯照明を敷設する契約を結ぶなど、アインシュタイン社は成功を重ね、未来は明るいようにみえた。[1] しかし結局、アインシュタイン兄弟は、ジーメンスやＡＥＧなどの企業に打ち負かされてしまう。大企業の陰になりながらもうまく立ちまわった中小企業はたくさんあったが、ヤーコプは少々野心的すぎたうえに、ヘルマンは大企業を切り盛りするには決断力が足りなかった。兄弟は敗北にも屈することなく、電気が導入されはじめたばかりのイタリアで新規巻き返しを図ることにして、一八九四年六月、アインシュタイン一家はミラノに引っ越した。しかし十五歳のアルベルトだけは、ひとりミュンヘンに残された。嫌っていたギムナジウムを卒業するために必要な残り三年間の勉強を終えるために、遠い親戚に預けられることになったのだ。

　両親に心配をかけまいと、アルベルトはミュンヘンで明るく振る舞っていたが、しだいに兵役のことが心に重くのしかかってきた。ドイツの法律によれば、彼がこのままドイツに留まって十七歳の誕生日を迎えれば、時期が来たら兵役に就くか、あるいは軍隊からの脱走者と宣告されることを選ぶか、ふたつにひとつだったのだ。孤独のなかで気持ちは暗く沈んだが、彼はなんとしてもその状況を打開する方法を考えなければならなかった。そんなとき、降って湧いたように申し分のない好機が訪れる。

　デーゲンハルト博士は、アインシュタインは大した者にはなるまいと言ったギリシャ語の教師だったが、その当時は彼の担任でもあった。あるとき激しい口論のさなかに、デーゲンハルトはアインシュタインに向かって、学校を辞めてしまえと言い放ったのだ。アインシュタインはさっそく、消耗が激しいので回復には全面的な静養を要するとの診断書をもらい、言われた通りに退学してしまう。同時にアインシュタインは、数学の教師から、卒業に必要な学力は身につけたとの一筆をもらうことも忘れなかった。かくしてわずか六カ月後、彼は家族を追ってアルプスを越え、イタリアに入った。

両親はミュンヘンに戻るよう説得に努めたが、アインシュタインは頑として聞き入れなかった。彼には計画があったのだ。ミラノに留まり、翌年の十月に、チューリヒ工科大学（Eidgenössisches Polytechnikum）——通称「ポリ」——の入学試験を受けようというのである。一八五四年に創設されたこの学校は、一九一一年には、スイス連邦工科大学（Eidgenössische Technische Hochschule；ETH）と改称される。この大学にはドイツの名門大学のような名声はなかったが、入学の条件として、ギムナジウムの卒業証明が求められていなかったのだ。彼はこの計画を認めてもらおうと、入学試験に通りさえすればよいのだから、と両親に説明した。

しかし両親はまもなく、息子にはもうひとつの計画があることを知った。彼は、ドイツ帝国に徴兵される可能性を金輪際なくすため、ドイツの国籍を放棄したかったのだ。アインシュタインはその手続きを取れる年齢に達していなかったため、父親の同意を必要としていた。ヘルマンはそれに同意し、息子の国籍放棄を正式に申請した。三マルクの費用でアルベルトがドイツ市民ではなくなったという正式通知が届いたのは、明けて一八九六年一月のことだった。これ以降アルベルトは、法律上は無国籍となり、五年後にようやくスイスの市民権を得ることになる。晩年には平和主義者として有名になるアインシュタインだが、新しい国籍を得た彼は、二十二歳の誕生日の前日に当たる一九〇一年三月十三日に、スイス軍の兵役のための身体検査に出頭した。さいわいにも、多汗性の扁平足（へんぺいそく）に加え、拡張蛇行静脈という診断が下り、兵役には不適格となった。ミュンヘン時代に十代のアインシュタインが悩み抜いたのは、じつは兵役を果たすことそのものではなく、嫌悪（けんお）していたドイツ帝国の軍国主義の象徴である、あのグレーの制服を身に付けなければならないことだったのだ。

「イタリアでの幸福な数カ月間は、もっとも美しい想い出（おもいで）である」——アインシュタインはそれから半世紀を経てなお、こうして手に入れた心穏やかな日々を振り返ってそう語った。彼は父親と叔父の電気会社を手伝い、友人や親戚を訪ねてあちこちに旅行した。一八九五年の春に、一家はミラノのすぐ南のパヴィアに引っ越し、ヘルマンとヤーコプはそこに新しい工場を作ったが、これもまた一年ほどで閉鎖に追い込まれてしまう。そんな落ち着かない暮らしのなかでも、アインシュタインは懸命に試験勉強をしたが、「ポリ」の入学試験には落ちてしまった。しかし、数学と物理学の成績は素晴らしかったので、物理学の教授は講義を聴講してもよいと言ってくれた。それは魅力的な話ではあったが、このときに限っては、アインシュタインはもっと堅実なアドバイスを受け入れた。語学と文学と歴史の成績があまりにも悪かったため、「ポリ」の学長は、もう一年間勉強してきなさいと、スイスのある学校を勧めてくれたのだ。

十月の末、アインシュタインはチューリヒの西五十キロほどの距離にあるアーラウの町にいた。その町にあるアールガウ州立学校は、自由な気風の土地柄に加え、アインシュタインを大きく成長させることになる刺激的な環境を与えてくれた。古典教師の家に寄宿させてもらったことも、生涯消えることのない影響を彼に及ぼした。ヨスト・ヴィンテラーとその妻パウリーネは、三人の娘と四人の息子たちに、宗教にとらわれることなく自由に考えるよう励まし、夕食はいつもにぎやかで楽しいひとときとなった。ヴィンテラー夫妻はまもなくアインシュタインの親代わりとなり、アインシュタインはふたりのことを、「パパ・ヴィンテラー」、「ママ・ヴィンテラー」と呼ぶまでになった。老年のアインシュタインが、孤独な旅人について何を言おうと、若き日のアインシュタインは、自分を心にかけてくれる人たちを必要としていたし、そういう人たちと親しい関係を結んだのである。やがて一八九六年九月になり、入学試験の時期がやってきた。アインシュタインは楽々と試験に合格し、チューリヒ工科大学へと向かった。(2)

アインシュタインは、フランス語の二時間の試験のときに、「わたしの将来計画」という小論文を次のように書き出した。「幸せな人間は現在に満足するあまり、未来について深く考えたりはしないものである」。そうは言っても、抽象的なことを考えるのが好きで、世間的なことには疎（うと）いので、自分は数学と物理学の教師になりたいと思う、というのがアインシュタインの決心だった。かくして一八九六年の十月、アインシュタインは「ポリ」の理数科教員養成課程に入学する。同期の十一人のなかで、彼は一番年下だった。数学と物理学の教員になろうとする学生は彼を含めて五人。そのなかでただひとりの女学生、ミレヴァ・マリチは、のちにアインシュタインの妻となった。

　アルベルトの友だちはみな、彼がミレヴァのどこに魅力を感じたのかわからなかった。セルビア系ハンガリー人のミレヴァは、アインシュタインより四つ年上で、子ども時代に患（わずら）った結核のせいで足が少し不自由だった。一年生のときに、ふたりは必修の数学五科目と力学の講義に出た――物理学分野で一年生のカリキュラムに含まれていたのは、その力学だけだったのだ。ミュンヘン時代には、彼の聖典となった小さな幾何学の本をむさぼるように読んだアインシュタインだったが、数学そのものにはすでに興味を失っていた。「ポリ」で数学を教えていたヘルマン・ミンコフスキーは当時を振り返って、アインシュタインは「怠け者」だったと言った。アインシュタインは後年、そうなったのは数学が嫌いだったからではなく、「物理学の基本原理についての深い知識に近づくことは、数学的方法と密接に結びついている」ということが、当時はわからなかったためだと語った。その結びつきを、彼はその後の研究生活で苦労して知ることになる。彼は、「もっとしっかり数学を勉強しなかった」ことを悔やんだ。

さいわい、アインシュタインとミレヴァ以外の三人の級友のひとりであるマルセル・グロスマンは、ふたりのどちらよりも数学が良くでき、努力家でもあった。後年、一般相対性理論を定式化するために必要な数学と格闘していたとき、アインシュタインはこのグロスマンに助けを求めることになる。ふたりはすぐ仲良くなり、「目端の利く若者の興味を引くものなら、どんなことについても話し合った」。ひとつ年上のグロスマンは、人を見抜く鋭い眼をもっていたのだろう。彼はアインシュタインをすごい奴だと思い、家に連れていって両親に、「このアインシュタインくんは、将来偉大な人物になりますよ」と紹介した。

一八九八年十月に行われた中間試験に「「ポリ」には四年間の在学中にこの中間試験と、最終試験の二度の試験しかなかった」アインシュタインが合格できたのは、グロスマンの立派なノートのおかげだった。アインシュタインは老年になって、自分は講義をサボるようになり、グロスマンの助けがなかったならどうなっていたか、考えたくもないと語った。しかし最初からサボっていたわけではなく、ハインリヒ・ヴェーバーの物理学の講義を聞きはじめた頃のアインシュタインは、「ヴェーバーの授業が終わると、次回が待ち遠しくなります」と言うほどだった。当時五十代半ばのヴェーバーは、学生たちに生き生きと物理学を伝えることができ、アインシュタインは彼の熱力学の講義を、

「たいしたもの」だと感心していた。しかしヴェーバーは、マクスウェルの電磁気学など新しい発展を講義で扱わなかったため、アインシュタインを失望させた。まもなく彼は、独立独歩の気性と人を見下げるような態度のせいで、教授たちと反目するようになった。「きみは頭がいい」と、ヴェーバーはアインシュタインに言った。「しかしきみには大きな欠点がひとつある。人の話を聞こうとしないことだ」

一九〇〇年七月に行われた最終試験では、彼は五人中四位の成績に終わった。アインシュタインは試験のせいで勉強を強制されたように感じ、それから「一年ほどは、科学のことは何も考えたくない」ほどだった。ミレヴァは最下位の成績で、しかも彼女だけが落第してしまう。お互いを「ジョンツェル」（ジョニー）、「ドクサール」（ドリー）と愛称で呼び合う関係となっていた二人にとって、ミレヴァの落第は痛烈な打撃だった。

アインシュタインは、教員になるという未来像にはもはや魅力を感じなくなっていた。チューリヒでの四年間で、彼の心に新たな望みが芽生えたのだ。彼は物理学者になりたかった。しかし、大学でフルタイムの職に就くのは、成績優秀な学生にとってさえ非常に難しい。大学に就職するための第一歩は、「ポリ」の教授の助手になることだったが、アインシュタインを助手に雇おうという教授はひとりもいなかったため、彼はほかに可能性を探りはじめた。一九〇一年の四月、両親のもとに帰省したとき、アインシュタインはミレヴァへの手紙に次のように書いた。「北海からイタリア南部までの物理学者全員に、わたしから就職依頼を受けるという栄誉を授けたよ！」

その栄誉に浴した科学者のひとりに、ライプツィヒ大学の化学者ヴィルヘルム・オストヴァルトがいた。アインシュタインは彼に二度手紙を書いたが、いずれも返事はもらえなかった。息子が落胆を深めるさまを見ているのは、父親にとってもつらいことだったろう。ヘルマンは、アルベルトが当時も、そしてその後も知らないところで就職活動に介入しはじめた。彼はオストヴァルトに手紙を書き、「名望高い教授殿、厚かましくもこうしてお願いをする父親をどうぞお許しください」と述べて、「この件について判断を下せる立場にある方々はみな、息子の才能を誉めてくださいます。いずれにせよ、息子が並々ならぬ勉強家であり、科学に対して大いなる愛情をもっていると申すことができます」と訴えた。しかし、真情あふれる父の手紙にも、やはり返事はなかった。オストヴァルトはのちに、アインシュタインをノーベル賞に推薦する最初の人物となる。

反ユダヤ主義の影響もあったにせよ、アインシュタインは、自分が助手になれなかったのはヴェーバーがひどい成績をつけたせいだと確信していた。彼が失意を深めていたとき、グロスマンから届いた一通の手紙が、社会的地位もあり、給料のよい仕事に就けるかもしれないという希望を与えてくれた。グロスマンの父親はアインシュタインの苦境を知り、息子が高く評価していた若者の力になりたいと考え、ベルンの特許局の所長を務めていた友人のフリードリヒ・ハラーに、もしもポストに空きが生じたら、アインシュタインを採用してもらえまいかと強く推薦してくれたのだ。アインシュタインはマルセル・グロスマンへの手紙にこう書いた。「昨日、きみの手紙を読み、不運な旧友を忘れずにいてくれる、きみの力添えと思いやりに深く心を動かされました」。五年のあいだ国籍のなかったアインシュタインだったが、少し前にスイスの市民権を得ていたことも、就職には有利に働いてくれそうだった。

運命の風向きが、ようやく変わりはじめていたのかもしれない。そのころ、チューリヒから三十キロほど離れたヴィンタートゥールという小さな町の臨時教員の仕事が彼にまわってきたのだ。午前中に五つか六つのクラスを教えれば、午後は自由に物理学の研究をすることができた。アインシュタインはヴィンタートゥールでの仕事が終わりに近づいた頃、パパ・ヴィンテラーへの手紙にこう書いた。「この仕事をやっていてどれほど幸せだったか、言葉では言い尽くせません。大学に職を得ようという望みはすっかり捨てました。こんな状況でも、科学研究に取り組む強さと熱意を失わない自分を知ったからです」。まもなく、その覚悟が試されることになった——ミレヴァが妊娠を告げたのだ。

二度目に「ポリ」の最終試験に落ちた後、ミレヴァは出産のためにハンガリーの両親のもとに帰っていた。アインシュタインは妊娠の知らせを平静に受け止めた。彼はすでに保険会社に勤めることも視野に入れており、二人が結婚できるよう、どんなにつつましい仕事でもいとわず働くつもりだった。娘が生まれたとき、アインシュタインはベルンにいた。彼はリーゼルという名前のその娘と、ついに対面することはなかった。リーゼルがその後どうなったのか、養女に出されたのか、あるいは幼くして死んだのかは、今もわからない。

一九〇一年十二月に、フリードリヒ・ハラーはアインシュタインに手紙を書き、特許局のポストに空きが生じ、まもなく公募されるので応募されたしと告げた。ながらく安定した仕事に就けずにいたアインシュタインだったが、クリスマスの直前に応募書類を送ったときには、ようやくそんな状況から抜け出せそうだという手ごたえを得ていた。「ぼくたちの前に開かれた近未来の展望に心が躍ります」と、彼はミレヴァに書いた。「ベルンでぼくたちがどんなお金持ちになるか、もう言いましたっけ？」。万事うまくいくと確信したアインシュタインは、当時一年間の予定で引き受けていたシャフハウゼンの私立寄宿学校での教員の仕事を、数カ月ほどでやめた。

一九〇二年の二月の第一週にアインシュタインがやってきたとき、ベルンは人口約六万の町だった。中世のたたずまいを残す美しい旧市街は、町の半分を焼き尽くした火事の後に再建されて以来五百年にわたり、ほとんど変わらぬ姿をとどめていた。そんなべルンの有名な熊公園からほど近い、ゲレヒティヒカイトガッセ（正義通り）に、アインシュタインは家を借りた[3]。家賃は一カ月二十三フラン。彼がミレヴァへの手紙に書いたような、「広くてきれい」な家とは言いがたい住まいだった。荷物をほどくとまもなく、アインシュタインは地元の新聞社に赴き、数学と物理学の家庭教師をします、との広告を打った。二月五日の水曜日に掲載されたその広告には、一度無料で授業を行いますとあった。数日後、広告の効果が現われた。ある生徒は、新しい先生の特徴を次のように書いた。「身長は百七十五センチ、肩幅が広く、心もち前かがみで、肌の色は薄茶。整った口元に、黒い口髭。鼻はちょっとワシ鼻、きらきらした茶色の目、心地良く響く声。フランス語は正確だが、少し訛りがある」

　ユダヤ系ルーマニア人の青年モーリス・ソロヴィンは、道を歩きながら新聞を読んでいて、その広告に目を止めた。ソロヴィンはベルン大学の哲学科の学生だったが、物理学にも興味があった。数学の知識が足りないせいで、物理学を深く理解できないことを残念に思っていた彼は、さっそく新聞の住所に向かった。ソロヴィンは玄関の呼び鈴を鳴らした。応対に出たアインシュタインがそこに見出したのは、同じ志をもつ人間だった。生徒と先生は二時間語り合ったが、話すことがたくさんありすぎたため、通りに出てからさらに三十分ばかり立ち話をし、結局、明日また会おうということになった。翌日再会した二人は、お互いいろいろな問題を徹底的に考えることが大好きだとわかり、型通りの授業をすることなど考えられなくなった。三日目にアインシュタインは、「きみは物理学を教えてもらう必要なんかないよ」とソロヴィンに告げた。二人はすぐに友だちになったが、ソロヴィンがとくに好感をもったのは、アインシュタインがわかりやすい説明をすることに心をくだく点だった。

まもなくソロヴィンは、これと決めた本を二人で読み、それについて議論してはどうだろうと提案した。ミュンヘンの学校時代にマックス・タルムードと同じことをしていたアインシュタインは、それは名案だと思った。まもなくコンラート・ハビヒトが仲間に加わった。アインシュタインが中途でやめたシャフハウゼンの寄宿学校で知り合ったハビヒトは、大学で数学の学位論文を書き上げるためにベルンに引っ越して来たのだ。自分自身の楽しみのために物理学と哲学を勉強し、理解を深めたいという情熱で結ばれた三人は、その集まりを「オリンピア・アカデミー」と呼ぶようになった。

特許局のフリードリヒ・ハラーは、友人からの強い推薦があったとはいえ、アインシュタインの力を確かめる必要があった。さまざまな電気機器の特許申請が急速に増え続けている状況において、技術者と協力して仕事のできる有能な物理学者を雇うことは、業務上必要であり、友人の顔を立てるかどうかという問題ではなかったのだ。アインシュタインはハラーの眼鏡にかない、三千五百スイスフランの年俸で、「技術専門職、三級」として仮採用になった。一九〇二年六月二十三日朝八時に、アインシュタインは、

「れっきとしたスイス連邦のインク浪費役人」として初出勤した。

ハラーはアインシュタインに、「きみは物理学者だから、青写真のことは何も知らないだろうな」と言った。図面を読んで、内容を評価できるようになるまでは、正式採用はないということだ。ハラーはアインシュタインに足りないこと——たとえば、言うべきことを簡潔明瞭（めいりょう）かつ正確に表現する技術など——を教える役目を自ら買って出た。ギムナジウムや大学時代には、人から指導されることを嫌ったアインシュタインだったが、「人柄も立派で、頭脳明晰（めいせき）」なハラーから、学べるだけのことを学ばなければと思った。「彼のぶっきらぼうな言い方にはすぐに慣れますし、尊敬できる人です」とアインシュタインは書いた。アインシュタインが自分の価値を証明してからは、ハラーのほうでもこの若い弟子に一目置き、スタッフのなかでも高く評価するようになった。

一九〇二年、まだ五十五歳という若さで、父ヘルマンが重い病に倒れた。アインシュタインは最後に一目父親に会おうと、イタリア

「オリンピア・アカデミー」の面々　左から
コンラート・ハビヒト、モーリス・ソロヴィン、
アルベルト・アインシュタイン。

に向かった。死の床のヘルマンは、アルベルトにミレヴァとの結婚に許しを与えた――ヘルマンとパウリーネは、ながらくふたりの結婚に反対していたのだ。アインシュタインとミレヴァは、翌年の一月、ソロヴィンとハビヒトの二人だけを証人に、ベルン市役所の戸籍係で民事婚を執り行った。アインシュタインは後年、「結婚とは、たまたま起きてしまったことを長続きさせようという、むなしい試みである」と述べた。しかし一九〇三年の彼は、自分のために料理や掃除をし、身の回りの世話をしてくれる妻を得たことが単純に嬉しかった。ミレヴァにとっては、こんなはずではなかったという暮らしだったのだが。

特許局の仕事には、週に四十八時間を費やした。アインシュタインは月曜日から土曜日まで出勤し、朝は八時から正午まで働いた。その後、いったん家に帰って昼食をとることもあれば、友人と近くのカフェで食事することもあった。昼食後にオフィスに戻り、二時から六時まで働く。「ほかのことをする時間は一日八時間」しかなく、「それが終われば日曜日です」と、アインシュタインはハビヒトへの手紙に書いた。彼が仮採用の身分から、四百フラン昇級してついに正式採用になったのは、一九〇四年九月のことだった。一九〇六年の春、ハラーは「専門的にきわめて難しい特許申請を扱うことのできる」アインシュタインの力量に感心し、「局内でもっとも有用な専門家のひとり」と言ってくれた。アインシュタインは「技術専門職、二級」に昇格する。

ベルンに引っ越してまもなく、特許局の職はいずれ自分のものになると確信したアインシュタインは、「ハラーには一生感謝します」と、ミレヴァへの手紙に書いた。じっさい彼は、ハラーに生涯感謝することになった。とはいえ、ハラーと特許局の影響の大きさを思い知ったのは、だいぶ後のことである。もしも特許局の仕事に就けなかったなら、「死にはしないにせよ、知的な面での成長を阻(はば)まれていただろう」と、アインシュタインはのちに語った。ハラーは、どんな特許の申請でも、あらゆる法的問題に耐えられるぐらい厳しく審査しなさいと言った。「申請書類を手にとったら、発明者の言っていることはすべて間違いだと思いなさい」と彼はアインシュタインに助言した。「さもないと、発明者のいう道筋に沿って考えてしまい、偏(かたよ)った見方をすることになるからだ。つねに批判的な観点に立ち、警戒を怠らないようにしなさい」と。アインシュタインははからずも、自分の資質にぴったりの仕事を得て、その能力に磨きをかけたのである。批判的に考え、警戒を怠らないこと――アインシュタインはその教えどおり、信じるに足りない図面や、詰めの甘い仕様書の上にしばしば描き出される発明者の期待や夢を批判的に調べ上げ、注意深く問題点を洗い出していった。そしてアインシュタインは、それとまったく同じ態度で、自分の心を占めている物理学にも向き合うことになったのである。「多面的に考える」という業務上の必要は、「まぎれもない祝福だった」とアインシュタインは言った。

「彼は、良く知られたなにげない事柄の陰に隠れて、みんなに見逃されていた意味を見抜くという、天賦の才に恵まれていた」と述べたのは、アインシュタインの友人で、やはり理論物理学者のマックス・ボルンである。ボルンはさらにこう続けた。「彼をわれわれと隔てていたのは、数学の技量ではなく、自然の仕組みを深く見通す、気味が悪いほどの洞察力だった」。アインシュタインは、数学では直観があまり働かず、真に重要なことを、「本質的でないことから」選り分けることができないと考えていた。しかし物理学となると、彼の嗅覚は誰にも負けなかった。物理学に関するかぎり、すでに学生時代には、「基礎につながる問題だけを嗅ぎつけ、その他の問題――こまごましたことで頭を埋め尽くし、重要なことを見えなくさせるたぐいの問題――から選り分けることができるようになった」と、アインシュタインは述べている。

　特許局で働いた年月に、彼はその嗅覚をさらに鋭く研ぎ澄ませた。アインシュタインは、発明家が申請する特許と同じく、物理学者が描き出す自然の仕組みの青写真にも、見逃されている問題点や、矛盾、欠陥があるのではないかと嗅ぎまわった。そして理論のなかに矛盾を見つけると、それを解消するか、あるいは別の新しい案を見つけるまで、問題をどこまでも掘り下げていった。光は、光量子という粒子の流れのように振る舞う場合があるという、アインシュタインの「発見法的」原理は、物理学の核心に潜んでいたひとつの矛盾に対する彼の解決策だったのである。

アインシュタインはだいぶ前から、あらゆる物質は原子からできており、その原子——離散的で不連続な物質のかけら——が、エネルギーをもつという考えを受け入れていた。その考えによれば、たとえば気体のエネルギーは、その気体を構成する個々の原子のエネルギーの総和となる。ところが、光となるとまるで事情が違っていた。マクスウェルの電磁気理論——あるいは、なんであれ波の理論——によれば、ちょうど池の水面に小石が当たった場所から波が広がっていくように、光線のエネルギーは、どこまでも増大する体積中に連続的に広がっていく。アインシュタインはそれを「深刻な形式上の違い」と呼び、「多面的に考える」態度を刺激されて、このままでよいはずがないと考えるようになった。そして、物質は不連続なのに電磁波は連続的だという、分裂した状況を解消するためには、光もまた量子でできた不連続的なものだと考えればよいことに気づいたのである。

アインシュタインの頭に、光の量子という考えが浮かんだのは、プランクによる黒体放射の分布則の導出方法を見直していたときのことだった。プランクの式はたしかに実験と合っていたが、詳しく調べて行くと、アインシュタインがずっと引っかかっていた点が、案の定、問題を露呈した。プランクは、別の式に到達していなければならなかったのだ。ところが、目的の式を知っていたプランクは、その式に到達するように、導出の道筋をねじ曲げていたのだった。アインシュタインは、プランクがどこで道に迷ったのかを突き止めた。実験と完璧(かんぺき)に合うことがわかっていた自分の式に、理論的な基礎を与えようと血眼になったプランクは、自分の使った――というより、とりあえず自分の道具箱に入っていた――アイディアとテクニックを、本来の使い方とは異なる方法で使ってしまったのである。アインシュタインは、もしもプランクが正しい使い方をしていれば、別の式を得ていたはずであることを知った。

その別の式を一九〇〇年にはじめて提唱したのはレイリー卿(きょう)だったが、その式はほとんどプランクの眼中になかった。当時プランクはまだ原子の存在を信じていなかったので、レイリーが等分配定理を使ったことが気に入らなかったのだ。原子は、上下、前後、左右という、三つの方向だけにしか自由に運動することができない。自由な運動の仕方は「自由度」と呼ばれ、原子は自由度ごとに、エネルギーを受け取ったり、保持したりすることができる。三方向の「並進」運動に加え、二個以上の原子からなる分子では、原子をつなぐ架空の軸のまわりに三種類の回転運動をすることができるので、自由度は全部で六となる。等分配定理によれば、気体のエネルギーは、個々の分子に等しく分配されたのち、その分子に可能な運動のそれぞれに対し、やはり等しく分配される。

レイリーは、黒体放射のエネルギーを、空洞内に存在する放射の波長ごとに分配するために、その等分配定理を使うことにした。それはニュートン、マクスウェル、ボルツマンの物理学の応用という観点からは、申し分のない考え方だった。のちにジェームズ・ジーンズが数値的な間違いをひとつ修正したため、「レイリー＝ジーンズの法則」として知られるようになったその法則には、しかし、ひとつ問題があった。スペクトルの紫外領域に、無限大のエネルギーが溜め込まれるという予測が導かれたのである。その予測は古典物理学の崩壊を意味していたため、提案されてからだいぶ経った一九一一年には、「紫外破局」と名づけられた。ありがたいことに、紫外領域のエネルギーがじっさいに無限大になるわけではない。もしもそうなっていたら、宇宙は紫外放射の海に浸っていることになり、われわれ人間は生きていられないだろう。

アインシュタインは、かつて自分でレイリー＝ジーンズの法則を導いたことがあり、それが予測する黒体放射のエネルギー分布は実験と合わないことや、紫外領域でエネルギーが無限大になるというおかしな結果になることも知っていた。レイリー＝ジーンズの法則が観測される波長分布と合うのは長波長領域（振動数の非常に小さい領域）だけだったため、アインシュタインは、それよりもいっそう古い、ヴィルヘルム・ヴィーンの法則を出発点にとることにした。ヴィーンの法則は、短波長（高振動数）領域では黒体放射のデータを再現するものの、長波長（低振動数）の赤外領域ではデータに合わなかったが、それ以外に安全な選択肢はなかったのだ。ヴィーンの法則には、アインシュタインにとって魅力的な性質がいくつかあった。導出方法の確かさには疑問の余地がなかったし、少なくとも部分的には黒体放射のデータと完璧に合ってもいた。そこでアインシュタインは、データと合う部分だけに限定して議論を進めることにした。

アインシュタインは、単純だが独創的な攻略案を立てた。気体は要するに粒子の集まりだから、熱平衡状態にある気体の性質——たとえば、与えられた温度で気体が及ぼす圧力——は、それら多数の粒子の性質によって決まる。もしも黒体放射の性質と、気体の性質とのあいだに類似性があれば、電磁放射そのものも粒子的だと論じることができる。アインシュタインはそれを調べるにあたり、まずからっぽの黒体を考えた。ただしプランクとは異なり、彼はその黒体内の空洞に、気体粒子と電子を満たした。しかし、黒体の壁を構成する原子には、彼が空洞を満たしたものとは別の電子が含まれているだろう。黒体が加熱されると、それらの電子は幅広い振動数領域で振動を始め、放射を放出したり吸収したりする。まもなく黒体の内部は、大きな速度で飛びまわる気体粒子と電子、そして振動電子から放出された電磁放射で満たされる。しばらくすると、空洞と、そこに存在するものすべてが、同じ温度（T）になり、熱平衡が達成されるだろう。

「エネルギーは保存される」という熱力学第一法則を翻訳すると、系のエントロピーを、系のエネルギーと、温度、そして体積と結びつけることができる。そこでアインシュタインは、「放射の放出と伝播（でんぱ）についてはいかなるモデルも立てずに」、熱力学第一法則と、ヴィーンの法則、そしてボルツマンの考え方だけを使って、黒体放射のエントロピーの体積依存性がどんな式になるかを調べてみた。そうして彼が得た式は、原子からなる気体のエントロピーの体積依存性を表す式と、まったく同じ形をしていたのだ。つまり、黒体放射は、粒子のようなつぶつぶのエネルギーでできているように振る舞うということだ。

アインシュタインは、プランクの黒体放射の法則も、プランクの導出方法も使わずに、光の量子を見出したのである。彼はプランクのやり方とは距離を保ちつつ、プランクの式を少し違った形式で表したが、その式の意味するところはやはり、$E = h\nu$ だった。エネルギーは、$h\nu$ という量子化された単位の集まりであり、それ以上小さく分割することはできない。プランクは、架空の振動子を考えることにより、黒体放射スペクトル分布を正しく再現できるように、電磁放射の放出および吸収のみを量子化した。それに対してアインシュタインは、電磁放射——したがって光——そのものを量子化したのだ。たとえば、黄色い光のエネルギー量子の大きさは、プランク定数と黄色い光の振動数との積になる。

アインシュタインは、電磁放射が、ある状況下では気体粒子のように振る舞うことを示し、電磁放射を量子化した。それはいわば、たとえ話をすることによって、裏口から光量子をもちこんだようなものだった。アインシュタイン自身、そのことはよくわかっていた。そこで彼は、光の性質に関する彼の新しい「観点」には、たしかに「発見法的」価値があるとほかの人たちを納得させようとして、光電効果という、まだほとんど解明されていなかった現象を説明するために、その観点を使うことにした。

一八八七年に光電効果をはじめて発見したのは、ドイツの物理学者ハインリヒ・ヘルツだった。電磁波の存在を示す一連の実験を行っていたヘルツは、二個の金属球のあいだで火花が散っているときに、一方の球に紫外線を照射すると、火花がさらに明るくなることに気がついた。ヘルツはその「まったく新しい、驚くべき現象」を何カ月も調べ続けたが、それを説明することはできなかった。そして、その現象が起こるのは、紫外線を使ったときだけだと誤って考えた。

「もちろん、これほどの難問でなければそれに越したことはなかっただろう。だが、いつかこの謎が解決されるときがくれば、容易に解決できた場合より、いっそうたくさんの新しい事実が明らかになることが期待される」とヘルツは述べた。それは予言者的な言葉ではあったが、彼は自分の予言が現実になるのを見ることなく世を去った。一八九四年、ヘルツは三十六歳という若さで悲劇的な死を遂げたのだ。

一九〇二年に、ヘルツの助手を務めていたフィリップ・レーナルトがある実験を行い、謎はいっそう深まった。レーナルトは、二枚の金属板をガラス管に入れて空気を抜き取り、光電効果は真空中でも起こることを見出した。そして、それぞれの金属板から引き出した電線を電池につなぎ、一方の金属板に紫外線を照射したところ、電線に電流が流れたのだ。それにより、光電効果は、紫外線を照射した金属の表面から、電子が飛び出すことによって起こる現象であることがわかった。金属板に紫外線を照射すると、一部の電子がエネルギーを受け取り、金属から逃げ出せるだけのエネルギーを得た電子が、空間をジャンプして他方の金属板へと移動する。そうして回路が閉じ、電流（「光電電流」）が流れるのである。レーナルトはそれ以外にもいくつか、確立された物理学とは矛盾するような事実に気がついた。かくしてアインシュタインと、彼の光量子が舞台に登場する。

光線の強度を上げると（つまり光を明るくすると）、金属表面から飛び出してくる電子のエネルギーは大きくなるが、その個数は変わらないだろうと考えられていた。ところがレーナルトは、まったく逆の結果を得た。電子のエネルギーは変わらず、その個数が増えたのだ。アインシュタインは量子の考え方を使って、この謎をシンプルかつエレガントに解決した。もしも光が量子でできているなら、光線の強度を上げれば、その光線を構成する量子の数が増える。したがって、金属板に当てる光線の強度を上げれば、光量子の数が増え、それに応じて飛び出す電子の数も増えるのである、と。

レーナルトの発見したふたつ目の謎は、飛び出す電子のエネルギーは、照射する光線の強度によらず、光の振動数（色）によって決まるということだった。アインシュタインは、この謎もすぐに解くことができた。光量子のエネルギーは、その光の振動数に比例するから、赤い光（振動数は小さい）の光量子のほうが、青い光（振動数が大きい）の光量子よりも、エネルギーは小さい。光線の強度が同じなら、光の色（振動数）を変えても量子の個数は変わらないから、飛び出す電子の個数も変わらない。一方、光の振動数（色）を変えれば量子のエネルギーが変わるから、飛び出す電子のエネルギーも変わる。たとえば、紫外線の量子によって叩き出される電子の運動エネルギーは、赤い光の量子によって叩き出される電子のそれよりも大きい。

光電効果にはもうひとつ、興味深い特徴があった。金属ごとに「振動数の閾値」があり、その値よりも小さな振動数の光をどれだけ長時間照射しても、また、照射する光線の強度をどれだけ大きくしても、電子は飛び出さない。ところが、その閾値よりも大きい振動数では、金属に照射する光をどれだけ弱くしても、電子が飛び出したのだ。アインシュタインは、この謎も光量子の考え方で解くために、「仕事関数」という新しい概念を導入した。

アインシュタインがイメージした光電効果は次のようなものだった。電子はある強さの力で金属表面につなぎ止められている。しかし光量子からエネルギーを受け取れば、電子は金属の力を振り切って逃げ出すことができる。アインシュタインが仕事関数と呼んだのは、金属表面から一個の電子が逃げ出すために必要な最小のエネルギーであり、その具体的な値は金属ごとに異なる。もしも光の振動数が小さすぎれば、その光量子は、電子が金属の束縛を断ち切って飛び出せるだけのエネルギーをもたないだろう。

アインシュタインはその状況を、次のような簡単な式で表した。［金属表面から飛び出す電子の運動エネルギーの最大値］＝［光量子のエネルギー］－［仕事関数］　彼はこの式を使って、金属から飛び出してくる電子の運動エネルギーの最大値を、光の振動数に対して描いたグラフは、その金属の振動数の閾値からはじまる直線になると予測した。その直線の傾きは、用いる金属によらず、つねにプランク定数hになるだろう。

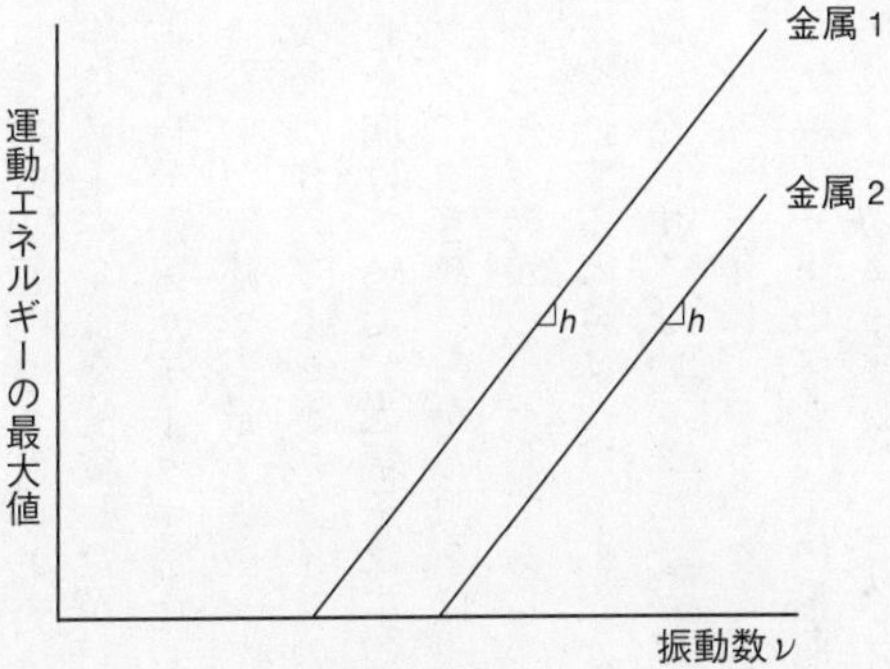

金属１
金属２
運動エネルギーの最大値
振動数ν

図３　光電効果　縦軸は、飛び出してくる電子の運動エネルギーの最大値。横軸は、金属表面に照射される光の振動数。

アメリカの実験物理学者ロバート・ミリカンは、次のように述べた。「わたしは人生の十年間を、アインシュタインが一九〇五年に提唱した式を検証することに費やした。その式は、光の干渉についてわたしが知っていることのすべてに矛盾するように見えた。しかし、まったく理屈に合わないことだが、自分はその式の正しさを証明したと言わざるをえなかったのである」。ミリカンは一九二三年にノーベル賞を受賞したが、受賞理由のひとつは、光電効果を検証した仕事だった。彼は自分が得たデータを前にしてさえ、「その式の基礎となる理論は、まったく支持できない」と述べ、量子仮説を受け入れることをためらったのだ。(4) 物理学者たちは多かれ少なかれ、アインシュタインの光量子に対してミリカンと同じ不信感を抱き、懐疑的な目を向けていた。光量子は本当に存在するのか、それとも計算に便利な実用上のテクニックにすぎないのかと頭を悩ませた者さえ、ほとんどいなかったのである。せいぜいのところ、光が——そしてあらゆる電磁放射が——量子なのではなく、物質とエネルギーを交換するときにだけ、あたかも量子のように振る舞うのだろうと考える者が、ごく少数いたにすぎない。そのなかでもっとも重要な人物が、プランクだった。

一九一三年に、プランクを含む四名の物理学者が、アインシュタインをプロイセン科学アカデミーのメンバーに推薦した際、四人はその推薦文の締めくくりで、彼の光量子を次のように弁護した。「以上をまとめると、現代物理学に多数ある重要問題のなかで、アインシュタインが驚くべき方法で見解を示さなかったものはないと言ってさしつかえありません。彼とても、思弁に傾き、的をはずすこともあるでしょう。たとえば彼の光量子仮説がその例です。しかしそのことは、彼［のアカデミー加入］に反対する要素として重く考えるべきではありません。なぜなら、ときにリスクを取ることなしには、厳密な自然科学においてさえ、真の改革を行うことはできないからです」[5]

その二年後、ミリカンの骨身を惜しまぬ実験のおかげで、アインシュタインの光電方程式の有効性を無視することは難しくなった。そして一九二二年には、それを無視することはほぼ不可能になった。というのも、光電方程式によって記述される光電効果の法則に対して――その基礎となる光量子という概念を導入したことに対してではなく――一九二一年のノーベル物理学賞がアインシュタインに決まり、一年遅れで授与されたからである。アインシュタインはすでに、相対性理論により世界的な名声を得ていた。彼はもはやベルン在住の無名の特許局員ではなく、ニュートン以来もっとも偉大な科学者として広く認められていた。そうなってもなお、物理学者たちはあまりにも過激な光量子説を受け入れることができなかったのだ。

アインシュタインの光量子という考えに対する反対がこれほど根強かったのは、光の波動説が圧倒的な実験的証拠に支えられていたためだった。しかし、光は粒子なのか、それとも波なのかという問題は、かつては熱い論争の繰り広げられたテーマだった。十八世紀から十九世紀初頭にかけてその論争に勝利していたのは、アイザック・ニュートンの粒子説だった。ニュートンは一七〇四年に出版された『光学』の冒頭に、次のように書いた。「本巻でのわたしの意図は、光の諸性質を、仮説によって説明するのではなく、合理的推論と実験により提案し、証明することである」。最初の実験が行われたのは一六六六年のことで、彼はそのときプリズムを使って、光を虹のような色に分解したのち、第二のプリズムを使って、それら虹色の光を白色光に戻した。ニュートンは、光線は粒子――彼の言葉で言えば、「輝く物体から放出されるきわめて小さな物体(corpuscle)」――でできていると考えていた。ニュートンによれば、光の粒子は直進することから、角を曲ったところで誰かが話をしているときに、声は聞こえても姿は見えないという日常的な経験を説明することができる(光は角を曲がれないため)。

ニュートンは、光の反射や屈折(密度の低い媒体から高い媒体へと進むときに光が曲がる現象)など、さまざまな光学現象に数学的な詳しい説明を与えることができた。しかし光の性質のなかには、ニュートンには説明できないものもあった。たとえば、光線がガラスに当たると、一部は透過するが、一部は反射される。なぜ光の粒子のなかには、ガラスに反射されるものと、されないものがあるのだろうか? ニュートンはこの問題に答えることができなかった。そのため彼はやむなく、自分の理論を修正し、光の粒子は、エーテルに波のような攪乱を引き起こすと考えた。そして彼はその攪乱を、「反射しやすさ、透過しやすさの〝発作〟」と呼んだ。それが、光線がガラスを透過したり、反射したりするメカニズムだというのだ。彼は、エーテルの攪乱の「大きさ」を、色と関係づけた。もっとも大きな撹乱（後世の言葉でいえば、もっとも「波長」が長い撹乱）から赤が生じ、もっとも小さな撹乱（もっとも波長が短い撹乱）から紫が生じる。

オランダの物理学者クリスティアン・ホイヘンスは、ニュートンのいう光の粒子は存在しないと論じた。ホイヘンスはニュートンより十三歳年上で、一六七八年までには、反射や屈折を説明する光の波動説を作り上げていた。しかし、『光についての論考』と題された彼の著作が出版されたのは、ようやく一六九〇年のことだった。ホイヘンスは、光はエーテルを伝わる波だと考えた。それは池に石が落ちたとき、その場所を起点として波が広がって行くのと同じことだ。もしも光が粒子なら、二本の光線が交差すれば粒子同士が衝突するはずだが、そんな衝突が起こったという証拠はどこにあるのか、とホイヘンスは問いかけた。そんな証拠はどこにもない。音波では衝突は起こらないように、光もやはり波でなければならない、とホイヘンスは論じた。

ニュートンの説とホイヘンスの説はどちらも、光の反射および屈折を説明することはできたが、他の光学現象については両者が異なる予測をした。何十年ものあいだ、それらの予測を高い精度で検証することはできなかった。しかし、観測可能な予測がひとつあった。ニュートンの粒子からなる光線は直進するため、光が物体に当たればくっきりした影が生じるはずだが、ホイヘンスの波としての光は、ちょうど物体に出会った水の波が陰に回り込むように物体の陰に回り込み、わずかにぼやけた影を投げかけるはずだった。イタリアのイエズス会士で、数学者でもあったフランチェスコ・グリマルディ神父は、物体や非常に細いスリットの陰に光が回り込む現象を、回折と名付けた。一六六五年、その死後二年目に出版された本に、グリマルディはある観察結果を書き込んでいた。窓のシャッターに開けた非常に小さな穴から、太陽光線を暗い室内に導き入れ、不透明な物質に当てると、光が直進する粒子だと考えたときに予測されるものよりも大きな影が生じたというのだ。彼はまた、そのような影の縁が色づいて見えることや、くっきりするはずの明暗の境界がぼやけていることも発見した。

ニュートンはグリマルディの発見のことはよく知っており、ホイヘンスの波動説で容易に説明できそうな回折現象を自ら調べてもいる。しかしニュートンは、回折は、光の粒子が力を受けるために起こる現象であって、光の粒子性の証拠だと論じたのだった。ニュートンの光の粒子説は、じっさいには粒子と波とをつぎはぎにした代物だったが、ニュートンの絶大な権威ゆえに、正統理論として広く受け入れられた。ホイヘンスは一六九五年に亡くなり、ニュートンがその後三十二年間生きたことも、粒子説が普及する一因だったろう。アレクサンダー・ポープの有名な墓碑銘は、ニュートンがその当時、どれほど尊敬されていたかを物語っている。「自然とニュートンの法則は夜の中にあった／神は言われた、ニュートンあれと。するとすべては明るくなった」。一七二七年にニュートンが没してからもその権威は揺るがず、光の性質に関する彼の説に疑問の声が上がることもほとんどなかった。しかし十九世紀の幕開けとともに、イギリスの博識家トマス・ヤングが、ニュートンの説に疑問を投げかける。そのヤングの仕事をきっかけとして、光の波動説が復活することになるのである。

ヤングは、一七七三年に十人きょうだいの長子として生まれた。二歳までに本をすらすら読むようになり、六歳までには聖書を二度通読し、やがては十数種類の言語に通じ、さらにはエジプトのヒエログリフの解読のために重要な貢献をすることになる。医師の道に進んだヤングだったが、叔父が暮らしに困らないだけの遺産を残してくれてからは、数え切れないほどの分野で好きなだけ知的探究にふけった。光の性質に興味があったヤングは、光と音との共通点と相違点を詳しく調べるうちに、「ニュートンの体系には、ひとつかふたつの難点がある」と考えるようになった。光は波だと確信したヤングは、ニュートンの粒子説の終焉を告げることになる、ある実験を考案する。

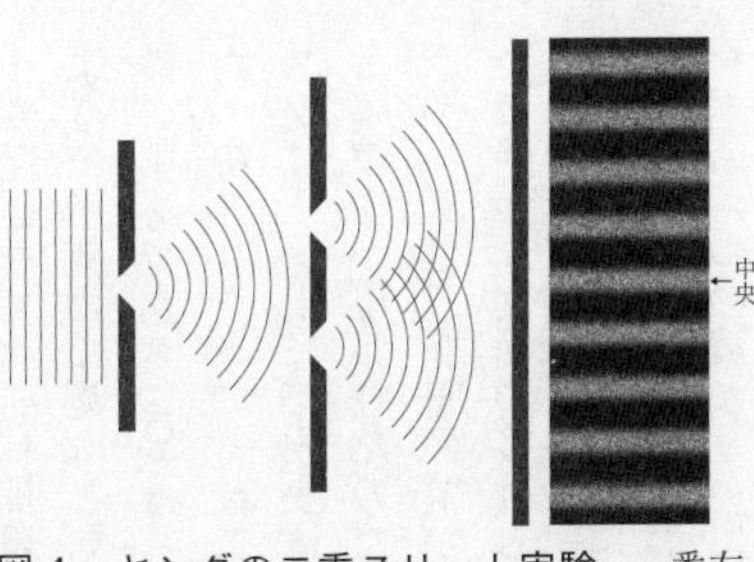

図４　ヤングの二重スリット実験　一番右側には、三つ目のスクリーン上に生じた干渉パターンを示す。

ヤングは、スリットを開けたスクリーンに単色光を当てた。光線はそのスリットから広がり、第二のスクリーンに当たる。そこには、ふたつのごく細いスリットが接近して平行に開けてあった。ふたつのスリットは、ちょうど車のヘッドライトのように、新たな光源としての役割を果たす。ヤングの言葉を借りるなら、それらは「拡散の中心であり、光はそこからあらゆる方向に向かって回折する」。ヤングは、そのふたつのスリットの背後に、ある距離だけ離して第三のスクリーンを置いた。するとそのスクリーン上に、中央は明るく、その両側に暗い部分と明るい部分が交互に繰り返される縞(しま)模様が現われたのだ。

ヤングは、明暗の縞が現れる理由を、水の波のアナロジーを用いて次のように説明した。静かな湖面の接近した場所に、ふたつの石を同時に落とせば、どちらの石からも湖面を広がるさざ波が生じるだろう。やがて、ふたつのさざ波が出会う。谷と谷(山と山)が出会うところでは、それらが合わさって新たな谷(山)がひとつ生じる。この場合、ふたつの波が互いに強め合うような干渉が起こる。一方、谷と山、または山と谷が出会うところでは、ふたつの波は互いに打ち消し合うように干渉し、水面は動かない。

それと同様に、ヤングの実験では、ふたつのスリットから生じた光の波が互いに干渉したのち、三つ目のスクリーンに当たる。明るい部分は強め合う干渉が起こったことを示し、暗い部分は弱め合う干渉によって生じる。ヤングは、そうして観測される縞模様が説明できるのは、光が波であると考えた場合、そしてその場合に限ることを見抜いた。ニュートンの粒子説によれば、三つ目のスクリーンには、暗い背景にスリットの明るい像がふたつ生じるだろう。どう考えても、明暗の干渉パターンが生じるはずはなかった。

一八〇一年に、ヤングが光の干渉という考え方を提唱し、初期の結果を報告すると、ニュートンに反駁（はんばく）するものだとして悪意にみちた文書による攻撃を受けた。ヤングは自分の立場を擁護すべく書いた小冊子のなかで、ニュートンへの尊敬の気持ちを次のように明らかにした。「わたしはニュートンの名を心から尊ぶものであるが、だからといって彼の無謬（むびゅう）性を信じる謂（い）われはない。彼とても間違いを起こすということ、そしておそらくは彼の権威が、ときに科学の進展を遅らせもするということを、喜ぶのではなく、残念に思うのである」。ヤングの小冊子はたった一部しか売れなかった。

ヤングの足跡に従ってニュートンの影から踏み出したのは、オーギュスタン・フレネルというフランスの土木技師だった。ヤングよりも十五歳年下のフレネルは、ヤングとは別個に干渉効果を見出しただけでなく、ヤングがすでに発見していたことの多くを、そうとは知らずに再発見することになった。しかも、ヤングとくらべてフレネルの仕事は、実験のデザインも洗練されていたうえに、結果のプレゼンテーションも、それに添えられた数学的解析も、一点非の打ち所もないほど行き届いていたため、一八二〇年代に入るころまでには、著名な科学者たちが光の波動説に乗り換えはじめた。彼らはフレネルの仕事を見て、光の波動説はニュートンの粒子説よりも、たくさんの光学現象をうまく説明できると確信したのだ。フレネルはまた、波動説にまつわる古い問題にも答えを与えた。「なぜ光は、物体の陰に回り込まないのだろうか？」。この疑問に対してフレネルは、光はじつは物体の陰に回り込んでいるのだが、光波の波長は、音波のそれの何百万分の一も小さいため、光線が進む経路の直線からのずれはきわめて小さく、それを検出するのは非常に難しいのだと主張した。波が陰に回り込める物体は、波長とくらべてそれほど大きくないものに限られる。音波の波長はとても長いので、たいていの障壁をやすやすと回り込むことができるのである。

光の波動説に反対したり懐疑的だったりする人たちに、最終的に二者択一を迫るためには、ふたつの説がそれぞれ異なる予測をするような現象を見つければよい。一八五〇年にフランスで行われたいくつかの実験により、空気よりも密度の高いガラスや水などの物質中での光の速度は、空気中での光の速度よりも小さくなることが示された。それはまさしく光の波動説が予測した通りのことだった。一方、ニュートンの粒子説は、密度の高い物質中で速度が大きくなると予測していたのだ。しかしそれですべてが解決したわけではない。光が波だというなら、いったいそれはどんな波なのだろうか？　ここに登場するのが、ジェームズ・クラーク・マクスウェルと、彼の電磁気理論である。

一八三一年に、スコットランドの地主の家に生まれたマクスウェルは、十九世紀最大の理論物理学者となるべく運命づけられていた。彼がはじめて論文を発表したのは、十五歳のときで、卵形線を描く幾何学的方法に関する仕事だった。一八五七年には、土星の輪は固体とは考えられず、破片のような小さな物質の集まりであることを示した仕事で、ケンブリッジ大学のアダムズ賞を受賞する。一八六〇年には、気体分子運動論（気体は運動している多数の粒子からできていると主張することにより、気体のさまざまな性質を説明する理論）の完成への最終段階に踏み出した。しかし、なんといっても彼が成し遂げた最大の業績は、電磁気の理論を完成させたことだろう。

一八一九年デンマークの物理学者ハンス・クリスティアン・エルステッドは、電線に電流を流すと、方位磁石の針が振れることに気がついた。その翌年にはフランスのフランソワ・アラゴが、電線に電流を流すと磁石になり、砂鉄を引き寄せることを発見する。それからまもなく、やはりフランスのアンドレ＝マリー・アンペールが、平行に置かれた二本の電線は、それらに流れる電流の向きが同じなら、互いに引き合い、電流が逆向きなら互いに反発することを示した。偉大なイギリスの実験家マイケル・ファラデーは、電流により磁気が生じることに興味をひかれ、逆に、磁気を使って電気を生じさせることができるかどうかを調べることにした。彼は、電線をコイル状にして、そのなかに棒磁石を出し入れしてみた。すると、コイル状の電線に電流が流れたのだ。棒磁石をコイルのなかで静止させると、電流は流れなくなった。

氷と水と蒸気が、H_2O の異なる姿であるように、マクスウェルは一八六四年に、電気と磁気は、基礎となるひとつの現象——電磁気——の異なる姿であることを示した。彼は一見すると何の関係もなさそうな電気と磁気の振る舞いを、四つのエレガントな方程式にすっきりとまとめ上げたのである。それを見たルートヴィヒ・ボルツマンは、マクスウェルの仕事の重要性をすぐさま認め、ゲーテの言葉をもじってそれを讃(たた)えた。「これらの記号を書いた者は、神だったのではあるまいか？」[6]。マクスウェルはそれらの方程式を使って、電磁気の波——すなわち電磁波——は、エーテル中を光の速度で進むという驚くべき予測をした。もしもそれが事実なら、光は電磁放射の一種だということになる。しかし、そもそも電磁波なるものは存在するのだろうか？　存在するとして、その波はほんとうに光の速度で進むのだろうか？　マクスウェルは、自分の予測が実験により立証されるのを見ることなく世を去った。彼が四十八歳という若さでガンに倒れたのは、一八七九年——アインシュタインの生まれた年——の十一月のことだった。それから十年と経たない一八八七年に、ハインリヒ・ヘルツが実験でその予測を立証すると、マクスウェルが成し遂げた電気、磁気、そして光の統一は、十九世紀物理学が達成した最大の偉業としての地位を固めた。

ヘルツはその研究をまとめた論文のなかでこう宣言した。「ここに述べた実験は、光と放射熱と電磁的な波の運動の正体に対する、あらゆる疑念を払拭(ふっしょく)するに足るものと思われる。今後は、光学と電気、双方の研究の成果を、よりいっそうの自信をもって活用できるであろう」。皮肉にも、まさにその実験中にヘルツが発見した光電効果が、アインシュタインにとっては、彼らが光の正体を見誤っていたことを示す証拠になったのである。アインシュタインの光量子は、ヘルツをはじめすべての人たちが、すでに確立されたものと見なしていた光の波動説を否定するものだった。光は電磁放射の一種であると考えれば多様な現象が説明できたので、物理学者にとってみれば、アインシュタインの光量子を支持し、電磁波としての光を捨てる理由はどこにもなかったのだ。光量子はとんでもないアイディアだと考えた人は少なくなかった。そもそも、光量子のエネルギーは光の振動数で決まるというが、振動数は波の性質であって、空間を進む粒子状のエネルギーがもつべき性質ではない。

アインシュタインは、光の波動説により回折、干渉、反射、屈折の現象が「みごとに記述されることは明らかであり、今後とも、光の波動説がほかの理論に取って代わられることはないだろう」と認めた。しかし彼は、波動説の成功は、そうした光学現象は時間的に平均された光の振る舞いに関係しており、そういう場合には光の粒子的な性質は見えにくいという、重大な事実のうえに成り立っていると指摘した。それに対して、光の放出や吸収といった「瞬間的」なプロセスでは、事情はまるで違ってくる。光の波動説で光電効果を説明しようとすると「重大な困難に」直面するのはそのためだろう、というのがアインシュタインの考えだった。

のちにノーベル賞を受賞するマックス・フォン・ラウエは、一九〇六年にはまだベルリン大学の私講師だったが、アインシュタインに手紙を書き、量子が光の放出や吸収にかかわっていることは認めよう、と述べた。しかし、彼が認めるのはそこまでだった。光そのものは量子でできているのではなく、「物質とエネルギーを交換する際に、あたかも量子でできているかのように振る舞うのです」と、ラウエは諭すように言った。だが、それさえも認めた者はごくわずかだった。その責任はアインシュタインにもあった。彼は光量子を提案した最初の論文に、光は量子でできている「かのように振る舞う」と書いたのだ。それはどうみても、光量子を断固擁護する人間の言い方ではなかった。そうなったのは、アインシュタイン自身、「発見法的な観点」に満足していなかったからだ。彼は、十分に練りあげられた理論を求めていたのである。

光電効果は、光の波がもつはずの連続性と、物質の非連続性――すなわち原子論――とが激突する戦場となった。しかし一九〇五年の時点では、まだ原子の存在を疑う人たちがいた。五月十一日、量子に関する論文が完成してから二カ月と経たないうちに、『アナーレン・デア・フィジーク』に、その年二つ目のアインシュタインの論文が届いた。彼はその論文でブラウン運動に説明を与え、それが原子が実在するという、決定的な証拠となるのである。[7]

さかのぼって一八二七年のこと、スコットランドの植物学者ロバート・ブラウンは、花粉から出て来た微粒子を水中に懸濁させ、顕微鏡で観察したところ、それらの粒子が、あたかも目に見えない力で小突かれてでもいるかのように、ランダムに動き回ることに気がついた。それに気づいたのは彼が最初だったわけではなく、粒子のランダムな動きは、水の温度が上がるにつれて大きくなることも知られていた。その現象は、生物学的なものである可能性もあった。しかしブラウンが、採取して二十年も経った花粉を使ってみたところ、まったく同じ運動が起こったのだ。興味をひかれたブラウンは、ガラスからスフィンクスのカケラまで、生物由来ではないさまざまな物質を微粒子にして、水中に懸濁させてみた。すると、いずれの場合もまったく同じジグザグ運動が起こり、生命力が原因ではないことが示された。ブラウンはその研究結果を、「植物の花粉に含まれる粒子に関して、一八二七年の六月と七月、そして八月に行った顕微鏡による観察についての短い報告。生物的な物体と非生物的な物体には、一般に活発な分子が存在することについて」というタイトルの小冊子として発表した。このいわゆる「ブラウン運動」については、もっともらしい説明がいくつも提案されたが、早晩、どの説明にも欠陥があることが示された。十九世紀の末までには、原子や分子の存在を信じる人たちは、ブラウン運動は、水の分子が微粒子に衝突するために起こるという説を受け入れていたのである。

アインシュタインが見抜いたのは、花粉粒子のブラウン運動は、一個の水分子が一回衝突することによって起こるのではなく、何回もの衝突が起こった結果として起こるということだった。花粉粒子――なんであれ水中に懸濁している微粒子――が行うランダムなジグザグ運動は、水分子による衝突の集団的効果が、それぞれの瞬間に現われたものだったのだ。アインシュタインは、微粒子が行う予測不可能な運動を理解するための鍵(かぎ)は、水分子の「平均的」な振る舞いからのずれ、すなわち統計的なゆらぎにあると睨(にら)んだ。水分子にくらべて、水中に浮かんだ微粒子のほうがはるかに大きいことを考えると、それぞれの花粉粒子には、いくつもの水分子がさまざまな向きから同時に衝突するだろう。いかに大きさは違えど、水分子がひとつ衝突するたびに、微粒子はどれかの方向にごくわずかに突き動かされる。しかし全体としてみれば、いろいろな向きの力が互いに打ち消し合うため、花粉粒子はじっと動かないだろう。ブラウン運動は、いくつもの水分子が同時に花粉粒子に衝突することで、粒子をどれかの方向に突き動かし、「平均」からずれた運動をさせるために起こるのだ。

アインシュタインはこの洞察にもとづいて、粒子がある時間内にジグザグ運動で進む水平距離の平均値をはじき出した。そして水温が十七度のとき、直径千分の一㎜の懸濁粒子は、一分間に一㎜の六千分の一だけ移動すると予想した。アインシュタインは、温度計、顕微鏡、そしてストップウォッチだけを使って、原子の大きさを測定するための式を立てたのである。それから三年後の一九〇八年、ソルボンヌ大学のジャン・ペランがきわめて洗練された一連の実験を行い、アインシュタインの予想を裏づけた。ペランはこの仕事により、一九二六年のノーベル賞を受賞した。

プランクが相対性理論を支持してくれたこと、そしてブラウン運動の解析が原子を認めさせるための決定的な突破口として認知されたことにより、光の量子論は受け入れられなかったものの、アインシュタインの名声は高まった。彼が特許局に勤めていることはほとんど知られていなかったので、アインシュタインに届く手紙は、ベルン大学宛てになっていることも多かった。ヴュルツブルク在住のヤーコプ・ラウプはこう書いた。「率直に言って、あなたが一日八時間特許局の机に座っていると知って驚きました。歴史は悪い冗談に満ちています」。ときは一九〇八年三月。アインシュタインもその意見に同感だった。特許局に勤めてほぼ六年が経った今、彼はもう特許の奴隷でいたくはなかった。

彼はチューリヒのある学校の数学教師の募集に応募し、物理学も喜んで教えますと書いた。その応募書類には学位論文を一部同封した。それは一九〇五年に、三度目の挑戦で彼にチューリヒ大学の博士号をもたらしてくれた仕事であり、ブラウン運動に関する論文の基礎となる仕事でもあった。また彼は、就職に有利に働くかもしれないと考え、それまでに発表した論文をすべて同封した。しかし科学者としてのみごとな業績にもかかわらず、応募した二十一人のなかで、アインシュタインは二次選考の三人の中にすら残れなかった。

アインシュタインは、チューリヒ大学の実験物理学教授アルフレート・クライナーに強く促されて、ベルン大学の「私講師」、つまりは給料をもらわない講師のポストに三回目の応募をした。一回目のときは、博士号をもっていなかったため却下された。一九〇七年の六月、二度目の応募では、「大学教授資格取得論文」(発表されていない研究)を同封しなかったために失敗した。クライナーは、まもなく設置されるはずの理論物理学の員外教授にアインシュタインを採用したいと考えており、そのための条件として、私講師になっておく必要があったのだ。そこでアインシュタインは、要請された大学教授資格取得論文を書き、一九〇八年の春に、正式に私講師に任命された。

彼がはじめて担当した熱学の講義に出て来た学生は、わずか三人だけだった。しかもその三人は、友だち同士だった。それも無理はなかったろう。なにしろアインシュタインに割り振られたのは、火曜日および土曜日の、朝の七時から八時までの時間だったからだ。大学の学生は、私講師の講義には出席しなくてもよく、そんなに早起きしたい者はいなかったのだ。講師としてのアインシュタインは、当時もその後も、あまり準備が良いとは言えず、計算を間違うこともめずらしくなかった。そんなとき、彼は学生のほうを振り返って、こう尋ねるのだった。「どこで間違ったのだろう。誰かわかる者はいるかね？」。学生が計算ミスを指摘すると、アインシュタインはいつも、「わたしは数学はあまり得意ではなくてね」と言った。

教育能力はアインシュタインに予定されていたポストには重要な要件だったので、クライナーは、彼がちゃんと講義できるかどうか確かめようと、一度聴講しておくことにした。ところがアインシュタインは、「審査されている」のが気になって、ひどい講義をしてしまう。しかしクライナーは二度目のチャンスを与え、アインシュタインは今度はきちんと講義をすることができた。彼は友人のヤーコプ・ラウプへの手紙に、「ラッキーでした。いつもとは違ってうまく講義できたのです」と書いた。一九〇九年五月、アインシュタインはついにチューリヒ大学に職を得て、胸を張って、「正式に、堕落した連中の一員となりました」と言うことができた。ミレヴァと五歳のハンス・アルベルトを連れてチューリヒに引っ越す前の九月、アインシュタインはザルツブルクに向かい、ドイツ自然学芸術協会の会合で、ドイツ物理学の精鋭たちを前に基調報告を行なった。彼は周到な準備をしてその講演に臨んだ。

そのような基調報告を依頼されるのは、めったにない栄誉だった。そういう講演は年配の大物物理学者の役目であり、員外教授になったばかりの、三十歳そこそこの若手がやることではなかったのだ。アインシュタインは注目の的になったが、彼は平然と演壇に向かい、のちに高く評価されることになる講演を行なった。講演タイトルは、「自然に関するわれわれの観点の発展と、放射の構成について」。彼は聴衆に向かって、「理論物理学が次の段階に発展するとき、波動理論と放出理論が融合したようなものとしての、光の理論がもたらされるでしょう」と述べた。それは単なる思いつきではなく、黒体の内部に鏡を吊り下げたらどうなるかという、みごとな思考実験にもとづいていた。その思考実験で導かれた放射のエネルギーおよび運動量のゆらぎに関する式は、二つの部分から成り立っていた。ひとつは光の波動説に対応する部分。そしてもうひとつは、放射が量子からなることを示す、あらゆる特徴を備えた部分だった。光に関する二つの理論がどちらも捨てられないように、ゆらぎに関する式の二つの部分もまた、どちらも捨てることはできそうになかった。そのゆらぎの式は、のちに波と粒子の二重性と呼ばれることになる性質——光は粒子でもあり、波でもあるという性質——をはじめて予言したものだった。

座長を務めていたプランクは、アインシュタインが席に着くと、いちばんに口を開いた。彼はまずアインシュタインに講演の礼を述べたのち、その場にいた全員に向かって、自分はアインシュタインとは違う考えをもっていると言った。そして、量子が必要になるのは、物質と放射とのあいだでエネルギーが交換される場合だけに限られるという、堅い信念を繰り返したのだ。アインシュタインが言うように、光がじっさいに量子でできていると考えることは、「今のところまだ必要ではない」とプランクは言った。このときアインシュタインを擁護して立ち上がったのは、ヨハネス・シュタルクただひとりだった。悲しいことにシュタルクは、フィリップ・レーナルトとともに、のちにナチス党員となり、アインシュタインと彼の仕事を「ユダヤ物理学」として攻撃することになる。

アインシュタインが特許局を後にしたのは、研究時間を増やすためだった。しかしチューリヒにやってきた彼は、嫌なことに気がついた。一週間に七時間の講義をするにはかなりの準備が必要で、「自由になる時間は、じつはベルンにいたときよりも少なくなりました」とアインシュタインは嘆いた。学生たちは新しい教授のみすぼらしい身なりに驚いたが、アインシュタインは、わからないことがあったらいつでも聞いてください、というくだけたスタイルで、あっというまに学生たちの尊敬と愛情を勝ち取った。正式な講義のほかにも、少なくとも一週間に一度は、学生たちを連れて「カフェテラス」に行き、閉店の時間まで気楽なおしゃべりをした。まもなく仕事にも慣れたアインシュタインは、量子を使って長年の未解決問題に立ち向かった。

一八一九年のこと、二人のフランス人科学者ピエール・デュロンとアレクシス・プティは、銅から金まで、さまざまな金属の比熱、すなわち一キログラムの物質の温度を一度上げるために必要なエネルギーを測定した。「あらゆる単体の原子は厳密に同じ比熱をもつ」というデュロンとプティの結論を疑う者は、それから半世紀にわたり、原子の存在を信じる者のなかにはひとりもいなかった。そんなわけで、一八七〇年代にその例外となる現象が発見されたときには、たいへんな驚きをもって受け止められた。

アインシュタインは、比熱の異常という問題に取り組むにあたり、物質の原子が加熱されると振動を始めると考え、プランクのアプローチを使うことにした。原子はどんな振動数でも振動できるわけではなく、振動数は「量子化されて」いる——すなわち、ある「基本」振動数の、整数倍の振動数でしか振動することができない、と考えるのだ。アインシュタインは、固体がどのようにして熱を吸収するかを説明する新理論を思いついた。原子が吸収できるのは、離散的な大きさのエネルギー——エネルギー量子——だけである。しかし、温度が下がると、その物質のもつエネルギーが減少し、やがて個々の原子に「ちょうどよい」サイズのエネルギー量子を与えることができなくなる。結果として、固体が吸収するエネルギーが減り、つまりは比熱が減少するのである。

三年のあいだ、アインシュタインの仕事はほとんど誰の関心も引かなかった。彼が成し遂げたのは、エネルギーを量子化することにより——つまり、原子レベルのエネルギーは小さな塊になっていると考えることにより——まったく異なる物理分野の問題が解決できることを示すという画期的なものだったにもかかわらず、である。しかし、ベルリン大学の傑出した物理学者ヴァルター・ネルンストが、わざわざチューリヒにアインシュタインを訪ねたとなって、物理学者たちはようやく、これはただごとではないと悟った。ネルンストがチューリヒに出向いた理由はすぐに判明した。彼は低温での固体の比熱を正確に測定することに成功したのだが、そうして得られた結果は、量子によるアインシュタインの理論の予測とぴったり一致したのだ。

こうして成功が続いたことで名声が高まり、アインシュタインはプラハ大学ドイツ部の正教授に招かれた。それは十五年間暮らしたスイスを去ることを意味したが、この機会を逃すわけにはいかなかった。アインシュタインとミレヴァ、息子のハンス・アルベルト、そしてまだ一歳になっていなかったエドゥアルトは、一九一一年四月にプラハに移った。

「わたしはもはや量子が本当に存在するのかと問うことはしません」と、アインシュタインは新しいポストに着任してまもなく、友人のミケーレ・ベッソへの手紙に書いた。「また、量子をひねり出してみせようとも思いません。というのは、頭がその方向に向かわないことがわかったからです」。その代わりに、量子の意味を理解することに専念するつもりだ、と彼はベッソに語った。そう考えているのは彼ひとりではなかった。それから一カ月も経たない六月九日に、ベルギーの実業家で、炭酸ナトリウム（ソーダ灰）の生産で莫大な富を得たエルネスト・ソルヴェイが、十月二十九日から十一月四日までの週にブリュッセルで開かれる予定の「科学会議」に出席してくれるなら、その費用として千フランを提供したいと申し出た。アインシュタインは、「分子と運動論に関する今日的な問題」を論じるためにヨーロッパ中から選ばれた、二十二名の物理学者のひとりになる予定だった。彼のほかにも、プランク、ルーベンス、ヴィーン、ネルンストが出席することになっていた。それは量子に関するサミット会議だった。

プランクとアインシュタインは、特定のテーマで報告を準備するように頼まれた八名のうちの二人だった。原稿は、フランス語、ドイツ語、英語で書かれることになるため、報告はあらかじめ参加者に送付され、予定されたセッションの議論の出発点となるはずだった。プランクは黒体放射について、アインシュタインは比熱の量子論を担当することになった。アインシュタインは最終講演を行うという栄誉に浴したが、光の量子論に関する議論は予定されていなかった。

「この取り組みは実に魅力的です」と、アインシュタインはヴァルター・ネルンストへの手紙に書いた。「あなたがその中核にあることは疑う余地がありません」。一九一〇年までには、ネルンスト自身が「もっとも興味深く、まぎれもなくグロテスクな規則」だと見なしている量子を理解するための機は熟したと考えていた。彼はそのための会議を開くようソルヴェイを説きふせ、このベルギーの実業家は金に糸目をつけず、豪華なホ

一九一二年のアインシュタイン　光電効果を量子論的に解決した論文および特殊相対性理論の論文など、五篇の論文を発表した「奇跡の年」の七年後。
ⓒ Underwood & Underwood/CORBIS

第１回ソルヴェイ会議　1911年10月30日～11月3日、量子のサミット会議。
前列着席者、左からヴァルター・ネルンスト、マルセル＝ルイ・ブリユアン、エルネスト・ソルヴェイ、ヘンドリク・ローレンツ、エミール・ヴァールブルク、ジャン＝バティスト・ペラン、ヴィルヘルム・ヴィーン、マリー・キュリー、アンリ・ポアンカレ。
後列起立者、左からロベルト・B・ハウトスミット、マックス・プランク、ハインリヒ・ルーベンス、アルノルト・ゾンマーフェルト、フレデリック・リンデマン、モーリス・ド・ブロイ、マルティン・クヌーセン、フリードリヒ・ハーゼノール、G. オステレ、E.ヘルツェン、サー・ジェームズ・ジーンズ、アーネスト・ラザフォード、ヘイケ・カメルリング・オネス、アルベルト・アインシュタイン、ポール・ランジュヴァン。
Photograph by Benjamin Couprie, Institut International de Physique Solvay, courtesy AIP Emilio Segrè Visual Archives

テル・メトロポールを会場として用意した。それは実に贅沢な環境だった。必要なものはすべて手配され、アインシュタインと仲間の物理学者たちは量子について話しながら五日間を過ごした。アインシュタインが、彼の言うところの「魔女のサバト」にどれだけ期待していたかはわからない。ともかくも、彼は落胆してプラハに戻り、自分が知らなかった話は何ひとつなかったとこぼした。

それでも、ほかの「魔女」たちと知り合いになれたのは楽しかった。マリー・キュリーは、「気取りのない」人物で、アインシュタインのことを「頭脳明晰。事実と深い知識を組み合わせていくみごとな腕前」の持ち主と評した。会議の途中で、彼女がノーベル化学賞を受賞したと報じられた。キュリーは一九〇三年にすでにノーベル物理学賞を受賞していたので、二つ目のノーベル賞を受賞した最初の科学者となったわけである。それは途方もない快挙であり、会議の期間中に彼女を取り巻いたスキャンダルがかすんでしまうほどだった。フランスのメディアは、彼女が既婚のフランス人物理学者、ポール・ランジュヴァンと恋愛関係にあることをすっぱ抜いたのだ。ランジュヴァンはエレガントな口ひげを生やしたほっそりした人物で、ソルヴェイ会議の委員だった。フランスの新聞は二人がベルギーへ駆け落ちしたと書きたてた。アインシュタインは、二人はそんな特別な関係にあるようには見えなかったので、記事はでたらめだといって相手にしなかった。キュリーは「輝くような知性」の持ち主ではあったが、「その手の魅力はなく、誰にとっても危険な存在にはなりようがない」というのがアインシュタインの見立てだった。

ときには重圧に動揺するかに見えることもあったが、アインシュタインは初めて量子と折り合いをつけた人物のひとりとなり、その過程でそれまで隠されていた光の本性を暴(あば)いた。もうひとり、量子と折り合いをつけた若い理論家がいた。その若者は、誰にも相手にされていなかった欠陥のある原子モデルを、量子を使って蘇(よみがえ)らせたのである。

第三章　ぼくのちょっとした理論――ボーア

一九一二年六月十九日水曜日、イギリスはマンチェスター。「親愛なるハーラル、ぼくは原子の構造についてちょっとした発見をしたと思う」。ニールス・ボーアは弟への手紙にそう書くと、次のように言い添えた。「このことは誰にも言わないでくれよ。本来、まだ手紙に書けるようなことではないんだ」。秘密厳守が肝心だった。なにしろボーアがやろうとしていたのは、すべての科学者が夢見ること、すなわち「実在のかけら」を露(あらわ)にすることだったからだ。やるべきことはまだまだ残っていた。「どうしても急いでやってしまいたくて、研究室を二日ほど休んだよ(これも内緒にね)」。デンマーク人のボーアはこのとき二十六歳。彼の頭に芽生えつつあったアイディアを、「原子と分子の構成について」という同一タイトルの三部作として発表するまでには、彼の予想をはるかに上回る時間がかかることになった。一九一三年の七月に発表された第一部の論文は、量子を原子の内部にじかに持ち込んだ、真に革命的な仕事だった。

ニールス・ヘンリク・ダヴィド・ボーアがコペンハーゲンに生まれたのは、母親エレンの二十五歳の誕生日にあたる一八八五年十月七日のことだった。エレンは第二子の出産のために、居心地のよい実家に戻っていた。デンマークの国会議事堂をその一角に収めるクリスティアンボー城と、広々とした石畳の通りを隔てて対面するヴェズ・スドラネン十四番地の家は、コペンハーゲンでも屈指の豪邸だった。銀行家にして政治家でもあるエレンの父親は、デンマークでもっとも裕福な人物のひとりに数えられていた。ボーアの家族は、そこに長くとどまったわけではなかったが、ニールスはその豪邸を振り出しに、一生涯、広々とした立派な邸宅に住み続けることになる。

ニールス・ボーア　原子に量子を持ち込んだ「ゴールデン・デーン」。1922年、ノーベル賞受賞の年。AIP Emilio Segrè Visual Archives, W. F. Meggers Collection

父親のクリスティアン・ボーアは、コペンハーゲン大学の生理学特別教授という地位にあった。彼は当時すでに、ヘモグロビンが酸素を解離するプロセスに二酸化炭素が関係していることを発見しており、その後に行った呼吸に関する仕事と合わせ、ノーベル生理学・医学賞にノミネートされることになる。一八八六年から、クリスティアンが五十六歳でときならぬ死を迎えた一九一一年までの年月を、ボーア家は、コペンハーゲン大学の外科医学科の重厚な建物の中にある、広々とした居住区画のひとつに住んでいた。コペンハーゲンでもっとも上流の人びとが集まる地域にあり、最寄りの学校までは徒歩で十分というその住まいは、ボーア家の子どもたち――ニールスより二つ年上のイェニ、ニールス、そしてニールスより十八カ月下のハーラル――にとっては申し分のない立地だった。三人のメイドとひとりの乳母に身の回りの世話をしてもらいながら、ボーア家の子どもたちは、人口が増え続けていたコペンハーゲンで大半の住民が置かれていた、ごみごみとした狭苦しい環境とは別世界のような、快適で特権的な子ども時代を過ごした。

父親の学者としての地位と、母親の社会的ステータスのおかげで、ボーア家にはデンマークでも一流の科学者や学者、作家、芸術家たちが出入りしていた。そうした常連客のなかに、父親と同じデンマーク王立科学文学アカデミーの会員である人物が三人いた――物理学者のクリスティアン・クリスティアンセン、哲学者のハーラル・ヘフディング、そして言語学者のヴィルヘルム・トムセンである。アカデミーで週に一度開かれる定例会の後、四人の仲間たちは誰かひとりの家に集まり、議論を続けるのがつねだった。

十代になったニールスとハーラルは、父親から、アカデミーの会員たちを家に迎えるときには、静かに話を聞いていてもよいと言ってもらった。世紀末の退廃的な気分がヨーロッパを覆うなか、こうした人たちの学問的な問題意識に関する対話を聞けるというのは、誰にでも許される機会ではなかった。ニールスは後年、「われわれ兄弟が人生のもっとも早い時期に、もっとも深い印象を受けた影響のいくつかは、そのとき聞いた話によるものだった」と述べた。

学校時代のボーアは、数学と科学は良くできたが、語学の才能はなかったようだ。ある友人は当時の思い出をこう語った。「休み時間に喧嘩がはじまると、彼は躊躇なく腕力にものを言わせた」。一九〇三年、ボーアは、当時デンマークで唯一の大学だったコペンハーゲン大学に進み、物理学を学びはじめた。そのころアインシュタインのほうは、ベルンの特許局に勤め出して一年余りが経っていた。一九〇九年にボーアが修士の学位を取得したときには、アインシュタインはチューリヒ大学の物理学の員外教授になっており、はじめてノーベル賞にノミネートされている。ボーアのほうも、ずっと小さな舞台ではあったが、すでにひと旗上げていた。一九〇七年、二十一歳のときに、水の表面張力に関する論文で、デンマーク王立科学文学アカデミーの金メダルを受賞したのだ。ボーアの父親も一八八五年に銀メダルを得ていたため、しばしば自慢げにこう語った。

「わたしは銀だが、ニールスは金だ」

ボーアが金メダルを射止めることができたのは、実験室を引き上げて田舎に引っ込み、論文を書き上げたほうがいいという父親の説得のおかげだった。ボーアは、締め切りまであと数時間というときになって論文を提出したが、まだ書き足りないことがあったので、二日後に、追補という形で追加の原稿を提出しに行った。どんな文章でも、自分の言いたいことが言えたと納得がいくまで、何度でも書き直しをしないと気がすまないという彼の性分は、ほとんど神経症だった。博士論文のときも、ボーアはそれを書き上げてから一年ほど経ってから、「あれは十四回ぐらい書き直した」と語っている。手紙を一通書くだけでも、際限なく時間がかかった。あるときハーラルが、ニールスの机の上に一通の手紙があるのを見て、投函(とうかん)してきてあげようかと言った。するとニールスはこう答えた。「だめだめ、それはまだ下書きのための草案のためし書きなんだから」

ニールスとハーラルの兄弟は、生涯を通じて、もっとも親しい友人であり続けた。ふたりとも数学と物理学が大好きだっただけでなく、スポーツ、とくにサッカーに情熱を注いだ。ハーラルのほうが選手としては優れ、一九〇八年のオリンピックでは、決勝戦でイギリスに負けたデンマークのサッカー・チームの一員として銀メダルを得ている。知的な面でも、ハーラルのほうが天分に恵まれたとみる人は多かった。じっさい、一九一一年五月にニールスが物理学で博士号を取るよりも一年早く、ハーラルは数学で博士号を取得している。しかし父親はいつも、「我が家で特別な人間は」、上の息子のニールスだと言うのだった。

ボーアは、慣例に従って白タイと燕尾服を身にまとい、博士論文の公開口頭試問に臨んだ。彼の口頭試問は、史上最短の九十分で終わった。二名の審査員のうちのひとりは、父親の友人であるクリスティアン・クリスティアンセンが務めた。クリスティアンセンは、「金属理論の博士論文が審査できるほど、この分野に通じた」物理学者がデンマークにひとりもいないのは遺憾であると述べた。ともかくも博士号を取得したボーアは、マックス・プランクやヘンドリク・ローレンツといった人たちにその論文を送った。しかし誰からも返事が来なかったので、ボーアはようやく、論文を翻訳してから送らなかった失敗に気づいた。一流の物理学者はたいていドイツ語かフランス語には困らなかったが、ボーアは英語に訳すことに決め、友人に頼み込んで翻訳してもらった。

デンマークでは伝統的に、大志を抱く若者はドイツの大学で学業の仕上げをすることになっており、じっさい父親はライプツィヒ、弟はゲッティンゲンを選んだが、ボーアはイギリスのケンブリッジ大学に行くことにした。ニュートンとマクスウェルの知的伝統のあるケンブリッジは、彼にとって「物理学の中心地」だったからだ。翻訳した博士論文は名刺代わりになってくれるだろう。それを糸口に、サー・ジョゼフ・ジョン・トムソンと話ができれば、とボーアは期待した。トムソンは、のちにボーアが、「みんなに進むべき道を示した天才」と評することになる人物である。

夏のあいだヨット遊びやハイキングに明け暮れたボーアは、デンマークの有名なビール会社カールスバーグが創設した一年期限の奨学金を得て、一九一一年の九月の末、イギリスに渡った。「今朝は嬉しいことがありました。たまたま立ち止まった店の扉の上を見上げると、その住所がケンブリッジだったのです」と、彼は婚約者のマグレーデ・ヌーアランへの手紙に書いた。紹介状を何通かもらってきていたのに加え、ボーアという名前のおかげもあって、亡くなった父親を忘れずにいたケンブリッジ大学の生理学者たちは、彼を暖かく迎えてくれた。その人たちに手伝ってもらいながら、ボーアは町はずれに小さな二間の家を見つけ、「さまざまな手続きや、訪問、晩餐会などで忙しい」日々を送る。しかしまもなく、トムソン――友人や学生らの呼び方ではJ・J――との面会のことが、ボーアの心を苛みはじめた。

マンチェスターの書店に生まれたトムソンは、一八八四年、二十八歳の誕生日の一週間後に、キャヴェンディッシュ研究所の第三代所長に選ばれた。ジェームズ・クラーク・マクスウェルとレイリー卿の後を継ぎ、名門の実験施設を率いるにしては、トムソンはかなり意外な人選だった。年齢的に若かったこともあるが、それだけではない。「J・Jは手先がひどく不器用だった」と、彼の助手を務めたことがある人物は当時を振り返って言った。「そのためわたしは、彼が装置に触らないよう気を配らなければならなかった」。しかし、よしんば電子を発見してノーベル賞を受賞した人物が不器用だったとしても、研究所の仲間たちの証言によれば、トムソンは、「装置をわざわざ触ってみるまでもなく、込み入った装置の仕組みを直観的に理解することができた」という。

初対面のとき、わずかに髪を乱したトムソンにやさしく迎えられて、ボーアの緊張もいくらかほぐれた。トムソンはぼんやり型の教授を絵に描いたような人物で、丸ぶち眼鏡をかけ、ツイードジャケットとウィングカラーのシャツを着ていた。なんとか自分を印象づけようと思い詰めたボーアは、自分の学位論文とトムソンの著作をしっかかと抱きかかえて、トムソン教授の研究室に歩み入った。そしてトムソンの本を開くと、ある式を指さして、「これは間違いです」と言ったのだ。昔の間違いをずけずけと指摘されて面食らいながらも、J・Jは、ボーアの学位論文を読んでおこうと約束してくれた。そして、たくさんの論文が山のように積み上がっている机の一番上にボーアの論文を置くと、この若いデンマーク人に、今度の日曜日、うちに夕食にいらっしゃいと言ってくれた。

はじめは有頂天だったボーアも、論文を読んでもらえないまま何週間かが過ぎるうちに、だんだんイライラが募ってきた。彼はハーラルへの手紙にこう書いた。「どうやらトムソンは、初対面のときに思ったのと違って、一筋縄ではいかない相手のようだ」。

しかし、当時五十五歳だったトムソンに対するボーアの称賛の気持ちは変わらなかった。「彼は信じられないほど頭が良く、あふれんばかりの想像力がある（彼の初級向けの講義は一聴に値するよ）。それにとても気さくで感じがいいよ。でも彼は雑用に忙殺されているし、研究のことで頭がいっぱいだから、話しかけるのは容易じゃないんだ」。ボーアは、自分の英語が下手なのも問題だとわかっていたので、言葉の壁を乗り越えようと、辞書を片手にディケンズの『ピックウィック・ペーパーズ』を読みはじめた。

十一月の初め、ボーアは、父親の元教え子で、マンチェスター大学の病理学教授になっていたジェームズ・ローラン・スミスに会いに出かけた。ローラン・スミス教授はボーアを、ブリュッセルでの物理学会議から戻ったばかりのアーネスト・ラザフォードに引き合わせてくれた(1)。カリスマ性のあるニュージーランド人ラザフォードは、ボーアが後年回想したところによれば、「独特の熱のこもった口調で、物理学に開かれた、たくさんの新しい展望のことを話してくれた」。「ソルヴェイ会議で話し合われたことに関する生き生きとした話」をたっぷりと吹き込まれたボーアは、人間としても物理学者としてもラザフォードに魅了され、感激してマンチェスターを離れた(2)。

一九〇七年五月、マンチェスター大学の物理学部長に着任したラザフォードは、さっそく初日から、自分の研究室を探し回って周囲をあわてさせた。「ラザフォードが階段を三段ずつ駆け上がったのを見て、わたしは度肝を抜かれた。教授があんなふうに階段をのぼるなんて、ありえないことだった」と、実験の助手だった人物は語った。しかし数週間のうちに、三十六歳のラザフォードは、無尽蔵なエネルギーと気取りのないスタイルで新しい仲間たちの心をつかんだ。彼はさっそく、それから十年にわたり他の追随を許さない成功を収めることになる、破格の研究グループを作りはじめた。それを可能にしたのは、ラザフォードの科学上の目のつけどころの良さと、巧妙な装置を工夫する抜群のセンスのおかげだったが、それだけでなく、彼の個性のなせるわざでもあった。ラザフォードは彼の研究グループの頭脳であるばかりか、心臓でもあったのだ。

アーネスト・ラザフォード　カリスマ的なニュージーランド人。ボーアに多大な影響を及ぼしたが、とりわけボーアがコペンハーゲンに自身の研究所を作りたいと考えるようになったのは彼の影響だ。ラザフォードの門下から、12人がノーベル賞を受賞することになる。AIP Emilio Segrè Visual Archives

ラザフォードは、一八七一年八月三十日、ニュージーランド南島の町スプリンググローブの小さな木造平屋建ての家に、十二人きょうだいの四番目として生まれた。母親は教師、父親は職を転々としたのち製粉場で働いていた。人家もまばらな田舎の暮らしは厳しく、ジェームズとマーサのラザフォード夫妻は、子どもたちにはおのれの天分と運だけを頼みにチャンスをつかんでもらうしかなかった。アーネストは次々と奨学金を受けて勉強を続け、地球の反対側のケンブリッジ大学に進んだ。

一八九五年十月、トムソンのもとで学ぶためにキャヴェンディッシュにやってきたときのラザフォードは、それから数年後の、エネルギッシュで自信に満ちた人物とは別人のようだった。そんな彼が変わりはじめたのは、ニュージーランド時代にはじめた「無線波」――のちの電波――を検出するという仕事を再開してからのことだ。彼は数カ月のうちに、従来のものより格段に性能の高い検出器を開発し、それを使ってひと儲けすることも考えるようになった。しかし彼は、すんでのところで踏みとどまる。特許をとることが稀な科学界では、金儲けのために研究を利用するようなマネをすれば、駆け出しの若手は将来を潰しかねないことに気づいたのだ。結局、イタリア人のグリエルモ・マルコーニが、ラザフォードのものになっていたかもしれない大金をつかんだが、世界中で新聞の第一面を飾ったその発見をするために自分の検出器を使わなかったことを、ラザフォードはけっして後悔しなかった。

一八九五年十一月八日、ヴィルヘルム・レントゲンは、空気を抜き取ったガラス管に高電圧をかけて電流を流すと、未知の放射線が生じ、蛍光物質のシアン化白金酸バリウムを塗りつけた小さな紙のスクリーンを光らせることを発見した。ヴュルツブルク大学教授だった五十歳のレントゲンは、その謎の放射線を発見したときどんなことを考えていたのかと尋ねられて、こう答えた。「わたしは何か考えていたわけではありません。調べていたのです」。彼はほぼ六週間というもの、「その放射線がたしかに存在するという絶対的な確信を得るまで、同じ実験を何度も何度も繰り返した」。そして彼は、蛍光を生じさせる不思議な放射物は、ガラス管から出ていることを確かめた。

レントゲンは妻のベルタに頼んで写真乾板の上に手を置いてもらい、未知の放射線——彼の言う「エックス線」——を照射した。十五分後、レントゲンが写真乾板を現像してみると、手の骨の輪郭、二つの指輪、そしてぼんやりとした肉の影が浮かび上がり、ベルタを怯えさせた。一八九六年一月一日、レントゲンは「新種の放射線」と題した論文に、箱に入れたままの分銅を外から撮影したエックス線写真と、くだんのベルタの手の骨の写真を添えて、ドイツや諸外国の主要な物理学者たちに送付する。数日のうちに、レントゲンの発見と、驚くべき写真の話は野火のように広まった。世界中のメディアが、妻の手の骨が浮かび上がった不気味な写真に飛びついたのだ。それからの一年間に、エックス線について書かれた本は四十九冊、科学論文や科学雑誌の記事は千本以上を数えることになる。

トムソンは、その論文の英訳版が、週刊の科学雑誌『ネイチャー』の一月二十三日号に掲載されるよりも早く、なにか不吉な響きのするエックス線の性質を調べはじめていた。当時、ガスの電気伝導性を調べていたトムソンは、エックス線を照射すると、それまで電気を通さなかったガスが電導体になるという記事を読んでエックス線に目を向けたのだった。たしかにそうなることを確かめたトムソンは、エックス線がガスを通過するときに何が起こっているのか調べたいと思い、そのテーマをラザフォードに与えた。ラザフォードはそれから二年のうちに、そのテーマで四本の論文を発表し、国際的に認められることになる。トムソンは、ラザフォードのひとつ目の論文に短い一文を寄せ、エックス線は光と同様、一種の電磁放射であろうと述べた。後に証明されるように、トムソンの予想は正しかった。

ラザフォードが実験に没頭していたとき、パリではフランス人のアンリ・ベクレルが、暗闇(くらやみ)で光を発する蛍光物質は、光だけでなくエックス線も出しているのではないかと考え、その可能性を調べていた。すると彼の予想に反して、蛍光を発するものも発しないものも含めて、ウラン化合物は放射線を出すことが明らかになった。ベクレルは、その「ウラン線」の発見を論文にして発表したが、科学界はほとんど関心を示さず、それを騒ぎ立てる新聞もなかった。ベクレルの放射線に興味を示したのはほんの数人の物理学者だけだった。そうなったのは、発見者であるベクレルと同様、大半の物理学者はそれをウラン化合物だけの現象だと考えたからだ。しかしラザフォードは、「ウラン線」がガスの電気伝導性に及ぼす影響を調べてみることにした。彼はのちにその判断を、自分の人生でもっとも重要な決断だったと述べることになる。

オランダ金箔（きんぱく）（銅と亜鉛の合金の模造金箔）を使って、ウランから出てくる放射線の透過性を調べていたときのこと、ラザフォードは、箔を通り抜けて検出される放射線の量は、使用する箔の枚数に応じて変わることに気がついた。箔の枚数を増やしていくと、透過する放射線は減少するが、ある枚数以上に箔を増やしても、透過する放射線が減らなくなった。ところが驚いたことに、さらに箔を増やしていくと、放射線がふたたび減少しはじめたのだ。いろいろな材料を使って実験を繰り返しても同様のパターンが得られたため、ラザフォードはそれを説明する方法はひとつしかないと考えた。放射線には二種類あるということだ。彼はその二つを、アルファ線とベータ線と呼んだ。

ドイツの物理学者ゲルハルト・シュミットが、トリウムとその化合物も放射線を出していると報じると、ラザフォードは、その放射線をアルファ線およびベータ線と比較してみた。すると、トリウムの放射のほうが箔を透過する力が大きかったため、ラザフォードは、「より透過性の高い種類の放射線が存在する」と結論した。その放射線は、のちにガンマ線と呼ばれるようになった[3]。マリー・キュリーは、放射線を出す性質を表すために、「放射能」という言葉を使い、「ベクレル線」（アルファ線とベータ線）を出す物質を、「放射性物質」と呼んだ。キュリーは、放射能をもつ物質はウランだけではないことから、原子レベルで何かが起こっているに違いないと考えた。それに気付いた彼女は、夫ピエールとともに、放射性元素ラジウムとポロニウムの発見へとつづく道に踏み出すことになった。

一八九八年四月、キュリー夫妻の最初の論文がパリで発表されたころ、ラザフォードは、カナダのモントリオールにあるマギル大学に教授ポストの空きがあることを知った。すでに放射能という新分野の開拓者として認められもし、トムソンの力強い推薦状もあったにもかかわらず、ラザフォードはまさか自分が選ばれると思わずにその人事に応募したのだった。トムソンの推薦状にはこうあった。「ラザフォード氏ほど、オリジナルな研究を行うために必要な独創性と熱意をもつ学生を、わたしはいまだかつて見たことがありません。もしも彼がこのポストに就くならば、モントリオールに優れた物理学の一派を作り上げるに相違ありません」。そしてトムソンはこう締めくくった。「ラザフォード氏を物理学教授に得た研究所は、幸運であります」。かくして二十七歳になったばかりのラザフォードは、嵐(あらし)の海を渡り、九月の末にモントリオールにやってきた。彼はそれからの九年間をその地で過ごすことになる。

ラザフォードはイギリスを出発する前から、自分に期待されているのは、「独創的な仕事をどっさりやって、ヤンキーども［アメリカ人］にひと泡吹かせてやること」だとわかっていた。そして彼はまさにそれをやってのけた。彼はまず、トリウムの放射能は、一分間で半分に減り、次の一分でそのまた半分に減ることを発見した。したがって、三分経過すれば、放射能はもとの強さの八分の一になる。[4] ラザフォードは、放射能がこうして急激に減少し、放射線の強度がもとの半分になるのにかかる時間を、「半減期」と呼んだ。放射性元素は、それぞれ固有の半減期をもっていた。そして、つぎにラザフォードが成し遂げたのが、彼にマンチェスター大学教授のポストとノーベル賞をもたらすことになる大発見だった。

一九〇一年の十月のこと、ラザフォードは、モントリオール大学の二十四歳のイギリス人化学者フレデリック・ソディとともに、トリウムとその放射線の研究をはじめた。まもなくふたりは、トリウムが別の元素に変わっている可能性に直面する。それに気づいたとき、ソディは驚いて立ち尽くし、「これは元素のトランスミューテーション［変性］だ」とつぶやいた。それを聞いたラザフォードはこう言った。「おいおい、ソディ、変性だなんて言っちゃだめだよ。錬金術師に仕立てられて、首を切り落とされちまうぞ」

しかしふたりはまもなく、放射能とは、元素が放射線を出して別の元素に変わる能力なのだと確信した。ふたりの異端的な理論は、はじめは真面目（まじめ）に受け止めてもらえなかったが、実験的な証拠に疑う余地がないことは、すぐに明らかになった。ふたりに批判的だった人たちは、物質は不変だという、ながらく大切にされてきた信念を捨てざるをえなかった。もはやそれは錬金術師の夢ではなく、科学的事実だった。すべての放射性元素は自発的に別の元素に変わる。そして半減期とは、はじめの元素の半数が、別の元素に変わるのにかかる時間だったのだ。

のちにイスラエルの初代大統領となるハイム・ワイツマンは、当時はマンチェスター大学の化学者だったが、ラザフォードの思い出を次のように語っている。「若々しく元気いっぱいで賑(にぎ)やかな彼は、およそ科学者という雰囲気ではなかった。彼は太陽の下にあるどんなテーマについてでも、すぐに自分の考えを力強く語り出し、何も知らないことについてもその調子だった。大学の食堂に行くと、轟(とどろ)くような彼の声が廊下の向こうから聞こえてきたものだ」。そしてワイツマンはこう付け加えた。ラザフォードは、「政治的なことについてはなんの知識も意見もなく、自分が取り組んでいる画期的な研究のことだけで頭がいっぱいだった」。そんなラザフォードの仕事の中核となったのが、原子の内部を探るためにアルファ粒子を使うという方法だった。

しかし、アルファ粒子とはいったい何なのだろう? ラザフォードは、強い磁場をかけると進路が曲がることから、アルファ線は正の電荷をもつ粒子だということを発見して以来、アルファ粒子の正体に頭を悩ませてきた。彼の予想では、アルファ粒子はヘリウム・イオン――電子を二個とも失ったヘリウム原子――だったが、状況証拠しかなかったため、その考えを公にしたことはなかった。しかしアルファ線の発見から十年を経た今、ラザフォードは、この粒子の正体を暴く決定的な証拠をつかみたかった。ベータ線についてはすでに大きな速度で飛ぶ電子であることが明らかになっていた。ラザフォードは、当時二十五歳のハンス・ガイガーというドイツ人の若い助手とこのテーマに取り組み、一九〇八年の夏、ついに答えを得た——アルファ粒子はたしかに、電子を二個とも失ったヘリウム原子だったのだ。

　ガイガーとアルファ粒子の仮面を剝ごうとしていたとき、ラザフォードは「あの散乱は曲者だ」と言った。彼がその不思議な現象に気付いたのは、それより二年前、まだモントリオールにいたときのことだった。アルファ粒子を雲母の薄片に当てたところ、雲母を通り抜けてきたアルファ粒子のなかに、進路がわずかに直線から逸れているものがあり、そのせいで写真乾板の像がぼやけるのだった。ラザフォードはいつか追究してやろうとこの件を心に留めた。マンチェスターにやってくるとすぐ、彼は取り組むべき課題のリストを作る。そのひとつだったアルファ粒子の散乱を調べるという課題を、ラザフォードはガイガーに与えた。

　ふたりは簡単な実験を考えた。アルファ粒子が薄い金箔を通過して、硫酸亜鉛を薄く塗った紙のスクリーンに当たると、シンチレーションと呼ばれるかすかな光が生じる。その光を素直に数えてみようというのだ。暗闇の中で黙々とシンチレーションを数えるのは、非常に根気のいる仕事だ。ラザフォードによれば、幸運にもガイガーは「それがとてもうまくて、散発的な光をひと晩じゅうでも平然と数え続けた」。ガイガーは、アルファ粒子は真っ直ぐに金箔を通りすぎるか、または角度にして一度から二度ほど進路を曲げられるという結果を得た。そこまではラザフォードの予想通りだった。驚いたのは、ガイガーの報告のなかに、ごく少数ながら、「目で見てわかるほど大きく進路を曲げられる」アルファ粒子があったことだ。

ラザフォードは、ガイガーの得た結果に意味はあるのか、あるとすればそれはどんな意味なのかをじっくり考えるまもなく、放射能は元素の変換過程であることを発見した功績により、ノーベル化学賞を受賞した。「あらゆる科学は、物理学か切手収集のどちらかだ」という考えの持ち主だったラザフォードは、自分が突如として物理学者から化学者に変わるという皮肉も味わうことになった。ノーベル賞をもらってストックホルムから戻ったラザフォードは、アルファ粒子が散乱される確率を、角度ごとに計算するための方法を勉強しはじめた。その方法でじっさいに計算してみると、金箔を通り抜ける過程で何度も散乱された結果として、アルファ粒子が進路を大きく変えられる確率は、ほとんどゼロと言っていいほど小さいことがわかった。

ラザフォードがその計算に懸命に取り組んでいたとき、ガイガーがやってきて、アーネスト・マースデンという有望な学部学生がいるので、そのプロジェクトに参加してもらってもかまわないだろうかと尋ねた。「もちろんかまわないとも」とラザフォードは答えた。「大きな角度に散乱されるアルファ粒子がないかどうか、調べてもらってくれ」。マースデンが調べた結果を見て、ラザフォードは驚いた。徐々に大きな角度まで調べていくと、飛んでくるはずのない大きな角度でも、アルファ粒子が硫酸亜鉛のスクリーンに当たったことを知らせる光が見えたというのだ。

「アルファ粒子線を大きな角度に跳ね飛ばすほど強力な電気ないし磁気の力が、いったいどこから出てくるのか」わからず頭を抱えたラザフォードは、マースデンに、ひょっとして真後ろに跳ね返されてくるアルファ粒子がないかどうか調べてみてくれと言った。何も見つからないだろうと思っていたラザフォードは、マースデンが本当に、金箔に当たって真後ろに跳ね返されたアルファ粒子を見つけたと知って驚愕（きょうがく）した。「それはまるで、十五インチの大砲の弾を紙きれめがけて発射したら、弾が跳ね返されてきて自分に当たったというようなものだ。まったく信じられないような話だった」

ガイガーとマースデンは、金属の種類を変えて散乱実験を行い、その結果を比較した。アルファ粒子が真後ろに散乱される確率は、金では銀の二倍、アルミニウムの二十倍ほど高かった。白金の箔を使った実験では、真後ろに跳ね返されるアルファ粒子は八千個中わずか一個だけという結果が得られた。ガイガーとマースデンは一九〇九年六月に一連の結果を発表したが、論文では実験方法を説明すると、あとはただ事実だけを述べた。ラザフォードはその結果をどう解釈すればよいのかわからず、それから一年半のあいだ考え続けた末に、ようやくひとつの説明にたどりついた。

原子は実在するのかという問題は、十九世紀を通じて科学と哲学の大きな論争のテーマだったが、一九〇九年までには、原子の実在性は疑いの余地なく立証されていた。原子論に批判的だった人たちは、圧倒的な証拠を前にして口をつぐむしかなかった。主要な証拠はふたつあった。ひとつは、アインシュタインがブラウン運動に説明を与え、それが実験により裏付けられたこと。もうひとつは、元素が放射線を出して別の元素に変わるという、ラザフォードの発見である。第一級の物理学者や化学者の多くが、原子の実在性を否定する陣営に加わった論争がこうして終結するなか、原子構造の最有力モデルとして浮かび上がってきたのが、J・J・トムソンの、いわゆる「プラムプディング［干しブドウ入り蒸しパン］モデル」だった。

一九〇三年にトムソンは、原子は、ちょうど蒸しパンの中に埋め込まれた干しブドウのように、質量のない正の電荷が球状に広がり、そこに負の電荷をもつ電子が埋め込まれているというモデルを提唱した。トムソンが電子を発見したのは、それより六年前のことだった。負の電荷をもつ電子同士は反発力を及ぼし合うが、まわりを正の電荷に取り巻かれているおかげで、原子は全体として電気的に中性になり、そのおかげで原子はバラバラに飛び散ってしまわずにすむ。[5] トムソンのイメージする原子は次のようなものだった。原子内の電子は、元素ごとに決まったパターンで同心環状に並んでいる。たとえば、金の原子と鉛の原子とが異なるのは、原子内の電子の個数と、その配置の仕方が違っているからだ。トムソンのモデルでは、原子の全質量は、原子内の電子の総質量にほかならない。したがって、もっとも軽い原子でさえ、その内部には何千個もの電子が含まれているはずだった。

それよりちょうど百年前の一八〇三年、イギリスの化学者ジョン・ドルトンは、原子の質量は、元素ごとに一通りに決まるという説を提唱した。原子の重さを直接的に測定する方法がなかったので、ドルトンは、いくつかの元素が結びついて化合物を作るときに、結びつく元素の個数の比を調べることにより、相対的な重さを求めることにした。そのためにはまず、基準となる重さを定めなければならない。水素は知られているなかでもっとも軽い元素だったので、ドルトンは水素に対して、原子量1という重さを与えた。それ以外の元素の重さは、水素の重さを基準として相対的に決められた。

トムソンは、エックス線とベータ粒子を原子に当てる散乱実験の結果から、自分の原子モデルは間違っていることを知った。彼のモデルでは、電子の個数が大きくなりすぎるのだ。トムソンが実験結果を使って計算し直してみると、ひとつの原子に含まれる電子の個数は、原子量を上回らないことがわかった。それぞれの元素について、一個の原子に何個の電子が含まれているのかたしかなところは不明だったが、こうして得られた上限値は、正しい知識への第一歩としてすみやかに受け入れられた。たとえば、原子量

1の水素原子なら、電子は一個しかもつことができない。しかし原子量4のヘリウムなら、二個、三個、そして四個までの電子をもつことができる。ほかの元素も同様である。

こうして電子の個数が大幅に減ったことで、原子の重さの大半は、ぼんやりと球状に広がった正の電荷の部分の重さであることが明らかになった。もともとはトムソンが、電気的に中性の安定した原子を作る必要からでっちあげた「正の電荷をもつ物質」にすぎなかったものが、それ自体として実在性を帯びてきたのだ。しかし、この改良版のトムソン・モデルを使っても、アルファ粒子の散乱データを説明することはできなかった。また、ひとつの原子に正確には何個の電子が含まれるのかもわからないままだった。

ラザフォードは、アルファ粒子は原子内部に存在する強力な電場によって散乱されると考えていた。しかしJ・Jの原子では、正の電荷は原子全体に均一に広がっているため、それほど強い電場は生じない。トムソンの原子モデルでは、アルファ粒子が真後ろに跳ね返るようなことは、起こりようがないのだ。そうこうするうちに一九一〇年十二月となり、ラザフォードはついに、「J・Jの原子よりもずっと良い原子を考えついた」。彼はガイガーに、「原子がどんなやつかわかったよ！」と言った。その原子は、トムソンの原子とは似ても似つかないものだった。

ラザフォードの原子では、真ん中に正の電荷をもつ小さな核——原子核——があり、それが原子の質量の大部分を担（にな）っている。原子核の大きさは、原子全体のわずか十万分の一程度であり、体積でいえば、原子のほんの小さな一部にすぎない。ラザフォードの言葉を借りるなら、原子内部の原子核は、「大聖堂の中のハエのようなもの」だ。アルファ粒子が大きく進路を変えるのは、原子内電子のせいではないと見ていたラザフォードにとって、原子核の周囲に電子がどのように配置されているのかを正確に知る必要はなかった。あるときラザフォードは、もはや原子はみんなが子どものころから信じ込まされてきたように、「お好みに応じて赤だったり、灰色だったりする、かちんこちんにお堅い連中」ではなくなったと、冗談まじりに言った。

散乱実験では、アルファ粒子の大半は、ラザフォードの原子の中心部にある小さな原子核からははるか遠くを通り抜けるため、原子核の影響はほとんど受けない。原子核の近くを通るアルファ粒子は、原子核のまわりの電場の影響を受けて、わずかに進路を曲げられるだろう。アルファ粒子の経路が原子核に近ければ近いほど、原子核の電場の影響は大きくなり、それに応じて進路も大きく曲がる。もしもアルファ粒子が原子核に正面衝突したとすれば、両者のあいだに働く反発力のために、ちょうどボールが煉瓦（れんが）の壁にぶつかったときのように、アルファ粒子は真後ろに跳ね返されるだろう。ガイガーとマースデンが得た結果から、そのような正面衝突はめったに起こらないことがわかっていた。ラザフォードの言葉を借りれば、正面衝突を狙（ねら）うことは、「真夜中にアルバート・ホールで蚊を撃ち落とそうとするようなもの」だった。

ラザフォードはその原子モデルにもとづき、自分で導いた簡単な式――ラザフォードの散乱公式――を使って、アルファ粒子が角度ごとにどれぐらい散乱されるかをぴたりと予測することができた。しかし、アルファ粒子の散乱実験で角度分布を注意深く調べあげ、自分の原子モデルの正しさを確証できるまでは、ラザフォードはそのモデルを公表するつもりはなかった。その裏づけの仕事を、ガイガーが引き受け、アルファ粒子散乱の角度分布は、ラザフォードの理論的予測とぴったり一致することを見出した。

一九一一年三月七日、ラザフォードは原子モデルの論文を仕上げ、マンチェスター文芸哲学協会の会合で発表した。その四日後、リーズ大学の物理学教授ウィリアム・ヘンリー・ブラッグから一通の手紙が届いた。その手紙には、「五、六年前に」、日本の長岡半太郎という物理学者が、「大きなプラス電荷の中心核」をもつ原子モデルを作っていたはずだと書かれていた。ブラッグの知らぬことではあったが、長岡はその前年の夏、ヨーロッパの第一線の物理学研究所を訪ねる武者修行の旅の一環として、ラザフォードを訪ねていたのだった。ブラッグの手紙を受け取ってから二週間後に、ラザフォードは東京からの手紙を受け取った。長岡は、「マンチェスターではたいへんに親切にしていただき、ありがとうございました」と述べ、自分は一九〇三年に、「土星型」の原子モデルを提唱していると指摘した。長岡のモデルは、大きくて重い核のまわりで、電子はリング状に回転しているというものだった。[6]

「お気づきのように、わたしのモデルで想定される原子構造は、数年前にあなたが論文のなかで提案されたものに似ています」と、ラザフォードは長岡への返信に書いた。たしかに共通点はあったが、二つのモデルには重大な違いもあった。長岡のモデルでは、中心にある物質は、重くて正の電荷を持ち、潰れたパンケーキのような形をした原子の大部分を占めていた。一方、ラザフォードの球形の原子モデルでは、正の電荷をもつ中心核は、原子の質量のほとんどを担っているが、そのサイズは信じられないほど小さいため、原子の大部分はからっぽの空間だった。いずれにせよ、これらふたつのモデルを真面目に考えてみようという物理学者はほとんどいなかった。なぜなら、どちらのモデルにも致命的な欠陥があったからである。

原子核のまわりで電子が静止しているような原子は、安定して存在することができない。負の電荷をもつ電子が、正の電荷をもつ原子核に、否応(いやおう)なく引き寄せられてしまうためだ。また、あたかも惑星が太陽の周囲を公転するように、電子が原子核の周囲をまわっているような原子も、やはり電子は原子核に落ち込むため潰れてしまう。ニュートンがだいぶ前に示したように、円運動をしている物体は加速されている。マクスウェルの電磁気学によれば、電子のような荷電粒子が加速されると、たえず電磁波を放出してエネルギーを失っていく。そのため、軌道運動をしている電子は、一秒の十億分の一の千分の一というほんの一瞬のうちに、螺旋(らせん)を描いて原子核に落ち込んでしまうのだ。そんなわけで、物質世界が現実に存在しているということそれ自体が、原子核をもつラザフォードの原子モデルに対する、説得力のある反証になっていたのである。

ラザフォードはだいぶ前から、眼前に立ちはだかる難題に気づいていた。「加速された電子は必然的にエネルギーを失う。このことは安定した原子構造を考える上で最大の困難のひとつである」と、ラザフォードは一九〇六年の著作『放射性変換』に書いた。しかし一九一一年になって、彼はその困難に目をつぶることにした。「原子の安定性という問題はあるが、今の時点ではそれについて考える必要はない。というのは、原子構造の詳細と、電荷をもつ構成要素がどのような運動をしているかによって、問題が大きく変わるのは明らかだからである」

ラザフォードの散乱公式を検証するためにガイガーが初めて行った実験は、ごく簡単な設定で、目標も限られたものだった。しかしいまやマースデンも加わり、ふたりはさらに一年かけて徹底的な実験を行った。そして一九一二年七月までには、ラザフォードの散乱公式と、ラザフォードの理論から導かれる主要な結論の正しさが確かめられた[7]。マースデンは後年次のように述べた。「完璧（かんぺき）な裏づけをとるのは大変だったが、あれはやりがいのある仕事だった」。ガイガーとマースデンはその仕事を進めるなかで、もうひとつの発見をした。実験誤差を考慮すると、原子核の電荷は、原子量の約半分であることがわかったのだ。したがって「原子が電気的に中性であるためには」、原子量1の水素を例外として、それ以外の原子に含まれる電子の個数も、原子量の約半分でなければならないということになる。たとえばヘリウム原子内の電子は、それまで最大四個でもよかったのが、二個であることがわかったわけだ。だがこうして電子の数が減ったせいで、ラザフォードの原子は、それまで考えられていた以上に、強くエネルギーを放射しなければならなくなった。

ボーアに第一回ソルヴェイ会議の様子を話してやったとき、ラザフォードは、ブリュッセルで彼の有核原子モデルを話題にした者は、彼自身を含め、ひとりもいなかったという点には触れないでおいた。

ケンブリッジでのボーアは、望んでいたトムソンとの学問的な信頼関係を築くことができなかった。長い年月を経て、ボーアは、唯一考えられる理由として次のことを挙げた。「わたしは英語の知識が不十分だったので、自分の考えをどう言えばよいのかわからなかった。わたしには、これこれは間違っている、としか言えなかったのだが、彼はそういう否定的な意見には興味がなかった」。トムソンは、学生や同僚たちの論文や手紙を読まずに放置することで悪名高かったうえに、電子の物理学には、もはやあまり熱心には取り組んでいなかった。

幻滅を深めていたボーアは、キャヴェンディッシュ研究所の若手が年に一度開く晩餐会の場でラザフォードに再会する。その催しは、毎年十二月の初頭に開かれる格式ばらない賑やかなパーティーで、十品からなるコース料理の後は、酒盛りをしたり、歌をうたったり、リメリックという戯詩を作ったりして楽しんだ。このときもまたラザフォードの人柄に魅了されたボーアは、ケンブリッジのトムソンのもとで勉強するのではなく、マンチェスターのラザフォードのところに行きたいと思い詰めるようになった。さっそく年内にボーアはマンチェスターに行き、その可能性をラザフォードと話し合う。婚約者と離れて過ごすその一年間に、何かたしかな手ごたえを得なければと必死だったのだ。ボーアはトムソンに、「放射能のことを学びたいので」と説明して、次の学期が終わったらケンブリッジを離れる許可を得た。何年もあとにボーアはこう述べた。「ケンブリッジではあらゆることがきわめて興味深かったが、何の役にも立たなかった」

イギリス滞在もあと四カ月を残すのみとなった一九一二年三月の半ば、ボーアは放射能を研究するための実験技術に関する七週間のコースを受講するために、マンチェスターにやってきた。一刻も無駄にできないボーアは、夕方からは電子の物理学を応用して金属物性の理解を深めるための研究を行った。ガイガーとマースデンや、その他周囲の人たちに教えてもらいながら実験技術のコースを修了したところで、ボーアはラザフォードからちょっとした研究テーマをもらった。

「ラザフォードは裏も表もない人だ」と、ボーアは弟のハーラルに書いた。「彼はひっきりなしにみんなの様子を見に来て、どんな小さなことでも相談にのってくれる」。学生の研究の進捗状況には興味がなさそうだったトムソンとは打って変わって、ラザフォードは「みんなの仕事に心の底から興味を」もっていた。ラザフォードには、科学者としての将来性を見抜くことにかけては気味悪いほどの眼力があり、じっさい、彼の学生や共同研究者のなかから、十二人のノーベル賞受賞者が出ることになった。ボーアがマンチェスターにやってきてまもなく、ラザフォードはある友人への手紙にこう書いた。「ボーアというデンマーク人がケンブリッジを引き上げて、放射能を研究するために必要な力をつけようとこっちへやってきました」。それ以前のボーアの仕事は、ラザフォードの研究所にいた気鋭の若手たちにくらべて、とくに目立つところはなかった——唯一、ボーアは理論家だという点を別にすれば。

ラザフォードは、理論家への評価が概して低く、機会あるごとにそれを公言していた。彼はある同僚にこう語ったことがある。「理論家連中は記号をもてあそんでいるが、われわれは自然に関する厳然たる事実を明らかにしているのだ」。また、現代物理学の動向について講演をするよう頼まれたとき、ラザフォードはこう答えた。「そのテーマでは講演原稿は書けないな。二分もあれば話がすんでしまうからな。わたしが言えることはこれだけだ。理論物理学者が図にのっているから、われわれ実験物理学者が、やつらの鼻っ柱をへし折ってやらにゃならん、とな」。ところがそんな彼も、二十六歳のデンマーク人はすぐに気に入った。「だが、ボーアは違う」と彼は言った。「なにしろ、あいつはサッカー選手だからな」

マンチェスターの研究所では、毎日午後四時頃になると研究生やスタッフが集まってきて、紅茶やお菓子や、バターを塗っただけのパンなどを食べながらおしゃべりを始めるため、研究所の仕事は中断された。ラザフォードはいつもいっしょだった。彼は椅子に座り、どんな話題にでも乗ってきた。とはいえ話題はたいてい物理学、とくに原子と放射能のことだった。ラザフォードはマンチェスターにひとつの世界を作り上げていた。そこには「何かを発見している」という空気がほとんど手で触れられるほど濃厚に漂い、みんなで研究を進めるのだという精神のもと、アイディアは腹蔵なく交換され、誰もが──新入りでさえもが──気兼ねなく意見を言った。その世界の中心にはいつもラザフォードがいた。彼が「ひとりひとりの若手の意見に耳を傾けようとしている」のがボーアにはよくわかった。「若手が何か新しいアイディアを考えつけば、それがどんなにささいな思いつきであっても」、ラザフォードは聞こうとしてくれた。ラザフォードが我慢ならなかったのは、唯一、「自慢話」だけだった。ボーアだって、話したくてたまらなかったのだ。

話すのも書くのも不自由のなかったアインシュタインとは異なり、ボーアはデンマーク語であれ、英語やドイツ語であれ、自分の考えを表すのにぴったりの言葉を見つけるのに苦労し、しょっちゅう口ごもった。何か言うとしても、明確な表現を探して、声に出しながら考えているだけのことも多かった。そんなボーアが、ゲオルク・フォン・ヘヴェシーというハンガリー人と知り合ったのは、研究所のお茶の時間のことだった。ヘヴェシーはのちに、強力な医療診断の道具となり、化学や生物学の分野でも幅広い応用をもつ放射能追跡のテクニックを開発した功績により、一九四三年にノーベル化学賞を受賞する人物である。

よその国で不自由な言葉を操る仲間として、ボーアとヘヴェシーは気の置けない友人同士となり、その関係は生涯続いた。ボーアが回想して語ったところでは、ヘヴェシーは「外国人に手を差し伸べるコツがわかっていて」、ほんの数カ月ばかり早く生まれただけなのに、ボーアが研究所の生活になじめるよう気づかってくれた。ボーアが原子に注目しはじめたのは、そんなヘヴェシーとのおしゃべりがきっかけだった。ヘヴェシーは、放射性元素がたくさん発見されて、周期表にはそれらを全部はめ込めるだけの場所がないのだと語った。じっさい、ある原子が別の原子に変わる放射性崩壊のプロセスで生じた「放射性元素」に与えられた、ウランX、アクチニウムB、トリウムC、といった名前にも、これらの元素を原子の世界のどこに位置づけるべきかわからないという不透明感が見て取れる。しかしヘヴェシーがボーアに語ったところでは、以前モントリオールでラザフォードと共同研究をしていたフレデリック・ソディが提案した考え方で、この問題を解決できるかもしれないということだった。

一九〇七年のこと、放射性崩壊で生じる二つの元素、トリウムとラジオトリウムは、物理的には異なるが、化学的には同じであることが示された。どんな化学的方法を使っても、両者を区別することはできなかったのだ。その後数年間で、化学的には区別できない元素の組がいくつか発見された。このころにはグラスゴー大学に落ち着いていたソディは、新たに発見された放射性元素と、それらと「化学的には同一の」性質をもつ元素との違いは、唯一、重さ（原子量）だけであるという考えを示した。それはちょうど、体重がわずかに違う以外は、すべてそっくりな一卵性双生児のようなものだ。

ソディは一九一〇年に、化学的方法では分離できない放射性元素――彼がのちに「同位体」と呼ぶことになるもの――は、実は同じ元素の別の姿であり、それゆえ周期表の同じ場所に置かれるべきだと主張した。しかしソディの提案は、従来の考え方とは相容れなかった。それまで周期表の配置は、原子量の小さい順番に（軽い元素から順に）、一番目が水素、最後がウランと決められていたからだ。それでも、ラジオトリウム、ラジオアクチニウム、イオニウム、ウランXは、化学的方法ではトリウムと区別できないという事実は、ソディの同位体説を支持する強力な証拠だった。(8)

ヘヴェシーからその話を聞くまで、ボーアはラザフォードの原子モデルにはまるで興

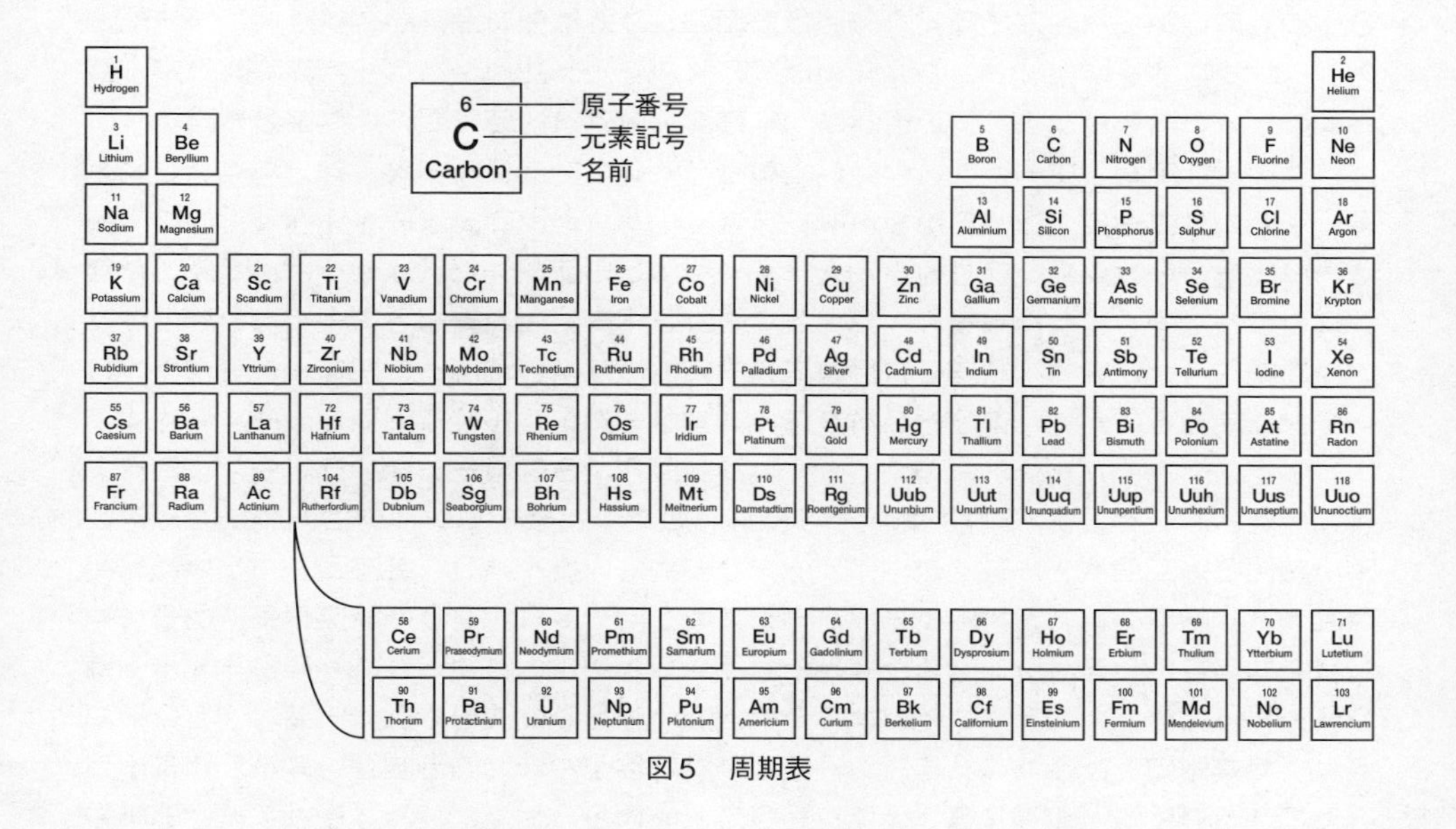
6 原子番号
C 元素記号
Carbon 名前
1 H Hydrogen
2 He Helium
3 Li Lithium
4 Be Beryllium
5 B Boron
6 C Carbon
7 N Nitrogen
8 O Oxygen
9 F Fluorine
10 Ne Neon
11 Na Sodium
12 Mg Magnesium
13 Al Aluminium
14 Si Silicon
15 P Phosphorus
16 S Sulphur
17 Cl Chlorine
18 Ar Argon
19 K Potassium
20 Ca Calcium
21 Sc Scandium
22 Ti Titanium
23 V Vanadium
24 Cr Chromium
25 Mn Manganese
26 Fe Iron
27 Co Cobalt
28 Ni Nickel
29 Cu Copper
30 Zn Zinc
31 Ga Gallium
32 Ge Germanium
33 As Arsenic
34 Se Selenium
35 Br Bromine
36 Kr Krypton
37 Rb Rubidium
38 Sr Strontium
39 Y Yttrium
40 Zr Zirconium
41 Nb Niobium
42 Mo Molybdenum
43 Tc Technetium
44 Ru Ruthenium
45 Rh Rhodium
46 Pd Palladium
47 Ag Silver
48 Cd Cadmium
49 In Indium
50 Sn Tin
51 Sb Antimony
52 Te Tellurium
53 I Iodine
54 Xe Xenon
55 Cs Caesium
56 Ba Barium
57 La Lanthanum
72 Hf Hafnium
73 Ta Tantalum
74 W Tungsten
75 Re Rhenium
76 Os Osmium
77 Ir Iridium
78 Pt Platinum
79 Au Gold
80 Hg Mercury
81 Tl Thallium
82 Pb Lead
83 Bi Bismuth
84 Po Polonium
85 At Astatine
86 Rn Radon
87 Fr Francium
88 Ra Radium
89 Ac Actinium
104 Rf Rutherfordium
105 Db Dubnium
106 Sg Seaborgium
107 Bh Bohrium
108 Hs Hassium
109 Mt Meitnerium
110 Ds Darmstadtium
111 Rg Roentgenium
112 Uub Ununbium
113 Uut Ununtrium
114 Uuq Ununquadium
115 Uup Ununpentium
116 Uuh Ununhexium
117 Uus Ununseptium
118 Uuo Ununoctium
58 Ce Cerium
59 Pr Praseodymium
60 Nd Neodymium
61 Pm Promethium
62 Sm Samarium
63 Eu Europium
64 Gd Gadolinium
65 Tb Terbium
66 Dy Dysprosium
67 Ho Holmium
68 Er Erbium
69 Tm Thulium
70 Yb Ytterbium
71 Lu Lutetium
90 Th Thorium
91 Pa Protactinium
92 U Uranium
93 Np Neptunium
94 Pu Plutonium
95 Am Americium
96 Cm Curium
97 Bk Berkelium
98 Cf Californium
99 Es Einsteinium
100 Fm Fermium
101 Md Mendelevium
102 No Nobelium
103 Lr Lawrencium

図５　周期表

味を示していなかった。しかしこのとき、彼の頭にひとつのアイディアがひらめいた。原子については、物理的性質と化学的性質を区別するだけではだめだ。原子核レベルの現象なのか、原子レベルの現象なのかを区別しなければならない、と。ラザフォードの原子モデルにはすぐに潰れてしまうという問題があったが、ボーアはそこには目をつぶり、中心に原子核をもつラザフォードの有核原子モデルを使えば、重さは違っても同じ元素だという「同位体」の考え方と、原子の重さ（原子量）によって周期表の配置を決めるやり方を調和させることができるのではないかと考えたのだ。「そう考えると、すべてがつながった」とボーアはのちに語った。

ラザフォードの原子に含まれる電子の個数を決めているのは、原子核の電荷だということを、ボーアは正しく理解していた。原子は電気的に中性で、全体としては電荷をもたないから、原子核の正電荷と、電子の負電荷の総数とはぴったり釣り合っていなければならない。したがって、水素原子のラザフォード・モデルは、プラス1の電荷をもつ原子核と、マイナス1の電荷をもつ電子一個でできているはずだ。原子核の電荷がプラス2のヘリウムは、電子を二個含むはずである。こうして、原子核の電荷と、それに対応する電子の個数とは順次増えてゆき、最後は、当時知られていたなかでもっとも重く、原子核の電荷は九十二である元素、ウランにいたる。

ボーアにとって結論は明らかだった。周期表の元素の位置を決めているのは、原子の重さ（原子量）ではなく、原子核の電荷だということだ。ここからボーアは一気に同位体の概念に到達した。化学的には同じだが物理的には異なる放射性元素に共通する基本的性質は、原子核の電荷だけなのだ――そのことにはじめて気づいたのは、ソディではなくボーアだった。周期表には、発見されたすべての放射性元素を収納することができる――原子核の電荷にしたがって、元素をマスに入れていけばよいのだ。

ヘヴェシーは、鉛とラジウムDを分離しようとして失敗していたが、ボーアはその理由もただちに説明することができた。元素の化学的性質が電子で決まっているとすると、電子の個数と配置が同じであるような元素同士は、化学的にはどうやっても分離できない一卵性双生児であるはずだ。鉛とラジウムDは、原子核の電荷はどちらも八十二であり、したがって電子の個数も同じ八十二個なので、「化学的にはまったく同じ性質をもつ」。しかし原子核の質量が異なるため（近似的に鉛は２０７、ラジウムDは２１０）、物理的には別の物質なのである。こうしてボーアは、ラジウムDは鉛の同位体であり、化学的な方法では区別できないことを明らかにした。後年、元素の同位体はすべて、共通する元素名と、同位体の重さ（原子量）で示されるようになった。つまりラジウムDは、鉛２１０だったのだ。

ボーアは、放射能は原子レベルの性質ではなく、原子核レベルの性質だという本質的な点をつかんでいた。そのおかげで彼は、ある放射性元素が、アルファ線や、ベータ線、あるいはガンマ線を放出して別の元素に変わる放射性崩壊のプロセスを、原子核内の出来事として説明することができた。放射能が原子核に起因する性質なら、九十二の正電荷をもつウラン原子核が、アルファ粒子を放出してウランXに変わるとき、もとのウラン原子核は正電荷を二つ失い、あとには九十の正電荷をもつ原子核が残る。その新しい原子核は、はじめのウラン原子がもっていた九十二個の電子すべてをもちつづけることができず、二個の電子をすみやかに手放して、電気的に中性の新しい原子になる。放射性崩壊により形成された原子はどれもみな、ふたたび電気的に中性になろうとして、すみやかに電子をつかまえるか、または手放すのだ。原子核の正電荷が九十であるウランXは、トリウムの同位体なのである。この両者は、「原子核の電荷は等しく、違うのは質量と、原子核に固有の構造だけ」だとボーアは述べた。原子量232のトリウムと「ウランX」、すなわちトリウム234とを分離しようとしてもうまくいかなかったのは、そのためだったのだ。

放射性崩壊のときに原子核レベルで何が起こっているかに関する自分の説が何を意味しているかについて、ボーアは後年つぎのように述べた。「放射性崩壊が起こると、原子量がどう変化するかによらず、周期表の中の元素の位置は、二マス戻るか、または一マス進む。前者はアルファ線の放出にともない原子核の電荷がふたつ減少することに対応し、後者はベータ線の放出にともない原子核の電荷がひとつ増加することに対応する」。アルファ粒子を放出してトリウム234になるウランは、その結果として周期表の中で左に二マス移動する。

ベータ粒子は高速の電子なので、負の電荷をひとつもつ。原子核がベータ粒子をひとつ放出すると、原子核の正の電荷がひとつ増加することになる――たとえて言えば、ふたつの粒子が、一方は正の電荷、他方は負の電荷をもって、電気的に中性のカップルとして仲良く暮らしていたところが、負の電荷をもつ電子が出ていってしまったせいで、後には正の電荷をもつ粒子だけが残されたというようなものだ。ベータ崩壊で生じた新しい原子は、崩壊が起こる前の原子にくらべて原子核の電荷がひとつ大きくなるため、周期表の中で右に一マス移動するのである。

ボーアが以上のようなアイディアをラザフォードに話すと、ラザフォードは「実験的証拠が乏しい状況で、あまり推測を重ねる」のは危険だと言った。ラザフォードに手綱を引き締められて驚いたボーアは、ラザフォードを説得しようとした。「でも、これであなたの原子の正しさが決定的に証明されるのですよ」。しかしラザフォードは納得しなかった。ボーアが自分のアイディアをわかりやすく説明できなかったことも、失敗の一因だった。当時、ラザフォードは本の執筆のことで頭がいっぱいだったため、十分に時間を割いて、ボーアの仕事の重要性を理解することができなかったのだ。ラザフォードは、アルファ粒子は原子核から出てくるにせよ、ベータ粒子は、何らかの理由により放射性元素から飛び出してきた原子内電子にすぎないと考えていた。ボーアは五回にわたりラザフォードの説得に努めたが、結局ラザフォードは、ボーアの論理の道筋を最後までついて来てはくれなかった。ボーアはラザフォードが、自分にも自分のアイディアにも、「少々イラついている」のを感じ取り、その問題を棚上げすることにした。しかし、その間にも前進した人たちがいた。

フレデリック・ソディも、まもなくボーアと同じ「遷移則（せんいそく）」――周期表の中での移動の法則――に気づいたが、若いデンマーク人とは異なり、ソディは結果を発表するために指導者に承認を求める必要がなかった。ソディはこうしていくつかの突破口を切り開いたが、それを意外に思う者はいなかった。だが、変わり者の四十二歳のドイツ人弁護士が、根本的な重要性をもつアイディアを導入しようとは、誰ひとり予想だにしなかった。一九一一年七月のこと、『ネイチャー』誌に短いレター論文が届いた。その論文の著者、アントニウス・ヨハネス・ファン・デン・ブレックは、元素の原子核がもつ電荷は、原子量（重さ）で決まっているのではなく、周期表の中の位置、すなわち原子番号で決まっているのではないかと述べていた。ラザフォードの原子モデルにインスピレーションを受けたファン・デン・ブレックのアイディアは、やがて間違いであることが明らかになるいくつもの仮説の上に成り立っていた――たとえば、原子核の電荷は、その元素の原子量の半分に等しいという仮説もそのひとつだった。ラザフォードは、弁護士風情(ふぜい)が「しっかりした基礎もなく、興味半分にあれこれ言う」のはけしからんと思ったが、それも無理はなかったろう。

誰からも支持を得られなかったファン・デン・ブレックは、一九一三年十一月二十七日にふたたび『ネイチャー』にレターを送り、原子核の電荷は原子量の半分に等しいという仮説を取り下げた。それはガイガーとマースデンがアルファ粒子の散乱を徹底的に調べた論文を発表した後のことだった。それから一週間後、ソディが『ネイチャー』にレターを送り、ファン・デン・ブレックの考え方を使えば、遷移則の意味が明らかになると述べた。さらにラザフォードも、原子核の電荷は原子番号で決まるという説を支持するという主旨のレターを送り、「原子核の電荷は、原子量の半分ではなく、原子番号に等しいというファン・デン・ブレック氏の提案は有望そうに思われる」と述べた。ラザフォードは、よく似たアイディアを得たボーアに深追いするなと忠告してからわずか十八カ月後に、ファン・デン・ブレックのアイディアを褒めたのだ。

ボーアは、ラザフォードの醒(さ)めた態度のせいで、原子番号は原子核の電荷に等しいという説や、ソディに一九二一年のノーベル化学賞をもたらしたいくつかのアイディアを最初に発表するチャンスを逃したことについて、グチめいたことはただの一度も言わなかった。ボーアは当時を振り返って、懐(なつ)かしそうにこう語った。「ラザフォードの判断に置く信頼や、彼の強烈な個性への称賛の気持ちこそが、研究所のすべてのメンバーが彼からもらうインスピレーションの基礎だった。彼がみんなの仕事に疲れを知らぬ暖かい関心を寄せてくれたからこそ、われわれはそれに応(こた)えられるよう、ベストを尽くそうという気持ちになったのだ」。じっさいボーアはその一件の後も、ラザフォードに認めてもらうことこそは、「みんなにとって望みうるかぎり最大の励まし」だと感じていた。普通なら、がっかりしたり、遺恨を残したりしそうなものだが、ボーアがこれほど鷹揚(おうよう)な気持ちでいられたのは、次に起こった出来事のためだった。

ラザフォードに言われて革新的なアイディアをしまい込んだ後、たまたまボーアは、発表されたばかりのある論文に興味をひかれた。著者は、ラザフォードの研究所のスタッフのなかで唯一の理論物理学者で、かの偉大な博物学者の孫である、チャールズ・ゴールトン・ダーウィンだった。ダーウィンはその論文で、アルファ粒子が原子核に散乱される現象ではなく、アルファ粒子が物質を通過するときにエネルギーを失う現象を扱っていた。J・J・トムソンも自分の原子モデルを使ってその問題を調べたことがあったが、ダーウィンはラザフォードの原子モデルにもとづいて、その問題をあらためて吟味してみたのだ。

ラザフォードは自分の原子モデルを作るにあたり、ガイガーとマースデンが集めてくれたアルファ粒子の後方散乱データを利用した。アルファ粒子をそんな大きな角度に跳ね飛ばすような芸当は、原子内電子にはできないということを、ラザフォードは理解していた。そこで彼は、アルファ粒子がどの角度にどれだけ散乱されるかを表す散乱法則を作るために、原子から電子をすべて剝ぎ取り、裸の原子核だけを考えた。その後、原子の中心にある原子核のまわりに電子をまとわせたのだ――電子の具体的配置については、ラザフォードは何も言わなかった。ダーウィンはその論文で、ラザフォードと逆のアプローチをとっていた。通過するアルファ粒子に原子核が及ぼす影響は完全に無視して、原子内電子だけに注目したのである。そしてダーウィンは、アルファ粒子が物質を通過する際にエネルギーを失うのは、ほぼ全面的に、アルファ粒子と原子内電子との衝突が原因だと指摘したのだった。

ダーウィンは、ラザフォードの原子モデルで原子内電子がどんな配置になっているのかについて、たしかなことは何も言えなかった。彼に予想できたのは、電子は均一に分布している――原子の体積全体にか、表面だけにかはともかく――ということだけだった。彼の得たエネルギー損失の式は、原子核の電荷と原子の半径だけに依存していた。ダーウィンがいろいろな原子について半径を求めてみたところ、ほかの方法ですでに得られていた原子半径の推定値と食い違う結果が得られた。ボーアはすぐさま、ダーウィンがどこで間違ったのかに気がついた。ダーウィンは、じっさいには正の電荷をもつ原子核に束縛されている電子を、あたかも自由電子のように扱っていたのだ。

ボーアの最大の強みは、既存の理論の難点を突き止め、それを逆手に取るところにあった。その長所は、彼の物理学者人生の大半を通じて武器となってくれた。彼は、他人がやった仕事の間違いや矛盾を突き止め、そこから自分の仕事を発展させていった。今の場合で言えば、ダーウィンが間違った場所が、ボーアの出発点となったのだ。ラザフォードとダーウィンはふたりとも、原子核を考えるときは電子を無視し、電子を考えるときは原子核を無視して、原子核と原子内電子を別々のものとして取り扱っていた。それに対してボーアは、アルファ粒子と原子内電子との相互作用をうまく説明してくれる理論ならば、原子構造についても何かを明かしてくれるはずだと考えたのだ。ラザフォードが自分のアイディアに冷淡だったことへのわだかまりは、たとえあったとしてもすべて水に流し、ボーアはダーウィンの誤りを正す仕事に着手した。

ボーアは、弟への手紙でさえ推敲（すいこう）に推敲を重ねるという、いつもの流儀をかなぐり捨てて挿入だらけの手紙を送った。「今のところ、まずまずだ」と、ボーアはハーラルを安心させた。「二日ほど前に、アルファ線の吸収についてちょっとしたアイディアを思いついた（事情を少し説明すると、ここの若い数学者のC・G・ダーウィン〔本物のダーウィンの孫〕がこの問題に関する理論を最近発表したのだが、ぼくは数学的に少々問題があると思ったのだ〔とはいっても、ちょっとしたミスがあっただけなのだが〕。とにかく、基本的な考え方に全然納得がいかなかったので、自分でちょっとした理論を作ったんだ。大した理論ではないけど、原子構造の一面に多少光を投げかけてくれるかもしれない)。そのちょっとした論文を、もうすぐ発表するつもりだ」。研究所に顔を出さなくてもよくなったのは、「ぼくのちょっとした理論を作るためにはありがたいよ」

まだ骨組みだけのアイディアに肉付けをしていたとき、ボーアがマンチェスターで相談をもちかけた唯一の人物が、ラザフォードだった。ラザフォードは、ボーアが踏み出した方向に驚きながらも、今度は彼の話に注意深く耳を傾け、そのまま進みなさいと励ました。ボーアはラザフォードの許可を得て、研究所に出てこなくなった。マンチェスターでの日々はいよいよ終わりに近づき、ボーアは焦(あせ)っていた。七月十七日、はじめてハーラルに秘密を打ち明けてから一カ月後、ボーアはこう書いた。「いくつか発見をしたのはたしかだと思う。でも、それをきちんと煮詰めるまでには、当初あさはかにも予想していたより、ずっと時間がかかりそうだ。ここを離れる前に、ラザフォードに短い論文を見せたいので、もう時間がなくてギリギリなんだ。それなのにマンチェスターときたら信じられないほど暑くて、がんばりが利(き)かないんだ。ああ、きみに直接会って話をするのが待ち遠しいよ！」。彼が弟に会って話したかったこと――それは、ラザフォードの有核原子モデルが抱えていた欠陥を修正するために、自分はそこに量子を持ちこむつもりだ、ということだった。

第四章　原子の量子論

一九一二年八月一日木曜日、デンマークの街スラーエルセ。コペンハーゲンの南西八十キロメートルほどのところにある、小さな美しい街の石畳の道は、この日のためにたくさんの旗で飾り立てられていた。しかし、ニールス・ボーアとマグレーデ・ヌーアランが結婚式を挙げた場所は、その街にある美しい中世の教会ではなく、公民館だった。警察署長により執り行われたその式は、二分間ですんだ。市長は休暇で街を離れており、新郎の付き添い役はハーラルが務め、式に立ち会ったのは身内の者だけだった。両親もそうだったように、ボーアは宗教的な儀式を好まなかったのだ。彼は十代のときに神を信じることをやめ、父親にこう告げた。「なぜこんなことにあれほど夢中になれたのか、わからなくなりました。神はぼくにとって、なんの意味もありません」。もしもクリスティアン・ボーアが生きていたなら、結婚式の数カ月前にルター派教会から正式に脱会した息子に、それでよいと言ったことだろう。

ボーアとマグレーデは、新婚のひと月をノルウェーで過ごすつもりだったが、ボーアがアルファ粒子の論文をイギリス滞在中に仕上げられなかったため、計画は変更を余儀なくされた。ふたりは一カ月の予定だった新婚旅行のうち二週間を過ごすために、ケンブリッジに向けて旅立った。旧友を訪ねたり、マグレーデにケンブリッジの街を見せて歩いたりする合間をぬって、ボーアは論文を書き上げた。それはふたりが力を合わせてやり遂げた仕事でもあった。ニールスが、自分の言わんとすることにぴったりの言葉を探すのに苦労しながら口述し、マグレーデはそれを書き取り、英語の誤りを正し、より英語らしい表現に直したのだ。ふたりの協力はたいへんうまくいったため、それからの数年間というもの、マグレーデは事実上、彼の秘書だった。

ボーアは文章を書くのが嫌いで、できるかぎり書かずにすませようとした。博士論文を仕上げることができたのも、母親に口述筆記してもらったおかげだった。父親は母親に、「そんなにニールスを手伝ってはいけないよ。自分で書けるようにならないと」と言ったが、無駄だった。ボーアが紙の上にペンを置けば、時間ばかりが経ち、文字は読み取れないほどのたくるのだった。ある物理学者はのちにこう語った。「要するに彼は、考えることと書くこととを、同時にやるのは無理だと判断したのだ」。ボーアは、声に出して言わないと、ものを考えることができなかった。彼の頭がいちばんよく働くのは、体を動かしているとき——とくに、机のまわりを歩き回っているときだった。後年には、ボーアに口述筆記を頼まれた者は、助手であれほかの誰であれ、彼が言葉とも何ともつかない何かをつぶやきながらそこらを歩き回っているあいだ、ペンを手に持ってじっと待つことになった。彼が論文や講義の原稿に満足することは稀で、十回以上も「書き直し」をするのは毎度のことだった。そうやって過剰なまでに正確さと明快さを追求した果てにできあがった文章は、しばしば読む者を森の中へと導いたが、それははたして森なのか、それとも木なのかさえも判然としないありさまだった。

ようやく完成した原稿をしっかり梱包すると、ニールスとマグレーデは列車に乗り込んでマンチェスターに向かった。花嫁をひと目見るなり、アーネストとメアリーのラザフォード夫妻は、この若きデンマーク人が、幸運にもまさにお似合いの女性を見つけたのがわかった。じっさいこの結婚は、六人中ふたりの息子の死をも乗り越えるほど、長くて幸せなものとなった。ラザフォードは、マグレーデをいたく気に入り、このときに限っては、物理学の話をほとんどしなかった。それでも彼は、時間を作ってボーアの論文を読み、推薦文を添えて『フィロソフィカル・マガジン』に送ろうと約束してくれた。(1) 安堵したボーアは、数日後、新婚旅行の残りの日々を楽しむためにスコットランドへと旅立った。

九月のはじめにコペンハーゲンに戻ったふたりは、デンマークでもっとも裕福な層が集まる海岸沿いの近郊の街、ヘレルプの小さな家に引っ越した。大学がひとつしかないこの国では、物理学のポストが空くことはまずなかった。結婚式の直前に、ボーアは工業専門学校の教育助手の仕事を引き受けていた。毎朝、ボーアは自転車で新しい職場に向かった。ボーアの教え子だったある物理学者は当時を振り返り、「彼は自転車を押しながら、誰よりも早く構内に入ってきたものだった」と語った。また、彼は「休みなく仕事に取り組み、いつも急いでいるように見えた」という。ボーアがくつろいだ様子でパイプをふかす物理学界の大物になるのは、まだ先のことである。

ボーアはコペンハーゲン大学でも私講師として熱力学を教えはじめた。アインシュタイン同様、彼もまた講義の準備には手間がかかることを思い知らされた。それでも、少なくともひとりの学生は彼の努力を認め、「難しい教材を簡潔明瞭にまとめ、要領良く教えてくれた」と感謝の言葉を述べている。しかし、大学で熱力学を講じ、専門学校で助手として働いていると、ラザフォードの原子が抱える問題に取り組むための貴重な時間はほとんど残らなかった。先を急ぐ若者にとって、研究の進み方はつらいほどに遅かった。生まれつつある原子構造のアイディアを、マンチェスターでラザフォードに説明するために書いたレポート――のちに「ラザフォード・メモランダム」と呼ばれることになるもの――をもとに、新婚旅行が終わりしだい発表用の論文が書けるだろう、というのがボーアの心づもりだった。しかし、そうはならなかったのだ。

それから半世紀以上を経て、人生最後のインタビューのひとつのなかで、ボーアはこう語った。「残念ながら、あのメモのほとんどは間違いだった」。しかし彼はすでに、鍵(かぎ)になる重要な問題を突き止めていた――ラザフォードの原子の不安定性がそれだ。マクスウェルの電磁気理論によれば、原子核のまわりで円運動をする電子は、たえず放射を出しつづける。そのためにエネルギーを失い、電子はあっというまに軌道をはずれ、螺旋(らせん)を描きながらくるくると原子核に落ち込んでしまう。しかし、放射によるこの不安定性はあまりにもよく知られた欠陥だったので、ラザフォード・メモランダムでは、ボーアはそれに触れてさえいない。彼が真に問題視していたのは、ラザフォードの原子につきまとう、力学的な不安定性のほうだった。

ラザフォードは、惑星が太陽の周囲をめぐるように、電子は原子核の周囲をめぐるものと想定したが、そのことを別にすれば、電子の配置の可能性については何も述べなかった。電子集団が原子核のまわりで円運動することにより形成されたリングは、同じマイナスの電荷をもつ電子同士が反発するせいで、不安定になることが知られていた。また、電子は静止しているわけにもいかなかった。なぜなら、符号が異なる電荷は互いに引き合うため、負の電荷をもつ電子は、正の電荷をもつ原子核に引き寄せられてしまうからだ。ボーアは以上のことを、ラザフォード・メモランダムの冒頭に述べた。「そういう原子では、電子が運動しないような平衡の配置はありえない」。ボーアの前には問題が山積みだった。電子たちはリングを形成することができず、静止していることもできず、かといって原子核のまわりを軌道運動することもできなかった。とどめとして、中心に点状の原子核をもつラザフォードの原子モデル――有核原子モデル――では、原子の半径を決めることもできなかったのだ。

誰もが、不安定性はラザフォードの有核原子モデルの致命的欠陥だと考えたのに対し、ボーアはそれを、モデルの死を予言する基礎物理学の限界を知らせるサインとみなした。放射能は「原子」レベルの性質ではなく、「原子核」レベルの性質であることを鋭く見抜き、放射性元素――ソディがのちに同位体と呼んだもの――と原子核の電荷に関する先駆的な仕事をするなかで、ボーアは、ラザフォードの原子はじっさいには安定なのにちがいないと確信するようになっていた。ラザフォードの原子は、確立された物理学の重みには耐えられないけれども、言われているように潰れるわけではない、と。ボーアが答えるべきは、ではなぜ潰れないのか、という問いだった。

ニュートンとマクスウェルの物理学を一分の隙もなく応用すると、電子は原子核に墜落することになるからには、「安定性の問題は、別の観点に立って取り扱わなければならない」とボーアは腹をくくった。ラザフォードの原子を救うためには、「抜本的な変革」が必要だと考えたボーアは、プランクが不本意ながら発見者となり、アインシュタインが守護者となった、量子に目を向けた。放射と物質とが相互作用をするときには、エネルギーは連続的に吸収・放出されるのではなく、さまざまな大きさの塊のように振る舞うという説は、由緒正しい「古典」物理学の範囲を逸脱していた。アインシュタインを除くほぼすべての人たちと同じく、ボーアも光量子を信じてはいなかったが、原子は、「何らかのかたちで量子に支配されている」ということは、ボーアにとって疑う余地がなかった。しかし一九一二年九月の時点では、では原子はどのように量子に支配されているのか、という点になると、ボーアには皆目見当がつかなかった。

ボーアは一生涯、探偵小説を読むのが好きだった。腕利きの探偵なら誰もがするように、彼もまた犯罪現場で手掛かりを探した。彼が最初につかんだ手掛かりは、不安定性の予測だった。ラザフォードの原子はじつは安定なはずだと確信したボーアの頭に、その後の研究の方向性を決定づける、あるアイディアがひらめいた――「定常状態」というものがそれだ。プランクは、実験データに合う黒体放射の式を作った後で、その式を導こうとして、思いもよらず量子に出くわしたのだった。ボーアもそれと同様の戦略をとることにした。まずはじめに、ラザフォードの原子モデルを立て直し、原子核の周囲を軌道運動する電子がエネルギーを放射しないようにする。それができてから、自分のやったことに理由をつければよい、と。

古典物理学においては、原子内電子の軌道には何の制限もない。しかしボーアは制限を課すことにした。依頼人の細かい要求に合わせて建物を設計する建築家のように、ボーアは、電子の軌道を「特殊な」ものだけに制限することにより、電子が放射を出し続けて、原子核に墜落するのを阻止することにしたのだ。それは天才のひらめきだった。物理法則のいくつかは、原子の世界では成り立たないにちがいないと考えたボーアは、それならばと、電子の軌道を「量子化」したのである。ちょうどプランクが、架空の振動子が吸収したり放出したりするエネルギーを量子化することにより黒体放射の式を導き出したように、ボーアは、電子はどんな距離でも原子核の周囲を軌道運動できるという、広く受け入れられていた考えを捨てた。電子は、古典物理学で許されるあらゆる軌道のうち、選ばれた少数の軌道――「定常状態」――しか占めることができない、とボーアは論じたのである。

さまざまな素材をつなぎ合わせて、現実に合う原子モデルを組み立てようとしている理論家として、ボーアにはその条件を課す資格があった。それは思い切った提案だったし、当面、彼にできたことはと言えば、確立された物理学に矛盾する、説得力のない循環論法を繰り出すことだけだった。電子はエネルギーを放出しないような特殊な軌道を占めており、電子がエネルギーを放射しないのは特殊な軌道を占めているからだ、と。その定常状態、すなわち電子に許される軌道に、きちんとした物理的な説明を与えることができなければ、ボーアの定常状態は、すでに信用を失った原子構造モデルを支えるためにその場しのぎにこしらえた理論的枠組みにすぎないとして見捨てられるだけのことだった。

十一月のはじめ、ボーアはラザフォードへの手紙に、「数週間ほどで論文を仕上げたいと思っています」と書いた。それを読んでボーアの焦りを感じ取ったラザフォードは、同じ路線で仕事を進めている者はいないだろうから、「発表を急ぐ」必要はなかろう、と返事をした。そうは言われても、進展のないまま一週間、また一週間と時間が経つにつれ、ボーアは焦りを募らせていった。たとえ今現在、原子の謎に取り組んでいる者はほかにいないとしても、ライバルの登場は時間の問題だった。前進しようともがくボーアは、十二月、数カ月の研修休暇を申請し、コペンハーゲン大学の物理学教授クヌーセンはそれを許可した。ボーアはマグレーデとともに田舎の静かなコテージに引っ込み、原子の手掛かりを探り続けた。そしてクリスマス直前になって、ボーアはジョン・ニコルソンというイギリス人の仕事に、そんな手掛かりを見出す。はじめボーアは最悪の事態を恐れたが、まもなくニコルソンは、彼が心配していたようなライバルではないことが判明した。

不毛だったケンブリッジ滞在中に、ボーアはニコルソンと知り合っていたのだが、とくにすごい奴だとは思わなかった。ニコルソンはボーアより少し年上の三十一歳で、その後、ロンドン大学キングズカレッジの数学教授になっていた。ニコルソンもまた、独自の原子モデルを作ろうとしていた。彼のアイディアは、あらゆる元素は、四つの「基本原子」の組み合わせになっているというものだった。それらの「基本原子」は、原子核と、それぞれ異なる個数の電子を構成要素とし、電子の集団はリング状になって回転している。ラザフォードの言葉を借りれば、ニコルソンは原子の「まずいごった煮」を作っただけだったが、ボーアはそこにふたつ目の手掛かりを見出したのだ。それは定常状態に物理的な説明を与えるものだった。つまり、電子が原子核のまわりで特別な軌道しか占めることができない理由がわかったのである。

直進運動をする物体は、運動量をもつ。運動量とは、その物体の質量に、速度をかけただけのものにすぎない。円運動をする物体は、「角運動量」をもつ。円軌道上を運動している電子の角運動量（L）は、電子の質量に速度（v）をかけ、さらに軌道の半径（r）をかけたものだ（式で表せば $L=mvr$）。電子であれ、ほかのどんな物体であれ、古典力学によれば、円運動する物体の角運動量の大きさにはいかなる制限もない。

ボーアがニコルソンの論文を読んでみると、ケンブリッジでいっしょだったこの人物は、電子のリングがもつ角運動量は、$h/2\pi$ の整数倍ずつしか変化できないと論じていた[2]。ここで、h はプランク定数、π はよく知られた数学の定数、3.14…である。ニコルソンは、回転する電子のリングがもつ角運動量は、nを整数として、$h/2\pi$, $2(h/2\pi)$, $3(h/2\pi)$, $4(h/2\pi)$ …$n(h/2\pi)$ という値しかとれないことを示していたのである。それこそは、定常状態というアイディアを基礎づけようとして、ボーアが探し求めていた手掛かりだった。電子に許されるのは、角運動量が特殊な値――整数 n と定数 h との積を

2πで割ったもの——になるという意味で、特殊な軌道だったのだ。許される角運動量の式に、$n=1, 2, 3...$と順次代入していくと、電子が放射を出さず、それゆえ原子核のまわりで同じ軌道をめぐり続けることのできる原子の定常状態が得られる。それ以外の軌道——非定常状態——はすべて禁止される。原子の内部では角運動量が量子化され、$L=nh/2\pi$という値しか許されないのだ。

梯子(はしご)に上る者は、横木の上にしか足を置けず、その中間には足の置き場がないのと同様、電子の軌道が量子化されているせいで、原子の内部で電子が持てるエネルギーも量子化されている。ボーアは水素原子について、それぞれの軌道を占めるひとつの電子のエネルギーを、古典力学を使って計算してみた。原子の量子状態は、電子に許される軌道と、その電子のエネルギーE_nで指定される。$n=1$は、エネルギーの梯子（「エネルギー準位」）の一番下の段に相当する。そのとき電子は一番下の軌道を占め、原子は最低エネルギーの量子状態にある。ボーアのモデルによれば、水素原子の最低エネルギー準位（それを「基底状態」と呼ぶ）のエネルギーE_1として、-13.6eVという値が得られた。ここで、eV（電子ボルト）は、原子スケールで用いられるエネルギーの単位であり、数字の前についているマイナス記号は、電子が原子核に束縛されているということを表している。[3] 電子が、nが1よりも大きな数の軌道を占めるとき、その原子は「励起状態」にあると言う。nは、のちに主量子数と呼ばれるようになる数で、つねに整数値をとる。主量子数は、電子が占めることのできる定常状態と、それに対応する原子のエネルギー準位、E_nを指定する。

ボーアが水素原子のエネルギー準位を計算してみると、それぞれの準位のエネルギーは、基底状態（最低エネルギー準位）のエネルギーを、n^2で割ったもの――(E_1/n^2) eV――になることがわかった。したがって、$n=2$の第一励起状態のエネルギーは、$-13.6/4=-3.40$eVと予想された。最低エネルギー状態の電子軌道（$n=1$）の半径は、基底状態の水素原子の大きさと見ることができる。ボーアは自分のモデルを使って、基底状態の軌道半径として、０・０５３ナノメートル（nm）という値を得た。ナノメートルとは、一メートルの十億分の一である。ボーアが得た半径は、当時もっとも信頼のおける実験データから導かれた値とよく合っていた。またボーアは、基底状態以外の軌道の半径は、n^2に比例して大きくなることも見出した。つまり、$n=1$のときの半径をrとすると、$n=2$のときの半径は$4r$、$n=3$のときの半径は$9r$、などとなる。

一九一三年一月三十一日、ボーアはラザフォードへの手紙に、「まもなく原子に関する論文をお送りできると思います」と書いた。「予想以上に時間がかかってしまいましたが、最近、いくらか進展がありました」。ボーアはこの時点で、軌道運動する電子の角運動量を量子化してラザフォードの有核原子を安定化させ、それにより、古典的には可能なあらゆる軌道のうち、ごく少数の定常状態しか許されないのはなぜかを説明していた。ラザフォードに手紙を書いてから数日後、ボーアは最後のものとなる三つ目の手掛かりに出くわした。その手掛かりが、量子的な原子モデルの完成へと彼を導くことになるのである。

ハンス・ハンセンは、ボーアがコペンハーゲンの学生時代に知り合ったひとつ年下の友人で、ゲッティンゲンでの勉強を終えて、デンマークの首都に戻ってきたところだった。ふたりが会ったとき、ボーアは原子構造に関する最新のアイディアをハンセンに話して聞かせた。ドイツで分光学（原子や分子による放射の吸収・放出を調べる学問）の研究をしていたハンセンは、ボーアのその仕事から、線スペクトルが生じる理由について何かわからないだろうか、と言った。ガスに金属が混じっていると、金属の種類によって炎の色が変わることは昔から知られていた。ナトリウムなら明るい黄色、リチウムなら暗い赤色、カリウムなら紫色が現れる。十九世紀になると、光のスペクトルに、元素に特有の線――線スペクトル――が入ることが発見された。元素ごとに、線スペクトルの本数、間隔、波長が一通りに決まるため、それを見れば、どんな元素が燃えているのかがわかる。つまり線スペクトルは、元素の正体を暴（あば）くために使える、光の指紋なのだ。

さまざまな元素の線スペクトルには膨大なパターンがあり、あまりにも煩瑣（はんさ）なため、それが原子内部の仕組みを解明するための鍵になるなどと、本気で考える者はいなかっ

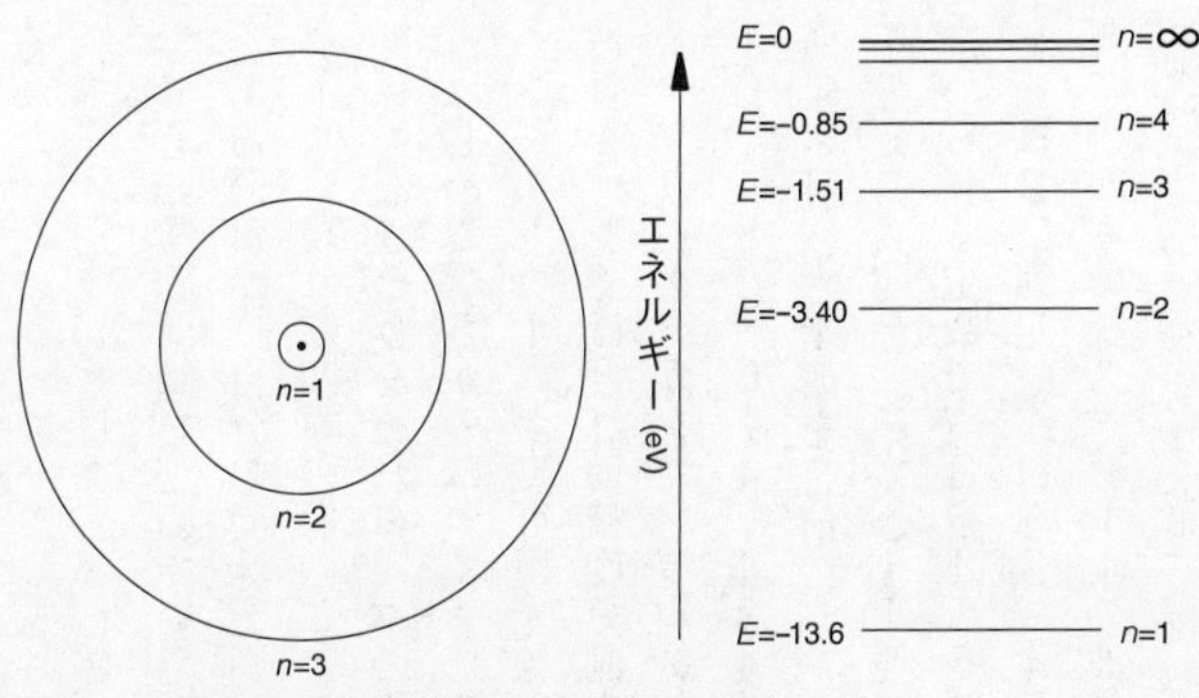

図６　水素原子の定常状態、およびそのエネルギー　そのいくつかを示す（図の縮尺は正確ではない）。

た。のちにボーアが語ったように、蝶の羽の美しい色合いはたいへんに興味深いが、「蝶の羽の色を調べたところで、生物学の基礎がわかるとは誰も思わないのと同じこと」だった。原子と、それにより生じる線スペクトルとのあいだに何か関係があるのは当然としても、一九一三年二月はじめの時点では、それがどんな関係なのかということになると、ボーアには何のアイディアもなかった。ハンセンはボーアに、水素の線スペクトルに関するバルマーの式のことは知っているか、と尋ねた。ボーアが記憶するかぎり、「バルマーの式」などというものは、見たことも聞いたこともなかった。しかしこれに関しては、ボーアは単に忘れていたという可能性が高そうだ。ともあれハンセンは、ボーアにその式のことを説明し、なぜそれが実験データに合うのかは誰にもわからないのだ、と教えてくれた。

ヨハン・バルマーは、バーゼルの女学校で教えていたスイス人数学教師で、地元の大学でも非常勤講師を務めていた。バルマーが数秘術に興味をもっていることを知っていたある同僚が、自分の興味を引くようなものが何もないと嘆くバルマーに、水素のスペクトルに現れる四本の線のことを話してやった。興味をひかれたバルマーは、一見何の関係もなさそうなそれら四本の線のあいだに、何か数学的な関係がありはしないかと調べはじめた。さかのぼって一八五〇年代のこと、スウェーデンの物理学者アンデシュ・オングストロームが、可視光線の赤、緑、青、紫の領域に現れる四本の線スペクトルの波長を、驚くほど高い精度で測定することに成功していた。オングストロームが、アルファ、ベータ、ガンマ、デルタと名付けた線スペクトルの波長は、それぞれ656・210、486・074、434・01、410・12nmという値だった。[4] そして一八八四年六月、六十歳を目前にしたバルマーは、それら四本の線スペクトルの波長（λ）を与える式、$\lambda=b[m^2/(m^2-n^2)]$を発見する。ここでmとnはともに整数、bは実験で定められる定数で、364・56nmという値が得られていた。

nは2に固定し、mを3、4、5、6と動かしていくと、バルマーの式からは、水素原子の四本の線スペクトルの波長と、ほぼ完璧に一致する数値が得られた。たとえば、$n=2, m=3$を代入すると、スペクトルの赤い領域にある、アルファと呼ばれる線スペクトルの波長が得られる。しかもバルマーは、のちに彼を称えて「バルマー系列」と呼ばれることになる四本の線スペクトルの正しい波長を得ただけでなく、オングストロームがすでに発見し、波長を測定していたとは知らずに（オングストロームのその論文は、スウェーデン語で発表されていた）、$n=2$、$m=7$の場合に対応する、五番目の線スペクトルが存在するはずだと予言したのだ。すでに測定されていたその五番目の線スペクトルの波長と、バルマーが予言した値とは、ほぼぴったり一致した。

もしもオングストロームが存命で（彼は一八七四年に五十九歳で死んでいた）、バルマーがその式を使って、赤外領域や紫外領域にも水素原子の線スペクトルの系列が存在すると予言するのを知ったら、さぞや驚いたことだろう。バルマーは、上述の四本の線スペクトルを得るために、$n=2$と固定したが、nを順に1、3、4、5と固定して、それぞれの場合にmを動かすことにより、赤外領域と紫外領域にも線スペクトルの系列が存在すると予言したのだ。たとえば、$n=3, m=4, 5, 6, 7\ldots$として、一九〇八年にフリードリヒ・パッシエンが発見することになる線スペクトルの系列が、赤外領域に存在すると予言した。それらの系列はやがて発見されたが、バルマーの式になぜそんな力があるのかは誰にもわからなかった。バルマーが試行錯誤だけで見出したその式は、どんな物理的メカニズムを象徴しているのだろうか？

ボーアは後年こう述べた。「バルマーの式をひと目見るなり、謎はすべて解けた」。原子の線スペクトルは、許された軌道のひとつから別の軌道へと、電子が飛び移ることによって生じていたのだ。$n=1$ の基底状態にある水素原子が、外部からエネルギーを受け取ると、電子は、たとえば $n=2$ のような、よりエネルギーの高い軌道に飛び上がる。エネルギーの高い状態は、原子にとって不安定な励起状態なので、電子はただちに、$n=2$ から $n=1$ に飛び降り、原子は基底状態に戻る。それができるためには、電子はふたつの準位間のエネルギー差である、10.2eV に等しい大きさのエネルギー量子を放り出すしかない。そうして生じる線スペクトルの波長を求めるには、プランク＝アインシュタインの式 $E=h\nu$ を用いればよい。ここで ν は、放出された電磁放射の振動数である。

バルマー系列の四本の線スペクトルは、ある波長領域にまとまっているエネルギー準位のなかで、より高いものからより低いものへ電子が飛び降りるために生じていたのだ。そのとき放出されるエネルギー量子の大きさは、出発点と着地点の準位だけによって決まる。バルマーの式で、nを2に固定して、mを3、4、5、6と動かすことで、正しい波長が得られたのはそのためだったのだ。ボーアは、電子が飛び降りるエネルギー準位をいろいろと変えることにより、バルマーが予言した他のスペクトル系列を導くことができた。たとえば、電子の着地点となる準位が、$n=3$ であるような遷移(せんい)からは、赤外領域のパッシェン系列が生じ、着地点が、$n=1$ であるような遷移からは、スペクト

ルの紫外領域の、いわゆるライマン系列が生じる。(5)

ボーアは、電子の量子飛躍には、非常に奇妙な性質があることに気がついた。飛躍しているときの電子の所在については、何も言えないということだ。軌道間の飛躍――エネルギー準位間の遷移――は、瞬間的に起こらなければならない。さもないと、軌道から軌道へと移動するあいだに、電子はエネルギーを放出してしまうからだ。ボーアの原子の内部では、電子は軌道と軌道のあいだの空間には存在することができない。電子はまるで魔法のように、ある軌道上から消えた瞬間、別の軌道に姿を現すのだ。

「量子の本性という問題が、線スペクトルの問題と絡み合っているという点には疑問の余地がない」。一九〇八年二月に、ノートにそう書きつけたのは、意外にもプランクその人だった。しかし、当時彼は量子の影響をできるかぎり小さく押さえ込もうとしており、ラザフォードの原子はまだ誕生していなかったので、プランクに言えたのはそこまでだった。ボーアは、電磁放射が原子に放出・吸収されるときには、量子として振る舞うという考えを全面的に受け入れていたが、一九一三年の時点では、電磁波そのものが量子化されているとまでは考えていなかった。それから六年後の一九一九年に、プランクは自分のノーベル賞受賞講演のなかで、ボーアの量子的原子こそは、分光学という「不思議の国への門扉を開けるために、ながらく探し求められていた鍵だった」と述べた。しかしそうなってさえ、アインシュタインの光の量子を信じる者は、まだほとんどいなかったのである。

一九一三年三月六日、ボーアは、最終的には三部作となる論文の第一部をラザフォードに送り、『フィロソフィカル・マガジン』に送付してくれるよう頼んだ。当時――そして、その後も長きにわたり――ボーアのような若い科学者は、ラザフォードのような年功ある指導者に、論文がイギリスの専門誌に滞りなく掲載されるよう、「口添えして」もらわなければならなかった。「あなたがこの論文をどう思われるか、とても心配です」と、ボーアはラザフォードへの手紙に書いた。とくに気がかりだったのは、量子物理学と古典物理学を混ぜこぜに使っていることを、ラザフォードがどう考えるかだった。ラザフォードはすぐに返事をくれた。「水素の線スペクトルの起源に関するきみのアイデイアは非常に独創的ですし、実験にもよく合っているようですね。ただ、プランクの考え方と、古い力学とを混ぜて使っているせいで、この仕事の基礎がどこにあるのか、物理的なイメージがもちにくいように思います」

ラザフォードは、水素原子の内部にある電子が、エネルギー準位間を「飛躍」するというのがイメージできなかったのだ――のちには誰もが、それに苦労することになる。問題は、ボーアが古典物理学の非常に重要なルールをひとつ破っていることだった。円

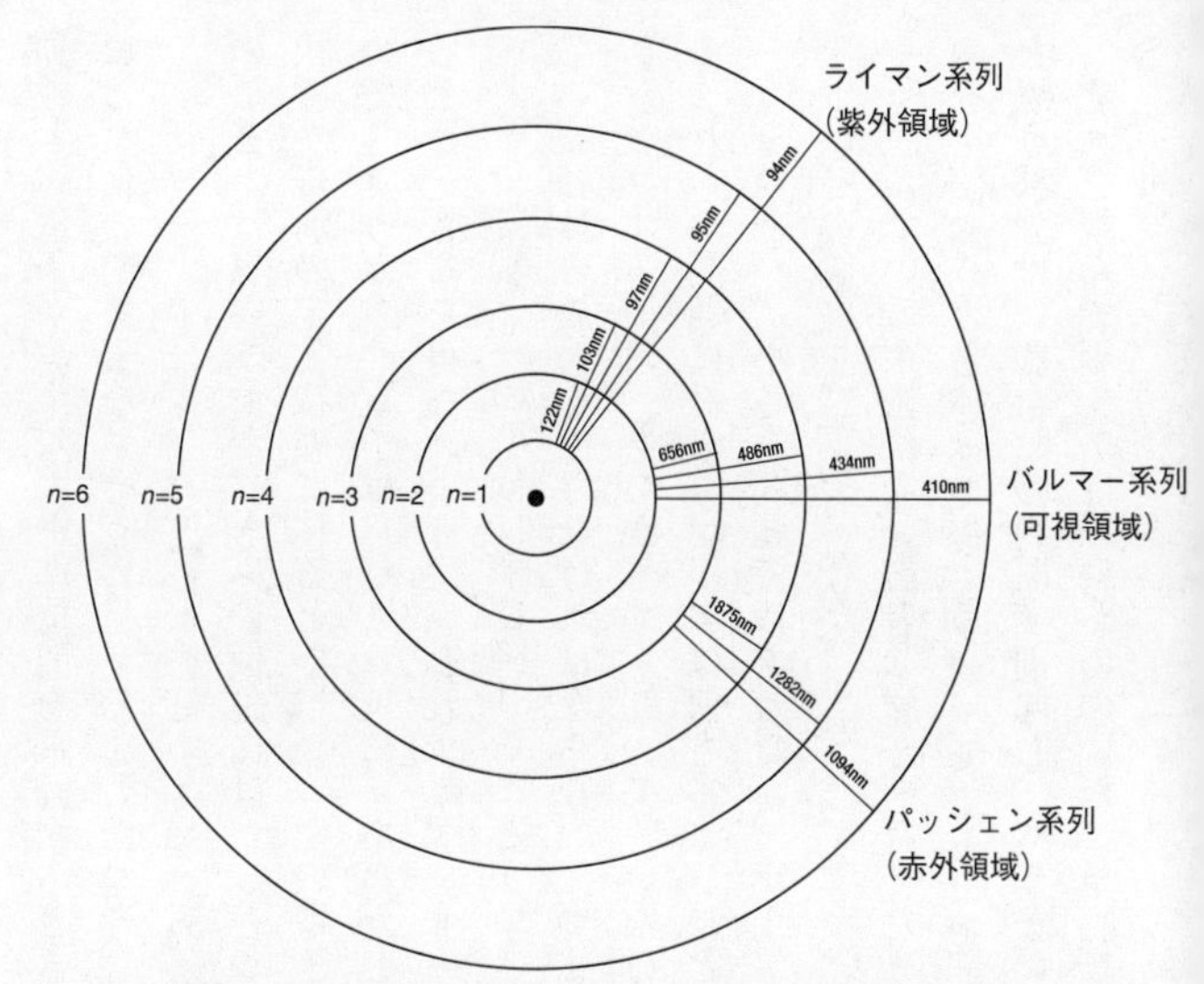

図7　水素原子のエネルギー準位と線スペクトルの模式図　量子飛躍が起こって光が放出される（数字は波長）

運動をしている一個の電子は、振動する系である。電子が軌道をひとめぐりするということは、振動を一往復することであり、電子が一秒間に軌道をめぐる回数は、振動数にほかならない。振動する電荷は、その振動数の放射としてエネルギーを放出する。しかし電子の「量子飛躍」には、ふたつのエネルギー準位が関係するため、それにともなって振動数もふたつあることになる。これらの振動数は、「古い」力学の振動する系に関係している。ラザフォードが問題視したのは、「古い」力学の振動数と、電子がエネルギー準位間を飛躍するときに出すという放射の振動数とのあいだには、何の関係もなさそうに見えることだった。

ラザフォードはもうひとつ、いっそう深刻な問題を突き止めた。「もちろん十分承知のこととは思いますが、きみの仮説には、ひとつ重大な困難がありそうです。ある定常状態から別の定常状態に移るとき、いったい電子はどんな振動数で振動することになるのでしょうか？　電子は飛躍する前に、あらかじめどの準位に飛び降りるかを決めていると考えざるを得ないように思われます」。$n=3$のエネルギー準位を占めている電子は、$n=2$または$n=1$の準位に飛び降りることができる。それができるためには、電子は正しい振動数の放射を出さなければならない。つまり電子は、着地点のエネルギー準位を、ジャンプする前に、あらかじめ「知って」いなければならないのだ。量子的原子が抱えるこれらの問題に対し、ボーアは何も答えることができなかった。

もうひとつ、小さな問題ではあったが、ボーアが深く悩んだ指摘があった。ラザフォードはその論文を、「切り詰めなければ」ならないと言ったのだ。「論文が長いと、じっくり読んでいる余裕がない読者の腰が引けてしまう」というのだ。なんなら英語を直すのを手伝おう、と述べた後、ラザフォードは追伸として、次のように書いた。「不必要と思う部分は、わたしの判断で削除してもかまいませんね？　返事を待ちます」

それを読んでボーアは恐れおののいた。単語ひとつ選ぶのにも苦しみ抜き、果てしなく推敲を重ねる彼にとって、たとえそれがラザフォードであろうとも、自分以外の人間が論文に手を加えるなどとは、考えることさえできなかったのだ。二週間後、ボーアは変更と追加を書き込み、さらに長くなった改訂版の原稿を送った。ラザフォードはボーアの改訂を、「良くできているし、妥当な改訂のように思われます」と言ってくれたが、このときもやはり論文を短くするよう強く求めた。その二度目の返事を受け取る前に、ボーアはラザフォードに、今度の休暇にマンチェスターに伺いますと告げた。

ボーアが玄関の扉をノックしたとき、ラザフォードは友人のアーサー・イヴをもてなしているところだった。イヴの回想によれば、ラザフォードはすぐに、その「ひょろりとした男の子」を連れて書斎に行き、その場に残ったラザフォード夫人が、今のはデンマーク人で、夫は「あの若者の仕事を、とても高く買っているのです」と言ったという。それから数日のあいだ、夕方何時間も議論に議論を重ね、ボーアは一字一句省くことなどできないと懸命に訴えた。ボーアが後年語ったところでは、ラザフォードはその間、「ほとんど天使のような忍耐力を示した」という。

やがてラザフォードは疲労困憊し、ついに折れた。のちにラザフォードは、この一件を友人や仲間の物理学者たちに話して聞かせるようになった。「彼が論文の一字一句を大切にしていることが良くわかったよ。すべての文、すべての言い回し、すべての引用を、断じて捨てるつもりがないんだ。あの覚悟にはほとほと感心させられたね。どれもこれも、明確な理由があって書いているのだ。わたしははじめ、省略できる文はたくさんあると思っていた。しかし彼の説明を聞いているうちに、全体がきわめて緊密に織りあげられているので、変更できる箇所はひとつもないのだということがわかったよ」。皮肉にも、ボーアはずっと後になって、「議論の提示のしかたが明確でない」というラザフォードの意見は正しかったと述べた。

ボーアの三部作はほとんどそのままのかたちで、「原子と分子の構成について」という題で『フィロソフィカル・マガジン』に掲載された。一九一三年四月五日付の最初の論文が掲載されたのは七月。第二部と第三部は、それぞれ同年の九月と十一月に発表された。そこには原子内電子の取り得る配置が示されていた。その後十年間に周期表と元素の化学的性質を原子の量子論で説明して行くにあたり、ボーアは原子内電子の配置というそのテーマをつねに念頭に置くことになった。

ボーアは、古典物理学と量子物理学を混ぜこぜにして、自分の原子モデルを急ごしらえに組み立てた。その過程で、広く認められていた物理学の常識を破るようなことを提唱した。まず、原子内電子は、定常状態という、特定の軌道しか占めることができないということ。つぎに、定常状態にある電子は、エネルギーを放射できないということ。

そして、原子は多数ある飛び飛びのエネルギー状態のうち、どれかひとつの状態を占めるということだ。それらの状態のうち、エネルギーがもっとも低い状態を、「基底状態」という。そして電子は、「どういうわけか」、エネルギーの高い定常状態から低い定常状態へと飛び降りることができ、そのエネルギー差をエネルギー量子として吐き出す、というのだった。しかし彼の原子モデルは、水素原子のいくつかの性質――水素原子の半径など――を正しく予測することができたし、線スペクトルが生じる理由を物理的に説明することもできた。のちにラザフォードは、原子の量子論は、「物質に対する頭脳の勝利であり」、ボーアがその謎を解明するまでは、ラザフォード自身、線スペクトルの謎が解けるまでには「何百年もかかるだろう」と思っていたと述べた。

ボーアの仕事がどれほど大きな事件だったかを知るためには、原子の量子論が引き起こした反応を見ればよい。一九一三年九月十二日、英国科学振興協会（ＢＡＡＳ）の第八十三回年会が、バーミンガムで開かれた。それは原子の量子論が公の場で論じられる最初の機会となった。聴衆の中にはボーア自身もいたが、彼の仕事への反応は冷やかで微妙だった。Ｊ・Ｊ・トムソン、ラザフォード、レイリー、ジーンズという錚々（そうそう）たる顔ぶれがそろい、外国からの著名な参加者には、ローレンツやキュリーもいた。ボーアの原子モデルについて強く意見を求められたレイリーは、「七十歳を過ぎた者は、新しい理論について性急にものを言うべきではないでしょう」と社交辞令を使った。しかしそんなレイリーも、親しい人たちに対しては、「自然はそんなふうには振る舞わない」し、「そんなことが現実に起こっているとは考えにくい」と語った。トムソンは、ボーアがやったように原子を量子化する必要はないと言い、ジェームズ・ジーンズは、失礼ながら賛成しかねる、という言い方をした。ジーンズは、聴衆でいっぱいの会場で行った講演のなかで、ボーアのモデルが正当化されるためには、「非常に重みのある成功」を収める必要があるだろうと述べた。

ヨーロッパ大陸では、原子の量子論は激しい反発を買った。ある白熱した議論のさなか、マックス・フォン・ラウエは、「まったくのナンセンスだ！　マクスウェルの方程式はいかなる状況下でも成り立つ。円軌道を描く電子は、放射を出さなければならない」と言った。パウル・エーレンフェストは、ボーアの原子のことを聞いて、「わたしは絶望の淵に追いやられました」とローレンツに語った。エーレンフェストはそれに続けて、「目標に到達するためには、この道を取るしかないというなら、わたしは物理学をやめなければなりません」と述べた。ゲッティンゲンにいたボーアの弟ハーラルは、当地では彼の仕事に大いに関心が寄せられているが、彼の仮説はあまりに「大胆」かつ「荒唐無稽」だと思われているようだ、と教えてくれた。

ボーアの理論は、初期にひとつの成功を収め、アインシュタインを含めて何人かの支持を得ることができた。ボーアは、太陽光スペクトルに見られる一連の暗線は、従来水素によるものとされていたが、じつはイオン化されたヘリウム（二個の電子のうち、一個を失ったヘリウム）によるものだと主張した。いわゆる「ピッカリング＝ファウラー線」に対するボーアのこの解釈は、その線スペクトルの発見者であるピッカリングとファウラーの見解とは異なっていた。どちらが正しいのだろうか？　その問題に決着をつけたのは、ボーアにせっつかれて線スペクトルを詳しく調べあげた、マンチェスターのラザフォード・チームのメンバーだった。バーミンガムで開かれた英国科学振興協会の会合にちょうど間に合うタイミングで、ピッカリング＝ファウラー線はヘリウムによるものだという、デンマーク人の予想が正しかったことが証明されたのだ。アインシュタインはそれを、九月末にウィーンで開催された会議の最中に、ボーアの友人のゲオルク・フォン・ヘヴェシーから聞いた。ヘヴェシーはそのときの様子をラザフォードにこう伝えた。「アインシュタインの大きな目が、さらに大きくなったように見えました。そして彼はこう言ったのです、『じゃあ、それは最大級の発見だね』」

三部作の第三部が一九一三年十一月に発表される頃までには、ラザフォード・グループの別のメンバー、ヘンリー・モーズリーが、原子核の電荷（原子番号）は元素に特有の整数であり、周期表内の位置を決める重要な数だという説の正しさを証明した。モーズリーがその検証に取り組んだのは、同年七月にマンチェスターを訪れたボーアから、原子の話を聞いてからのことだった。モーズリーは、電子線をさまざまな元素に当て、出てきたエックス線のスペクトルを調べるという方法を使った。

エックス線は電磁放射の一種であることや、その波長は可視光線の何千分の一であること、そしてエックス線は大きなエネルギーの電子を金属に当てることによって得られることなどは、当時すでに知られていた。ボーアは、エックス線が飛び出してくるのは、原子のもっとも内側の軌道上にある電子が弾き出され、その空席を埋めるために、高いエネルギー準位の電子が飛び降りてくるためだと考えた。それらふたつの準位のエネルギー差は、遷移過程で放出されるエネルギー量子がエックス線になるようなものとなっている。そして彼は、自分の原子モデルでは、放出されたエックス線の振動数を測定すれば、原子核の電荷がわかることに気づいたのだ。彼がモーズリーに話したのは、この興味深い関係のことだった。

モーズリーは、驚くべき研究推進力と、それを支えるスタミナに恵まれ、みんなが眠っているあいだに夜通し仕事をした。そして実験を開始してからわずか二カ月のうちに、カルシウムから亜鉛までのすべての元素について、放射されるエックス線の振動数を測定してのけた。その結果、元素が重くなればなるほど、飛び出してくるエックス線の振動数は大きくなることがわかった。モーズリーは、原子ごとに特徴的なエックス線のスペクトルが得られることと、周期表で隣り合う元素同士は、よく似た線スペクトルを生じさせることから、当時まだ知られていなかった、原子番号43、61、72、75の元素の存在を予測した[6]。それら四つの元素はのちにすべて発見されたが、そのときすでにモーズリーは世を去っていた。彼は第一次世界大戦が始まると英国工兵隊に入隊し、通信将校として任務についた。そして一九一五年八月十日、トルコ西部のガリポリでの戦闘で、頭部を撃ち抜かれて死んだのだ。二十七歳という若さでの悲劇的な死は、生きていたなら確実であったろうノーベル賞を、彼の手から奪い去った。ラザフォードはその死を悼み、モーズリーは「生まれながらの実験家であった」と述べた。それはラザフォードにとって、与えうるかぎり最高の賛辞だった。

ボーアが、「ピッカリング＝ファウラー線」がヘリウムによることを正しく言い当てたことと、原子核の電荷についてモーズリーが画期的な仕事をしたことが引き金となって、原子の量子論を支持する者が増えはじめた。いっそう大きな転換点となったのは、一九一四年四月に起こったある出来事だった。ドイツの物理学者ジェームズ・フランクとグスタフ・ヘルツが、水銀原子に電子を照射したところ、その衝突により、電子のエネルギーが4.9eVだけ失われることに気づいた。フランクとヘルツはそれを、水銀原子から一個の電子を剝ぎ取るために必要なエネルギーが測定できたものと解釈した。ボーアの論文は当初ドイツでは相手にされなかったため、ふたりはそれを読んでいなかったのだ。ふたりのデータに正しい解釈を与えることは、ボーアの仕事になった。

水銀原子に照射される電子のエネルギーが、4.9eVよりも小さければ何も起こらない。

しかし、4.9eVよりエネルギーの大きな電子を照射すると、電子は4.9eVのエネルギーを失い、水銀原子は紫外光を放出する。ボーアは、4.9eVというエネルギーは、水銀原子の基底状態と、第一励起状態とのエネルギー差であると指摘した。それは水銀原子の最初のふたつのエネルギー準位間を電子が飛び移ることに対応し、準位間のエネルギー差は彼のモデルが予測する値にぴたりと一致した。電子が最低エネルギー準位に飛び降り、水銀原子が基底状態に戻るとき、ちょうどその大きさのエネルギー量子がひとつ放り出されて、水銀の線スペクトルの中に波長253・7ナノメートルの紫外光が現れるのである。かくしてフランク＝ヘルツの結果は、ボーアの量子化された原子と、原子のエネルギー準位の実在性を示す直接的な証拠となった。当初は自分たちのデータに誤った解釈を与えたフランクとヘルツだったが、この仕事により一九二五年のノーベル物理学賞を受賞した。

一九一三年七月に三部作の第一部が発表されたのとほぼ同じころ、ボーアはコペンハーゲン大学の講師に任命された。しかしボーアの喜びはまもなくしぼんだ。彼の主な仕事は、医学部の学生に物理学の基礎を教えることだったからだ。年が明けて一九一四年になると、名声が上がりはじめたボーアは、自分のために理論物理学の教授のポストを新設する可能性を探りはじめた。ドイツを別にすれば、理論物理学という分野はまだあまり認知されていなかったため、ことは容易には運びそうになかった。ラザフォードはボーアの提案を後押しするために、デンマーク宗教・教育省に対し、つぎのように証言した。「ボーア博士は、今日のヨーロッパでもっとも有望で有力な数理物理学者のひとりであると思われます」。ボーアの仕事が国際的に大きな関心を呼ぶようになると、コペンハーゲン大学の教授たちからも援護射撃をしてもらえるようになったが、しかしそうなってもなお、大学の上層部は、責任回避のための引き延ばし作戦をとることにした。落胆するボーアに、そんな行き詰まった状況から逃げ出す道筋を提案する手紙が、ラザフォードから届いた。

「おそらくご存知とは思いますが、ダーウィンの講師としての任期が切れるのにともない、二百ポンドの報酬で後任を募集しています」と、ラザフォードの手紙にはあった。「予備的な調査によれば、有望そうな人はそれほどたくさん集まりそうにありません。わたしとしては、独創性のある若手に来てほしいところです」。ラザフォードはかねてから、ボーアの仕事は、「きわめて独創的で優れている」と語っており、ラザフォードが暗にボーアに来てほしがっているのは明らかだった。

一九一四年九月、ボーアは一年間の長期休暇を認められた。彼の望む教授職の話がいっこうに進展しそうにない状況で、ニールスとマグレーデのボーア夫妻は、スコットランド沖の嵐の海を渡り、暖かい歓迎の待つマンチェスターに無事到着した。第一次世界大戦の火蓋はすでに切られ、マンチェスターもすっかり様変わりしていた。愛国心の波が国を飲み込み、戦うことのできる者はみんな軍隊に志願したため、ラザフォードの研究室は閑散としたありさまだった。この戦争はすぐに終わるだろうという楽観的な展望は、ドイツがベルギー軍を粉砕してフランスに侵攻するころまでには、潮が引くように後退していった。ついこの前までいっしょに研究していた仲間たちが、敵味方に分かれて戦っていた。マースデンはまもなく西の前線に向かい、ガイガーとヘヴェシーはドイツ・オーストリア＝ハンガリーの同盟国軍に加わった。

　ボーアが到着したとき、ラザフォードはマンチェスターを留守にしていた。オーストラリアのメルボルンで開催された英国科学振興協会の年会に出席するために、六月にイギリスを離れていたからだ。会議の後でアメリカとカナダをまわる予定だったが、最近ナイト爵に叙せられたため、その前にニュージーランドに住む親戚を訪ねるらしかった。マンチェスターに戻ってきたラザフォードは、対潜水艦戦のために多くの時間を費やした。デンマークは中立国だったため、ボーアは戦争にかかわる活動にはいっさい関与できなかった。そのため彼はもっぱら教育に専念した。研究について言えば、学術雑誌が手に入らず、ヨーロッパとの通信は検閲されたため、ほとんど何もできないに等しかった。

ボーアは当初、マンチェスターには一年だけ滞在するつもりだった。しかし一九一六年の五月に、コペンハーゲン大学に新設された理論物理学の教授ポストに任命されたときにも、彼はまだマンチェスターにいた。仕事が徐々に認められたおかげで教授のポストを確保し、原子の量子論は一定の成功を収めたとはいえ、この原子モデルでは解決できない問題もあった。二個以上の電子をもつ原子については、実験と合うような結果が出せなかったのだ。電子がたったふたつしかないヘリウム原子さえ説明できなかった。さらに困ったことに、ボーアの原子モデルは、実験では見つからない線スペクトルまでも予測してしまったのだ。予測された線スペクトルが、見つかったり、見つからなかったりするのはなぜかを説明するために、場当たり的な「選択則」を持ち込みもした。ともかくも、一九一四年の末までには、ボーアの原子の重要な要素（飛び飛びのエネルギー準位が存在すること。量子化されるのは、原子核の周囲をめぐる軌道上にある電子の角運動量であること。線スペクトルが生じるメカニズム）は、すべて受け入れられていた。しかし、新しい規則を設けても説明できない線スペクトルがひとつでも存在するという事実は、原子の量子論にとっては由々しき事態だった。

さかのぼって一八九二年のこと、実験装置の改良にともない、水素のバルマー系列のなかの二本の線スペクトル——赤い線と青い線——は、じつは一本の線ではなく、それぞれ二本に分かれていることが明らかになった。それから二十年以上にわたり、これらの線が「本当に二本に分かれているのか」、そうでないのかは、未解決のままだった。ボーアは、それらの線スペクトルは、じつは二本に分かれてはいないのだろうと考えていた。しかし一九一五年のはじめに新たに実験が行われて、バルマー系列の、赤、青、紫の線スペクトルはすべて二重項であることが明らかになると、ボーアは考えを変えた。ボーアの原子モデルを使っても、スペクトル線の分裂——「微細構造」と呼ばれるもの——を説明することはできなかった。コペンハーゲン大学の教授という新しい役割にも慣れたころ、ボーアは一連の論文が手元に届いていたことに気がついた。あるドイツ人から届いたそれらの論文は、ボーアの原子モデルを修正し、この問題を解決するものだった。

アルノルト・ゾンマーフェルトは、ミュンヘン大学の著名な理論物理学教授で、当時四十八歳だった。彼はミュンヘンを理論物理学の一大中心地に変貌(へんぼう)させ、その後長年にわたり、ドイツの優れた若手物理学者や学生のほとんど全員が、彼の行き届いた監督下に研究者として成長することになった。ボーアもそうだったように、ゾンマーフェルトもスキーが大好きで、学生たちや同僚をバイエルンアルプスの家に招いては、スキーをしたり物理学の話をしたりした。アインシュタインは、まだベルンの特許局にいた一九〇八年に、ゾンマーフェルトへの手紙に次のように書いた。「しかしこれは請け合いますが、もしもわたしがミュンヘンにいて時間が許すならば、数理物理学の知識を磨くためにあなたの講義を聞くでしょう」。それはチューリヒ時代に数学教授から「怠け者」と呼ばれた男からの、ちょっとした褒め言葉だった。

ボーアは自分のモデルを扱いやすくするために、電子が原子核のまわりで行う運動を円運動だけに制限していた。ゾンマーフェルトは、その制限を取り除くことにしたのだ。そうすると、ちょうど太陽の周りをめぐる惑星のように、電子は楕円軌道を描くことができるようになる。ゾンマーフェルトは、数学的に言えば円は楕円の特殊ケースにすぎず、円形の電子軌道は、量子化された楕円軌道すべてを含む集合の部分集合にすぎないことを知っていた。ボーアのモデルでは、量子数 n によって、定常状態——許される電子の円軌道——と、それに対応するエネルギー準位が指定された。また、n の値が決まれば、円軌道の半径も決まった。しかし、楕円の形状を指定するためには、さらにふたつの変数が必要になる。そこでゾンマーフェルトは、「軌道」量子数 k を導入することにより、楕円軌道の形状を量子化することにしたのだ。k は、電子が取りうるあらゆる楕円軌道のうち、n の値が与えられたときに、許される楕円の形状を指定する数である。

ゾンマーフェルトによる修正版の原子モデルでは、主量子数 n がひとつ決まれば、それに応じて k が取りうる値も決まる。[7] $n=1$ ならば、$k=1$ であり、$n=2$ ならば、$k=1, 2$ である。$n=3$ ならば、$k=1, 2, 3$ と、k は三つの値をとることができる。与えられた n に対し、k は1から順に n までの整数をとることができるのだ。$n=k$ の場合には、軌道は円となる。kがnよりも小さければ、その軌道は楕円になる。たとえば$n=1$, $k=1$なら、軌道は円形で、ボーア半径と呼ばれる半径rをもつ。$n=2$, $k=1$ならば、その軌道は楕円である。$n=2$, $k=2$ならば、半径$4r$の円軌道となる。したがって、水素原子が$n=2$の量子状態にあるなら、その原子のもつ一個の電子は、$k=1$または$k=2$の軌道を占めることができる。$n=3$の状態のときには、電子は次の三つの軌道のいずれでも占めることができる——$n=3$, $k=1$は楕円、$n=3$, $k=2$は楕円、$n=3$, $k=3$は円である。ボーアのモデルでは、$n=3$のときには円軌道がひとつあるだけだったが、ゾンマーフェルトによる修正版の原子モデルでは、三つの軌道が許される。こうして定常状態が増加したことで、バルマー系列の線スペクトルが分裂する理由を説明できるようになったのだ。

線スペクトルの分裂を説明するために、ゾンマーフェルトはアインシュタインの相対性理論に目を向けた。太陽の周囲をめぐる彗星(すいせい)のように、楕円軌道上にある電子は、原子核に近づくにつれ速度が増加する。しかし彗星とは異なり、電子の速度は大きいため、相対性理論から予測されるように、電子の質量が増加する。この相対論的な質量増加によって、ごくわずかながら電子のエネルギーが変わるのだ。$n=2$の定常状態では、$k=1$の軌道は楕円、$k=2$の軌道は円なので、それぞれの場合で電子のエネルギーは異なる。そのわずかなエネルギーの差のために、エネルギー準位がふたつになり、ボーア

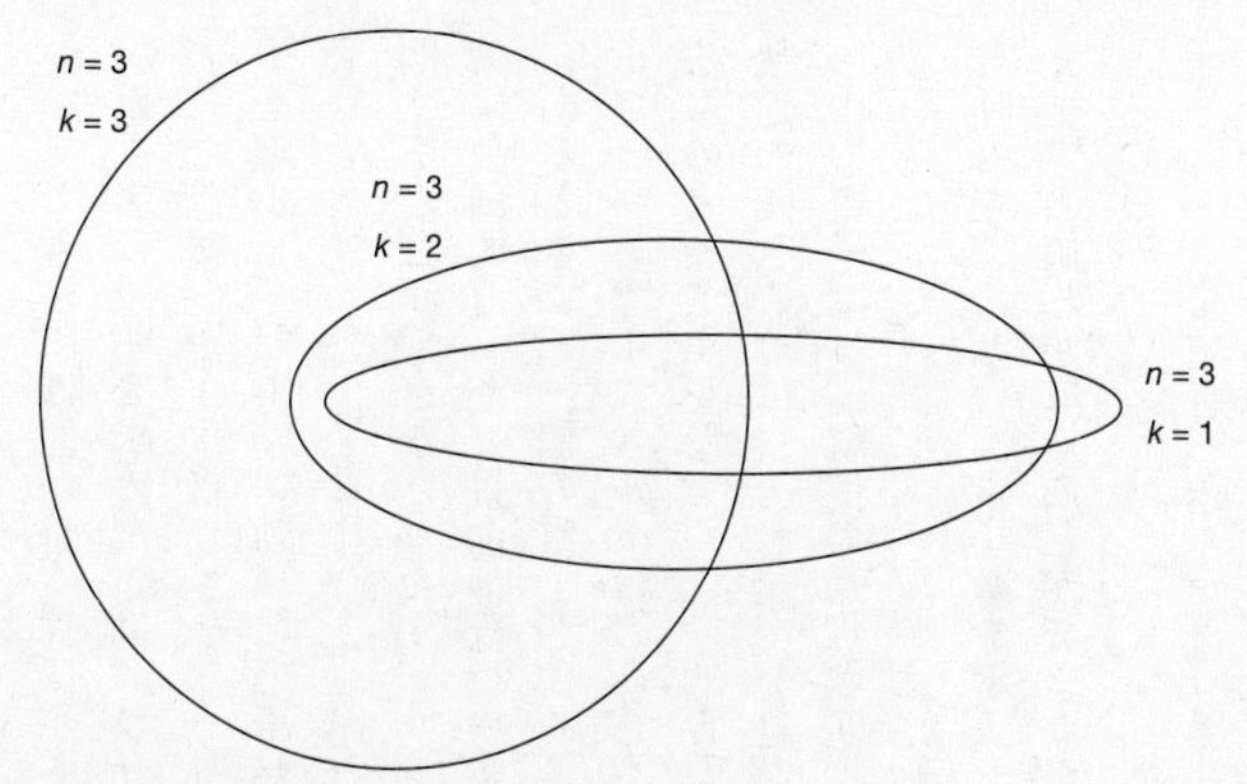

図8　水素原子のボーア＝ゾンマーフェルト・モデル
$n=3, k=1, 2, 3$ の場合の電子軌道。

のモデルではひとつしか予測されない線スペクトルが、二本に分裂するのである。しかし、ボーア＝ゾンマーフェルトの原子の量子論を使ってもなお、説明できない現象がふたつあった。

一八九六年のこと、オランダの物理学者ピーター・ゼーマンは、磁場の中では、一本の線スペクトルが何本かに分裂することを発見した。この現象はゼーマン効果と呼ばれ、磁場をゼロにすると、分裂したスペクトルは消滅した。一九一三年にはドイツの物理学者ヨハネス・シュタルクが、原子を電場の中に置くと、一本の線スペクトルが何本かに分裂することを発見した[8]。ラザフォードはシュタルクがその発見を公表するとすぐに、ボーアにそれを知らせた。「ゼーマン効果と電気的な効果を、きみの理論で説明できるかどうかについて、きみには何か書く責任があると思います」

ボーアに説明を求めたのは、ラザフォードが最初ではなかった。三部作の第一部を発表した直後、ボーアはゾンマーフェルトからお祝いの手紙を受け取った。「あなたの原子モデルを、ゼーマン効果に応用してみてはいかがですか」とゾンマーフェルトは言い、「わたしはそれに取り組んでみるつもりです」と述べた。ボーアにはゼーマン効果を説明することができなかったが、ゾンマーフェルトにはできた。ゾンマーフェルトの解決策は独創的だった。以前彼は軌道を楕円にし、たとえば原子が $n=2$ のエネルギー状態にあるときに、一個の電子が占めることのできる量子化された軌道の数を増やした。ボーアとゾンマーフェルトはどちらも、円であれ楕円であれ、軌道は平面の上に乗っているものとイメージしていた。しかしゾンマーフェルトはゼーマン効果に取り組むなかで、軌道の向きこそは、それまで見逃していた重要な要素であることに気づいたのだ。磁場の中の電子では、軌道の選択肢が増える。磁場に対する向きに応じて軌道が差別化されるからだ。ゾンマーフェルトは、軌道の向きを量子化するために、彼が「磁気」量子数と呼んだ、mという量子数を導入した。[9] 与えられた主量子数nに対して、mは、$-n$からnまでの値しか取ることができない。たとえば $n=2$ なら、mは、$-2, -1, 0, 1, 2$ の値をとることができる。

一九一六年三月、ボーアはゾンマーフェルトに宛てた手紙に、「あなたの美しい仕事よりも喜ばしい論文を読んだことはないように思います」と書いた。電子軌道に向きがあること――やがて「空間の量子化」と呼ばれるもの――は、五年後の一九二一年に実験により裏づけられた。こうしてエネルギー状態は増え、三つの量子数（n、k、m）によって指定されることになった。増えた状態は、外磁場が存在するときに一個の電子の選択肢に加わり、ゼーマン効果を引き起こしていたのである。

必要は発明の母と言う通り、ゾンマーフェルトは、実験が明らかにした事実を説明する必要に迫られて、ふたつの新しい量子数、kとmを導入した。ほかの人たちもゾンマーフェルトの仕事に学び、シュタルク効果については、電場の存在によりエネルギー準位の間隔が変わるために引き起こされる現象という説明を与えた。ボーア＝ゾンマーフェルトの原子には、線スペクトルの相対強度を再現できないといった弱点も残されていたが、このモデルの成功のおかげでボーアの名声はいやがうえにも高まり、彼はコペンハーゲンに自分の研究所をもつことになった。彼は、

コペンハーゲン大学理論物理学研究所　今も変わらず「ボーア研究所」の名で通る。正式開所は1921年３月３日。
Niels Bohr Archive, Copenhagen

「原子物理学の所長（ディレクター）」への道のりを歩み出していた。その呼称は、ボーアが自分自身で行った仕事の重要性と、彼が他の人たちに与えたインスピレーションの大きさを踏まえて、ゾンマーフェルトが彼に与えたニックネームだった。

ボーアがそれを聞いたなら、きっと喜んだに違いない。というのも彼は、ラザフォードの研究室運営のやり方や、ラザフォードがそこで醸（かも）し出していた精神に倣（なら）いたいと、つねづね願っていたからだ。ボーアがラザフォードという師から学んだのは物理学だけではなかった。彼はラザフォードが、若手の物理学者たちを駆り立て、その人の力を最大限に引き出す様子を目の当（ま）たりにした。一九一七年、ボーアは幸運にもマンチェスターで経験したことを、コペンハーゲンの地で再現するという仕事に着手する。彼は大学に理論物理学研究所を作ろうと考えて、コペンハーゲンの有力者たちに接触した。そして友人たちが土地や建物のための資金を集めてくれたおかげで、研究所の設立は承認された。翌年、まだ戦後まもない時期に、市の中心部からほど遠からぬ緑の美しい公園の一角に、研究所の建設が始まった。

研究所の設立に向けて動きはじめてまもなく、ボーアの心をかき乱す一通の手紙がラザフォードから届いた。マンチェスターに理論物理学の教授職を用意したというのだ。「われわれふたりで力を合わせ、物理学を大いに盛り上げようではありませんか」とラザフォードは書いていた。ボーアの心は揺れた。だが、いまや自分の望みがすべて叶（かな）えられようとしているデンマークを去ることはできなかった。もしもボーアがマンチェスターに来ていたなら、ラザフォードが一九一九年にそこを離れることもなかっただろう。彼は、J・J・トムソンの後を継いで、キャヴェンディッシュ研究所の所長に就任したのである。

ボーア研究所と呼ばれることになるコペンハーゲン大学理論物理学研究所が正式に開所したのは、一九二一年三月三日のことだった。子どもたちも増えつつあったボーア一家は、すでに研究所の二階にある七部屋続きの住居に移り住んでいた。戦争中の動乱と、戦後の苦難の時期も終わりに近づき、研究所はまもなく、ボーアの望んでいた通りに創造の港となった。研究所はすぐに、世界でも最高級の頭脳をもつ物理学者の多くを引き寄せる磁石のような存在となったが、しかしそのなかでももっとも才能に恵まれたある人物は、つねに部外者であり続けることになる。

第五章　アインシュタイン、ボーアと出会う

「あの人たちはおかしいのです——量子論のことで頭がいっぱい、というのではありませんが」。アインシュタインがある物理学者にそう語ったのは、プラハ大学ドイツ部の理論物理学研究所で、自分の研究室の窓からふたりで外を眺めていたときのことだった。一九一一年四月にプラハにやって来たアインシュタインは、窓の下に見える庭園を、午前中は女性だけ、午後には男性だけが散歩していることに気づいていぶかしく思った。やがて、彼もまたおのれの悪霊（あくりょう）と格闘するうちに、隣の美しい庭園は精神科の病棟であることを知ったのだった。アインシュタインは、量子にも、光の二重性にも、容易にはなじめないと思うようになっていた。彼はヘンドリク・ローレンツへの手紙にこう書いた。「はじめにお断りしておきたいのですが、わたしはあなたが思っていらっしゃるような、ゴリゴリの光量子信者ではありません」。自分がそう誤解されてしまうのは、「論文にあいまいな書き方をしてしまったためです」と彼は言った。まもなくアインシュタ

インは、「量子は本当に存在するのか」を問題にすることさえやめてしまった。一九一一年十一月に、「放射理論と量子」というテーマで開かれた第一回ソルヴェイ会議から戻ったアインシュタインは、もうたくさんだとばかり、量子の狂気を頭の片隅に追いやった。それからの四年間、ボーアが原子の量子論をひっさげて舞台中央に登場しつつあるちょうどそのころ、アインシュタインは重力を取り込むために相対性理論を拡張するという仕事に専念すべく、量子のことは事実上棚上げにする。

十四世紀半ばに創設されたプラハ大学は、一八八二年に、民族と言語にもとづきチェコ部とドイツ部に分割された。それはチェコ人とドイツ人が互いに不信感を抱き合う、チェコの事情を反映した出来事だった。穏やかで寛容なスイスという国で、さまざまな民族や国籍の人たちが混じり合うチューリヒに暮らしていたアインシュタインは、そんなプラハになじめなかった。ひたひたと忍び寄る孤立感にくらべれば、正教授のポストと、まずまず安泰に暮らせるだけの給料を得たことなどは、ほんの気休めにすぎなかった。

ボーアがケンブリッジからマンチェスターに移りたいと思い悩んでいた一九一一年の末頃には、アインシュタインは、なんとかスイスに戻りたいと思い詰めるようになっていた。ちょうどそのとき、かつての友が救いの手を差し伸べてくれた。スイス連邦工科大学の数学・物理学部の学部長になって間もないマルセル・グロスマンが、チューリヒ工科大学を改称したこの大学の教授に招いてくれたのだ。それはグロスマンの管轄下の人事ではあったが、彼にもいくつか踏むべき手順があった。そのなかでもとくに重要なのが、アインシュタインの招聘について、有力な物理学者に意見を聞くことだった。グロスマンが意見を求めた物理学者のひとりに、フランス最高の理論家、アンリ・ポアンカレがいた。ポアンカレはアインシュタインについて、自分の知るかぎり、「もっとも独創的な頭脳の持ち主のひとり」であると述べた。ポアンカレはアインシュタインが、新しい概念をやすやすと使い、古典的原理が成り立たなくなる領域までも鋭く見通し、「物理的な問題に直面したとき、あらゆる可能性を即座に想定できる」ことを高く評価した。かくしてアインシュタインは、一九一二年の七月に、かつては助手にさえもしてもらえなかった大学に、偉大な物理学者として戻って来た。

ベルリンの科学界がアインシュタイン獲得を最優先の課題にするのは、時間の問題だった。一九一三年七月、マックス・プランクとヴァルター・ネルンストがチューリヒ行きの列車に乗り込んだ。二十年前に立ち去った祖国ドイツに戻るようアインシュタインを説得するのは容易ではないと覚悟していたふたりは、彼が到底断れないだけの条件を提示する用意を整えていた。

列車を降りたプランクとネルンストを出迎えたアインシュタインは、ふたりがやって来た目的は承知していたものの、具体的な提案の内容までは知らなかった。ふたりはまず、名誉あるプロイセン科学アカデミーの会員に選ばれたばかりのアインシュタインに、アカデミーが保有するふたつの有給職のひとつを提供すると言った。それだけでも非常に光栄な話だったが、ドイツ科学界が送り込んだふたりの物理学者はそれに加え、教育義務がなく、研究だけしていればよいという、他に例のない教授ポストと、カイザー・ヴィルヘルム理論物理学研究所が完成した暁には、その所長にも迎えたいと申し出たのだ。

前例のない三つ一組のポストについて、アインシュタインには少し考える時間が必要だった。そこでプランクとネルンストは、彼がその申し出を受けるかどうか考えるあいだ、列車で近場の観光に出かけることにした。アインシュタインは、ふたりが小旅行から帰って来たときには、自分が手にしているバラの色で返事をしようと言った――赤いバラならベルリンに行き、白いバラならチューリヒに留まる、と。列車を降りたふたりは、意中の人物を獲得したことを知った。アインシュタインの手には、一輪の赤いバラが握られていたのだ。

アインシュタインがベルリンに魅力を感じた理由のひとつは、教育義務がなく、「考えることに専念する」自由があることだった。しかしその自由には、科学界が争奪戦を繰り広げるほどの人材にふさわしいだけの仕事をしなければならないというプレッシャーがともなっていた。チューリヒでの送別会のあとで、彼はある同僚にこう語った。「ベルリンの人たちはわたしのことを、卵をたくさん生むことで一等賞をとったメンドリだと思っているのです。しかし、はたしてわたしにはまだ卵が生めるのでしょうか」。チューリヒで三十五歳の誕生日を祝ったアインシュタインは、一九一四年三月の末にベルリンに向かった。たとえドイツに戻ることに多少のためらいがあったとしても、まもなく彼はこの街に夢中になった。「ここには知的な刺激がありあまるほどに」と彼は書いた。なにしろ、プランク、ネルンスト、ルーベンスが、すぐそばにいるのだから。しかし、「忌まわしい」ベルリンが「心躍る」街に変貌したのには、もうひとつの理由があった——いとこのエルザ・レーヴェンタールの存在である。

アインシュタインはそれより二年前の一九一二年三月から、三十六歳で離婚歴があり、ふたりの年若い娘——十三歳のイルゼと、十一歳のマーゴット——がいるエルザとの浮気に走っていた。アインシュタインはエルザに、「わたしは妻を、解雇できない雇い人のように扱っています」と語った。ベルリンに来てからのアインシュタインは、何の説明もなく、数日ほど姿をくらますようになった。やがて彼は家を出た。そして、家に戻るための条件として、驚くべき要求リストをミレヴァに突き付けたのだ。それらの要求を受け入れれば、ミレヴァはまさしく雇い人以外の何者でもなくなるだろう。夫はそうして雇い人になった妻を、断固クビにしてやると心に決めているのだった。

アインシュタインの要求項目はつぎの通り。「一、衣服と洗濯物はきちんと整え、修繕しておくこと。二、三度の食事は、決まった時刻にわたしの部屋でとれるようにすること。三、わたしの寝室と書斎をきれいに掃除しておくこと。とくに机は、わたし以外の者がさわってはならない」。リストはさらにこうつづく。「わたしとむつまじくしようとは思わないこと」、「子どもたちの前では、言葉によるものであれ、行動によるものであれ」、批判めいたことはいっさいしないこと。そして最後にアインシュタインは、以下の点を厳守するよう求めた。「一、わたしに夫婦の関係を期待せず、それについていかなる咎め立てもしないこと。二、求められたら即座に、わたしに話しかけるのをやめること。三、求められたら即座に、文句を言わずに寝室や書斎から出て行くこと」

ミレヴァはこれらの条件を呑み、彼は家に戻った。しかしそんな状態が長くつづくはずもなく、七月の末、わずか三カ月ばかりベルリンに暮らしただけで、ミレヴァは息子たちを連れてチューリヒに帰って行った。見送りに来た駅のプラットホームで手を振りながら、アインシュタインは泣いた――ミレヴァとの思い出のためにではなくとも、去ってゆくふたりの息子たちのために。しかし、それからわずか数週間後には、アインシュタインは「静まりかえった広い家」での暮らしを満喫していた。それは、ヨーロッパが戦争になだれ込んでからは誰ひとりできなくなるような、穏やかな暮らしだった。

ビスマルクはかつてこう語ったと伝えられている。「いつかバルカンで何か馬鹿なことが起こり、ヨーロッパ中で大きな戦争が起こるだろう」。その「いつか」は、一九一四年六月二十八日の日曜日、「何か馬鹿なこと」は、オーストリア＝ハンガリー帝国の帝位継承者であるオーストリア皇太子フランツ・フェルディナント大公が、サラエボで暗殺されるという事件だった。ドイツの支援を受けるオーストリアは、セルビアに宣戦布告した。八月一日、ドイツはセルビアの同盟国であるロシアに宣戦布告し、その二日後にはフランスにも宣戦布告した。ドイツがベルギーの中立性を侵犯すると、ベルギーの独立を保障していたイギリスが、八月四日にドイツに宣戦布告する。[1] 八月十四日、アインシュタインは友人のパウル・エーレンフェストへの手紙にこう書いた。「ヨーロッパは狂気に陥り、信じられないほど馬鹿なことを始めてしまいました」

「ただ残念で、呆れ果てるのみ」だったアインシュタインとは異なり、ネルンストは五十歳にして救急車の運転手に志願した。プランクは愛国心を抑えきれず、こう言い放った。「ドイツ人を名乗れるというのは、実にすばらしい気分です」。栄光の時代に生きていると信じるベルリン大学総長のプランクは、「正義の戦争」の名のもとに、教え子たちを塹壕に送り込んだ。「文明世界への訴え」と題するマニフェストに署名した九十三名の著名人のなかに、プランク、ネルンスト、レントゲン、ヴィーンが含まれているのを知ったとき、アインシュタインは信じられない思いがした。

一九一四年十月四日に、ドイツ内外の有力新聞に発表されたそのマニフェストは、「ドイツが強いられた生死をかける戦いにおいて、ドイツの汚れなき大義を汚さんとする、敵どもによる事実無根の誹謗中傷」に抗議するという内容だった。それに署名した者たちは、ドイツはベルギーの中立性を犯してなどおらず、残虐なことは何もやっていないのだから、この戦いにはいっさい責任がないと主張した。ドイツという国は、「ゲーテ、ベートーヴェン、カントの遺産を、家庭の暖炉や地所と同じぐらい神聖なものとして大切にする文明国」なのだと。

プランクはそのマニフェストに署名したことをすぐに後悔し、外国にいる友人の科学者たちに内々に言い訳をした。「九十三名のマニフェスト」として知られることになるその文書の嘘と欺瞞に名前を貸した人びとのなかでも、とりわけアインシュタインを失望させたのはプランクだった。なにしろドイツの首相さえもが、ドイツがベルギーの中立性を侵犯したことを、次のように公に認めていたのだから。「われわれの行為は間違っているが、軍事的な目標が達成されればすぐに、良い結果にするつもりである」

スイス国民であるアインシュタインは、署名を求められることはなかった。しかし、そのマニフェストに盛られた狂信的愛国主義の長期的影響を深く憂慮したアインシュタインは、それに対抗すべく、「ヨーロッパ人への訴え」と題するマニフェストの作成にかかわった。それは、「あらゆる国の知識人」に向けて、「講和条件が将来的に戦争の原因とならないようにしよう」と訴える内容だった。また、「九十三名のマニフェスト」に盛られた態度は、「これまで文化という言葉のもとに世界中で理解されてきたものに値せず、もしもそのような態度が知識人のあいだに広まるならば、取り返しのつかないことになるだろう」と批判した。そして、「国際関係を継続しようという意思を放棄した」かのようだとしてドイツの知識人を厳しく非難した。しかし、その対抗マニフェストに署名したのは、アインシュタインを含めてわずか四名だけだった。

一九一五年の春までには、アインシュタインは、ドイツ内外の科学者たちの態度を深く憂慮するようになった。「各国の学者たちまでもが、まるで八カ月前に脳味噌が切り取られてしまったかのように振る舞っています」。この戦争はすぐに終わるだろうという希望は泡と消え、一九一七年に入る頃までには、アインシュタインは、「否応なく目撃させられている出口のない悲劇のことが、四六時中頭から離れ」なくなった。「物理学に逃避しようとしても、あまりうまくいかなくなりました」と、彼はローレンツへの手紙に書いた。しかしその戦争の四年間は、アインシュタインにとって、もっとも生産的で創造的な時期となった――彼はその期間に、一冊の本と五十篇ほどの科学論文を発表し、一九一五年には最高傑作である一般相対性理論を完成させたのだ。

ニュートン以前から、時間と空間は堅い枠組みであり、終わりのない宇宙のドラマが上演される舞台だと考えられていた。その舞台上では、質量、長さ、時間は、絶対的で不変だった。つまりその劇場の中では、ふたつの出来事の空間距離と時間間隔は、どの観客にとっても同じだったのだ。しかしアインシュタインは、質量、長さ、時間は絶対的ではなく、観測者ごとに変わりうることを見出(みいだ)した。観測者同士がどんな相対運動をしているかによって、空間距離と時間間隔は違って見えるのである。双子の一方が地球に残り、他方が宇宙飛行士になって、光速に近い速度で宇宙旅行をしたとすれば、大きな速度で運動しているほうの双子にとっての時間は伸び（時計の針の進み方が遅くなり）、空間は縮む（運動物体の長さが短くなる）。また、運動している物体の質量は、静止しているときの質量よりも大きくなる。これらはみな、「特殊」相対性理論から引き出せる結論であり、いずれも二十世紀中に実験によって確かめられた。しかし、特殊相対性理論には、速度が変化する場合は含まれていない。それを含むように拡張したのが、「一般」相対性理論である。アインシュタインは、一般相対性理論を作る仕事に取り組んでいたとき、その苦労にくらべれば、特殊相対性理論は「子どもの遊び」のようなものだったと語った。量子は、原子の領域でそれまでの世界像に疑問を突きつけたが、アインシュタインは空間と時間についても、その真の性質に関する知識へと人類を近づけたのだった。一般相対性理論はアインシュタイン版の重力理論であり、やがて物理学者たちはこの理論に導かれて、ビッグバンという宇宙の起源に迫ることになる。

ニュートンの重力理論によれば、太陽と地球のようなふたつの物体間に働く引力の大きさは、両者の質量の積に比例し、それぞれの物体の質量中心を結ぶ距離の二乗に反比例する。質量同士は接触していないので、ニュートン物理学における重力は、謎めいた「遠隔作用」だ。しかし一般相対性理論における重力は、大きな質量の存在により、空間が歪むために生じる。地球が太陽の周囲をめぐるのは、オカルトのような不思議な力によって地球が太陽に引き寄せられるからではなく、太陽の大きな質量のために空間が歪むためなのだ。それをひとことで言えば、「物質は空間を歪め、歪められた空間は、物質に動き方を教える」ということになる。

一九一五年の十一月、アインシュタインは一般相対性理論を、ニュートンの重力理論では説明できなかった水星軌道の問題に当てはめてみた。水星は太陽のまわりを公転する際、毎回まったく同じ経路をたどるわけではない。天文学者は精密な測定を行って、水星軌道は、そのつどわずかに楕円の軸が回転していることを明らかにしていた。アインシュタインが一般相対性理論を使って、その小さな回転角を計算してみると、小さな誤差の範囲で、観測データとぴったり合う結果が得られた。それがわかったとき、アインシュタインの胸の鼓動が激しくなり、何かストンと腑に落ちるものがあった。「この理論の美しさは、ただごとではありません」と彼は書いた。最大の夢が叶ってアインシユタインは本望だったが、非常な努力を続けたせいで、身も心もくたくたに疲れ果てていた。しかし、やがてその疲労から回復したアインシュタインは、ふたたび量子に目を向ける。

アインシュタインは、まだ一般相対性理論に取り組んでいた一九一四年五月にはすでに、フランク＝ヘルツの実験は、原子のエネルギー準位の存在を立証し、「量子仮説の正しさを裏づける衝撃的な結果」だということを鋭く見抜いていた。そして早くも一九一六年の夏には、原子が光を放出・吸収するプロセスについて、ある「すばらしいアイディア」を得る。そのアイディアを手掛かりとして、彼は、「あっけないほど簡単に、プランクの式」を導くことができた。その導出方法は、「これこそが正しい方法だと思える」ほどのものだった。まもなくアインシュタインは、「光量子は確立されたと思います」と言うまでに、光量子の実在性を確信するにいたる。だが、その確信を得るためには、代償が必要だった――古典物理学の厳密な因果律を捨て、原子の領域に確率を持ち込むことになってしまったのだ。

アインシュタインは以前にも、別の方法でプランクの法則を導いたことがあった。しかし今度の方法は、ボーアによる原子の量子論から出発するものだった。彼はまず、エネルギー準位がふたつだけの簡単なボーアの原子を考えた。そして次に、電子が、その一方のエネルギー準位から他方へと飛び移る量子飛躍には、三つのタイプがあることを示した。ひとつは、原子が高いエネルギー準位から低いエネルギー準位へと飛び降りるタイプで、そのとき光量子がひとつ放出される——アインシュタインはそれを、「自発放出」と呼んだ。自発放出が起こるのは、原子が励起状態にあるときだけに限られる。ふたつ目の量子飛躍は、電子が光量子を吸収して、低いエネルギー準位から高いエネルギー準位へと飛び上がるものだ。このタイプの量子飛躍が起こると、原子は励起される。ボーアは、これら二種類の量子飛躍を考えることで、原子の放出スペクトルと吸収スペクトルが生じる理由を説明したのだった。しかしアインシュタインは、三つ目のタイプの量子飛躍があることを示し、それを「誘導放出」と呼んだ。誘導放出が起こるのは、すでに励起状態になっている原子内の電子に、光量子が衝突する場合だ。そのとき電子は、その光量子を吸収するのではなく、その衝突に「誘導」されて、低いエネルギー準位に飛び降り、それにともなって光量子をひとつ放出するのである。それから四十年後、誘導放出の原理にもとづいて、レーザーが開発された。レーザー（Laser）とは、Light Amplification by Stimulated Emission of Radiation（放射の誘導放出による光の増幅）の略である。

アインシュタインは、光量子は運動量をもつことにも気づいた。運動量はエネルギーとは異なり、「大きさ」と「向き」をもつベクトル量である。ところが、彼が導いた式によれば、一方のエネルギー準位から他方へと自発遷移（せんい）が起こる「時刻」と、光量子が放出される「向き」とは、完全にランダムなのは明らかだった。自発放出は、放射性元素の半減期と似ている。放射性元素では、「半減期」までに、半数の原子が崩壊するが、特定の原子がいつ崩壊するかはわからない。自発遷移の場合も、それが起こる確率を計算することはできるが、遷移の詳細は完全に偶然に支配され、原因と結果とが結びつかないのだ。光量子が放出される時刻と向きとを、まったくの「運」任せにしてしまう「遷移確率」という概念は、アインシュタインにとっては自分の理論の「弱点」だった。アインシュタインはその概念を、量子物理学が発展すれば取り除けるだろうとの期待のもとに、さしあたって我慢することにしたのだ。

原子の量子論の中核に偶然と確率が潜んでいることに気づいて、アインシュタインは嫌な気持ちになった。彼はもはや量子の実在性を疑ってはいなかったが、それと引き替えに、因果律を犠牲にしてしまったような気がしたのだ。彼はその三年後の一九二〇年一月に、マックス・ボルンへの手紙に次のように書いた。「因果律のことではかなり悩みました。光が量子として吸収・放出されるプロセスは、因果律が完全に成り立つものとして理解できるのか、それとも統計的な要素はどこまでも残るのか？　これについては自分の考えを口にする勇気がありません。しかし、完全に成り立つものとしての因果律を捨てることになれば、わたしとしては非常に不本意です」

アインシュタインを悩ませたのは、手にもったリンゴから手を放しても、リンゴは落下せず、そのまま空中に浮かんでいるという状況だった。手を離れたリンゴは、地面に置かれている場合よりも不安定なので、すぐさま重力が作用して落下しはじめる。重力が原因となって、リンゴが落下するのだ。ところが、もしもそのリンゴが、励起状態にある原子内の電子のように振る舞えば、リンゴは手を離れてもすぐには落下せず、そのまま空中に浮かんでいるだろう。そして、確率としてしか知ることのできない予測不可能なある時刻に、突如として落下しはじめる。手を放した直後に落下する確率は大きいにせよ、何時間も浮かんでいる確率も、小さいとはいえゼロではないのだ。励起状態にある原子内の電子は、いずれ低いエネルギー準位に飛び降り、安定した基底状態に落ち着く。だがその遷移が正確にいつ起こるかは、運任せなのである。一九二四年になっても、アインシュタインはまだ、自分の明らかにした事実を受け入れることができずにいた。「光を照射された電子が、ジャンプする時刻ばかりか、飛び出すときの向きまでも、おのれの自由意志で選ばなければならないというのは、わたしには耐え難いことに思われます。もしも自然がそんな仕組みになっているのなら、わたしは物理学者でいるより、靴の修理屋になるか、あるいはいっそ賭博場にでも雇われたほうがましです」

長年知力を振り絞ってきたことと、独身暮らしの不摂生のツケが回ってくるのは必然だったろう。一九一七年二月、アインシュタインは三十八歳という若さで激しい腹痛に倒れ、肝臓病の診断が下った。体調は悪化し、わずか二カ月のうちに体重は二十五キロも減った。それを皮切りに、アインシュタインはその後数年のうちに、胆石、十二指腸潰瘍（かいよう）、黄疸（おうだん）を次々と患（わずら）うことになる。たっぷり休養を取り、きちんと食事をするように、というのが医師の言いつけだったが、戦争の苦難の中で人びとの生活が一変した状況では、言うは易（やす）く、行うは難しだった。ベルリンではジャガイモさえも容易には手に入らず、ほとんどのドイツ人は腹を空（す）かせていた。文字どおり餓死した者こそ少なかったが、栄養不良はじりじりと人びとの命を奪っていった。一九一五年には、栄養不良のために八万八千人が死んだと推定されている。翌年になるとその数は十二万人にまで増え、三十を超えるドイツの都市で暴動が起こった。人びとの口にするパンが、麦ではなく、麦わらから作られていたのも驚くにはあたるまい。

そうした代用食品は徐々に増えていった。穀物の殻と獣皮を混ぜたものを肉に見立てたり、野菜のかぶらを乾燥させて「コーヒー」にしたりした。コショウの代わりに灰が使われ、重曹とでんぷんを混ぜたものを、バターの代わりにパンに塗った。空腹に苦しむベルリンの人びとにとって、猫やネズミや馬は、食欲をそそる代用食品に見えた。馬が道端で死ねば、すぐに解体された。「一番良いところを取ろうと人びとは争い、顔も服も血だらけになった」と、そんな出来事のひとつを目撃した人物は書き記した。

まともな食物は乏しかったとはいえ、金さえあれば、まだどうにか買うことができた。アインシュタインは幸運にも、南ドイツに住む親戚やスイスの友人たちから、食料品の小包を送ってもらっていた。まわりの人たちが空腹に苦しむなか、アインシュタインは、「水に浮かんだ一滴の油のように、気持ちのうえでも暮らしぶりでも周囲から孤立」していた。それでも、身の回りのことができなかった彼は、やむなくエルザのアパートの隣の空室に引っ越した。ミレヴァがまだ離婚に同意していないという状況で、エルザは体面を保てるかぎり最大限に、アインシュタインの近くにいられるようになったわけである。エルザにとってアルベルトの健康を徐々に回復させるという仕事は、離婚に向けて力を尽くすよう圧力をかける格好の材料になった。最初の結婚を「監獄の十年」と感じていたアインシュタインは、はじめは再婚を急ぐつもりはなかったが、やがて態度を軟化させた。アインシュタインが、送金する生活費を増額し、寡婦年金の権利者に指定し、ノーベル賞を受賞した暁には、その賞金をすべて渡すという条件を示すと、ミレヴァは離婚に同意した。一九一八年までの八年間に六回もノーベル賞にノミネートされていたアインシュタインは、いずれは受賞するだろうと思っていたのだ。

一九一九年六月に、アインシュタインとエルザは結婚した。アインシュタインは四十歳、エルザはそれより三つ年上だった。その後の成り行きは、エルザの想像をはるかに超えていた。その年の暮れには、アインシュタインは世界的有名人となり、新婚夫婦の生活は一変したのだ。彼を、「新しいコペルニクス」と呼ぶ者もいれば、笑い飛ばす者もいた。

一九一九年三月、アインシュタインとミレヴァの離婚がついに成立したちょうどそのころ、二組の遠征隊がイギリスを出発した。一方の隊は、アフリカの西海岸沖にあるプリンシペ島に、他方はブラジル北西部のソブラルに向かった。ふたつの目的地はどちらも、その年の五月二十九日に起こる日食を観測するために、天文学者たちが慎重に選んだ場所だった。その観測隊の目的は、アインシュタインの一般相対性理論から得られるもっとも重要な予測である、重力による光の経路の湾曲を検証することだ。そのためには次のようにすればよい。太陽のすぐそばにある星は、皆既日食のほんの数分間だけ観測可能になるので、それを写真に撮影する。もちろん、それらの星はじっさいに太陽の近くにあるわけではなく、遠くにある星の光が、太陽のそばをかすめるように通って、地球に届いているのである。

その写真を、半年前の夜間に——地球と太陽の位置関係から、星の光が太陽の近くを通らずに地球に届くときに——あらかじめ撮影しておいた写真と比べる。太陽が周囲の時空を歪ませ、光の経路が曲がるかどうかを見るためには、それら別々の条件で撮影した写真を比較し、星の位置が違っているかどうかを確かめればよい。アインシュタインの理論は、光の経路の変化により、星の位置がどの程度変わって見えるかを詳細に予測していた。十一月六日、王立協会と王立天文学会は、ロンドンで異例の合同会見を開き、イギリス科学界の顔というべき一流の科学者たちが、アインシュタイン理論の成否を聞くために集まった。[2]

科学革命起こる
宇宙の新理論
ニュートンは間違っていた

とは、翌日の『ロンドン・タイムズ』が十二ページ目に掲げた見出しである。それから三日後の十一月十日には、『ニューヨーク・タイムズ』が、六つの見出しをもつ記事を掲載した。「光は天で曲がる／日食観測の結果に科学者は動転／アインシュタイン理論の勝利／星は、見える場所にも、計算した場所にもないが、心配無用／十二賢人のための本／勇敢なる出版社が刊行を引き受けたとき、世界中で理解できる者はそれだけ、とアインシュタインは言った」アインシュタインはそんなことは言わなかったのだが、その理論の数学的洗練や、空間が歪むというアイディアを新聞が捉えるにはうってつけのキャッチコピーだった。

一般相対性理論の神秘性を高めることにうっかり一役買ってしまった者は少なくなかったが、王立協会会長のサー・J・J・トムソンもそのひとりだった。彼は合同会見の後で、あるジャーナリストにこう語ったのだ。「アインシュタインは人類最大の偉業を成し遂げたと言えよう。だが、彼の理論をわかりやすい言葉で説明できた者はまだひとりもいない」。しかし実を言えば、一九一六年の末にはすでに、特殊相対性理論と一般相対性理論の両方に関するはじめての一般向け解説書が、アインシュタイン自身によって出版されていたのである。[3]

一九一七年十二月、アインシュタインは友人のハインリヒ・ザンガーへの手紙にこう書いた。「物理学者のあいだでは、一般相対性理論はまさしく熱狂的に受け入れられました」。しかし、最初の記者会見から数日から数週間ほどは、「一夜にして有名人となったアインシュタイン博士」と、彼の一般相対性理論を嘲笑（ちょうしょう）する者も少なくはなかった。ある者は、相対性理論のことを、「ブードゥー教的ナンセンス」と呼び、「頭のおかしい者が生み出した愚かな考え」だとこき下ろした。アインシュタインはそんな批判に対し、プランクやローレンツをはじめ一般相対性理論を支持する人たちとともに、唯一（ゆいいつ）意味のある対応をした――いっさい取り合わなかったのである。

ドイツでは、大衆向け写真新聞『ベルリーナー・イルストリールテ・ツァイトゥング』が彼の写真を表紙に掲げたことで、アインシュタインはすっかり有名人になった。

その写真には、こんな説明が添えられていた。「コペルニクス、ケプラー、ニュートンの洞察に匹敵する研究を行い、自然に対する見方を変えた世界史上の新たな重要人物」。批判的な人たちにいちいち腹を立てなかったように、アインシュタインは、歴史上の偉大な科学者三人と同列に扱われることにも、冷めた態度で接した。『ベルリーナー・イルストリールテ・ツァイトゥング』のその号が、街の新聞売り場に並んだのち、アインシュタインはある人物への手紙にこう書いた。「光の経路が逸れることが確認されたことで、わたしを材料にして異教の偶像のようなものが作られました。しかし神の御心にかなうならば、この試練もまた過ぎ去ることでしょう」。しかし、それは過ぎ去りはしなかった。

アインシュタインと一般相対性理論が大衆の心を捉えた理由のひとつは、一九一八年十一月十一日の午前十一時に終結した第一次世界大戦後の動乱が、人びとに及ぼした心理的影響だった。終戦の二日前にあたる十一月九日、アインシュタインは、「革命が起こったため」、相対性理論に関する講義を中止にした。その日のうちに皇帝ヴィルヘルム二世は退位した。そしてドイツ帝国議会のバルコニーで共和国の成立が宣言されたときには、元皇帝はオランダに向かって出国していた。ドイツの経済問題は、誕生したばかりのワイマール共和国が直面する難問のひとつだった。インフレーションのために物価はうなぎのぼりに高騰し、ドイツの人びとはマルクが信じられなくなり、貨幣価値がさらに下落する前に、売れるものは売り、買えるものは買おうとした。

戦争賠償金を払うために始まったインフレーションの悪循環は制御不能となり、ドイツ経済は崩壊した。一九二二年の末には、七千マルクで一米ドルしか買えないまでになり、ドイツは木材や石炭の代金さえも払えなくなった。しかしその過酷なインフレも、一九二三年に起こったハイパーインフレにくらべれば、ものの数ではなかった。その年の十一月には、一ドルが、なんと四兆二千百五億マルクになったのだ。グラス一杯のビールが千五百億マルク、一塊のパンが八百億マルクだった。国家は崩壊の危機にあり、そこを持ちこたえる唯一の道は、アメリカからの借入金と賠償金の減額だった。

そんな苦しみのさなか、理解できるのは「十二賢人」だけだという、空間が歪み、光線が曲がり、星の位置が変わるという話は大衆の想像力をかきたてた。しかし空間や時間のようなものについては、誰しも直観的にわかっているつもりだった。結果として、「馭者（ぎょしゃ）もウェイターも、猫も杓子（しゃくし）も、こぞって相対性理論の正否を論じ」ることになり、アインシュタインにはそんな世の中が、「奇妙きてれつな世界」に見えた。

国際的な名声の高まりと、反戦主義者であることが知れわたったせいで、アインシュタインは攻撃の的になりやすかった。「当地では反ユダヤ主義が強く、暴力的な反動が起こっています」と、彼は一九一九年十二月に、オランダのエーレンフェストへの手紙に書いた。まもなく彼に脅迫状が届くようになり、家や研究室から一歩外に出れば、暴言が投げつけられた。一九二〇年二月には、学生の一団がアインシュタインの講義を中断させ、「その汚らしいユダヤ人の喉をかき切ってやる」と騒ぎたてた。しかし、ワイマール共和国の政治指導者たちは、戦後、自国の科学者たちが国際会議から閉め出されたこともあり、アインシュタインの資産的価値を十分に理解していた。文化大臣はアインシュタインを安心させようと、次のような手紙を書いた。「誉れ高い教授殿、我が国の科学に輝きを与える最高の勲章のひとつであるあなたを、ドイツはこれまでも誇りに思ってきましたし、これからも永遠に誇りに思うでありましょう」

戦後、ニールス・ボーアは誰にもまして、両陣営の科学者たちの関係修復に力を注いだ。中立国の国民であるボーアは、ドイツの科学者たちに恨みはなかった。彼は、コペンハーゲンで講義をしてほしいとアルノルト・ゾンマーフェルトに手紙を書き、戦後、いち早くドイツの科学者を招いた人物のひとりとなった。ボーアは、ゾンマーフェルトが来てくれたときのことを、「わたしたちは、量子論の一般原理や、原子をめぐるさまざまな問題について、たっぷり時間をかけて論じ合いました」と語った。予測できる将来にわたり、ドイツの科学者が国際会議から閉め出されたことで、ドイツの科学者も、国際会議を主催する側も、そんな個人レベルの交流の重要さを切実に感じていたのだ。そんなとき、原子の量子論と原子スペクトルの理論について、ベルリンで講義をしてほしいとマックス・プランクから招待されたボーアは、ふたつ返事で引き受けた。講義の日付が一九二〇年四月二十七日火曜日と決まると、ついにプランクとアインシュタインに会えるとなって、ボーアの気持ちは高ぶった。

アインシュタインは、自分よりも六つ年下のこのデンマーク人を次のように評価していた。「彼は間違いなく、第一級の頭脳の持ち主です。きわめて緻密で洞察力があり、大きな枠組みを見失うことがありません」。アインシュタインがプランクへの葉書にそう書いたのは、一九一九年十月のことだった。プランクはそれを読んで、ますますボーアにベルリンに来てほしいと思うようになった。アインシュタインがボーアに惚れ込んだのは、もうだいぶ前のことである。一九〇五年の夏、彼の頭のなかで吹き荒れていた創造性の嵐が静まりかけたとき、アインシュタインは、次に取り組むべき「本当に面白いこと」がないと思った。「もちろん、線スペクトルの問題はあるでしょう」と、彼は友人のコンラート・ハビヒトへの手紙に書いた。「しかし、これらの現象と、すでに解明されている現象とのあいだには、簡単な関係はないと思います。したがって、今しばらく、このテーマでは成果を期待できそうにありません」

攻略する機が熟した物理学の問題を鋭く嗅ぎわけることにかけて、アインシュタインの鼻は天下一品だった。線スペクトルの謎を見送ったアインシュタインが次に嗅ぎ付けたのが、$E=mc^2$だった。その式は、質量とエネルギーとが変換可能だということを意味していた。もっとも、全能の神が笑いながら、彼を「手玉にとっている」可能性もないとは言えなかったのだが。そんなわけで、一九一三年にボーアが、原子を量子化することにより、原子スペクトルの謎を解決して見せたときには、アインシュタインにはそれがまるで「奇跡のよう」に思われたのだった。

　ボーアは、ベルリン駅から大学へと向かいながら、興奮と不安のために胃が痛くなりそうだった。しかしそんな緊張は、プランクとアインシュタインに会うとすぐに解けてなくなった。ふたりは挨拶（あいさつ）もそこそこに物理学の話を始め、ボーアもすっかりマイペースになった。プランクとアインシュタインは、これ以上違う人間はいないのではないかと思うほど正反対のタイプだった。プランクは、プロイセン流の気まじめさの権化（ごんげ）のようだったのに対し、アインシュタインは、大きな目ともじゃもじゃの髪をして、つんつるてんのズボンを穿（は）き、世間との関係はぎくしゃくしていたかもしれないが、自分自身とはうまく折り合いをつけているように見えた。ボーアは、ベルリン滞在中はプランク家に泊まるように招かれ、その申し出をありがたく受けた。

　ボーアがのちに語ったところによれば、ベルリン滞在中は、毎日、「朝から晩まで理論物理学の議論をした」という。物理学の話をすることが三度の食事より好きな人間にとって、それが何よりの骨休めなのだ。とくに楽しかったのは、ボーアのために大学の若手物理学者たちが差し向けられた、ランチタイム・ミーティングだった。その集まりには、「大物」はひとりも来ないように配慮されていた。若手にとってその昼食会は、ボーアに直接質問をするよい機会となった。なにしろ彼らはボーアの講義を「ほとんど理解できず、落胆していた」からだ。アインシュタインにはボーアの言うことが十分に理解できた——そして、それが気に入らなかった。

事実上すべての物理学者がそうであったように、ボーアはアインシュタインの光量子の実在性を信じていなかった。プランクと同じくボーアも、放射は量子というかたちで放出・吸収されるということは認めたが、放射そのものが量子化されているとは考えられなかったのだ。ボーアにとって光の波動論はあまりにも多くの証拠に支えられていた。それでもアインシュタインが聴衆の中にいるときは、ボーアは、「放射の本性という問題については、わたしはあまりよく考えておりません」という言い方をした。しかし一九一六年にアインシュタインが行った、自発放出と誘導放出に関する仕事、およびエネルギー準位間の電子の遷移に関する仕事には、ボーアは深く感銘を受けていた。アインシュタインは、すべては偶然と確率の問題だということを示し、ボーアの失敗したところで成功したのだ。

アインシュタインは、自分の理論では、電子があるエネルギー準位から、より低いエネルギー準位へと飛び降りるとき、光量子が、いつ、どの向きに放出されるのかを予測できないということに、ずっと頭を痛めていた。「それでも」と、アインシュタインは一九一六年に書いた。「この路線で良いということは確信しています」。その路線を進んでいけば、いずれは因果律を回復させることができると彼は考えていたのだ。ところがボーアはベルリンでの講義で、光量子が放出される時刻と向きを正確に求めることは、けっしてできないと論じたのだった。ふたりは互いに、相手が敵対する陣営にいることを知った。それからの数日間、アインシュタインの家で夕食を共にするためにベルリンの街を歩きながら、ふたりはお互いを説得して、考えを変えさせようと努めた。

ボーアがコペンハーゲンに帰るとすぐに、アインシュタインは彼に手紙を書いた。「これまでの人生で、あなたほど、その存在自体がかくも大きな喜びを与えてくれた人はほとんどいませんでした。わたしは今、あなたのすばらしい論文を勉強しているところです。そして——難しい箇所に躓かないかぎりは——ほがらかで少年っぽい顔をしたあなたが、微笑みながら説明しているのを思い浮かべて楽しい気分になるのです」。ボーアはアインシュタインに、長く消えることのない深い印象を与えた。数日後、アインシュタインは、パウル・エーレンフェストに次のように書いた。「ボーアがベルリンに来ました。わたしもあなたと同様、彼にはすっかり魅了されました。彼は感じやすい子どものようで、夢の中にでもいるように、この世界を歩き回っているのです」。ボーアもアインシュタインに負けないぐらい熱烈に、この出会いが彼にとってどれほど大きな意味をもったかを、お世辞にも上手とは言えないドイツ語で懸命に伝えようとした。「このたび直接お目にかかってお話しできたことは、わたしにとって最大級の経験となりました。じかにお考えを聞いて、どれほど大きな霊感を受けたことか、あなたには想像もつかないでしょう」。ボーアはまもなく、もう一度それを経験することになった。アインシュタインがその八月、ノルウェーへの旅行からの帰りにコペンハーゲンに立ち寄り、ひとときボーアを訪ねたのだ。

ボーアに会った直後、アインシュタインはローレンツへの手紙に次のように書いた。「彼は大きな天分に恵まれ、しかもすばらしい人物です。優れた物理学者が人間的にも立派だというのは、物理学にとってありがたいことですね」。当時アインシュタインは、人間的に立派だとは言えない、ふたりの物理学者の標的になっていた。アインシュタインが一九〇五年に光量子の証拠とした光電効果の仕事を行ったフィリップ・レーナルトと、電場による線スペクトルの分裂を発見したヨハネス・シュタルクは、狂信的な反ユダヤ主義者になっていたのだ。ノーベル賞受賞者でもあるこのふたりは、「純粋科学の保存を目指すドイツ科学者のワーキンググループ」と称する団体の、陰の立役者だった。その団体の主な目標は、アインシュタインと相対性理論を叩き潰すことである。一九二〇年の八月二十四日には、その団体がベルリン・フィルハーモニック・ホールで集会を開き、相対性理論を「ユダヤ物理学」と呼び、それを作ったアインシュタインを、盗人の大ぼら吹きだとして非難した。しかしアインシュタインはそんな威嚇に屈することなく、ヴァルター・ネルンストとともにホールのプライベート・ボックス席に陣取り、自分が誹謗中傷されるのを聞きながら、集会の成り行きを見ていた。そんな挑発に乗ってなるものかと、彼はいっさい発言しなかった。

ネルンスト、ハインリヒ・ルーベンス、マックス・フォン・ラウエは、アインシュタインに向けられた言語道断の非難に対抗すべく、彼を擁護する手紙を新聞各社に送った。ところがアインシュタイン自身が、「わたしからの返答」と題した手記を、『ベルリン日報』(Berliner Tageblatt)に発表してしまう。友人や物理学者の多くは、困ったことをしてくれたと頭を抱えた。アインシュタインはその手記のなかで、もしも自分がユダヤ人でも、国際協調主義者でもなかったなら、自分も、また自分の仕事も、こんな攻撃を受けることはなかったろうと述べたのだ。しかし彼は怒りに駆られてそんな記事を書いたことをすぐに後悔し、物理学者マックス・ボルンとその妻への手紙にこう書いた。「人は誰しも、神と人類を喜ばせるために、ときには愚かさという祭壇に犠牲を捧げなければなりません」。アインシュタインは、自分が世間に騒がれる有名人になったせいで、「触れたものすべてが黄金になるという、おとぎ話に出てくる男のように」なってしまったのだと思った。「ただしわたしの場合には、何もかもが新聞沙汰になるのですが」。その後まもなく、アインシュタインがドイツから出て行くという噂が流れたが、彼は「人間的にも科学的にも、もっとも緊密に結ばれた場所」であるベルリンに留まることを選んだ。

　アインシュタインとボーアは、ベルリンとコペンハーゲンで会ってからの二年間、それぞれのやり方で量子との格闘を続けた。しかしふたりとも、しだいにその戦いに疲れを感じはじめていた。「気を散らされることが多いのも、まんざら悪いことではないのでしょう」と、アインシュタインは一九二二年三月にエーレンフェストへの手紙に書いた。「さもなければ、量子の問題のために、わたしは精神病院に入院していたかもしれませんから」。その一カ月後、ボーアはゾンマーフェルトにこう語った。「ここ数年、科学上の孤立感をひしひしと感じています。体系的に量子論の原理を作ろうと力のかぎり頑張っているのですが、ほとんど誰にも理解してもらえていないように思います」。しかし、そんな孤立の時代も終わろうとしていた。ボーアは一九二二年六月に、ドイツのゲッティンゲン大学で、のちに「ボーア祭り」として知られることになる、十一日間で七回の連続講義という一大イベントを敢行したのだ。

　ボーアが原子内電子の「殻模型」について話をするというので、老若とりまぜて百人を超える物理学者たちがドイツ各地から集まってきた。殻模型とは、原子内の電子がどのように配置されているかに応じて、その元素の周期表内での位置と、元素のグループ（類）が決まるという、ボーアの最新理論だった。彼は、原子核の周囲を、ちょうどタマネギの鱗片（りんぺん）のように、軌道殻というものが取り巻いているという考えを打ち出した。それぞれの殻は、じっさいには電子軌道の集まりで、その軌道に含まれる電子の個数には上限がある。(4) 化学的な性質を共有する元素は、もっとも外側の殻に含まれる電子の数が同じになっている、とボーアは論じた。

ボーアの殻模型によれば、ナトリウムがもつ十一個の電子は、内側から三つの殻にそれぞれ2、8、1個が含まれ、セシウムがもつ五十五個の電子ではそれが、2、8、18、18、8、1となる。これらふたつの元素では、いちばん外側の殻に含まれる電子はどちらも一個であり、ナトリウムとセシウムが同じ化学的性質をもつのは、そのためだというのだ。その連続講義の最中に、ボーアは自分の理論を使ってひとつの予測をした。まだ発見されていない原子番号七十二の元素は、原子番号四十のジルコニウムおよび原子番号二十二のチタン（周期表の同じ列に含まれるふたつの元素）と、化学的に同じ性質をもつだろう、と。ほかの人たちは、その未発見の元素は、周期表で隣の列である「希土類」に属すると予測していたが、そうはならないだろうとボーアは言ったのだ。

アインシュタインは、ゲッティンゲンでのボーアの連続講義には出席しなかった。ユダヤ人だったドイツ外相が殺害されたことで、命の危険を感じていたからだ。有力な実業家だったヴァルター・ラーテナウは、外相になってわずか数カ月後の一九二二年六月二十四日の白昼に、銃弾に倒れた――第一次世界大戦後に起こった極右による政治的暗殺の、三百五十四番目の犠牲者だった。アインシュタインは、政府内のそんな目立つ地位に就くべきではないと、ラーテナウに強く忠告した人間のひとりだった。ラーテナウが外相に就任すると、右翼新聞はそれを、「国民に対する前代未聞の挑発！」と書きたてた。

「ラーテナウの暗殺という恥ずべき事件が起こって以来、こちらでは気が休まるときがありません」と、アインシュタインはモーリス・ソロヴィンに書いた。「わたしはいつも警戒しています。講義は取り止め、公式には不在になっていますが、じっさいにはずっとここにいます」。信頼できる筋から、自分が第一の暗殺目標になっていることを知らされたアインシュタインは、一市民として静かな暮らしを送るため、プロイセン科学アカデミーのポストを辞任することも考えているとマリー・キュリーに打ち明けた。若いころは権威に反発していた彼が、今では権威ある人間になっていた。彼はもはやひとりの物理学者ではなく、ドイツ科学のシンボルであると同時に、ユダヤ人のシンボルでもあったのだ。

　この動乱のなかでも、アインシュタインはボーアによる一連の論文を読んでいた。一九二二年三月に『ツァイトシュリフト・フュール・フィジーク』に発表された、「原子の構造と、元素の物理的、化学的性質」と題する論文もそのひとつだった。それから半世紀近くを経て、アインシュタインは当時を振り返って次のように述べた。「原子の内部にある電子の殻というアイディアは、その科学上の重要性という点からも、当時のわたしには奇跡のように思われました――そしてその思いは今も変わりません。それは思考の領域における音楽性を、もっとも高度なかたちで現したものでした」。じっさいボーアがやったことは、科学というよりはむしろ芸術に近かった。原子の線スペクトルや、それぞれの元素の化学的性質など、さまざまな分野からかき集めた証拠を組み合わせて、ボーアはひとつの原子像を作り上げた。あたかもタマネギの鱗片のように、電子の殻をひとつひとつ重ねていき、周期表の中のすべての元素を再構成したのである。

そんなアプローチの核心にあったのは、ボーアが抱いていたひとつの確信だった。原子のスケールで成り立つ量子規則から得られる結論はすべて、古典物理学が支配するマクロなスケールでの観測結果と矛盾してはならないと彼は信じていたのだ。ボーアはその確信を「対応原理」と名付け、それを使って原子スケールで考えうる可能性のうち、マクロな領域に拡張したときに古典物理学の結果につながらないものを捨てた。一九一三年以降、量子物理学と古典物理学のあいだに口を開けていた裂け目にボーアが橋を架けることができたのは、その対応原理のおかげだった。ボーアの助手だったヘンドリク・クラマースがのちに述べたように、ボーアのそんな方法論のことを、「コペンハーゲンの外では通用しない魔法の杖（つえ）」と呼ぶ者もいた。みんなはその杖を振りこなせずに悪戦苦闘していたが、アインシュタインはそこに、自分に匹敵する魔術師の仕事を見て取った。

周期表に関するボーアの理論にしっかりした数学的基礎がないことを不満に思う者は

いたにせよ、彼が次々と打ち出すアイディアに感心しない者はいなかった。また、さまざまな未解決問題について理解が深まったのも確かだった。ボーアはコペンハーゲンに戻るとすぐに、ある物理学者への手紙のなかで、「ゲッティンゲン滞在は何もかもがすばらしく、とても勉強になりました」と述べた。「みなさんがわたしに示してくださった友情がどれほど嬉しかったか、とても言葉では言い表せません」。もはや彼は、理解されないとか、孤立しているなどと感じることはなくなった。かりに彼がさらなる承認を求めていたとしても、それは年が変わる前にもたらされた。

コペンハーゲンのボーアの机の上に次々とお祝いの電報が届くなか、ケンブリッジからの電報ほど彼にとって嬉しいものはなかった。「ノーベル賞受賞、おめでとうございます」とラザフォードは書き出した。「時間の問題だとは思っていましたが、現実となると格別ですね。受賞すれば、あなたの偉大な業績が広く知られることになるでしょうし、当地ではその知らせにみんなが喜んでいます」。発表からの数日間、ボーアの頭を離れなかったのはラザフォードのことだった。ボーアはかつての師への手紙にこう書いた。「あなたにはどれほど大きなご恩を受けたことでしょう。これもみな、わたしの仕事にあなたが及ぼした直接的影響だけでなく、幸運にもマンチェスターではじめてお目にかかって以来、この十二年間にあなたが示してくださった友情のおかげです」

もうひとり、ボーアの頭から離れなかった人物が、アインシュタインだった。彼が一九二二年のノーベル賞を受賞する日に、アインシュタインも一年遅れて一九二一年のノーベル賞を受賞するという巡り合わせが、ボーアには嬉しく、また、ほっとさせられる成り行きでもあった。ボーアはアインシュタインにこう書いた。「わたしには過分な賞であることは十分承知していますが、これだけは申し上げたいと思うことがあります。それは、わたしが仕事をしたこの特別な分野において、あなたが成し遂げられた基本的に重要な仕事、およびラザフォードとプランクの仕事が、わたしがこの名誉に値すると見なされるよりも先に認められていて、本当によかったということです」

ノーベル賞の受賞者が発表されたとき、アインシュタインは船で地球の反対側に向かっていた。彼は十月八日に、身の安全に不安を感じながら、エルザとともに日本での講演旅行に出発したのだった。アインシュタインは後年、次のように述べた。「ドイツを長期間離れる機会が得られたのはありがたいことでした。そのおかげで一時的に高まった危険から逃れることができたからです」。彼がようやくベルリンに戻ったのは、一九二三年二月だった。当初の六週間の予定は、結局五カ月に及ぶ大旅行となり、ボーアの手紙を受け取ったのも旅先でのことだった。彼は帰国の途上でボーアに返事を書いた。「少しも大袈裟(おおげさ)ではなく、［あなたの手紙を］ノーベル賞と同じくらい嬉しく思いました。

とくに、わたしより先に受賞することを心配なさっていたとは、なんて可愛らしいのでしょう――あなたらしいことです」

一九二二年十二月十日、すっぽりと雪に包まれたスウェーデンの首都では、ノーベル賞の授賞式に招待された人たちが、ストックホルム音楽アカデミーの大ホールに集まっていた。スウェーデン国王グスタフ五世の臨席を得て、式典は夕方五時にはじまった。欠席したアインシュタインの代理として賞を受け取ったのは、駐スウェーデンのドイツ大使だった。ドイツはアインシュタインの国籍についてスイスと論争し、その権利を勝ち取ったのだ。スイスは、アインシュタインは自国民だと主張したが、ドイツは、アインシュタインがプロイセン科学アカデミーの会員になることを受諾した一九一四年の時点で、たとえスイス国籍をそれ以前に放棄していなかったとしても、自動的にドイツ国民になるというルールを見つけ出してきたのだった。

一八九六年にドイツ国籍を放棄し、その五年後にスイス国民になっていたアインシュタインは、結局自分はドイツ人だったと知って驚いた。かくしてアインシュタインは、ワイマール共和国で果たすべき責務のために、否応なく、公式に二重国籍をもつことになったのだ。さかのぼって一九一九年十一月のこと、アインシュタインは『ロンドン・タイムズ』に次のような記事を書いた。「相対性理論の考え方を読者のみなさんに当てはめるなら、今日のドイツでは、わたしはドイツ人科学者と言われ、イギリスではスイスのユダヤ人ということになっています。しかし、もしもわたしが嫌われ者になれば、その説明は逆転し、ドイツではスイスのユダヤ人になり、イギリスではドイツ人科学者になるでしょう！」。もしもアインシュタインがノーベル賞の晩餐会(ばんさんかい)に出席していたなら、ドイツ大使の次のような乾杯の音頭を聞いて、その記事のことを思い出したのではないだろうか。「我が国民のひとりが、またしても全人類のために偉大な仕事を成し遂げたことに対する、我が国民の喜びに、乾杯！」

ドイツ大使に続いてボーアが立ち上がり、伝統に則(のっと)って短いスピーチをした。彼は、J・J・トムソン、ラザフォード、プランク、アインシュタインに感謝の言葉を捧げたのち、国際協力が科学の進展に果たす役割に乾杯したのである。「国際協力は、幾重にも重苦しいこの時代に、人間存在に認めうる明るい点のひとつであります」とボーアは述べた。[5] 場所柄を考えれば、ドイツの科学者たちが国際会議から閉め出されているという事実にボーアが目をつぶったのも、致し方なかったろう。翌日ボーアは、今度は胸を張って、「原子構造」をテーマとするノーベル賞受賞講演を行った。彼は次のように切り出した。「今日の原子論の状況を特徴づけているのは、原子の実在性が疑問の余地なく立証されたと見なされているばかりか、個々の原子の構成要素についてまでも、詳しい知識が得られたと考えられていることです」。そしてボーアは、それまでの十年間に、まさに彼自身がその中心にいた原子物理学の発展を振り返ったのち、劇的な発表で講演を締めくくった。

ゲッティンゲンで連続講義を行ったとき、ボーアは原子内電子の配置に関する自説にもとづき、まだ発見されていない原子番号七十二番の元素の性質を予想した。ちょうどそのころ、ある実験に関する論文が、フランスのパリで発表された。その論文は、七十二番目の元素は周期表の「希土類」に属し、五十七番から七十一番までのグループに入るという、フランスのライバルの説を支持する内容だった。ボーアははじめショックを受けたが、そのフランスの実験結果に重大な疑問をもつようになった。さいわい、当時コペンハーゲンにいた旧友のゲオルク・フォン・ヘヴェシーと、オランダ人の物理学者ディルク・コスターが、七十二番の元素をめぐる論争に決着をつける実験を考え出した。ヘヴェシーとコスターがその実験結果を調べ終えたとき、ボーアはすでにストックホルムへと旅立っていた。そこでコスターは受賞講演の直前にボーアに電話をかけ、ボーアは元素番号七十二の元素が「実験できるぐらい分離され」たこと、そして「その元素の化学的特性は、ジルコニウムの特性とよく似ており、希土類のそれとはまったく違う」という結果が得られたと発表することができたのだった。のちにコペンハーゲンの旧称にちなみハフニウムと呼ばれることになるその元素は、十年前にボーアがマンチェスターで着手した原子内電子の配置に関する仕事を締めくくるには、まさにうってつけの題材だった。

アインシュタインは、翌一九二三年の七月に、スウェーデン第二の都市であるヨーテボリの建設三百周年記念行事の一環として、相対性理論に関するノーベル賞受賞講演を行った。彼の受賞理由は、「数理物理学の仕事、とりわけ光電効果の法則の発見に対して」となっていた。しかしアインシュタインはあえて慣例を破り、相対性理論を講演のテーマに選んだ。ノーベル賞委員会は彼の受賞理由を、光電効果を説明する「法則」、つまりは数式を発見したことに限定することにより、なにかと論争になっていた光電効果に対するアインシュタインの物理的説明——光量子の実在性——にお墨付きを与えることを巧妙に避けたのである。ボーアも、自らのノーベル賞受賞講演の中で、「光量子仮説は、発見法的な価値はあるにせよ、いわゆる干渉効果とは相容れないため、放射の性質の解明につながることはありません」と述べた。それは物理学者を名乗るほどの者なら誰でも、耳にタコができるぐらい聞かされた決まり文句だった。しかし、約三年ぶりにボーアに再会したアインシュタインは、ある若いアメリカ人の行った実験により、光量子擁護の戦いにおいて自分がもはや孤立無援ではなくなったことを知っていた。そしてボーアもまた、じつはアインシュタインよりも早く、その苦い知らせを聞いていたのである。

一九二三年二月のある日、ボーアはアルノルト・ゾンマーフェルトから一月二十一日付の手紙を受け取った。そこには、ゾンマーフェルトが「アメリカで見聞した科学の話題のなかで、もっとも興味深いこと」が書いてあった。ゾンマーフェルトはその一年間、バイエルン州のミュンヘンからウィスコンシン州のマディソンに脱出することで、ドイツを襲ったハイパーインフレという災難から逃れていたのだ。それはゾンマーフェルトの抜け目ない経済行動だった。しかも望外のボーナスとして、ヨーロッパの物理学者たちより一足早く、アーサー・ホリー・コンプトンの仕事のことを聞きつけたのである。

コンプトンの発見は、エックス線は波だとする波動説に疑問を突き付けるものだった。エックス線は可視光線よりも波長の短い電磁波の一種なので、コンプトンの発見により、光の波動説は多数の証拠に支えられているにもかかわらず重大な困難に陥った、とゾンマーフェルトは書いていた。コンプトンの論文はまだ雑誌に発表されていなかったので、「彼の結果についてここに書くべきかどうかわかりませんが」と、ゾンマーフェルトは慎重に続けた。「ただ、最終的には何か抜本的に新しい教訓が得られるかもしれないと、あなたに注意を喚起しておきたかったのです」。それは一九〇五年以来、ときには熱烈に、ときには少し冷めたようすで、アインシュタインが伝えようとしていた教訓だった――光は量子化されている、と。

コンプトンは、アメリカの第一線で活躍する若き実験家のひとりだった。一九二〇年には弱冠二十七歳にして、ミズーリ州セントルイスにあるワシントン大学の、物理学教授にして学部長に任命された。その二年後に彼が行ったエックス線散乱の研究は、のちに「二十世紀物理学の転換点」と呼ばれることになった。コンプトンは、エックス線のビームを炭素（黒鉛）などさまざまな元素に当て、「二次放射線」を測定した。エックス線を標的に当てると、大半はそのまま通り抜けるが、一部はいろいろな角度に散乱される。コンプトンは、その「二次」的な――つまり散乱された――エックス線に着目した。彼が知りたかったのは、標的に当てた一次エックス線とくらべたとき、散乱された二次エックス線の波長が変化しているかどうかだった。

コンプトンが調べてみると、散乱エックス線の波長は、「一次」エックス線（入射エックス線）の波長よりも、つねに少しだけ長いことがわかった。しかし波動説によれば、両者の波長は厳密に同じでなければならない。波長（したがって振動数）が違うということは、二次エックス線は、標的に当たった一次エックス線とは別のものだということを意味していたのである。それは、金属表面に赤い光線を照射したら、青い光が出てきたというのと同じぐらい奇妙な話だった。(6) 実験データがどうしても波動説の予測と合わなかったため、コンプトンはアインシュタインの光量子に目を向けた。そしてほとんど即座に、「散乱エックス線の波長と強度は、放射の量子が、あたかもビリヤードの玉同士が反跳するように、電子に反跳させられたと考えたときの値になっている」ことに気づいたのだ。

もしも、エックス線が量子のかたちになっているなら、エックス線のビームは、多数のミクロなビリヤードの玉が標的に向かって突進しているようなものと考えることができる。そのまま標的を通り抜けるものもあれば、標的である原子の内部に存在する電子に衝突するものもあるだろう。そんな衝突が起これば、入射エックス線は散乱される。そのとき電子が反跳すれば、入射エックス線の量子は、いくらかエネルギーを失うだろう。エックス線の量子がもつエネルギーは、$E=h\nu$（ここでhはプランク定数、νは振動数）で与えられるから、多少ともエネルギーが失われれば、結果として振動数は小さくなる。振動数は波長に反比例するから、散乱エックス線の量子に付随する波長は長くなる。コンプトンは、入射エックス線が失ったエネルギーと、散乱エックス線の波長（振動数）の伸びが、散乱角によってどう変化するかを詳しく記述する数式を導き出した。

エックス線が散乱されれば、反跳電子が飛び出すはずだとコンプトンは予想したが、そんな反跳電子は誰も見たことがなかった。しかし、そもそもそれまでは誰ひとりとして反跳電子など探したことはなかったのだ。そこでコンプトンが反跳電子を探してみると、まもなくそれは見つかった。「したがってエックス線は、それゆえ光は、離散的な単位（量子）から構成されているという結論になるのは明白である。その離散的な単位は、明確な方向に進み、エネルギー $h\nu$ をもち、それに対応して運動量 $h\lambda$ をもつ」。このいわゆる「コンプトン効果」――すなわち、電子に散乱されるとエックス線の波長が伸びるという効果――は、光量子の実在性を支持する反論の余地のない証拠だった。それまで光量子は、せいぜいよくてSFとしてしか相手にされずにいた。しかしコンプトンは、エックス線の量子が電子と衝突する際にエネルギーと運動量が保存されると仮定して、自分の実験データを説明することに成功したのだ。さかのぼって一九一六年に、光量子が運動量という粒子的な性質をもつことを最初に示唆したのは、アインシュタインその人だった。

一九二二年十一月、コンプトンはシカゴで開かれたアメリカ物理学会で、その発見を発表した。[7] ところが、彼はその論文をクリスマスの前にアメリカ物理学会誌である『フィジカル・レビュー』に送ったにもかかわらず、編集人がその論文の重要性を理解できなかったために、掲載されたのは一九二三年の五月だった。避けられたはずの遅れのために、その現象を完全に分析して発表するという点では、オランダの物理学者ピーター・デバイに先を越されてしまう。ゾンマーフェルトの助手を務めたこともあるデバイがドイツの雑誌に論文を投稿したのは、三月のことだった。アメリカのコンプトンのケースとは異なり、ドイツの編集人はデバイの仕事の重要性をすぐに理解し、翌月には掲載したのである。しかしデバイも、ほかのすべての人たちも、才能ある若いアメリカ人にしかるべき認知を与えた。そして一九二七年のノーベル賞をコンプトンが受賞すると、彼の評価はゆるぎないものとなった。そのころまでに、アインシュタインの光量子は、「光子」と呼ばれるようになっていた。(8)

一九二三年七月に行なわれたアインシュタインのノーベル賞受賞講演には二千人もの観客が詰めかけたが、その大半は彼の話を聞くためというよりも、むしろ彼を見にきたのだということをアインシュタインはよく理解していた。列車に乗ってヨーテボリからコペンハーゲンへと向かいながら、アインシュタインは、自分の言葉をひとことも聞き漏らすまいと耳を澄ませ、そしておそらく自分とは意見の異なる人物と会うのを楽しみにしていた。アインシュタインが列車を降りると、ボーアが出迎えに来ていた。それから約四十年を経て、ボーアはこう語った。「わたしたちは市電に乗ったが、話に熱が入りすぎて、降りるべき停留所を乗り越してしまった」。ドイツ語で話していたふたりは、電車に乗り合わせた人たちの怪訝(けげん)そうな視線にもおかまいなしだった。何を話していたにせよ（その後まもなくゾンマーフェルトが、「現在の物理学における、もっとも重要な発見」ということになるコンプトン効果の話題が含まれていたとみてまず間違いないだろう）、ふたりは降りるべき停留所を通り過ぎては、また戻ってくるということを何度も繰り返した。ボーアはコンプトンの実験に納得せず、光が量子でできているということを認めようとしなかった。いまや少数派はアインシュタインではなく、ボーアのほうだった。ゾンマーフェルトも、コンプトンは「放射の波動説に弔いの鐘」を鳴らしたと確信していたのである。

後年、ボーアが好んで見るようになる西部劇の不運なヒーローのように、光量子に最後の抵抗を試みる彼は、数のうえでは到底勝ち目はなかった。当時ボーアの助手を務めていたヘンドリク・クラマースと、研究所を訪れていたアメリカ人の若手理論家ジョン・スレーターと協同で、ボーアはエネルギー保存則を犠牲にするという提案をした。エネルギー保存則が成り立つという仮定は、コンプトン効果の分析のなかで決定的に重要な部分だった。もしも原子のスケールでは、エネルギー保存則が、古典物理学で扱われる日常世界でのように厳密には成り立たないとすれば、コンプトン効果はアインシュタインの光量子を支持する証拠とは言えなくなる。後年、ボーア、クラマース、スレーターの頭文字をとってBKS理論として知られることになるその議論は過激な提案のように見えるが、じっさいには、ボーアが光の量子論をどれほど忌み嫌っていたかを示す死に物狂いの抵抗だった。

エネルギー保存則が原子レベルでも成り立っていると実験で確かめられたことは一度もなかった。そこでボーアは、光量子が自発的に放出されるようなプロセスで、エネルギー保存則がどの程度成り立っているかは未解明の問題だと考えた。アインシュタインは、光子と電子が衝突する際、エネルギーと運動量はつねに保存されると考えたのに対し、ボーアは、それらの保存則は統計的にしか成り立たないと考えたのだ。シカゴ大学に移ったコンプトンと、ドイツ帝国物理工学研究所（ＰＴＲ）のハンス・ガイガーとヴァルター・ボーテが、光子と電子とが衝突する際には、エネルギーと運動量はつねに保存されるということを実験で確かめるのは、一九二五年のことである。かくして、アインシュタインは正しく、ボーアは間違っていたことが明らかになった。

それらの実験が行われ、懐疑的な人たちが沈黙するよりも一年あまり早い一九二四年四月二十日、アインシュタインはいつものようにたしかな口調で、『ベルリン日報』の読者たちに、その状況を雄弁に語った。「そんなわけで、今日、光についてはふたつの理論があります。どちらも必要欠くべからざる理論です。しかも、過去二十年間にわたり理論物理学者が多大な努力を続けてきたにもかかわらず、それらはいまだに、理屈のうえではまったく関係のない理論なのです」。アインシュタインが言わんとしたのは、光の波動論と光の量子論は、ある意味ではどちらも正しいということだった。光に伴う波の現象、たとえば干渉や回折のような現象を、光量子で説明することはできない。逆に、光量子を使わなければ、コンプトンの実験と光電効果を説明することはできない。光は波としての特徴と粒子としての特徴を持ち、物理学者は好むと好まざるとにによらず、両方を受け入れなければならなかったのだ。

『ベルリン日報』の記事が出てまもないある朝、アインシュタインにパリの消印のある小包が届いた。開封すると旧友からの手紙があり、フランスの貴公子が物質の本性について書いた博士論文を同封するので、意見を聞かせてもらいたいとのことだった。

第六章 二重性の貴公子――ド・ブロイ

「科学とは、大の男を恐れない老婦人のようなものだ」と、彼の父親は言ったものだった。しかし彼もまた兄と同じく、すでにそんな科学の魅力に心を奪われていた。ルイ・ヴィクトル・ピエール・レイモン・ド・ブロイ公爵（こうしゃく）は、フランスでも有数の名門貴族の家柄に生まれ、誉れ高い祖先たちの足跡をたどることを期待されていた。ド・ブロイ家は、イタリア北西部のピエモンテに発し、軍人や政治家、外交官としてフランス王に仕え、十七世紀の半ばまでには高い地位に登っていた。その後一七四二年に、先祖のひとりが殊勲を認められ、ルイ十五世から世襲の「公（Duc）」の爵位を授かる。その息子のヴィクトル・フランソワは、神聖ローマ帝国に刃向かう敵を壊滅させ、その働きに感謝した皇帝から、「プリンツ（Prinz）」の称号を授かった。以降、彼の子孫たちはすべて、プリンツまたはプリンツェスとなる。そのようなわけで、若き物理学者ルイ・ド・ブロイは、やがてドイツのプリンツにして、フランスの公爵となるのである。[1] それはアインシュタインが「物理学のもっとも深い謎に差し込んだ一条の光」と評した、量子物理学への基本的貢献を成し遂げた人物のものとは思えない系譜だった。

ルイ・ド・ブロイは、一八九二年八月十五日に、フランス北部の港町ディエップにあった夏の別邸で生まれた。無事に成人したきょうだい四人のうちの、末の子どもだった。高貴な一族のつねとして、ド・ブロイ家の子どもたちは先祖代々の邸宅で、家庭教師による教育を受けた。ほかの少年たちが蒸気機関車の名前を暗唱していた年頃には、ルイはフランス第三共和制の歴代首相の名前を言えるようになっていた。ルイはまた、新聞の政治欄の記事をもとにスピーチをして、家族の者たちを楽しませた。姉のポリーヌが、当時を振り返って語ったところによれば、ルイもまた首相を務めた祖父と同様、遠からずして「偉大な政治家になる」ものと期待されていたという。もしも一九〇六年、彼が十四歳のときに父親が亡くならなかったなら、そうなっていたかもしれない。

兄のモーリスは三十一歳にして一族の長となった。一族の伝統に従い、モーリスは軍人としての道を歩みはじめていたが、彼が選んだのは陸軍ではなく、海軍だった。海軍大学では科学で優秀な成績を収めた。将来を嘱望される若き将校であるモーリスの見るところ、海軍は二十世紀に向けて変革期にさしかかっていた。科学を得意とするモーリスが、艦船間の通信のために、信頼性の高い無線システムの構築に取り組むのは時間の問題だった。一九〇二年、モーリスは「電波」をテーマとしてはじめての学術論文を書く。彼はそのとき、いずれは父の反対を押し切り、海軍をやめて科学研究に身を投じようと決意を固めた。そして一九〇四年、九年間奉職ののちに海軍を去った。その二年後に父親が亡くなると、六代公爵となったモーリスの肩に新たな責任がかかってきた。

モーリスの助言により、ルイはほかの少年たちとともにリセで学ぶことになった。それからおよそ半世紀後、モーリスは次のように述べた。「わたし自身、若者の勉学にかけられる圧力には不都合を感じていたので、弟の勉学について杓子定規な指図をすることは控えましたが、時折、弟が悩んでいるらしいことが気にはなっていました」。ルイは、フランス語、歴史、物理学、哲学ではよい成績を収めたが、数学と化学はごく平凡な成績だった。三年後の一九〇九年、ルイは十七歳で、哲学と数学のバカロレア（大学入学資

ルイ・ド・ブロイ　フランス有数の名門貴族の家に生まれた彼は、次のようなシンプルな問いを立てた。もしも光が粒子として振る舞うというなら、電子のような粒子もまた波として振る舞うのではないだろうか？ AIP Emilio Segrè Visual Archives, Brittle Books Collection

格）を得て中等教育を終えた。その前年にモーリスは、ポール・ランジュヴァンの指導のもとコレージュ・ド・フランスで博士号を取得し、シャトーブリアン通りにあるパリの邸宅に実験室を構えた。科学研究という新たな天職を追求するに当たって、大学に職を求めるのではなく、私的に研究所を設立したことは、モーリスが科学のために軍務を捨てたことで落胆していた一部の親族の心をなだめる効果があった。

モーリスとは異なり、パリ大学で中世史を学びはじめたルイは、兄よりは一族の伝統に沿った経歴に踏み出していた。ところが二十歳の貴公子はやがて、過去の文書、情報、記録を緻密に再構成するような研究には、ほとんど興味がもてない自分に気がついた。

モーリスは後年、当時の弟について、「自分で自分が信じられないといった様子でした」と述べた。そうなった理由のひとつは、モーリスとともに実験室で過ごすうちに、ルイの心に物理学への興味が育まれていたことだった。エックス線の研究に注ぐモーリスの情熱には、伝染性があったものと見える。しかしルイは、自分にそれだけの能力があるのだろうかという疑いに苛まれ、物理学の試験に落ちたことでさらに自信を失った。ルイは結局ものにならないのだろうか？「ルイが思春期に見せた明るさや元気は、どこに消えてしまったのでしょう！　子ども時代に聞かせてくれたキラキラしたおしゃべりは、深い内省のために沈黙させられてしまったのです」と、モーリスはすっかり内向的になった弟の思い出を語った。兄の見るところ、ルイは自宅に閉じこもる「気難しくてわがままな学者」になってしまいそうだった。

ルイがはじめて外国に出たのは、一九一一年十月のブリュッセルへの旅だった。ルイはそのとき十九歳。モーリスはすでに海軍を離れ、エックス線物理学の分野では尊敬される一流の学者となっていた。第一回ソルヴェイ会議の円滑な運営に責任をもつ二名の組織委員のひとりとして参加してほしいと招かれたとき、モーリスはすぐにそれを引き受けた。運営サイドでの参加とはいえ、プランク、アインシュタイン、ローレンツといった人たちと、量子について議論できる機会を逃せるはずもなかった。フランスからの参加者は錚々(そうそう)たる顔ぶれだった。キュリー、ポアンカレ、ペラン、そしてモーリスの博士論文指導教官だったランジュヴァンがブリュッセルに顔をそろえたのだ。

ルイは参加者たちと同じホテル・メトロポールに宿泊したが、会議の参加者に近づくこともなく、少し離れたところから様子を眺めていた。ルイがその新しい物理学に興味を引かれたのは、フランスに帰ったのち、ホテル・メトロポールの二階にある小さな部屋で量子について交わされた議論について、兄の口から話を聞かされてからのことだった。議事録が刊行されるとルイはそれを読み、物理学者になろうと決意を固めた。そのころまでには、ルイは歴史の本よりも物理学の本を読むようになっていた。一九一三年、ルイは理学士の学位を取得する。しかし、物理学者になるという計画はしばしば延期し、一年間の兵役を務めることになった。ド・ブロイ家からはフランスの元帥(げんすい)が三人も出ていたにもかかわらず、ルイは一介の技術者として、パリ郊外に駐留する陸軍の部隊に入隊した。モーリスの口ききのおかげもあって、まもなく彼は無線通信部門に配属される。だが第一次世界大戦が始まると、すぐにも物理学研究に戻りたいというルイの願いは露と消えた。ルイはそれから四年にわたり、エッフェル塔の下に駐留する部隊で、無線技師として過ごすことになったのである。

一九一九年の八月に除隊したルイは、六年ものあいだ、それも二十一歳から二十七歳までの年月を軍務に費やしてしまったことを深く悔やみ、今後は自分の選んだ道を貫こうといっそう堅く心に決めた。ルイはモーリスの助けと励ましを受けながら、設備の整った兄の実験室で行なわれているエックス線や光電効果の研究を理解することに時間を費やした。またふたりは、実験結果をどう解釈するかについても時間をかけて論じ合った。モーリスはルイに、「実験には教育的な価値があること」や、「事実の裏づけがないかぎり、理論だけで科学を作ろうとすることには価値がない」ことなどを話して聞かせた。モーリスは、電磁放射の性質について考えていたその時期、エックス線の吸収に関する一連の論文を発表している。ふたりは、光の波動説と粒子説は、ある意味ではどちらも正しいと考えていた。なぜなら、回折や干渉と、光電効果の両方を、どちらか一方の理論だけで説明することはできないからだ。

一九二二年、アインシュタインはランジュヴァンの招きでパリで講演を行なった。その際、戦争中ベルリンに留まったアインシュタインに対し、パリ市民の反対デモが起こったりもした。その年にルイ・ド・ブロイは、「光量子仮説」を前面に打ち出した論文を書いた。彼はコンプトンがまだ実験結果を発表していないうちから、「光の原子」の実在性を受け入れていたのだ。その後、コンプトンが電子によるエックス線散乱のデータと解析結果を発表して、アインシュタインの光量子の実在性が立証されるころには、ド・ブロイは光の二重性を受け入れていた。一方、ほかの物理学者たちは、「月曜日と水曜日と金曜日は光の波動論を教え、火曜日と木曜日と土曜日は光の粒子論を教えなければならない」などと、冗談まじりにぼやくばかりだった。

後年、ド・ブロイはこの時期のことを次のように語った。「孤独と瞑想のなかで考え抜いた末に、一九二三年のあるとき、一九〇五年のアインシュタインの発見は、あらゆる物質粒子、とくに電子に拡張することによって一般化されなければならないというアイディアが頭に浮かんだ」。ド・ブロイは大胆にも、次のような単純な問いを立ててみた。光が粒子のように振る舞うというなら、原子などの粒子は、波のように振る舞うのではないだろうか？ 彼がこれに対して出した答えは、「イエス」だった。彼がその答えを得たのは、「仮想的な波」（振動数 ν、波長 λ）を電子に付随させれば、ボーアの量子的原子の内部にある電子軌道が、どんな形になっているかを明快に説明できることに気づいたからだった。電子は、「仮想的な波」の波長の、整数倍に相当する長さの軌道しか占めることができなかったのだ。

一九一三年にボーアは、水素原子のラザフォード・モデルが、軌道運動する電子がエネルギーを放射し、螺旋を描きながら原子核に落下して潰れるのを阻止するために、なんら根拠を示せないまま、ある条件を課さざるをえなかった――原子核の周囲をめぐる定常的な軌道上にある電子は、放射を出さない、と。電子を定在波として扱うというド・ブロイのアイディアは、「電子は粒子であり、原子核の周囲をめぐる軌道上に存在する」という従来の考えから根本的に離脱するものだった。

定在波は、ヴァイオリンやギターに使われているような、両端を固定された弦で容易に作ることができる。そのような弦をはじくと、さまざまな定在波が生じるが、それらの波には、半波長が整数個含まれるという特徴がある。一番波長の長い定在波は、弦の長さの二倍の波長をもつ。二番目に波長の長い定在波は、半波長をふたつ含み、波長は弦の長さに等しい。三番目に波長の長い定在波は、半波長を三つ含む。物理的に生じうる定在波はすべて、半波長を整数個含み、それぞれの波が特定のエネルギーをもつ。振動数と波長との関係（互いに逆数になっている）からわかるように、ギターの弦をはじいたとき、基音（振動数がいちばん小さい音）から順に、ある決まった振動数系列の音だけしか生じないのはこのためである。

ド・ブロイは、この「整数」条件を課せば、ボーアの原子内で電子が取りうる軌道は、周径が定在波を作れるような長さをもつものだけに制限されることに気づいたのだ。電子の定在波は、楽器の弦とは異なり、両端を固定されているわけではないが、半波長の整数倍の長さが軌道の周径にぴったりはまるおかげで定在波が生じる。ぴったりはまら

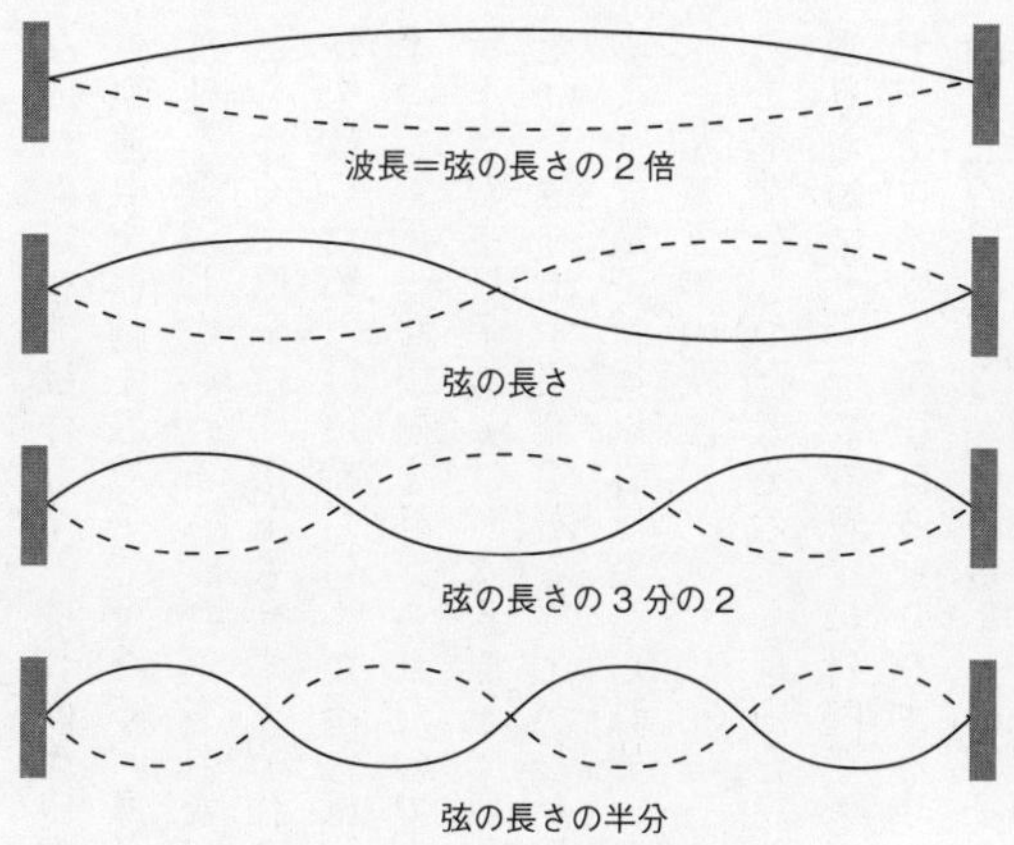

図９　両端を固定された弦に生じる定在波

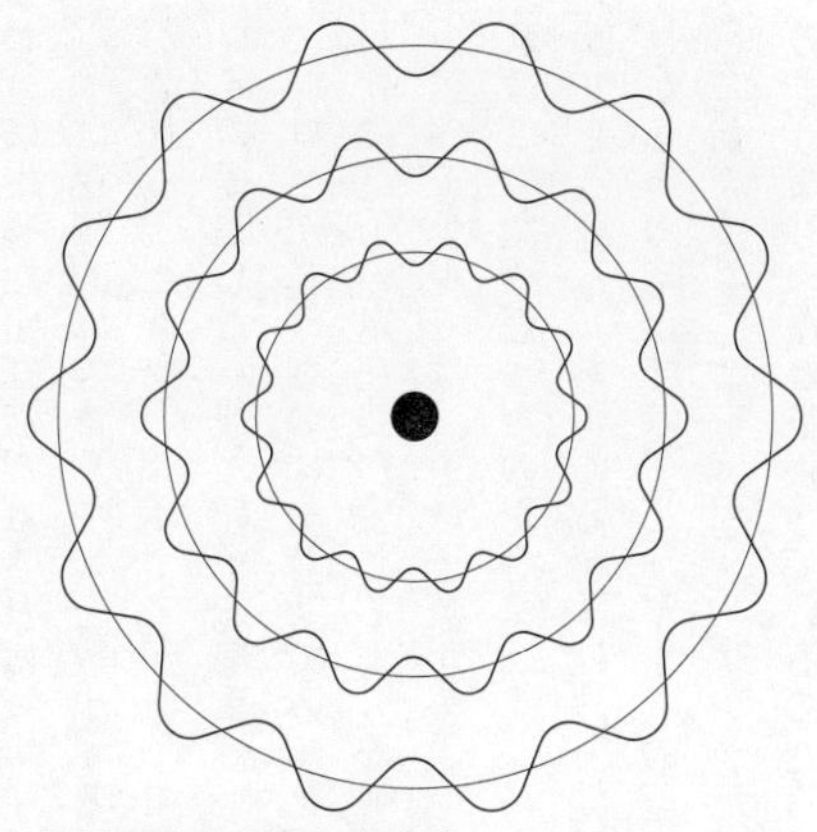

図10　原子の中の電子の定在波

なければ定在波は作れず、それゆえ定常的な軌道は存在しない。

軌道上を運動する粒子ではなく、原子核のまわりに生じた定在波だとすれば、電子は加速を経験しないだろう。加速されなければ、電子は連続的にエネルギーを放出することもなく、原子核に落下もせず、それゆえ原子が潰れることもない。ボーアが原子モデルを救うためだけに持ち込んだ条件は、ド・ブロイの提唱した「波と粒子の二重性」によって、正当な根拠を与えられたのである。ド・ブロイがじっさいに計算してみると、ボーアの主量子数 n は、水素原子の原子核のまわりに電子の定在波が生じるような軌道だけを選り出す標識であることがわかった。ボーアのモデルでは、主量子数が整数であるような電子軌道以外は禁じられているが、それはこのためだったのだ。

一九二三年の秋に、ド・ブロイは三つの短い論文を発表し、あらゆる粒子は波と粒子の二重性をもつと考えるべき理由を説明した。しかしその時点では、ビリヤードの玉のような粒子と、「その粒子に付随する仮想的な波」との関係は明らかではなかった。ド・ブロイは、粒子は波乗りをするサーファーのようなものだと主張しているのだろうか？　のちに明らかになるように、その解釈ではうまくいかない。電子も、その他すべての粒子も、光子と同様に、波であると同時に粒子でもあるのだ。

ド・ブロイは、そのアイディアに肉付けをして論文を仕上げ、一九二四年の春、博士論文として提出した。しかし論文を受理し、審査委員が読むというプロセスが必要だったため、彼が博士号取得のための口頭試問を受けたのは、十一月二十五日のことである。四人の審査委員のうちの三人は、ソルボンヌの教授だった。ひとりはアインシュタインのブラウン運動の理論を検証した実験物理学者、ジャン・ペラン。ふたり目は、結晶の性質を調べていた優れた物理学者のシャルル・モーガン。三人目は著名な数学者のエリー・カルタン。そして最後の四人目が、外部から審査のために招かれたポール・ランジュヴァンである。量子物理学と相対性理論の両方に通じていたのは、ランジュヴァンただひとりだった。ド・ブロイは、論文を正式に提出するに先立ちランジュヴァンに連絡を取り、自分の結論を見てもらえないだろうかと頼んだ。ランジュヴァンは承知し、その後ある同僚にこう語った。「手元に、例の弟のほうの学位論文があります。わたしには突拍子もない話に思われます」

ルイ・ド・ブロイのアイディアはじっさい奇想天外だったが、ランジュヴァンは性急に退けたりはせず、誰かに相談すべきだろうと考えた。彼は一九〇九年にアインシュタインが、今後放射の研究を進めていけば、粒子と波が一種の融合をすることが明らかになるだろうと語ったことを知っていた。すでにコンプトンの実験により、光の性質に関してはアインシュタインが正しかったことは、大半の物理学者の認めるところとなっていた。少なくとも電子と衝突するときには、光は粒子のように振る舞うということだ。そして今度はド・ブロイが、すべての物質は波と粒子の二重性をもつと主張し、両者の融合を提案していたのだ。ド・ブロイは、「粒子」の波長λを、その運動量pと結びつける式、$\lambda=h/p$までも導いていた（hはプランク定数）。ランジュヴァンは物理学者である貴公子に、論文をもう一部もらえないだろうかと言い、それをアインシュタインに送った。アインシュタインはランジュヴァンにこう答えた。「彼は大いなるヴェールの一端をめくり上げました」

ランジュヴァンを含む四人の審査委員にとって、アインシュタインの一声があれば十分だった。彼らは、「みごとな手腕により、物理学者がはまり込んでいた困難の克服に努めた」として、ド・ブロイの博士号取得を祝福した。モーガンはのちに、「あのときわたしは、物質粒子に付随しているという波の物理的実在性を信じてはいなかった」と認めた。ペランに理解できたのは、ド・ブロイは「非常に頭が良い」ということだけだった。それ以外のことについては、何が何やらわからなかった。アインシュタインの支持を得たド・ブロイは、三十二歳にして、ただのプリンツ・ルイ・ヴィクトル・ピエール・レイモン・ド・ブロイではなく、ルイ・ド・ブロイ博士と名乗る権利を得たのである。

しかし、はたしてそのアイディアは検証可能なのだろうか？　ド・ブロイは早くも一九二三年九月に、もしも物質が波の性質をもつなら、電子のビームは光線と同様に広がるはずであることに気づいていた。つまり、電子ビームは回折するということだ。同年に書いた短い論文で、彼は、「小さな開口部を通過する電子の集団は、回折効果を示すだろう」と予想した。兄の研究所で仕事をしている高い技術をもつ実験家たちに、そのアイディアを検証してもらえないだろうかともちかけたが、引き受ける者はいなかった。実験家たちはほかのプロジェクトで忙しかったうえ、ルイの言う実験は難しすぎて、実現できるとは思えなかったのだ。兄モーリスには、すでに多大な恩を受けていた。モーリスはつねづね、粒子と波の二重性は放射がもつ重要な性質であることや、その性質は否定しようもないほど高い精度で示されていることに目を向けさせてくれた。ルイは、このうえ兄に迷惑はかけられないと思い、食い下がることを断念した。

しかし、ゲッティンゲン大学の若き物理学者、ヴァルター・エルザッサーはその後まもなく、もしもド・ブロイが正しいのなら、電子ビームを単なる結晶に照射するだけで回折現象が起こるはずだと指摘した。結晶中で隣り合っている原子同士の間隔は非常に小さいため、電子は波としての性質を表すだろうというのだ。その実験の提案を聞いたアインシュタインは、エルザッサーにこう言った。「あなたは金鉱を手に入れたようですね」。それは金鉱ではなかったが、いっそう価値があった――ノーベル賞がかかっていたのである。しかし、ゴールドラッシュのつねとして、出遅れた者は負けだ。エルザッサーは出遅れ、別のふたりが一番乗りとなってノーベル賞をつかみ取った。

ニューヨークのウェスタン・エレクトリック社――のちのベル電話研究所――に勤め

る四十三歳の研究員、クリントン・デイヴィソンは、さまざまな金属に電子ビームを当てて何が起こるかを調べていた。一九二五年の四月のある日のこと、奇妙な現象が起こった。実験室に置いてあった液化空気の瓶が爆発し、デイヴィソンが実験で使うニッケルの標的を入れた真空管が壊れたのだ。空気に触れてニッケルは錆(さ)びた。錆を取り除くためにニッケルを加熱したデイヴィソンは、偶然にも、小さな多数のニッケル結晶から、電子に回折を起こさせる大きな結晶をいくつか作ることになったのだ。実験を続けたデイヴィソンは、それまでとは違う結果が出ていることに気がついた。彼は、電子を回折させているとは知らずに、結果をそのまま発表した。

翌一九二六年の七月、デイヴィソンは妻にこんな手紙を書いた。「一カ月後には、ぼくたちがオックスフォードにいるなんて信じられるかい? 楽しみだね、いとしいロティー。二度目の新婚旅行のようなものだね。きっと新婚旅行よりも楽しい旅になるだろう」。子どもたちを親戚(しんせき)に預け、デイヴィソン夫妻はまず楽しみにしていた英国観光旅行をし、それからオックスフォード大学で開かれた英国科学振興協会の会議に向かった。するとと驚いたことに何人かの物理学者が、彼のデータはフランスの貴公子のアイディアを支持していると教えてくれたのだ。デイヴィソンは、ド・ブロイなどという名前は聞いたこともなかったし、その貴公子が、波と粒子の二重性はすべての物質に拡張されると言っていることも知らなかった。じっさい、そのことを知らなかったのは、デイヴィソンひとりではなかったのである。

ド・ブロイの三篇の短い論文は、『コント・ランデュ』というフランスの雑誌に発表されたため、ほとんど誰も読んでいなかった。彼の博士論文のことを知っている者はさらに少なかった。デイヴィソンはニューヨークに戻るとすぐに、レスター・ガーマーという同僚と協力して、電子は本当に回折するかどうかを調べるための実験に取りかかった。ふたりは一九二七年一月までに、物質が回折を起こすという決定的な証拠をつかんだ。物質がたしかに波のように振る舞っていた。デイヴィソンが新しいデータを使って回折した電子の波長を求めたところ、ド・ブロイの波と粒子の二重性から予測された値と一致するという結果が得られたのだ。デイヴィソンが後年語ったところによれば、最初の実験は、ライバル企業との裁判を戦っていた雇用主の代わりに行った別の実験のあとに、「ほんのついでに」やった仕事だった。

マックス・クノルとエルンスト・ルスカは、すぐさま電子の波としての性質を利用して、一九三一年には電子顕微鏡を作った。大ざっぱに言って可視光の波長の半分よりも小さい粒子は、光を吸収したり反射したりできないため、普通の顕微鏡では見ることができない。しかし、電子の波の波長は可視光線のそれより十万分の一も小さいため、電子顕微鏡ならごく小さな粒子でも見ることができるのだ。一九三五年にはイギリスで、世界初の商用電子顕微鏡の製作が始まった。

デイヴィソンとガーマーが懸命に実験をしていたころ、スコットランドのアバディーンでは、イギリス人の物理学者ジョージ・パジェット・トムソンも電子ビームの実験を行っていた。トムソンもまた、ド・ブロイの仕事が話題になったオックスフォードでの英国科学振興協会の会議に出席していたのだ。トムソンはきわめて個人的な理由により、電子の性質に大きな関心を寄せており、すぐさま電子が回折するという証拠を見つけるための実験に取りかかった。しかし彼がそのために利用したのは結晶ではなく、その目的のために特別に作った薄膜だった。その実験ではド・ブロイが予測した通りの特徴をもつ回折パターンが現われた。物質は、ときには波のように空間に広がり、ときには粒子のように空間に局在するということだ。

運命のいたずらか、物質がもつ波と粒子の二重性はトムソン家と深く結びつくことになった。サー・J・J・トムソンは、一九〇六年に電子が粒子であることを発見した功績によりノーベル物理学賞を受賞し、その息子であるジョージ・トムソンは、一九三七年に電子が波であることを見出(みいだ)した功績によりデイヴィソンとともにノーベル物理学賞を受賞したのだから。

プランクの黒体放射の法則からアインシュタインの光量子へ、さらにボーアの電子の量子論からド・ブロイの物質の波と粒子の二重性へと、四半世紀以上にわたって繰り広げられてきた量子物理学の進展は、量子的概念と古典物理学との不幸な結婚から生み出されたものだった。しかしその結婚は、一九二五年までにはほとんど破綻（はたん）していた。アインシュタインは一九一二年の五月にはすでに、「量子論は、成功すればするほどますます馬鹿馬鹿（ばかばか）しく見えてきます」と書いた。求められていたのは新しい理論――量子の世界で通用する新しい力学だった。

「一九二〇年代半ばに成し遂げられた量子力学の発見は、十七世紀に近代物理学が誕生して以来、物理理論の分野に起こったもっとも意義深い革命だった」と、アメリカのノーベル賞受賞者スティーヴン・ワインバーグは述べた。現代世界を形作ったその革命では年若い物理学者たちが中心的な役割を果たすことになる――それは「クナーベンフィジーク（少年物理学）」の時代だった。

第二部　若者たちの物理学

現在、物理学はまたしても滅茶苦茶（めちゃくちゃ）だ。ともかくわたしには難し過ぎて、自分が映画の喜劇役者かなにかで、物理学のことなど聞いたこともないというのならよかったのにと思う。

ヴォルフガング・パウリ

シュレーディンガーの理論の物理的な部分について考えれば考えるほど、これはだめだと思う。シュレーディンガーが、彼の理論の視覚化可能性について書いていることは、「たぶんちょっと違う」、換言すればガラクタだ。

ヴェルナー・ハイゼンベルク

もしもこの忌（い）まわしい量子飛躍が本当にこれからも居座るなら、わたしは量子論にかかわったことを後悔するだろう。

エルヴィン・シュレーディンガー

第七章　スピンの博士たち

「何を一番に褒め称えるべきだろうか。諸概念の発展に対する心理学的な理解か、数学的推論の確かさか、物理的洞察の深さか、明晰で系統的に提示する力量か、文献の知識か、主題のあらゆる側面を取り上げていることか、はたまた批判的に評価する眼力の確かさか」と、アインシュタインはその本を評した。彼はその「壮大な構想をもつ成熟した著作」によほど感心したに違いない。相対性理論をテーマとし、二百三十七ページに三百九十四の注をもつその本の著者が弱冠二十一歳の物理学者であり、執筆を依頼された時点ではまだ十九歳の学生だったということが、アインシュタインには信じられなかった。その著者、ヴォルフガング・パウリは、後年、辛辣な批判ゆえに「神罰」とあだ名され、「比肩しうるのは、ただアインシュタインのみの天才」と称されることになる。一時期、彼を助手として雇っていたマックス・ボルンは、「純粋に科学的な観点から言えば」、パウリの「偉大さはアインシュタイン以上だったかもしれない」と述べた。

ヴォルフガング・パウリは、一九〇〇年四月二十五日に、繁栄を謳歌しつつも、いまだ世紀末の不安を漂わせるウィーンの街に生まれた。父親は、名をやはりヴォルフガングと言い、はじめは医師だったが、のちに医学を捨てて科学の道に進み、その際に姓をパシュレスからパウリに変えた。高まりつつある反ユダヤ主義の潮流に、学者としての成功を阻まれることを恐れた父ヴォルフガングは、カトリックに改宗し、それをもって彼の変身は完了した。息子のヴォルフガングは、自分がユダヤ人の血筋とは知らずに成長する。大学時代にある学生から、きみはユダヤ人だろうと言われたとき、息子ヴォルフガングは驚いてこう言った。「ぼくが？　それはないよ。そんな話は聞いたことがないもの。ぼくがユダヤ人だなんてありえないよ」。次に帰省したとき、彼は真実を聞いた。一九二二年、念願叶って教授のポストを得、ウィーン大学に新設された医療化学研究所の所長になった父ヴォルフガングは、キリスト教徒に同化するという判断はやはり正しかったと思った。

パウリの母親ベルタは、ウィーンでは著名なジャーナリストにして作家だった。彼女は、一流の芸術家や科学者、医学者らとも交流があったため、ヴォルフガングと六歳年下の妹ヘルタは、そういう人たちが家に集まるのはごく普通のことだろうと思って成長した。平和主義者で社会主義者だったこの母親は、パウリに多大な影響を及ぼした。ある友人がのちに語ったところによれば、パウリは自己形成期の十代に、第一次世界大戦が長引けば長引くほど、「戦争や『体制』それ自体に反対する立場を先鋭化させていった」という。一九二七年十一月、四十九歳の誕生日まであと二週間という若さで母親が亡くなると、『新自由新聞』は、「オーストリア女性のなかでも真に強靭な人格の持ち主のひとりであった」という追悼記事を掲げた。

パウリは頭は良かったものの、およそ模範的な生徒とはいえず、学校の勉強はつまらないと思っていた。そのつまらなさを埋め合わせるために、彼は個人的に先生について物理の勉強をはじめる。その後まもなく、退屈な授業のときに、彼が机の下でこっそり読みはじめたのが、アインシュタインの一般相対性理論の論文だった。若き日のパウリの意識には、物理学がつねに大きく浮かび上がっていたが、そうなったのは高名な物理学者にして科学哲学者として絶大な影響力を振るっていたオーストリア人、エルンスト・マッ

ヴォルフガング・パウリ　排他原理の発見者。辛辣なウィットで知られ、「アインシュタインとのみ比較しうる天才」と見なされていた。

ハの存在によるところが大きい——マッハはパウリの名付け親だったのだ。後年、アインシュタインやボーアらと親しく付き合うことになるパウリだが、一九一四年の夏を最後に、その後は会う機会もなかったにもかかわらず、マッハの知遇を得たことこそは、「わたしの人生の学術的な面でもっとも重要な出来事」だったと語った。

一九一八年九月、パウリは、彼自身が「精神の砂漠」と呼んでいたウィーンを離れた。オーストリア＝ハンガリー帝国は存亡の危機にあり、ウィーンの過去の栄光は色褪（いろあ）せていたが、彼がとりわけ嘆いたのは、ウィーンには一流の物理学者がいないということだった。パウリならどこの大学にでも行けただろうが、彼はアルノルト・ゾンマーフェルトのもとで学ぶためにミュンヘンに向かった。ゾンマーフェルトはその少し前に、ウィーン大学教授のポストに就き損なっており、パウリがミュンヘンにきたときには、かれこれ十年以上もミュンヘン大学の理論物理学部門を率いていた。ゾンマーフェルトは、一九〇六年にミュンヘン大学の教授に就任するとすぐに、そこを「理論物理学を育（はぐく）む」ための研究所にするという仕事に着手した。ゾンマーフェルトの研究所は、その後もなくボーアがコペンハーゲンに作ることになる研究所のような大きなものではなく、部屋はわずか四つしかなかった——ゾンマーフェルト自身の研究室、講義室、セミナー室、そして小さな図書室である。しかし地下には広い実験室があり、一九一二年にはそこで、エックス線は波長の短い電磁波だというマックス・フォン・ラウエの理論の正しさが証明され、ゾンマーフェルトの「養成所」はすみやかに物理学界に認知された。

ゾンマーフェルトは、学生の実力を試すような、しかし決してその力を超えないような、絶妙な問題を与えるツボを心得ており、教育者としての非凡な能力に恵まれていた。すでに教授に対して一般に期待されるレベルを超えて、才能ある物理学者を何人も育ててきたゾンマーフェルトだったが、パウリが研究室に参加するとまもなく、これだけの資質をもつ者はまずめったにいないと思うようになった。たいがいのことには驚かないゾンマーフェルトだったが、パウリがウィーンを離れる直前に書いた一般相対性理論に関する論文が、一九一九年一月に物理学の専門誌に掲載されたときには驚愕した。彼の「養成所」にやって来たばかりの、まだ十九歳にもならない学生が、すでに相対性理論の専門家として世の認めるところとなっていたのだから。

パウリはまもなく、新しいアイディアや思弁的なアイディアに対しては容赦ない批判を投げつけることで、みんなに恐れられるようになった。原理的な面では妥協というものがないパウリのことを、後年ある人たちは「科学の良心」と呼んだ。でっぷりとした体格で、少し目の突き出たパウリは、まさしく物理学の仏陀といった風貌だった――ただし、その仏陀は口が悪かったのだが。思索に深く没頭すると、パウリは我知らず体を前後にゆらした。直観的に物理を捉える能力と、理解の深さ、幅の広さにかけて、パウリの右に出る者はいなかった。アインシュタインでさえ、彼には及ばないだろうと言う者もいたほどだ。しかしパウリの厳しい批判の矛先は、他人の仕事よりはむしろ、自分自身の仕事に向けられたのである。物理学を深く理解し、何が問題なのかもわかりすぎるほどわかっていた彼は、創造性をのびのびと発揮できないということがしばしば起こった。もしも想像力と直観をもう少し自由に羽ばたかせていたならパウリが成し遂げていたであろう発見が、彼ほどには才能のない、しかし自由な発想をもつ仲間たちの手柄になったことも、一度や二度ではなかった。

パウリが特別な対応をした人物は、その生涯を通じ、唯一ゾンマーフェルトだけだった。著名な物理学者になってからも、パウリに厳しく批判される人たちが毎度驚いたことには、「神罰」と恐れられる彼が、師ゾンマーフェルトの前では、「はい、教授殿」、「いいえ、教授殿」と、かしこまった返事をするのだった。そんなときのパウリはまるで別人だった。普段の彼は、仲間の物理学者に向かって、「きみの頭の回転がどれほど遅くてもかまわないが、考えるより早く論文を発表するのはやめたまえ」とか、つまらないと思う論文のことを、「間違ってさえいない」などと言うのだった。相手が誰であろうと関係なかった。まだ学生だったときに、彼は講義室いっぱいの聴衆に向かって、こう言ったことがある。「アインシュタイン氏の言っていることは、それほど馬鹿げているわけでもありません」。最前列に座っていたゾンマーフェルトは、もしもパウリ以外の学生の口から出たのなら、そんな言い方を決して許さなかったろう。しかし、そんなことを言う学生は彼以外にいないことも、ゾンマーフェルトにはよくわかっていた。物理的な内容を鋭く見抜くことにかけて、パウリにはゆるぎない自信があったので、アインシュタインがその場にいたとしても遠慮はしなかっただろう。

ゾンマーフェルトがパウリをどれほど高く買っていたかは、『数理科学百科事典』の相対性理論の項を執筆する手伝いを、パウリに頼んだことからもわかる。ゾンマーフェルトは、物理学を扱った『数理科学百科事典』第五巻の編集を引き受けていたのだが、「相対性理論」の項の執筆をアインシュタインに頼んで断られたため、自分で書くことにした。しかし時間が足りず、誰かに手伝ってもらう必要が生じたのだ。そこでゾンマーフェルトが目を向けたのが、パウリだった。パウリの第一稿を見た彼は、「すばらしい出来で、わたしは何もすることがない」と思った。パウリが書いたその記事は、特殊相対性理論と一般相対性理論に関する優れた解説になっていただけでなく、それまでに出ていた文献を網羅しているという点でも類例のない仕事だった。パウリの記事はその後数十年にわたり、相対性理論の解説としては決定版でありつづけ、アインシュタインもその仕事に心からの称賛を送った。その記事が世に出たのは、一九二一年、パウリが博士号を取得してから二カ月後のことだった。

学生時代のパウリは、夜はミュンヘンのカフェをわたり歩き、下宿に帰ってから朝まで勉強するのがつねだった。午前の講義に出席することはめったになく、昼ごろになってようやく姿を現した。しかし、量子物理学の謎に関するゾンマーフェルトの話を聞いて興味をもつぐらいには、講義に出ていたのだろう。それから三十年以上を経て、パウリは次のように述べた。「古典物理学の考え方に慣れ親しんだ物理学者なら誰でも、ボーアの量子論の基本仮定のことを聞けばショックを受けるだろうが、わたしもまた例外ではなかった」。しかし彼はすぐにそのショックを乗り越えて、博士論文の研究に取りかかった。

ゾンマーフェルトがパウリに与えたテーマは、ボーアの量子規則にゾンマーフェルト自身が修正を加えたバージョンを使って、イオン化した水素分子のデータを説明するというものだった。「イオン化した水素分子」とは、水素分子を構成している二個の水素原子のうちの一方が、電子を一個剝ぎ取られて、正の電荷をもつイオンになったものである。パウリは、ゾンマーフェルトが期待した通り、理論の取り扱いにかけては非の打ちどころのない仕事をした。しかし、ひとつ問題があった——彼が理論的に導いた結果は、実験データと合わなかったのだ。連戦連勝に慣れっこになっていたパウリは、データを説明できずに落胆した。だが彼の博士論文となったその仕事は、ボーア＝ゾンマーフェルトによる原子の量子論は、水素分子という簡単な系でさえすでに適用限界に突き当たっていることを示す有力な証拠と受け止められた。量子物理学は、古典力学にそのつど接ぎを当てただけであることは、それまでも不満とされていたが、今やパウリが、ボーア＝ゾンマーフェルトの原子モデルはイオン化した水素分子さえ説明できず、それより大きな原子にはなおさら使えないことを明らかにしたのだ。一九二一年十月、博士号を手にしたパウリは、ゲッティンゲン大学理論物理学教授の助手というポストを得て、ミュンヘンを離れた。

量子物理学のその後の発展を担うキーパーソンのひとり、マックス・ボルンは当時三十八歳で、パウリより半年前に、フランクフルトから小さな大学街ゲッティンゲンにやって来た。当時はプロイセンの一部だったシレジア地方の中心地ブレスラウに生まれ育ったボルンは、はじめは物理学ではなく数学に心を引かれた。彼の父親グスタフ・ボルンは、パウリの父親と同じく学識高い医師だったが、学者として大学に奉職する。発生学の教授だったグスタフ・ボルンは息子のマックスに、ブレスラウ大学に入ったら、あまり急いで専攻分野を決めないほうがよかろうとアドバイスした。マックスは父の言葉に従い、最初に物理学、化学、動物学、哲学、論理学を学んでから天文学と数学に進んだ。その後、ハイデルベルク大学に学び、次いでチューリヒ大学に移ったのち、一九〇六年にゲッティンゲン大学で数学の博士号を取得した。

それから一年間の予定で兵役に就いたボルンだったが、喘息の持病があったためにすぐに除隊する。その後、イギリスに渡ってケンブリッジ大学で半年間学び、J・J・トムソンの講義を聴き、実験物理学の研究を行うためにブレスラウに戻ってきた。しかしボルンはまもなく、自分は並みの実験家になるために必要な忍耐力も技術もないことに気づき、理論物理学に方向転換した。そして一九一二年までには、名高いゲッティンゲン大学数学部で私講師になれるほどの業績を挙げた。当時ゲッティンゲン大学では、「物理学は難しすぎて、物理学者の手には負えない」と考えられていたのだ。

ボルンは、たいていの物理学者がまだ知らなかった数学のテクニックを、物理学の一連の問題に応用して成功を収め、一九一四年にはベルリン大学の員外教授になる。第一次世界大戦が勃発(ぼっぱつ)する直前のこの時期、ドイツ科学の中心であるベルリン大学に、もうひとりの新参者がやってきた――アインシュタインである。ともに音楽を愛するボルンとアインシュタインは、まもなく固い友情で結ばれた。第一次世界大戦が始まるとボルンは徴兵され、しばらく空軍で電波技術の仕事に従事したのち、陸軍で砲術の研究を行い、そのまま終戦を迎えた。幸運にも駐屯地はベルリンに近かったため、ボルンは、ベルリン大学で開かれるセミナーや、ドイツ物理学会の会合、そしてアインシュタインの家で開かれる音楽の夕べに参加することができた。

戦争が終わった一九一九年の春、フランクフルト大学の正教授だったマックス・フォン・ラウエが、ベルリン大学のボルンにポストの交換をもちかけた。ラウエは、一九一四年に、結晶によるエックス線回折の基礎となる理論を作った功績に対してノーベル賞を授けられていたが、かつての師であり、物理学者として尊敬するプランクといっしょに仕事をしたいと願っていたのだ。「その提案はぜひとも受けるべき」というアインシュタインの言葉に背中を押されて、ボルンはフランクフルトに行くことにした。このポスト交換のおかげでボルンは正教授になり、研究に関する完全な自立性を手に入れた。それから二年と経たないうちに、ボルンはゲッティンゲン大学理論物理学研究所の所長として、ゲッティンゲンの街にやって来た。所長とはいっても、小さな研究室がひとつもらえて、助手がひとり、パートタイムの秘書がひとりつくというだけのポストだったが、ボルンはそのささやかな状況から出発して、ミュンヘンのゾンマーフェルトに匹敵するほどの研究所を作ろうと堅く心に決めていた。そのためにとるべき行動リストの上位に位置づけられていたのが、ヴォルフガング・パウリの獲得である。ボルンはパウリのことを、「近年現われた物理分野の人材のなかで、もっとも才能のある人物」と見ていたのだ。彼は以前にも一度、パウリ獲得を試みて失敗したことがあった。そのときパウリは、博士論文を完成させるためにミュンヘンに留まることを選んだのだった。しかしこのたび、ボルンはパウリの獲得に成功する。

「W・パウリがついにわたしの助手になりました。彼は驚くほど頭が良く、非常に有能です」とボルンはアインシュタインへの手紙に書いた。まもなく彼は、雇った助手はとことんマイペースだということを知った。なるほどパウリは頭が良いかもしれないが、夜型の生活習慣を変えようとせず、そのスタイルで長時間思索にふけるのだった。ボルンは、午前十一時からの講義ができない事情が生じると、パウリに代理を務めてもらうため、メイドをやって午前十時三十分に彼を起こさなければならなかった。

パウリが名ばかりの「助手」なのは初めから明らかだった。ボルンは後年、パウリはマイペースで時間にルーズだったが、それでもこの「神童」に自分が教えたことより、彼から学んだことのほうが多かったと語った。一九二二年四月、パウリがハンブルク大学の助手になるためにゲッティンゲンを去ったとき、ボルンはそれを残念がった。パウリがそれほど早くゲッティンゲンを去ったのは、大都会の賑やかなナイトライフを捨てて、小さな大学町で静かに暮らすことに耐えられなかったからばかりではない。パウリは、物事を直観的に捉える自分の物理的センスに信頼を置き、どんな物理学の問題に取り組むときにも、論理的に非の打ちどころのない議論をしようとしたのに対し、ボルンはまず数学に目を向け、数学に導かれて答えを得ようとすることが多かったのだ。

それから二カ月後の一九二二年六月、パウリは、喧伝されたボーアの連続講義を聞くためにゲッティンゲンに戻り、そこではじめてこの偉大なデンマーク人に会った。パウリに感銘を受けたボーアは、論文をドイツ語に翻訳するための編集作業をやっているので、一年間ほどコペンハーゲンに来て、その手伝いをしてくれないかと言った。その申し出にパウリは意表をつかれた。のちに彼はそのときのことを次のように語った。「わたしは若者らしいきっぱりした口調でこう答えた。『科学上の課題なら難なくこなせると思いますが、デンマーク語のような外国語を学ぶことは、わたしの能力をはるかに超えています』。その一九二二年秋のうちに、わたしはコペンハーゲンに行き、自分の考えは両方とも間違っていたことを知った」。のちにパウリが語ったように、それは彼にとって人生の「新段階」の始まりとなった。

コペンハーゲンでのパウリは、ボーアの手伝いをするほかに、「異常」ゼーマン効果という、ボーア＝ゾンマーフェルトの原子モデルでは説明できない原子スペクトルの特徴を説明するという仕事に本格的に取り組んだ。原子が強い磁場にさらされると、原子の線スペクトルのなかには、いくつかに分裂するものがある。ローレンツはすぐに、古典物理

「ボーア祭り」でのくつろいだひととき
1922年６月、ゲッティンゲン大学で開催。立っている４人は、左からカール・ヴィルヘルム・オセーン、ニールス・ボーア、ジェームズ・フランク、オスカル・クライン。椅子に掛けているのはマックス・ボルン。AIP Emilio Segrè Visual Archives, Archive for the History of Quantum Physics

学によれば、線スペクトルは二本、または三本に分裂するはずだということを示した。そのような分裂は「正常」ゼーマン効果と呼ばれ、ボーアの原子モデルでは説明できなかった。[1] さいわいゾンマーフェルトが、新たにふたつの量子数を導入することによりボーア・モデルを改良し、その問題を解決した。ゾンマーフェルトは、三つの「量子数」——軌道の大きさ（n）、軌道の形（k）、軌道の向き（m）——を使って、電子がある軌道（エネルギー準位）から別の軌道へと跳び移るときに従うべき、新しいルールを組み立てたのである。しかし、正常ゼーマン効果を説明できたという喜ばしい気分は、長くは続かなかった。水素原子のスペクトル中に観測される赤い線の分裂の大きさが、理論的に予想された値よりも小さいことがわかったのだ。さらに悪いことに、線スペクトルのなかには、二本または三本ではなく、四本以上に分裂するものもあることが明らかになった。

線スペクトルが四本以上に分裂するという現象は、それまでに提案されていた量子物理学によっても、また古典力学によっても説明できなかったため、「異常」ゼーマン効果と呼ばれるようになった。しかしじっさいには、こちらの方がより一般的な現象だった。パウリにとって異常ゼーマン効果は、「これまでに得られた理論上の基本的な考え方が、深いところで破綻（はたん）している」ことを知らせる警鐘にほかならなかった。パウリはこの重大な危機を乗り越えようと躍起になったが、異常ゼーマン効果を説明する方法は何ひとつ考えつかなかった。「わたしはまったくのお手上げ状態です」と、彼は一九二三年の六月に、ゾンマーフェルトへの手紙に書いた。異常ゼーマン効果への取り組みのせいでパウリはすっかり疲れ果てて、のちに彼自身が語ったところによれば、しばらくのあいだは完全に諦めの気分だったという。

そんなある日のこと、ボーアの研究所にいたある物理学者が、コペンハーゲンの街をぶらついているパウリに出くわした。「浮かない顔だね」と、その物理学者が言うと、パウリはこう答えた。「異常ゼーマン効果のことを考えている人間が、うきうきして見えるわけがないだろう」。パウリは原子のスペクトルの複雑な構造を説明するために、場当たり的なルールをもち込む気にはなれなかった。彼はもっと深くて、より基本的な説明を求めていたのだ。問題のひとつは、周期表に関するボーアの理論に、単なる思いつきにすぎないような部分があることだとパウリはみていた。はたしてボーアの理論は、原子内の電子の配置を、正しく表しているのだろうか？

一九二二年までには、ボーア＝ゾンマーフェルトの原子モデルによれば、原子内の電子は三次元の「殻」の中を動き回っているものと考えられていた。「殻」とは、何か物質でできた容器ではなく、原子内のエネルギー準位の集まりのことだ。つまり電子は、エネルギーごとに集団になっているようにみえたのである。ボーアが電子の核模型を作る際に重要な手掛かりとしたのは、「希ガス」元素――ヘリウム、ネオン、アルゴン、クリプトン、キセノン、ラドン――は安定性が高いという事実だった。(2) 原子番号、2、10、18、36、54、86をもつこれらの元素をイオン化する（電子を一個剝ぎ取って正の電荷を帯びたイオンにする）ためには、比較的多くのエネルギーが必要なことや、他の原子と化学的に結合させて化合物を作るのが難しいことなどから、希ガス元素では、原子内電子の配位はきわめて安定で、「殻が閉じている」と考えられた。

希ガス元素の化学的性質は、周期表の中で、原子番号がそれよりひとつ小さい元素――水素と、ハロゲン元素（フッ素、塩素、臭素、ヨウ素、アスタチン）――の化学的性質とはまるで違っていた［一六七頁の図参照］。原子番号1、9、17、35、53、85をもつ水素およびハロゲン元素は、いずれも容易に化合物を作る。化学的に不活性な希ガスとは異なり、水素とハロゲンは、電子をひとつ捕まえて、もっとも外側の殻（最外殻）にある「電子の空席」を埋めることにより、他の元素と結び付くのだ。電子をひとつ獲得した原子は、負の電荷を帯びたイオンとなり、電子殻が「閉じる」――すなわち、電子の空席がなくなる。殻が閉じることで、希ガス原子と同じ、きわめて安定性の高い電子配位を獲得するのだ。閉殻になるには電子がひとつ足りないハロゲン元素とは異なり、閉殻の上に電子がさらにひとつあるアルカリ金属――リチウム、ナトリウム、カリウム、ルビジウム、セシウム、フランシウム――は、その一個の電子を容易に手放して、希ガスと同じ電子分布をもつ、正の電荷を帯びたイオンになり、化合物を作る。

ボーアは、これら三つの元素群――希ガス、水素とハロゲン、アルカリ金属――の化学特性を手掛かりとして、周期表のある行［横の並び］に属する原子の電子配位は、左隣の元素の最外殻に、電子をひとつ付け加えたものになっているという説を提唱したのだった。周期表の各行の右端は、最外殻が完全に満たされた希ガスである。化学反応に関与するのは、閉じた殻としては最外殻の、さらに外側にある電子だけなので（それらを「価電子」という）、価電子の個数が等しい原子は互いによく似た化学特性をもち、周期表の中で同じ列［縦の並び］に位置づけられる。ハロゲン元素はすべて、最外殻に七個の電子をもつ。そこにもう一個電子を付け加えれば、その殻は閉じて、希ガス元素と同じ電子配位になる。一方、左端のアルカリ金属はどれも、一個の価電子をもつ。

パウリが一九二二年六月にゲッティンゲンの講義でボーアの口から聞いたのは、おおよそ以上のようなアイディアだった。ゾンマーフェルトは殻模型を、「一九一三年以来、原子構造の分野で成し遂げられた最大の進展」として歓迎した。彼はボーアに、周期表のそれぞれの行［横の並び］に含まれる元素の数、二、八、十八……を導くことのできる、数学的にしっかりした説明が得られれば、「物理学の最大の願いが叶えられることになるでしょう」と言った。しかし、実を言えば、ボーアが提唱した電子の殻模型の基礎には、厳密な数学的論証はどこにもなかったのである。ラザフォードでさえもボーアに対し、「いったいあなたがどうやってその結論に達したのか理解できずに」苦労していると言ったほどだった。それでもボーアのアイディアは真面目に受け止めなければならなかった——とりわけ、一九二二年十二月にボーアがノーベル賞受賞講演の場で発表したように、原子番号七十二番の未知の元素（のちにハフニウムと名づけられる元素）は「希土類」ではないという、ボーアの予測の正しさが示されたからには。しかしボーアの殻模型の背後には、いかなる組織原理も判断基準もなかった。それは単に、膨大な化学的・物理的データにもとづいて、周期表の各グループの化学特性のほとんどすべてを説明することができるという、独創的な思いつきにすぎなかったのだ——そのきわめつけの成功例が、ハフニウムだった。

異常ゼーマン効果と電子殻模型の問題に頭を抱えているうちに、パウリのコペンハーゲン滞在は終わりに近づいた。一九二三年九月、彼はハンブルクに戻り、翌年には助手から私講師へと昇進した。とはいえ、ハンブルクからコペンハーゲンは目と鼻の先で、ちょっと列車に乗って、フェリーでバルト海を渡りさえすればよかったので、パウリはその後もちょくちょくコペンハーゲンを訪れていた。パウリは、ボーアのモデルが成功するのは、それぞれの殻に入れる電子の数に上限がある場合だけだという結論に達した。さもなければ、あらゆる原子ですべての電子が同じ定常状態——同じエネルギー準位——を取ることを妨げる理由がないからだ。すべての電子が同じ状態を占めているとすれば、原子のスペクトルは説明できなくなる。こうして一九二四年の末に、パウリはついに殻模型の基本となる組織原理、「排他原理」を発見した。それこそは、ボーアが経験的データを睨んで作り上げた原子内電子の殻模型に、理論的基礎を与えるものだった。

パウリの発見のヒントになったのは、ケンブリッジ大学の大学院生で当時二十五歳だったエドマンド・ストーナーの仕事だった。ストーナーはラザフォードのもとで博士号の研究をしていた一九二四年十月に、『フィロソフィカル・マガジン』に、「原子準位における電子分布」という論文を発表した。彼はその論文で、（周期表の左端に位置する）アルカリ金属元素の原子内で、一番外側の軌道を占めている電子、つまり価電子が取りうるエネルギー状態にはいくつかの選択肢があるが、その選択肢の数は、周期表の並びの右端に位置する希ガス元素の、最外殻に含まれる電子の数と同じになっていると論じていた。たとえば、アルカリ金属であるリチウムがもつ一個の価電子は、同じ並びの右端に位置する希ガス元素ネオンの対応する閉殻に含まれる電子数に等しい、八つのエネルギー状態を選択肢としてもち、そのいずれでも占めることができる。ストーナーのアイディアは次のことをほのめかしていた。主量子数 n はボーアの「電子の殻」に対応しており、それぞれの殻は、とりうる［n ごとに考えられる］エネルギー状態の数の、二倍の電子数に達したときに閉じる。

もしも原子内の個々の電子に、量子数 n、k、m の値が割り当てられ、その組み合わせによって、電子軌道、すなわちエネルギー準位が区別されるのなら、ストーナーによれば、たとえば主量子数nが、$n=1, 2, 3$のとき、電子が占めることのできるエネルギー状態の数は、それぞれ、一、四、九となるだろう。最初の殻では、値の組み合わせは、$n=1, k=1, m=0$の一通りしかなく、それに対応するエネルギー状態は、(1, 1, 0)と表せる。しかしストーナーによると、最初の殻が閉じるのは二個の電子が入ったときであり、取りうるエネルギー状態の数の二倍の個数である。$n=2$では、$k=1, m=0$か、または$k=2$、$m=-1, 0, 1$という組み合わせがありうるので、第二の殻では価電子と、それが占有しうるエネルギー状態に割り振ることのできる量子数の組は、(2, 1, 0), (2, 2, −1), (2, 2, 0), (2, 2, 1)の四つある。したがって、$n=2$の殻は八個の電子が入ったときに閉じる。三番目の殻、$n=3$では、電子が取りうるエネルギー状態は、(3, 1, 0), (3, 2, −1), (3, 2, 0), (3, 2, 1), (3, 3, −2), (3, 3, −1), (3, 3, 0), (3, 3, 1), (3, 3, 2)の九通りある。[3] したがって、ストーナーのルールによれば、$n=3$の殻は、最大十八個の電子を収めることができる。

パウリは『フィロソフィカル・マガジン』の十月号は見ていたのだが、ストーナーの論文は見逃していた。その後、ゾンマーフェルトが、『原子構造と線スペクトル』という教科書の第四版の序文で、ストーナーの仕事に言及しているのを見て、パウリはめずらしく廊下を走って図書室に行き、その論文を読んだ。パウリは、主量子数nの与えられた値に対し、原子内電子が取りうるエネルギー状態の数Nは、量子数kとmが取りうる値の組の数に等しく、その数はn^2に等しいことに気がついた。ストーナーのルールは、周期表の各行［横の並び］に入る元素に対し、正しい電子の数、二、八、十八、三十二……を与えていた。しかし、閉殻に含まれる電子の数は、なぜ、Nすなわちn^2の二倍なのだろうか？　パウリはその疑問に対して、ひとつの答えを考えついた。原子内の電子は、四つ目の量子数をもっているに違いない、と。

nやkやmとは異なり、パウリの新しい量子数は、ふたつの値しか取ることができない。そこで彼は、その量子数を「二価性」と呼んだ。その「二価性」という量子数が、電子が取りうる状態の数を二倍にしていたのだ。それまでは、三つの量子数n、k、mをもつエネルギー状態がひとつあったが、今度はn、k、m、Aと、n、k、m、Bのふたつになったのだ。こうして状態が増えたことにより、異常ゼーマン効果で、線スペクトルが分裂する理由も説明することができた。つぎにパウリは、「ふたつの価」をもつ四つ目の量子数に導かれて、自然の掟（おきて）の中でも、もっとも重要なもののひとつである排他原理にたどり着いた。それは、同じ「原子内に存在するふたつの電子が、四つの量子数の同じ組をもつことはできない」という掟である。

元素の化学的性質は、その原子内に存在する電子の総数で決まっているのではなく、価電子の分布だけで決まっている。もしも原子内の電子がすべて最低エネルギーの準位を占めているなら、どの元素もみな同じ化学的性質をもつはずだ。

ボーアの新しい原子モデルで、電子がすべて最低エネルギー準位に集まらないように殻の占拠状態を管理していたのは、パウリの排他原理だったのだ。排他原理は、周期表の中の元素がなぜあのような配列になっているのか、そしてなぜ、化学的に不活性な希ガスで殻が閉じるのかに説明を与えた。しかし、これほどみごとな成功を収めたにもかかわらず、パウリは一九二五年三月二十一日に、『ツァイトシュリフト・フュール・フィジーク』に発表した「原子内電子の群の閉鎖と、スペクトルの複雑な構造との関係について」という論文の中で、「この規則がなぜ成り立つのかについて、より詳しい理由を与えることはできない」と述べざるをえなかった。

原子内電子の位置を指定するために必要な量子数は、なぜ三つではなく四つなのだろうか? ボーアとゾンマーフェルトの実り多い仕事がなされて以来、原子核の周囲で軌道運動をしている原子内電子は三次元空間を動き回っているのだから、その運動を記述するためには三つの量子数が必要なのは当然のことと受けとめられていた。しかし、パウリの四つ目の量子数には、どんな物理的基礎があるのだろう?

一九二五年の夏も終わろうというころ、ふたりのオランダ人ボスドク、サムエル・ハウトスミットとヘオルヘ・ウーレンベックは、パウリが提案した「二価性」には、それまでの量子数とはまったく異なる特徴があることに気がついた。すでに知られていた三つの量子数 n、k、m はそれぞれ、軌道上にある電子の角運動量、その軌道の形、空間内の向きを指定するものだったが、「二価性」は電子に内在する性質だったのだ。ハウトスミットとウーレンベックはその性質を、「スピン（回転）」と名付けた。[4] くるくると回転する物体をイメージしがちなこの命名は不幸だったが、電子の「スピン」は完全に量子的な概念であり、原子構造の理論に付きまとっていたいくつもの問題を解決し、排他原理に明快な物理的根拠を与えるものだった。

当時二十四歳のヘオルヘ・ウーレンベックは、オランダ大使の息子の家庭教師としてローマ暮らしを楽しんでいた。一九二二年九月、ライデン大学で物理学の学士に相当する学位を得たのち、その仕事にありついたのだ。これ以上両親に経済的負担をかけるわけにはいかないと思っていたウーレンベックにとって、自活しながら修士号のための研究を続けるには願ってもない仕事だった。出席を義務づけられた講義もとくになかったので、彼はもっぱら書物から必要な知識を得て、夏のあいだだけ大学に戻るという生活をしていた。一九二五年の六月にライデンに戻った彼は、博士号を目指すべきかどうか悩み、指導教授のパウル・エーレンフェストに相談に行った。エーレンフェストは一九一二年、ちょうどアインシュタインがチューリヒに戻ったころ、ヘンドリク・ローレンツの後任としてライデン大学の物理学教授に就任していたのだ。

一八八〇年にウィーンに生まれたエーレンフェストは、偉大な物理学者ボルツマンのもとで学んだ。彼はライデンに来る前、ウィーン、ゲッティンゲン、サンクトペテルブルクでどうにか物理学者として暮らしを立てていたころに、ロシア人で数学者の妻タチアナと共著で、統計力学の分野でいくつか重要な論文を書いた。ローレンツの後を継いでライデンに来てからは、二十年余りもこの地に留まり、ライデンを理論物理学の一大中心地に引き上げると同時に、彼自身、物理学の分野でもっとも尊敬される人物のひとりとなった。彼は、オリジナルな理論を作る力量によってよりも、物理学の難しい分野を明快に見通し良くする力量によって評価を得ていた。友人であるアインシュタインは後年、エーレンフェストは「世界一の教師」であり、「周囲の人たち、とくに学生たちの成長とその行く末に心を砕いた」と述べた。エーレンフェストは、研究を続けるべきかどうか悩むウーレンベックにも彼らしい配慮をして、博士号の研究をする二年のあいだ、助手のポストを提供しようと言った。そんな願ってもない話をウーレンベックが断るはずもなかった。エーレンフェストは、指導下の学生は可能な限りふたり一組にするように心がけていたので、ウーレンベックには、サムエル・ハウトスミットという大学院生を紹介した。

ハウトスミットは、ウーレンベックよりも一歳半ほど年下だったが、すでに原子のスペクトルに関する論文をいくつか発表して高い評価を得ていた。ハウトスミットがライデンにやってきたのは、ウーレンベックにわずかに遅れて一九一九年のことだった。ウーレンベックは、ハウトスミットが十八歳ではじめて書いたという論文を読み、「これほどずうずうしく自信をひけらかした論文もめずらしい」が、「信頼性はきわめて高い」と評した。性格的に問題がありそうだとなれば、明らかに才能のある年下の者と組むのを尻込み（しりご）するのが普通かもしれないが、ウーレンベックは違った。ハウトスミットは晩年、次のように述べた。「物理学は、詩や作曲や絵画といった創造的な仕事と同じように、職業ではなく天命なのである」。しかし、当のハウトスミット自身は、単に理科や数学のほうが面白かったからという理由で物理学を選んだにすぎなかった。そんな十代の若者の心に物理学への情熱を吹き込んだのが、エーレンフェストだった。彼はハウトスミットに、原子スペクトルの微細構造を詳しく調べて、そこに何らかの秩序を見出（みいだ）すというテーマを与え、物理学に夢中にさせたのだ。ハウトスミットはとくに努力家というわけではなかったが、実験データの解釈にかけては、ただならぬ才能を示した。

ウーレンベックがローマからライデンに戻ってきたころ、ハウトスミットは週に三日、アムステルダムのピーター・ゼーマンの分光学研究所に通っていた。エーレンフェストは、遅れに遅れた試験をハウトスミットに受けさせようと、イライラしながらこう言った。「きみには困ったものだ。どんな問題を作ったらいいものやら。なにしろきみときたら、線スペクトルのことしか知らないんだから」。原子のスペクトルには重要な問題が含まれていることを嗅ぎつけてしまったせいで、物理学者としてバランスの良い成長が阻害されはしないかと気を揉んだエーレンフェストだったが、ともかくも彼はそんなハウトスミットに、原子スペクトルの理論をウーレンベックに教えてやってくれと頼んだ。ハウトスミットの指導でウーレンベックがその分野の最新の発展に追いつくと、エーレンフェストはふたりに、アルカリ金属の二重項――外磁場による線スペクトルの分裂――を調べさせることにした。ハウトスミットがのちに語ったところによれば、ウーレンベックは本当に「何も知らず、わたしが疑問に思ったことすらないような、ありとあらゆる質問をした」という。ウーレンベックは知らないことも多かったかもしれないが、古典物理学には精通しており、ハウトスミットの理解を試すような鋭い質問をした。このふたりのケースは、エーレンフェストが学生をふたり一組にしたことで、お互いが触発し合い、学び合った好例と言えよう。

一九二五年の夏中をかけて、ハウトスミットは原子の線スペクトルについて知る限りのことをウーレンベックに教え込んだ。その後、ふたりが排他原理について論じ合っていたときのことである。ハウトスミットは排他原理を、原子スペクトルの混乱状態を少々整理するための場当たり的な規則のひとつにすぎないと考えていたのに対し、ウーレンベックはあるアイディアを思いついた――そのアイディアを、パウリはすでに却下していたのだが。

電子は、上下、前後、左右の方向に運動することができる。これら三通りの運動の仕方を、物理学者は「自由度」と呼んでいる。量子数はいずれも電子の自由度に対応しているのだから、パウリの新しい量子数は、電子は三つの自由度以外に、別の自由度をもつということを意味しているに違いない、とウーレンベックは確信した。そして彼は、その四つ目の量子数は、電子の回転を意味しているのだろうと考えたのだ。しかし、古典物理学でいう回転は、三次元空間の中の回転運動だから、もしも原子が古典物理学的にクルクル回っているだけなら、地球が自転軸のまわりに回転しているのと同じく、四つ目の自由度を持ち込む必要はない。パウリは、自分が導入した新しい量子数は、何か「古典的な考え方では記述できないもの」を表しているはずだと論じた。

古典物理学では、角運動量つまり日常的な回転は、どんな向きにでもなれる。それに対してウーレンベックが提案したのは、量子の世界の回転だった──それは「二価性」の回転であり、「上向き」または「下向き」しかない。ウーレンベックはそのふたつを、電子が原子核のまわりを軌道運動するとき、軌道面に垂直に立てた軸のまわりを、時計回りか反時計回りに回転するものとイメージした。回転する電子は自分のまわりに磁場を生み出し、ちょうど小さな棒磁石のように振る舞うだろう。その電子は、外磁場と平行、または反平行になる。許される電子軌道のそれぞれには、ふたつの電子が入ることができる──一方の電子は「上向き」スピン、他方の電子は「下向き」スピンの状態であればよい。ふたつのスピン状態は、非常に近いが異なるエネルギーの値をもつ。その結果として、アルカリ金属のスペクトルの二重項——一本ではなく、接近した二本の線スペクトル——が生じるのだ。

ウーレンベックとハウトスミットは、電子のスピンは、+1/2または−1/2という値を取ればよいことを示した。それにより、四つ目の量子数は「ふたつの価」をもたなければならないという、パウリの条件は満たされる。(5)

十月の半ばには、ウーレンベックとハウトスミットはわずか一ページの論文を書き、エーレンフェストに見てもらった。エーレンフェストは、論文の著者名はアルファベット順にするのが通例だが、この場合は逆順にしてはどうだろうと言った。ハウトスミット(Goudsmit)はすでに原子のスペクトルについて評判のよい論文をいくつか発表していたので、ウーレンベック(Uhlenbeck)の貢献度のほうが低いとみられることを心配したのだ。ハウトスミットは、「スピンを考えついたのはウーレンベックだから」と、その提案に賛成した。実はエーレンフェストは、スピンというアイディアが大丈夫なのかどうか確信がなかった。そこで彼はローレンツに、「たいへん機知に富んだアイディアがあるのですが、判定とアドバイスをお願いできるでしょうか」と手紙を書いた。

七十二歳のローレンツは引退してハーレムに住んでいたが、週に一度はライデンに出向いて教壇に立っていた。ウーレンベックとハウトスミットは、ある月曜日の午前中に、講義を終えたローレンツに会った。「ローレンツは否定的なことは言いませんでした」とウーレンベックはのちに語った。ただ言葉少なに、「興味深いアイディアだから少し考えてみよう」と言ったという。一週間か二週間ほどして、ウーレンベックはローレンツの判定をもらうため、ふたたび彼に会いに行き、スピンというアイディアには問題があるという意見と、それを裏づける計算がびっしり書き込まれた一束の計算用紙を手渡された。回転する電子の表面上にある点は、光速よりも大きな速度で動くはずだ、とローレンツは言った。それはアインシュタインの特殊相対性理論によって禁止されていることだった。その後しばらくして、さらにもうひとつの問題点が明らかになった。電子のスピンというアイディアを使ってアルカリ金属のスペクトルの二重項を計算してみると、測定値の二倍の大きさの値が得られたのだ。ウーレンベックは、論文を投稿しないでほしいとエー

1926年夏、ライデン大学にて　左からオスカル・クライン、そしてふたりの「スピン博士」――ヘオルヘ・ウーレンベック、サムエル・ハウトスミット。
AIP Emilio Segrè Visual Archives

レンフェストに頼みに行った。しかし時すでに遅く、エーレンフェストはふたりの論文を物理学の専門誌に発送してしまった後だった。「きみたちはふたりとも十分若いんだから、馬鹿なことをやっても大丈夫だよ」と、エーレンフェストは慰めるようにウーレンベックに言った。

十一月二十日に雑誌に掲載されたその論文を読んだボーアは、スピンというアイディアに非常に懐疑的だった。翌十二月、ローレンツの博士号取得五十周年を祝う行事に出席するため、ボーアはライデンに向かった。列車が途中、ハンブルクの駅に到着すると、プラットホームでパウリが待ち構えていて、電子のスピンをどう思うかと尋ねた。ボーアは、そのアイディアは「非常に興味深い」と言った。それはボーアの決まり文句で、電子のスピンはダメだという意味だった。正の電荷をもつ原子核の電場内で運動している電子が、どうすれば磁場を感じて微細構造を作れるというのか、とボーアは言った。ボーアがライデン駅に到着すると、そこにはふたりの人物が彼の意見を聞こうと待ち構えていた——アインシュタインとエーレンフェストである。ボーアは磁場の問題を挙げて、自分はスピンには反対だと言った。すると驚いたことにエーレンフェストが、その問題はアインシュタインが相対性理論を使ってすでに解決したというではないか。のちにボーアは、アインシュタインの説明は「まさしく啓示」だったと述べた。かくしてボーアは、電子のスピンにどんな問題があろうと、いずれ近いうちにすべて克服されるだろうと確信した。ローレンツの反論は、彼が精通している古典物理学にもとづくものだった。しかし電子のスピンは純粋に量子的な概念であり、ローレンツが指摘した問題は、実はそれほど深刻なものではなかったのだ。さらに、イギリスの物理学者リーウェリン・トーマスがふたつ目の問題を解決した。トーマスは、原子核のまわりで軌道運動する電子の相対運動の計算で、二重項の分離幅に2の因子がひとつ余分にかかっていたことを明らかにしたのだ。「そのときから、われわれの苦悩は終わったという確信がゆらいだことはありません」と、ボーアは一九二六年三月に手紙に書いた。

その旅の帰り道、ボーアはさらに何人か、量子的スピンに関する彼の意見を聞きたがっている物理学者に会った。ゲッティンゲンに列車が停まると、わずか数カ月前までボーアの助手をしていたヴェルナー・ハイゼンベルクが、パスクアル・ヨルダンといっしょに待ち受けていた。ボーアはふたりに、電子のスピンは大きな前進だ、と言った。ボーアはその後、一九〇〇年十二月にプランクがドイツ物理学会で行った有名な講演の二十五周年記念行事に出席するために、ベルリンに向かった――それは量子の公式な誕生祝いだった。ベルリンの駅には、ボーアが今現在どう考えているかを聞くためだけに、ハンブルクからわざわざパウリがやって来ていた。パウリが恐れていた通り、ボーアはすでに変心し、電子のスピンという福音を述べ伝える使徒になっていた。パウリはボーアを改心させようと力を尽くしたが果たせず、スピンのことを「コペンハーゲンの新たなる異端」と呼んだ。

その一年前、電子のスピンというアイディアを最初に得たのは、二十一歳のドイツ系アメリカ人、ラルフ・クローニヒだった。しかしそのときパウリはクローニヒのアイディアに取り合わなかったのだ。クローニヒはコロンビア大学で博士号を取得後、二年のあいだヨーロッパの物理学の中心地をまわって武者修行したのち、十カ月間ボーアの研究所で過ごすことになっていた。しかしコペンハーゲンに行く前の一九二五年一月九日、クローニヒはチューービンゲンに立ち寄った。彼は異常ゼーマン効果に興味があったので、チュービンゲンで彼を受け入れてくれたアルフレート・ランデが、明日にはパウリが来るというので喜んだ。パウリは排他原理の論文を投稿する前に、ランデと議論するためにチュービンゲンに来ることになっていたのだ。ミュンヘンのゾンマーフェルトのもとで学び、フランクフルトでボルンの助手をしていたこともあるランデは、パウリを高く評価していた。ランデはクローニヒに、前年の十一月にパウリからもらったという手紙を見せてくれた。

パウリは生涯を通じて何千通という手紙を書いた。彼の名声が高まるにつれて文通の量も増えていった。パウリの手紙は非常に重んじられ、回覧されて詳しく検討されることもしばしばだった。皮肉などは気にもかけないボーアは、パウリの手紙をとても楽しみにしていた。パウリから手紙が来ると、ボーアはそれを上着のポケットに入れて一日中持ち歩き、パウリが手紙の中で詳しく分析してくれる問題やアイディアに多少とも興味のありそうな者なら、誰かれかまわずそれを見せて歩いた。その後、返事を書くという理由にかこつけて、ボーアは、あたかもパウリがパイプをふかしながら目の前に座っているかのように、空想上の対話を行うのだった。あるときボーアは冗談めかしてこう言った。「きっとみんなパウリが恐いんだろうが、あえてそれを認めるほど恐がってもいないのさ」

　クローニヒが後年語ったところによれば、ランデが見せてくれたパウリの手紙を読むうちに、彼の心に「ムクムクと好奇心が湧き起こった」。パウリは、原子内の電子については、四つの量子数を指定する必要があり、それでいくつかの問題が解決すると述べていた。クローニヒはさっそくその四つ目の量子数の物理的意味を考えはじめ、電子が軸のまわりに回転しているというアイディアを得た。しかし彼はすぐに、電子が回転すれば、いろいろと問題が生じることにも気づいた。それでも電子の回転というのは「魅力的なアイディアだ」と思ったクローニヒは、その日はずっと理論づくりと計算をして過ごした。彼はこのとき、同年十一月にウーレンベックとハウトスミットが発表した内容とほぼ同じだけのことをやり遂げたのだった。クローニヒはそれをランデに説明し、ふたりはパウリがやって来て、それに太鼓判を押してくれるのが待ちきれない気持ちだった。ところがパウリは電子のスピンというアイディアに冷淡だったので、クローニヒはすっかり自信を失ってしまう。パウリは、「たしかに良くできたアイディアだが、自然はそんなふうにはなっていないよ」と言ったのだ。パウリの言い方がとりつく島もなかったので、ランデはクローニヒのショックを気遣うように、「そうだね、パウリがそう言うのなら、たぶん自然はそんなふうにはなっていないんだろう」と言った。こうしてクローニヒは、そのアイディアを捨てたのだった。

こうした経緯があったので、電子のスピンというアイディアがすみやかに受け入れられたとき、クローニヒは怒りを抑えきれず、一九二六年三月、ボーアの助手のヘンドリク・クラマースに手紙を書いた。クローニヒはその手紙に、電子のスピンを提案したのは自分が最初だったこと、しかしパウリに冷たくあしらわれて、発表を差し控えたのだと書いた。「今後わたしは自分の判断を重んじ、他人の判断は当てにしないつもりです」とクローニヒは言い、その教訓を得るのが遅すぎたと嘆いた。クローニヒの手紙に心を痛めたクラマースは、それをボーアに見せた。クローニヒがコペンハーゲン滞在中、電子のスピンについて自分やほかの人たちと議論し、自分もそのアイディアにとりあわなかったのを記憶していたのだろう。ボーアはクローニヒに手紙を書き、「非常に驚き、深く反省しています」と述べた。それに対してクローニヒは、「初めから「クラマースに」何も言うべきではありませんでした。ただ、つねに自分の意見が正しいと確信して思い上がっている説教がましい物理学者たちに一矢報いたい気持ちがあったのです」とボーアに返信した。

チャンスを奪われたと感じていたにもかかわらず、クローニヒは、このことは決して口外しないでほしいとボーアに頼むだけの配慮があった。「こんなことを聞けば、ハウトスミットとウーレンベックは良い気持はしないでしょうから」。このふたりに何の罪もないことは、クローニヒにもわかっていたのだ。しかし、ハウトスミットとウーレンベックはふたりとも、何があったかに気がついた。ウーレンベックは後年、「量子化された電子のスピンというアイディアを提唱したのはわれわれが最初ではなく、一九二五年の春の時点でラルフ・クローニヒが、われわれのアイディアの主要な部分をすでに得ていたのは間違いない。しかし、彼は主にパウリに反対されて、そのアイディアを発表することを断念したのだった」と、ことの経緯を明らかにした。ある物理学者はハウトスミットに、この一件は、「神の無謬性が地上の自称代理人にまで拡張されるわけではないことを示す証拠だ」と言った。

ボーアは個人的には、「クローニヒは馬鹿だ」と思っていた。もしも自分のアイディアが正しいと思うなら、誰がなんと言おうと発表すべきだ、と。「発表せよ、さもなくば滅びよ」とは、忘れてはならない科学のルールなのだ。クローニヒも内心では同じ結論に達していたのだろう。当初、電子のスピンをとり逃して落胆したときに炸裂させたパウリに対する恨みは、一九二七年の末までには消えていた。パウリは、二十八歳の若さでチューリヒのスイス連邦工科大学の理論物理学教授に任命されると、コペンハーゲンにいたクローニヒに、自分の助手になってもらえないだろうかと申し出た。クローニヒがそれを受諾すると、パウリは彼に手紙を書き、「わたしが何か言ったら、いつでも詳しい議論で反論してください」と伝えた。

一九二六年三月までには、パウリが電子のスピンを却下する理由となっていた問題点はすべて解決された。彼はボーアに、「こうなったからには全面降伏するしかありません」と書いた。その後長い時間が経ち、ほとんどの物理学者は、ハウトスミットとウーレンベックはとっくにノーベル賞をもらったものと思い込んでいた。なにしろ電子のスピンは二十世紀物理学が生んだもっとも実り多いアイディアのひとつであり、まったく新しい量子的な概念だったからだ。しかし、パウリ＝クローニヒ問題のせいで、ノーベル賞委員会は、ふたりのオランダ人に栄誉あるこの賞を与えることを躊躇(ちゅうちょ)した。パウリもまた、クローニヒに冷水を浴びせたことを申し訳なく思っていた。一九四五年、自分が排他原理の発見に対してノーベル賞を授けられたのに、ハウトスミットとウーレンベックは受賞できなかったときも、パウリは心を痛めた。後年パウリは、「若いころのわたしは、本当に馬鹿だった」と語った。

一九二七年七月七日、ウーレンベックとハウトスミットは一時間と違わずに博士号を取得した。慣例にとらわれず、つねに思慮深いエーレンフェストがそのように手配したのだ。またエーレンフェストは、ふたりそろってミシガン大学に就職できるようにしてくれた。当時、物理学のポストは乏しかったので、晩年ハウトスミットは、アメリカにポストが得られたことは、「わたしにとってはノーベル賞よりもずっと大きな意味があった」と述べた。

ハウトスミットとウーレンベックは、それまでの量子論はすでに適用限界に突き当たっているということを、はじめて具体的な証拠で示した。理論家はもはや、古典物理学という足場の上に立ち、既存の物理学のカケラを「量子化」するという方法で間に合わせるわけにはいかなくなった。なぜなら電子のスピンは、それに対応する古典物理学の概念のない、純粋に量子的な概念だからである。パウリとふたりのオランダ人がスピンをめぐって成し遂げた発見は、「古い量子論」が達成した数々の偉業の締めくくりとなる仕事だった。あたりには危機感が漂っていた。物理学が置かれた状態は、「方法論という観点から言えば、論理的に一貫した理論というよりはむしろ、仮説、原理、定理、計算方法の寄せ集めと言うべき嘆かわしい状況」だった。物理学の進展が、科学的な論証によってではなく、芸術的な推理や直観によって起こることもしばしばだったのだ。

パウリは排他原理発見から半年ほど経った一九二五年の五月に、「現在、物理学はまたしても滅茶苦茶(めちゃくちゃ)です。ともかくわたしには難しすぎて、自分が映画の喜劇役者かなにかで、物理学のことなど聞いたこともないというのならよかったのにと思います」とクローニヒへの手紙に書いた。「ボーアが今度もまた、何か新しいアイディアを出して、わたしたちを救ってくれるだろうと期待しています。いますぐやってくださいと頼みたい気持ちです。彼によろしくお伝えください。わたしに対する親切と辛抱強さ、そのすべてにお礼を申します、と」。しかしそのボーアは、「われわれが現在直面している理論上の問題」に対しては、何の答えも持ち合わせていなかった。その春、誰もが待ち望む「新しい」量子論——量子力学——をひねり出せるのは、量子の手品師ぐらいだろうと思われた。

第八章　量子の手品師――ハイゼンベルク

「運動学的および力学的な諸関係についての量子論的再解釈」は、誰もが待ち望み、ある者たちにとっては自分が書きたかった論文だった。『ツァイトシュリフト・フュール・フィジーク』の編集人がその論文を受け取った日付は、一九二五年七月二十九日。科学者たちが「アブストラクト」と呼ぶ「前書き」のなかで、著者は大胆にも、次のような壮大な計画を示した――その論文の目標は、「原理的には観測可能であるような量のあいだの関係だけにもとづいて、量子力学の理論的基礎を確立することである」と。十五ページほど先でその目標は達成され、著者ヴェルナー・ハイゼンベルクは未来の物理学の基礎を築いた。この年若いドイツの神童は、いったい何者なのだろうか？　彼はいかにして、ほかの人たちにできなかったことを成し遂げたのだろうか？

ヴェルナー・カール・ハイゼンベルクは、一九〇一年十二月五日に、ドイツがドイツで唯一のバイエルン州の町ヴュルツブルクに生まれた。彼が八歳のときに、父アウグストがドイツで唯一のビザンチン文献学のポストだったミュンヘン大学の教授職に就いたため、一家は州都ミュンヘンに移り住んだ。ハイゼンベルクと、ふたつ違いの兄エルヴィンは、ミュンヘンの北部にある高級住宅街シュバービング地区にある広々としたアパートメントで育った。ふたりはマクシミリアン・ギムナジウムに通うことになった——それより四十年前に、マックス・プランクが学んだ名門である。しかも、当時ギムナジウムの校長を務めていたのは、ハイゼンベルク兄弟の祖父だった。かりにギムナジウムの教師たちが、校長の孫には点を甘くしてやらねばなるまいと考えていたとしても、その必要がないことはすぐに明らかになった。一年目にヴェルナーを教えたある教師は、彼は「本質を見抜く目をもっており、けっして細部に惑わされず、文法と数学では頭の回転がきわめて早く、ほとんど間違いを犯さない」と述べた。

アウグスト・ハイゼンベルクの義父であるその祖父は、骨の髄まで教育者という人物で、孫のヴェルナーとエルヴィンのために頭を使うゲームを次々と考え出した。とくに彼が孫たちにやらせたのは、数学のゲームや問題解決型のゲームだった。ふたりが競い合って遊ぶように仕向けてみると、ヴェルナーのほうが数学の才能に恵まれているのは明らかだった。ヴェルナーは十二歳ごろには微積分を学びはじめ、大学の図書館から数学の本を借りてきてくれるよう父親に頼んだ。それを息子に語学力をつけさせる好機とみた父親は、ギリシャ語やラテン語の本を与えた。ギリシャ哲学に対するヴェルナーの嗜好はこのときにはじまる。そうこうするうちに第一次世界大戦が起こり、ハイゼンベルクの快適で安全な世界は失われてしまう。

第一次大戦後は、ドイツのいたるところで政治経済の混乱が起こったが、とりわけミュンヘンを中心とするバイエルン地方はひどかった。一九一九年四月七日、社会主義の過激派が、バイエルンに「共産主義共和国」を樹立したと宣言する。ベルリンから軍隊が到着して、退陣させられた政府が復活するのを人びとが待つあいだにも、社会主義革命に反対する人たちは自主的に自警団のようなものを組織した。ハイゼンベルクも何人かの友だちとともに、そんな組織のひとつに参加した。ハイゼンベルクに与えられた任務は、報告書を書いたり、使い走りをしたりすることぐらいのものだった。「数週間のうちに、冒険のような生活は終わった」と、ハイゼンベルクはのちに語った。「銃声は止み、任務はしだいに面白みのない単調なものになっていった」。五月の第一週が過ぎる頃までには、「共産主義共和国」は容赦なく叩き潰され、数千人の死者が出た。

第一次世界大戦後の厳しい現実に直面して、ハイゼンベルクのような中流階級のティーンエイジャーたちは、パスファインダー（ドイツ版のボーイスカウト）に誰もが参加した古い時代を理想化して憧れた。なかには、より自主的な活動を求めて、新しくグループやクラブを作る者たちもいた。ハイゼンベルクは、ギムナジウムの低学年の生徒たちが作った、そんなグループのひとつのリーダーになった。「ハイゼンベルク・グループ」を名乗るその若者たちは、バイエルンの田舎でハイキングやキャンプをしては、自分たちの世代が作り上げることになる新しい世界について語り合った。

一九二〇年の夏、優秀な成績でギムナジウムを楽々と卒業し、栄誉ある奨学金を得たハイゼンベルクはミュンヘン大学に入学する。大学では数学を学ぶつもりだったが、数学の教授との面談が大失敗に終わり、その可能性を断たれてしまう。途方に暮れたハイゼンベルクは、父親にアドバイスを求めた。アウグストはそんな息子のために、旧友のアルノルト・ゾンマーフェルトに会えるようにはからってくれた。ゾンマーフェルトは「軍人のような黒い口髭(くちひげ)を生やし、小柄でずんぐりとした体つきで、一見すると厳しそうだった」が、ハイゼンベルクはそんな彼を怖いとは思わなかった。外見とは裏腹に、その人物には「若者への暖かい思いやり」が感じられたからだ。アウグスト・ハイゼンベルクはあらかじめゾンマーフェルトに、息子はとくに相対性理論と原子物理学に興味があるようだと伝えておいた。そこでゾンマーフェルトは、ヴェルナーにこう言ってきかせた。「それは欲ばりというものだ。一番難しいところから始めれば、あとのことは棚ぼた式に転がり込んでくるだろうなどと思ってはいけないよ」。そう言ってから、つねづね原石のような才能を見出(みいだ)しては、励まして伸ばしてやることに力を尽くしていたゾンマーフェルトは、語調を和らげてこう語りかけた。「きみは多少のことを知っているかもしれないし、何も知らないかもしれない。まずはやってみよう」

ゾンマーフェルトは十八歳のハイゼンベルクに、上級生たちの研究セミナーに出席することを許してくれた。ハイゼンベルクは幸運だった。ゾンマーフェルトの研究所は、コペンハーゲンのボーア研究所、ゲッティンゲンのボルンのグループとともに、それからの長い年月、量子論研究のゴールデン・トライアングルの一角を形成する重要な拠点となる場所だったからだ。ハイゼンベルクがその研究セミナーにはじめて出席したとき、「前から三列目に、髪の黒い、腹に一物といった感じの学生がいるのに気がついた」――ヴォルフガング・パウリである。ゾンマーフェルトはハイゼンベルクが面会に来た日に、ひとわたり研究所を案内してやり、その際に、恰幅（かっぷく）のいいこのウィーンっ子にすでに紹介しておいたのだ。ゾンマーフェルトは、パウリが声の聞こえないぐらいに遠ざかるのを見計らって、「わたしはあの少年を、うちの学生の中で一番才能があると見ているのだ」と、こっそり教えてくれた。彼からは多くのことを学べるだろうというゾンマーフェルトのアドバイスを思い出し、ハイゼンベルクはパウリの隣の席についた。

ゾンマーフェルトが講義室に入ってくると、パウリはハイゼンベルクに、「まるで軽騎兵の将校みたいじゃないかい？」とささやいた。それが生涯にわたる物理学者としての付き合いの始まりだった。ふたりの関係は、より親密な個人的友情として花開くことはなかった。ふたりはあまりにも違い過ぎた。ハイゼンベルクはパウリよりも物静かでやさしく、声高に意見を言うこともなく、パウリほど手厳しい批判もしなかった。彼の自然観はロマン派的で、友人とハイキングやキャンプをするのが何よりも好きだった。彼の一方のパウリは、キャバレーや酒場やカフェに引力を感じるタイプだった。ハイゼンベルクが一日の仕事の半分を終えるころになっても、パウリはまだベッドの中でぐっすりと眠っているのがつねだった。それでもパウリはハイゼンベルクに絶大な影響を及ぼし、ことあるごとに「きみは完全な馬鹿(ばか)だな」と、呆(あき)れ返ったような顔をして言うのだった。ハイゼンベルクの関心を、アインシュタインの相対性理論から、彼がのちに名をなすことになる量子論に向けさせたのは、相対性理論に関するみごとな解説を書いている最中のパウリだった。彼は、この先大きな実りがある分野は、むしろ原子の量子論だと言ったのだ。「原子物理学の分野には、まだ解釈されていない実験結果がどっさりあるんだ」とパウリは言った。「ある領域では、自然界の性質を明らかにしてくれる証拠だと思えるものが、別の領域で得られた証拠と矛盾するように見える。そのせいで、証拠同士の関係についての統一的な描像はまだ半分も描けていないのさ」。これから先まだ何年も、誰もが「深い霧の中で手さぐり」することになるだろう、とパウリは言うのだった。ハイゼンベルクはそんな彼の言葉を真剣に聞きながら、あらがいようもなく量子の世界に引き寄せられて行った。

ゾンマーフェルトはまもなくハイゼンベルクに、原子物理学の「ちょっとした問題」を与えた。磁場をかけると線スペクトルが分裂する現象について、新しく得られたデータを解析し、それを再現するような式を作ってみなさいというのだ。パウリはハイゼンベルクに、ゾンマーフェルトはそういう暗号のようなデータを解読すれば新しい法則が得られるだろうと期待しているのさ、と言った。パウリに言わせれば、そんなやり方は「ほとんど数秘術」だった。しかし、「それよりマシな方法を提案できた者はいないんだけどね」とパウリ。排他原理と電子のスピンが登場するのは、まだ先のことである。

ハイゼンベルクは、量子物理学ですでに受け入れられていた法則や規則を知らなかったおかげで、ほかの者ならあえて危険を犯さず、もっと慎重に理詰めのアプローチをとったであろう領域に大胆に踏み込み、異常ゼーマン効果を説明してくれそうな理論を作ることができた。最初に作った理論はゾンマーフェルトからＯＫをもらえなかったが、もう一度やり直すと、それを論文にして発表してみなさいと言ってもらえたので、ハイゼンベルクはほっと胸を撫で下ろした。のちにその理論は正しくないことが明らかになるのだが、ハイゼンベルクが初めて発表したその論文は、ヨーロッパ中の優れた物理学者の目を彼に向けさせた。こいつはただ者ではないと思った物理学者のひとりに、ボーアがいた。

ボーアとハイゼンベルクが初めて出会ったのは、一九二二年の六月にゾンマーフェルトが何人かの学生を引き連れて、量子物理学に関するボーアの連続講義を聞くためにゲッティンゲンを訪れたときのことだった。ハイゼンベルクはボーアが細心の注意を払って言葉を選ぶことに驚かされた。「慎重に表現されたひとつひとつの言葉から、その背景には長い思索があるのだということ、それらの言葉は哲学的な考察の連鎖の結果なのだということが、明示的にではなくとも、おぼろげに伝わってくるのだった」と、ハイゼンベルクはのちに語った。ほかの人たちと同じくハイゼンベルクもまた、ボーアは細かい計算によってではなく、直観やインスピレーションに導かれてそれらの結果を出しているのを感じ取った。三つ目の講義につづく質疑応答の時間に、ハイゼンベルクは立ち上がり、ボーアが講義のなかで誉めた、ある論文に含まれる問題点を指摘した。その後、参加者たちがこもごも話しはじめると、ボーアはハイゼンベルクを見つけ出して、二十歳になったばかりのこの若者に、これから山歩きに行かないかと声をかけた。ふたりはそれから三時間ばかり近くの山を歩いた。ハイゼンベルクは後年、「わたしの科学者としての人生は、あの日の午後に始まった」と述べることになる。彼はそのときはじめて、「量子論の創設者のひとりは、その理論の困難を深く憂慮している」ことを知った。ボーアが、一学期間コペンハーゲンに来ないかと言ってくれたとき、ハイゼンベルクは突如として、自分の未来が、「希望と新たな可能性に満ちたもの」になるのを感じた。

しかしコペンハーゲン行きはしばらくお預けとなった。アメリカに行く予定だったゾンマーフェルトは、自分の留守のあいだ、ハイゼンベルクをゲッティンゲンのマックス・ボルンに預ける手筈(てはず)を整えていたのだ。ボルンはやって来たハイゼンベルクを見て、「金髪を短く刈り上げて、キラキラと澄んだ目をもち、かわいらしい表情をする、農場にでもいそうな素朴な男の子」だと思ったが、まもなく、その子には見た目以上のものがあることを知った。「どうやら彼には、パウリと同じぐらいの天分がありそうです」と、ボルンはアインシュタインへの手紙に書いた。ミュンヘンに戻ったハイゼンベルクは、乱流をテーマとして博士論文を書き上げた。ゾンマーフェルトはハイゼンベルクの物理学の知識と理解の幅を広げようとして、乱流というテーマを与えたのだった。しかし口頭試問では、望遠鏡の分解能といった初歩的な質問にも答えられず、ハイゼンベルクの博士号は危うくなる。実験物理学部門を率いるヴィルヘルム・ヴィーンは、ハイゼンベルクが電池の仕組みもろくに説明できないことに呆れ

23歳のヴェルナー・ハイゼンベルク　この２年後に、量子力学の歴史上もっとも深い意味をもつ仕事のひとつ——不確定性原理の発見——を成し遂げることになる。AIP Emilio Segrè Visual Archives/Gift of Jost Lemmerich

かえった。ヴィーンは、この駆け出しの理論物理学者を失格させてやりたいところだったが、ゾンマーフェルトとの交渉で妥協点に達した。ハイゼンベルクには、下から二番目の成績——III——で博士号を与えようというのだ。ちなみに、パウリはIの成績だった。

ハイゼンベルクは恥ずかしくてたまらず、その晩のうちに荷物をまとめて夜行列車に乗り込んだ。ミュンヘンにはもう一刻たりともいたたまれず、ゲッティンゲンに逃げ出したのだ。後年、ボルンはそのときの様子を次のように語った。「ある朝予定よりだいぶ早い時間に、決まり悪そうな顔をして現われた彼を見て、わたしはとても驚いた」。こうなっては助手の仕事ももらえないのではないかと思い詰めたハイゼンベルクは、おずおずと口頭試問の一件をボルンに打ち明けた。理論物理学の分野で高まりつつあるゲッティンゲンの名声を固めようと懸命だったボルンは、ハイゼンベルクはすぐに立ち直ると信じて疑わなかったし、本人にもそう言って聞かせた。

ボルンは、物理学は一から作り直しだと考えていた。ボーア゠ゾンマーフェルトの原子の量子論は、本質的には、量子規則と古典物理学の寄せ集めだった。それを、論理的に矛盾のない新しい理論で置き換えなければならない——その新理論のことを、ボルンは「量子力学」と呼んだ。複雑に絡（から）まり合った原子論の諸問題をなんとか解きほぐそうとしている物理学者にとって、そんなことは今さら言うまでもないわかりきった話だった。しかしボルンのその主張は、一九二三年の時点で、物理学者たちが原子のルビコン川を渡れずにいるせいで迫り来る危機を、誰もがはっきりと意識しはじめたことを示すサインだった。パウリはすでに、聞く耳のある者なら誰に対しても、異常ゼーマン効果を説明できないということは、「何か抜本的に新しい理論を作る必要」があるということだと、声を大にして訴えていた。ボーアに会ってからのハイゼンベルクは、突破口を切り開く可能性が一番高いのは、ボーアだろうと思っていた。

パウリは一九二二年の秋からボーアの助手としてコペンハーゲンに滞在しており、彼とハイゼンベルクはそれぞれの研究所での進捗状況を手紙で伝え合っていた。パウリと同じくハイゼンベルクも異常ゼーマン効果に取り組み、一九二三年のクリスマス直前、最近やった仕事についてボーアに手紙を書いた。するとボーアから、数週間ほどコペンハーゲンにいらっしゃいという返事がきた。一九二四年三月十五日の土曜日、ハイゼンベルクは、コペンハーゲン、ブライダムスヴァイ十七番地の、赤いタイルの屋根をもつ、新古典主義様式の三階建ての建物の前に立った。玄関の上には、すべての訪問者を迎える、「理論物理学研究所」という看板があった——通称、「ボーア研究所」である。

まもなくハイゼンベルクは、ボーア研究所で物理学研究のために使われているのは、建物の半分に相当する地下と一階部分だけであることを知った。残りは居住スペースになっていたのだ。子どもの増え続けるボーア家が、優美な家具をしつらえた二階をすべて使っていた。最上階の三階は、ボーア家の人たちの世話にあたるメイドと管理人、そして訪問研究者が使うようになっていた。一階には、木製のベンチが六列に置かれた講義室と、蔵書の充実した図書室、ボーアとその助手のための研究室、それから訪問研究者のための、あまり大きくない研究室がひとつあった。理論物理学研究所とはいっても、一階には小さい実験室がふたつあり、地下にはさらにメインの実験室があった。

六人の常勤研究員と、十人あまりの訪問研究者を収容するには、ボーア研究所は手狭になっていた。ボーアはすでに拡張計画を立てていた。その二年後には、隣接する土地が購入され、新たに二棟が建設されて、収容人員は二倍に増えた。ボーア一家は研究所の二階を引きはらい、隣に建てられた、もっと暮らしやすい家に移り住んだ。この拡張に合わせて古い建物も大幅に改修され、研究室が増設されたほか、食堂が設けられ、三階には、生活に必要な設備をひと通りそろえた、三つの部屋からなる宿泊施設が用意された。のちにパウリとハイゼンベルクは、しばしばその宿泊施設に滞在することになる。

研究所の誰もが楽しみにしていることがひとつあった——朝の集配便である。親や友だちから届く手紙はもちろん嬉（うれ）しかったが、みんなが真っ先に手を伸ばしたのは、物理学の最前線のニュースを伝えてくれる、遠隔地にいる仲間たちからの手紙や雑誌だった。研究所で話されることはたいてい物理の話題だったが、物理だけがすべてというわけではなかった。音楽会も催されれば、卓球やハイキングなどのスポーツも行われ、新作映画を観るために仲間たちが連れ立って出かけることもあった。

期待に胸を膨らませて研究所に到着したハイゼンベルクだったが、はじめの数日間は、思うに任せぬいらだちに苦しめられた。玄関を入ればすぐにでもボーアと議論ができるものと思っていたのに、ボーアの姿を見ることさえままならなかったのだ。いつも一番であることに慣れっこになっていたハイゼンベルクは、ここにきて突然、ボーアが世界各地から集めてきた優秀な若手の物理学者と張り合わなければならなくなった。彼はすっかり気圧されてしまった。みんなは何カ国語も話せるというのに、彼はドイツ語で自分の考えを明確に表現することさえ満足にできなかった。友だちと田舎を歩き回ることが何より好きなハイゼンベルクにとって、ボーア研究所では誰もが、彼には持ち合わせのない如才なさをもっているように思われた。何よりショックだったのは、ここのみんなが自分よりもはるかに原子物理学を良く知っていたことだ。

プライドを傷つけられたハイゼンベルクは、その衝撃から立ち直ろうと努めつつも、はたして自分にボーアといっしょに仕事をする機会は巡ってくるのだろうかと不安になった。そんなことを思いながら自室で椅子に掛けていると、ドアにノックがあり、ボーアが大股に入ってきた。忙しくて申し訳ないね、と謝ってから、ボーアはちょっと徒歩旅行に出かけないかと言った。研究所にいたのではゆっくり話をすることもできないが、お互いを知り合うには、数日ほど歩きながら話し合うのが一番だからね、と。徒歩旅行は、ボーアのお気に入りの時間の過ごし方だったのだ。

翌朝早く、ふたりはコペンハーゲンから北に向かう市内電車に乗り込み、それを降りて歩きはじめた。ボーアはハイゼンベルクに、子ども時代のことや、十年前に戦争が始まったときの記憶などについて尋ねた。北に向かって歩きながらふたりが語り合ったのは、物理学のことではなく、戦争への賛否や、ハイゼンベルクが参加した青年運動のこと、そしてドイツをめぐる状況のことだった。その晩は宿屋に一泊し、翌日は海辺の小さな町チスヴィレにあるボーアの別荘に泊まって、ふたりは三日目に研究所に帰ってきた。百六十キロほどの徒歩旅行は、ボーアが望み、ハイゼンベルクが切に求めていた効果をもたらした――ふたりはすっかりお互いを知り合ったのである。

この旅行では原子物理学の話もしたが、コペンハーゲンに戻ったときにハイゼンベルクの心を捉えていたのは、物理学者としてではなく、人間としてのボーアだった。「ここでの日々は本当に素晴らしくて、ぼくは魔法にでもかけられたかのように、すっかり心を奪われました」と、ハイゼンベルクはパウリへの手紙に書いた。ハイゼンベルクは、ボーアほど腹を割って話のできる人物に会ったことがなかった。ミュンヘンのゾンマーフェルトは、研究室のみんなに心を配っていたが、伝統的なドイツの教授としての役割に徹し、目下の者たちからは一歩距離をとっていた。ゲッティンゲンのボルンのところでは、ボーアとのように幅広いテーマで語り合うことなどあり得なかった。ハイゼンベルクの知らぬことではあったが、ボーアの暖かいもてなしの背後には彼がいつも背中を追いかけていたパウリの存在があったのだ。

パウリは、ハイゼンベルクの仕事にはいつも興味津々で、ふたりは最新のアイディアをつねに教え合っていた。ハイゼンベルクが数週間ほどコペンハーゲンに行く予定だと知ると、すでにハンブルクに戻っていたパウリはさっそくボーアに手紙を書いた。手厳しい批判をすることで悪名高いパウリが、ハイゼンベルクについては、「いずれ科学を大きく進展させる天賦の才に恵まれています」と書いていることに、ボーアはちょっと驚かされた。パウリはしかし、ハイゼンベルクはまず、物理学に対する首尾一貫した哲学的アプローチの基礎を身につける必要があると言うのだった。

パウリは、原子物理学が陥っていた難局を打開するためには、既存の理論に合わないデータが出てくるたびに、場当たり的に仮説を作るようなことをやっていてはだめだと考えていた。そんなことをしても上辺を取り繕うだけで、問題の解決にはつながらない、と。相対性理論について深い知識をもっていたパウリは、アインシュタインがごく少数の指導原理と仮説だけからその理論を作り上げたことを絶賛していた。原子物理学でも同様のアプローチを採用しなければならないと信じるパウリは、アインシュタインに倣い、理論を作るために必要な数学的道具を揃える前に、まず基礎となる哲学的・物理学的な原理を確立しなければならないと考えたのだ。しかし一九二三年までには、そのアプローチを採ったせいで、パウリは窮地に追い込まれていた。正当化できない仮説を持ち込むのをやめると、異常ゼーマン効果について論理的に矛盾のない説明を与えることがどうしてもできなかったのだ。

パウリはボーアにこう書いた。「あなたが原子論を大きく前進させ、わたしが空しく努力してきた、わたしには難しすぎる問題を解決してくださることを願っています。そしてまたハイゼンベルクが、哲学的態度を身に付けて戻ってきてくれますように」。そんなわけで、若きハイゼンベルクがコペンハーゲンにやって来たときには、ボーアはすでに彼についてたっぷりと情報を得ていたのである。二週間の滞在期間中、ボーアとハイゼンベルクが研究所の裏手に続く広々とした公園を歩きながら、あるいは夕方に一本のワインを飲みながら論じ合ったことの焦点は、具体的などれかの問題にではなく、物理学の原理に合わされていた。ハイゼンベルクは後年、一九二四年三月のコペンハーゲン滞在は、「天からの贈り物」だったと述べた。

ハイゼンベルクからコペンハーゲン滞在を延長するようボーアに言われたと聞かされて、ボルンはボーアに手紙を書き、次のように述べた。「もちろんわたしは彼がいないことを寂しく思っています（彼は好青年で人柄もすばらしく、非常に優秀で、わたしの心の友となっています）。しかしわたしの都合よりも彼のことが第一ですし、あなたがそう望まれるのであれば、わたしとしては何も申すことはありません」。次の冬学期にはアメリカで教壇に立つ予定になっていたボルンは、翌年の五月まで助手はいらなかったのだ。一九二四年の七月末、ハイゼンベルクは教員資格試験のための論文を書き上げ、ドイツの大学で教える資格を得たのち、バイエルン地方に三週間の徒歩旅行に出かけた。

一九二四年九月十七日にボーアの研究所に戻ったとき、二十二歳のハイゼンベルクは、量子物理学に関する単著または共著の優れた論文をすでに十篇以上も発表していた。彼は、自分にはまだ学ぶべきことがたくさんあり、それを教えてくれる人物としてボーア以上の適任者はいないことを知っていた。ハイゼンベルクは後年、「ゾンマーフェルトからは楽観的であることを学び、ゲッティンゲンでは数学を学び、ボーアからは物理学を学んだ」と述べた。ハイゼンベルクはそれからの七カ月間、量子論の困難を克服するためにボーアが採っていたアプローチをみっちりと教え込まれる。ゾンマーフェルトとボルンも同じ矛盾と困難に悩まされていたが、両者とも、ボーアほど四六時中その問題ばかり考えていたわけではなかった。それに対してボーアは、口から出るのは量子のことばかりというほど、この問題に没頭していたのである。

ボーアと徹底的に議論するなかでハイゼンベルクが思い知ったのは、「さまざまな実験結果を統一的に解釈することの難しさ」だった。たとえばコンプトン散乱もそのひとつだ。それは電子がエックス線を散乱させる現象で、アインシュタインの光量子仮説を支持する結果が得られていた。さらにド・ブロイが、波と粒子の二重性は、光だけでなく、あらゆる物質にまで拡張されると言い出したために、実験の解釈は何倍も難しくなったように思われた。教えられるかぎりのことをハイゼンベルクに教え込んだボーアは、この若い弟子に絶大な期待をかけた。「この苦境から脱出する道を見出すために必要なことはすべて、いまやハイゼンベルクの手中にあります」

一九二五年四月の末に、ハイゼンベルクはボーアの親切に感謝し、「これから先、ひとり寂しく研究を続けていかなければならないと思うと悲しいです」と言って、ゲッティンゲンに帰っていった。しかし彼は、ボーアとの議論、そしてその後も続いたパウリとの対話から、ひとつ非常に重要なことを学んだ——何か、とても基本的なものを捨てなければならないということだ。ハイゼンベルクは、水素原子の線スペクトルの強度という長年の未解決問題に取り組むうちに、何を捨てればよいのかがわかった気がした。ボーア＝ゾンマーフェルトによる原子の量子論を使えば、水素の線スペクトルの振動数を説明することはできたが、その明るさ、つまりスペクトルの強度は説明できなかった。ハイゼンベルクは、観測可能なものと、そうではないものとを区別しなければならないと考えた。水素原子の原子核の周囲をめぐる電子の軌道は、観測することができない。そこでハイゼンベルクは、「原子核の周囲を軌道運動している電子」という、慣れ親しんだイメージを捨てることにした。それは大胆な一歩だったが、彼にはその道に踏み出す心の準備ができていた。ハイゼンベルクは以前から、観測できないものを絵に描いて示すというやり方が嫌いだったのだ。

ミュンヘン時代、まだ十代だったハイゼンベルクは、「物質の基本構成要素は、数学的な形式に還元できるのではないかという考えに魅了された」。それと同じ頃、学校の教科書に呆れかえるような図が載っていた。一個の炭素原子と二個の酸素原子から、二酸化炭素分子がひとつできることを説明するために、構成要素の三つの原子が、ホックと留め金でつながっている絵が描かれていたのだ。ハイゼンベルクにとって、量子的原子の内部で原子核の周囲を電子が軌道運動しているという図も、それと同じぐらい馬鹿げているように思われた。そこで彼は、原子の内部で起こっていることを視覚的に表現するという試みを、いっさいやめることにしたのである。ハイゼンベルクは観測できないものを頭から追い払い、実験室で測定できる量だけに着目した。観測できるのは、電子がエネルギー準位間をジャンプするときに放出・吸収する光によって生じる、線スペクトルの振動数および強度だけだった。

　ハイゼンベルクがこの新しい戦略を採るより一年以上も早く、パウリはすでに電子軌道という概念に疑問を突き付けていた。「一番重要な問いは、**はっきりと規定された電子軌道について、どこまで語りうるのか**ということだと思います」と、彼は一九二四年二月にボーアへの手紙に書いた。この引用文の強調は、パウリ自身によるものである。彼はこのときすでに、排他原理へと続く道のりをだいぶ先まで進んでいたし、電子の殻が閉じるということの意味も考え抜いていた。そして同じ年の十二月にボーアに宛てた別の手紙のなかで、パウリは自分が提示した問題に、すでに次のような答えを与えていたのである。「原子をわれわれの偏見の鎖につなぐべきではありません。電子に普通の力学でいうような軌道があるという仮説も、そんな偏見のひとつだというのがわたしの考えです。むしろわれわれの考えのほうを、経験に合わせなければなりません」。もう妥協すべきではない。量子的な概念を、慣れ親しんだ古典物理学に合わせようとするのはやめなければならない。物理学者は自由にならなければならない、とパウリは言うのだ。最初にその妥協をやめたのが、ハイゼンベルクだった。彼はプラグマティックな観点から、科学は観測できることにもとづくべきだという実証主義の立場に立ち、観測可能な量だけを使って理論を作ることにしたのである。

一九二五年六月、コペンハーゲンから戻って一カ月ほど経ったころ、ハイゼンベルクはゲッティンゲンで打ちひしがれていた。水素原子の線スペクトルの強度を計算する作業がはかどらず、両親への手紙のなかでもそのことに触れて、「ここではみんながバラバラに研究していて、意味のあることをやっている者はひとりもいません」とこぼした。彼がそこまで落ち込んだ理由のひとつは、重度の花粉症だった。ハイゼンベルクは後年、

「目でものを見ることもできないほどひどい有様だった」と語った。あまりの苦しさに休みを取らざるをえず、ボルンは二週間の休暇を認めた。六月七日の日曜日、ハイゼンベルクは夜行列車に乗り込んで、クックスハーフェンの港に向かった。朝早く港についたハイゼンベルクは、疲れてお腹も空いていたので、朝食を食べさせてくれるところを探し、そのあたりの食堂で腹ごしらえをしたのち、フェリーに乗り込んで北海に浮かぶ岩の島、ヘルゴラント島に向かった。ヘルゴラントは、もとはイギリスの領土だったが、一八九〇年にザンジバルと交換されてドイツのものとなった。ドイツ本土の海岸から五十キロメートルほど離れた、面積一平方キロほどの小さな島である。花粉の飛んでいないすがすがしい海の空気のなかで、一息つけるだろうとハイゼンベルクは考えたのだ。

「到着したとき、わたしの顔は腫れ上がり、よほどひどい様子だったに違いない。宿屋の女主人はわたしを見るなり、喧嘩でもしてきたのだろうと思い込み、手当てをしてあげるからね、と言ってくれた」と、七十歳のハイゼンベルクは当時を回想して語った。その宿屋は、赤い砂岩が削られてできた、島の南端にある崖の近くにあった。三階の部屋のバルコニーからは、眼下に広がる村と海岸線とその向こうに広がる暗い海を見晴らすことができた。それからの数日間、ハイゼンベルクは、「無限というものは、海を見晴らす者の目に見える範囲にあるのかもしれない」というボーアの言葉を思い出しては、繰り返しそれについて考えた。ゲーテを読んでくつろいだり、小さなリゾート地で日課のように散歩や水泳をしたりするうちに、彼は内省的な気分になっていった。そうこうするうちに体調もだいぶ落ち着き、注意を散らすようなものがほとんどないなか、やがてハイゼンベルクの思索は原子物理学の問題へと戻っていく。ヘルゴラント島では、このところ彼に付きまとっていた暗い気分も消えていた。ゲッティンゲンから背負ってきた数学の重荷をあっさり投げ捨てると、彼はのびのびとした気分で、線スペクトルの強度の謎について考えはじめた。

ハイゼンベルクは、量子化された電子の世界を記述する新しい数学を探すにあたり、電子がエネルギー準位間を瞬間的にジャンプするときに生じる線スペクトルの、振動数と相対強度だけに焦点を合わせることにした。選択の余地はなかった。原子の内部で起こっていることについて教えてくれるデータは、そのふたつしかなかったのだ。量子飛躍という言葉が喚起するイメージとは裏腹に、電子がエネルギー準位間を遷移するときには、わんぱく坊主が塀の上から道路に飛び降りるときのように、空間を移動するわけではない。ある場所にいた電子が、次の瞬間、別の場所に現れるのだ——その中間のどこも通らずに。ハイゼンベルクは覚悟を決めて、観測可能な量と、それらに結びついたものすべては、電子がエネルギー準位間を遷移するときに行う量子飛躍という不思議な手品によって生じるのだと考えて納得することにした。かくして、電子が原子核のまわりを軌道運動しているという、太陽系のミニチュアのようなわかりやすい原子像は消滅

V_{11}	V_{12}	V_{13}	V_{14}	…	V_{1n}
V_{21}	V_{22}	V_{23}	V_{24}	…	V_{2n}
V_{31}	V_{32}	V_{33}	V_{34}	…	V_{3n}
V_{41}	V_{42}	V_{43}	V_{44}	…	V_{4n}
⋮	⋮	⋮	⋮		⋮
V_{m1}	V_{m2}	V_{m3}	V_{m4}	…	V_{mn}

した。

ヘルゴラント島という花粉のない天国で、ハイゼンベルクは、電子が行う可能性のあるすべての飛躍——状態から状態への遷移——を書き表すにはどうすればよいだろうかと考えた。エネルギー準位に関係して観測可能な量のそれぞれについて、ジャンプによって生じる変化を追跡するために彼が考えついた唯一の方法は、数を縦横に並べた表［上図参照］を使うことだった。

この図は、電子がエネルギー準位間をジャンプするときに、放出する可能性のある線スペクトルの振動数をすべて書き出したものである。電子が、エネルギー準位E_2から、それよりも低いエネルギー準位E_1へと飛び降りれば、この表の中のv_{21}という振動数をもつ線スペクトルが放出される。v_{12}という振動数をもつ線スペクトルは、吸収スペクトルにしか現れないはずである。なぜならその線スペクトルは、エネルギー準位E_1にいる電子が、それよりも高いエネルギー準位E_2に飛び上がるのに十分な大きさのエネルギー量子を吸収するプロセスで生じるからだ。一般に、振動数 v_{mn} の線スペクトルは、E_m から E_n に電子が飛び降りるときに放出される（ここで m は n よりも大きいものとする）。すべての振動数 v_{mn} が観測されるとは限らない。たとえば、振動数 v_{11} は観測されない。なぜなら、振動数 v_{11} の線スペクトルは、電子が E_1 から E_1 へと「遷移」するのに伴って、エネルギー量子が放出されるというプロセスで生じるが、その「遷移」は物理的に無意味だからだ。したがって、v_{11} の値は（一般に $m=n$ のときはすべて）ゼロである。ゼロでない振動数 v_{mn} の集合は、その元素の放出スペクトルの中に、現実に存在する線スペクトルに対応しているだろう。

エネルギー準位間の遷移確率を計算するときにも、同様の数の並びを作ることができる。エネルギー準位 E_m から E_n へと遷移する確率 a_{mn} が大きければ、その遷移は起こりやすい。したがって、その遷移によって生じる振動数 v_{mn} の線スペクトルは、確率の低い遷移に伴う線スペクトルよりも大きい強度をもつはずだ。ハイゼンベルクは、遷移確率 a_{mn} と振動数 v_{mn} に理論的な操作を施すことにより、ニュートン力学で知られている観測可能量——たとえば運動量——に対応する量子的な物理量が得られることに気づいた。

ニュートン力学で観測できる量にはさまざまあるが、ハイゼンベルクがその中で最初に考えたのは、電子の軌道だった。原子核からはるか遠くに離れたところで、一個の電子が軌道運動しているものとしよう——太陽系でいうなら水星ではなく冥王星（めいおうせい）のようなものだ。ボーアが定常軌道という概念を持ち込んだのは、電子がエネルギーを放出しながら螺旋(らせん)を描いて原子核に墜落するのを食い止めるためだった。しかしその電子の定常軌道が古典物理学で導かれたものと一致するためには、原子核からはるか遠くに離れたところで軌道運動している電子の軌道振動数（一秒間に軌道をめぐる回数）は、その電子が放出する放射の振動数に一致しなければならない。

これは突飛な思いつきではなく、対応原理――量子の領域と古典的な領域とのあいだにボーアが架けた概念的な橋――を巧みに応用した結果だった。ハイゼンベルクが想定した電子軌道はとても大きかったので、量子の世界と古典的な世界との境界線上にあった。ふたつの世界のあいだに引かれたその境界線上では、電子軌道の振動数は、電子が放出する放射の振動数に等しいはずなのだ。ハイゼンベルクは、原子内にあるそのような電子は、スペクトルのあらゆる振動数を生み出すことができる仮想的な振動子に似ていることを知っていた。マックス・プランクは四半世紀前に、それとよく似たアプローチを使ったのだった。しかし、プランクは恣意的な仮定を置き、正しいことがわかっていた式を力ずくで導いたのに対し、ハイゼンベルクは、古典物理学の見慣れた風景につながるはずだという、ボーアの対応原理に導かれていた。いったん振動子を考えてしまえば、ハイゼンベルクは、その運動の特徴――運動量 p、平衡の位置からの変位 q、そして振動数――を計算することができた。振動数 v_{mn} をもつ線スペクトルは、さまざまな振動子のうちの、どれかひとつによって放出されるはずだ。ハイゼンベルクは、量子的なものと古典的なものとが出会う、その中間地帯を詳しく調べて得られた結果は、原子の内部という未知の領域を探索するために利用できることを知っていたのだ。

ヘルゴラント島でのある夜遅く、突如として、ジグソーパズルのピースが合いはじめた。観測可能な量だけを使って作った理論は、すべてのデータを再現してくれそうだった。しかしその理論では、エネルギー保存則は成り立つのだろうか？　もしもエネルギー保存則を破っていれば、その理論はトランプの家のように崩れ落ちてしまう。自分の理論が、物理的にも数学的にも矛盾がないことを証明できるまであと一歩というところで、二十四歳の物理学者は、興奮と緊張のあまり、計算をチェックしながら単純なミスを繰り返すようになった。物理学の基本法則のひとつであるエネルギー保存則がたしかに成り立っていると納得して彼がペンを置いたのは、もう午前三時近かった。彼は天にも昇る心地だったが、動揺もしていた。後年、ハイゼンベルクはそのときのことを次のように語った。「はじめわたしは、これは大変なことになったと思った。原子的な現象という上辺から、なんとも形容しがたい、美しい内部を覗き込んでいるような気がしたのだ。自然がこれほどまでに気前良くわたしの目の前に広げて見せてくれた、この豊かな数学的構造を、これから詳しく探っていかなければならないと思うと、めまいがするほどだった」。気持ちが高ぶってとても眠れそうになかったので、彼は夜明け前に、へルゴラント島の南端に向かって歩き出した。そこには海に突き出した岩があり、何日も前から登ってみたいと思っていたのだ。発見の興奮で吹き出したアドレナリンにエネルギーを注がれるようにして、彼は「たいした苦労もなくその岩によじ上り、太陽が昇ってくるのを待った」

朝の冷たい光の中で、ハイゼンベルクのはじめの幸福感や楽観的な展望は色褪(いろあ)せていった。彼の見出した新しい物理学がうまく行くためには、$X \times Y$と$Y \times X$が等しくないという、奇妙なかけ算を使うしかなさそうだった。普通の数なら、どの順番で掛け算をしても構わない。4×5の答えと5×4の答えは、どちらも20である。数は、掛け算の結果は順番によらないというこの性質のことを、数学者は可換性と呼んでいる。数は、掛け算の交換法則を満たすので（つまり「可換」なので）、(4×5)−(5×4)はつねにゼロである。これはすべての子どもが学ぶ数学のルールだ。ハイゼンベルクを深く悩ませたのは、数の表の中のふたつの値を掛け算した結果は、掛け合わせる順番によって変わってしまうことだった。$(A \times B)-(B \times A)$は、必ずしもゼロではなかったのである。[1]

彼の理論が必要としている、その奇妙な掛け算の意味がわからないまま、六月十九日の金曜日、ハイゼンベルクはドイツ本土に戻ると、そのままハンブルクのヴォルフガング・パウリのもとに直行した。数時間後、誰よりも厳しい批判者であるパウリから励ましの言葉をもらったハイゼンベルクは、その発見をもう少し磨きあげて論文にするためにゲッティンゲンに向かった。二日後、その仕事はすぐにできると思っていたハイゼンベルクは、パウリに手紙を書き、「量子力学を作る仕事は遅々として進みません」と伝えた。一日、また一日と時間が経ち、新しいアプローチを水素原子にうまく応用できないまま、ハイゼンベルクは追い詰められていった。

気がかりなことは山ほどあったが、ハイゼンベルクが確信していたことがひとつだけあった。何を計算するにせよ、「観測可能」な量のあいだの関係のみ、あるいは、現実には測定が難しいとしても、原理的には測定可能な量のあいだの関係だけしか使ってはならないということだ。彼は、自分の方程式に現れるすべての量が観測可能だということを公理として、「観測できない軌道という概念を完全に消し去り、その対応物で置き換える」ことに、「わずかばかりの努力のすべてを」注ぎ込んだ。

六月の末、ハイゼンベルクは父親への手紙にこう書いた。「ぼくの仕事はと言えば、今のところ、あまりはかばかしくありません」。しかしそれから一週間ほどして、彼は量子物理学の新時代の幕開けを告げる論文を書き上げた。自分がやり遂げたことの意味にまだ確信がもてないハイゼンベルクは、写しを一部パウリに送り、申し訳なさそうに、二、三日のうちにその論文を読んで、返事をくれないかと頼んだ。ハイゼンベルクがそれほど急いでいたのは、七月二十八日にケンブリッジ大学で講演をする予定になっていたからだ。ほかにも事情があって、九月末までゲッティンゲンに戻れそうになく、「あと数日のあいだに論文を完成させてしまうか、さもなくば原稿を燃やしてしまいたい」気分だったのだ。パウリはその論文を、「歓呼をもって」迎えた。パウリはある物理学者への手紙に、ハイゼンベルクの「その論文は、かつてない希望と、新たな生きる喜び」を与えてくれたと書いた。「それで謎が解けたというわけではないにせよ、ここでまた、われわれは前進できるでしょう」と、パウリは言い添えた。そして正しい方向に真っ先に踏み出したのは、マックス・ボルンだった。

ボルンは、ハイゼンベルクが北海の島から戻って以来、何をやっているのかもほとんど知らなかった。そんなわけで、ハイゼンベルクがこの論文に発表する価値はあるだろうかと相談しにきたときには、少々意表をつかれた。自分の仕事で疲れていたボルンは、その論文をとりあえず脇に置いた。二日ほどして、ハイゼンベルクが「めちゃくちゃな論文」と言っていたその原稿に目を通し、意見を言わなければと机に向かったボルンは、すぐにその内容に引き込まれた。ボルンはハイゼンベルクが、いつもの彼らしくもなく、自分の言っていることに自信がなさそうなのを感じ取った。奇妙な掛け算法則を使っているせいだろうか？　ハイゼンベルクはその論文のまとめの部分に到達してからさえ、まだ逡巡していた。「ここに提案したような、観測可能な量のあいだの諸関係を使って量子力学のデータを求めるという方法は、原理的に満足の行くものと見なされるべきなのか、あるいはこの方法は結局のところ、現状ではきわめて込み入った問題であることが明白な、量子力学の理論を作るという物理的問題へのアプローチとしては不十分なものであるのかは、ここではごく表層的に採用したこの方法を、数学的により詳しく調べることによってのみ判定できるであろう」

その謎めいた掛け算規則には、どんな意味があるのだろう？　その問いがボルンに取り憑いて離れなくなり、彼はそれからの数日というもの、寝ても覚めてもそのことばかり考え続けた。ボルンはその計算規則に見覚えがあったのだが、それが何なのか思い出せなかったのだ。ボルンはアインシュタインに手紙を書き、この奇妙な掛け算がどこから出てくるのかはまだ説明できないけれども、「ハイゼンベルクの最新の論文がまもなく発表されることになるでしょう。まだよくわからないところもありますが、真実を捉えており、深いことは確かです」と伝えた。(2) ボルンは自分の研究所にいる若手、とりわけハイゼンベルクを褒め、「彼らの考えについて行くだけでも、わたしは相当努力が必要です」と書いた。くる日もくる日もその計算規則のことばかり考え続けたボルンの努力は、ついに報われた。ある朝、ボルンはふと、学生時代に受講したきり忘れていた、ある数学の講義のことを思い出した――ハイゼンベルクが出くわしたのは、行列演算だったのだ。行列演算では、X×Yは必ずしもY×Xにはならないのである。

奇妙な掛け算規則の謎が解けたと聞かされたハイゼンベルクは、「ぼくは行列が何なのかも知らない」と言って嘆いた。行列とは、要するに数字を縦横に並べただけのもので、ハイゼンベルクがヘルゴラント島で作った数の並びと同じことである。十九世紀の半ば、イギリスの数学者アーサー・ケイリーが、そのような行列の足し算、引き算、掛け算の規則を調べ上げた。AとBがともに行列なら、$A \times B$と$B \times A$では結果は一般には異なる。ハイゼンベルクの数の並びがそうだったように、行列では積の演算が交換可能だとは限らないのだ。行列は、数学では確立された分野だったが、ハイゼンベルクの世代の理論物理学者にとっては、ほとんど未知の領域だった。

奇妙な掛け算のルーツを突きとめたボルンは、ハイゼンベルクが作り出した枠組みを、原子物理学のあらゆる局面に適用できるような、論理的に矛盾のない枠組みに仕上げるために手を貸す必要があると思った。ボルンは、量子物理学と数学の両方に熟達した、その仕事に最適の人物を知っていた。ありがたいことにその人物は、ボルンがこれから出かけようとしていたドイツ物理学会の会合に出席するため、ハノーファーに来ることになっていた。ハノーファーに着いたボルンはさっそく、かつて自分の助手だったパウリを探し出し、ぜひとも力を貸してほしいと頼んだ。「なるほど、あなたは計算に手のかかる、込み入った数学的形式が大好きですからね」というのが、パウリの断りの言葉だった。彼はボルンの計画にはかかわりたくなかったのだ。「あなたはご自分の不毛な数学で、ハイゼンベルクの物理的アイディアを台なしにするのがオチですよ」とパウリは言った。そうは言っても、自分ひとりの手には負えないと思ったボルンは、藁(わら)をも摑(つか)

む思いで、もうひとりの若手に目を向けた。

ボルンが白羽の矢を立てた二十二歳のパスクアル・ヨルダンは、期せずしてこの仕事にうってつけの人物だった。一九二一年に、物理学を学ぶためにハノーファー工科大学に入学したヨルダンだったが、そこでの物理の講義はあまり面白くなかったため、数学に興味を移した。一年後、彼は物理学を学ぶためにゲッティンゲン大学にやって来たが、講義の開始時刻が七時あるいは八時と早かったので、ほとんど出席しなかった。そうこうするうちにボルンに出会ったヨルダンは、初めて本格的に物理学を学びはじめた。ヨルダンは後年ボルンのことを、「彼は学生時代のわたしに物理学の広い世界のことを教えてくれた恩師です。彼の講義は、わかりやすい明晰さと、視野を広げる全体像の両方を兼ね備えたみごとなものでした」と述べた。「しかもそれだけではなく、これはぜひとも言いたいのですが、ボルンは両親に次いで、わたしの人生に深くて長く続く影響を及ぼしました」

ボルンという指導者を得たヨルダンは、まもなく原子構造の問題に取り組むようになった。四苦八苦しながら原子理論の最新論文をいっしょに読んでいくときなど、ヨルダンはボルンの忍耐強さを心底ありがたく思った。ボーア祭りの当時ゲッティンゲンにいたヨルダンは、ハイゼンベルクと同様、ボーアの講義と、それに続く質疑応答に大いに触発された。彼は一九二四年に博士論文を書き上げると、短期間のうちに何人かの人たちと共同研究をしたのち、ボルンのもとで線スペクトルの幅を説明する仕事に取りかかる。一九二五年七月、ボルンはアインシュタインへの手紙に、ヨルダンは「ずば抜けて優秀で頭が切れます。わたしよりもずっと回転が早いですし、自分の考えに自信をもっています」と書いた。

そのころまでにはヨルダンも、ハイゼンベルクの新しいアイディアのことは耳にしていた。ハイゼンベルクは、ゲッティンゲンを出発してイギリスに向かう前の七月末に、観測可能な量のあいだの関係だけにもとづいて量子力学を作るという試みのことを、何人かの学生や友人に話していたのだ。ボルンに協力を求められたヨルダンは、ハイゼンベルクの最初のアイディアを改良し、さらに拡張して、量子力学の理論として整備するという大きなチャンスに飛びついた。ボルンの知らぬことではあったが、彼がハイゼンベルクの論文を『ツァイトシュリフト・フュール・フィジーク』に送付したときにはすでに、数学の素養があるヨルダンは行列理論のことはよく知っていたのだった。ボルンとヨルダンはそれから二カ月のうちに、行列の方法を量子物理学に応用し、のちに行列力学と呼ばれることになる新しい量子力学理論の基礎を築いた[3]。

ハイゼンベルクの掛け算規則は行列演算であることを突き止めたボルンは、位置qと運動量pを、プランク定数を含む式で結びつける方法をすぐさま発見した。その式は、$pq - qp = (ih/2\pi)I$と書くことができる。ここで、Iは、数学者が単位行列と呼ぶものである。単位行列を使えば、それなしにはただの数にすぎない右辺を行列にすることができるのだ。この基本式にもとづき、それから数カ月のうちに、行列という数学の方法にもとづく量子力学が完成した。ボルンは、「非可換代数の記号を用いて物理法則を書き表した最初の人間」となったことを誇らしく思った。しかし、それは「あくまでも推測にすぎず、そうして得られた法則の正しさを証明しようというわたしの試みは失敗した」と、ボルンはのちに語った。その式を見せられてから数日のうちに、ヨルダンはそれを数学的に厳密に導く方法を発見する。その後まもなくボルンはボーアへの手紙のなかで、ハイゼンベルクとパウリを別にすれば、ヨルダンは「若手のなかでもっとも才能に恵まれていると思います」と述べたのも道理だった。

八月に入ると、ボルンは家族とスイスに夏休みに出かけ、ヨルダンはゲッティンゲンに留まって、九月末までに発表用の論文を書き上げることになった。それを発表する前に、ボルンとヨルダンは、当時コペンハーゲンにいたハイゼンベルクに写しを一部送った。ハイゼンベルクはそれをボーアに手渡しながら、「ボルンから届いた論文ですが、行列だらけで何がなんだかわかりません」と言った。

行列を知らないのはハイゼンベルクばかりではなかった。しかし彼は猛烈な勢いでその新しい数学を学びはじめ、まだコペンハーゲンにいるうちに、ボルンとヨルダンに追いつくほどの力をつけてしまった。十月半ばにゲッティンゲンに戻ったハイゼンベルクは、のちに「三者論文」として知られることになるその論文の最終バージョンを作る作業に参加することができた。彼とボルンとヨルダンの三人はその論文により、論理的に矛盾のない量子力学を定式化したのである。それはながらく探し求められていた、原子の新しい物理学だった。

しかし、ハイゼンベルクの最初の仕事に対しては、早くも疑問の声が上がっていた。アインシュタインはパウル・エーレンフェストへの手紙にこう書いた。「ゲッティンゲンの人たちは、あれを正しいと思っているようです（わたしは思っていません）」。ボーアはハイゼンベルクの仕事について、「おそらく基本的な重要性をもつ一歩」ではあるが、「あの理論はまだ原子構造の諸問題に応用できる段階ではない」と考えていた。ハイゼンベルク、ボルン、ヨルダンがその新理論を作る仕事に没頭していたときに、パウリはまさにボーアが言っていたこと――その新理論を、原子構造の諸問題に応用すること――に取り組んでいた。十一月の初め、「三者論文」がまだ完成してすらいないときに、パウリは行列力学を現実的な問題に当てはめて成功するという驚くべき手腕を見せつけた。パウリは、ボーアが古い量子論で成し遂げたことを、新しい物理学で成し遂げた――すなわち、水素原子の線スペクトルを理論的に再現して見せたのである。ハイゼンベルクにとってはダブルパンチとなったが、パウリはさらにシュタルク効果（外電場が原子のスペクトルに及ぼす影響）までも計算してしまった。ハイゼンベルクは後年、

「わたし自身はその新理論を使って水素のスペクトルを自分で導くことができず、ちょっと情けない思いをした」と述べた。パウリは、新しい量子力学にはじめて具体的な証明を与えたのである。

ボルンが「量子力学の基本方程式」と題する論文の入った封書を受け取ったのは、ボストンに来て一カ月ほど経ったころのことだった。彼は五カ月間の予定で、講演旅行のためにアメリカに来ていたのだ。十二月のある朝、郵便受けを開けたボルンがそこに見出したのは、彼の科学者人生のなかで「もっとも大きな驚きのひとつ」となる論文の入った封書だった。ケンブリッジ大学の研究生だというP・A・M・ディラックなる人物の論文を読みながら、ボルンは、「これはこれとして完璧(かんぺき)だ」と思った。さらに驚いたことに、ディラックがその論文を『王立協会会報』宛てに送ったのは、「三者論文」が完成した日付より九日も早かったのである。いったいディラックとは何者で、どうすればそんなことができたのだろうと、ボルンは首をかしげた。

ポール・エイドリアン・モーリス・ディラックは、一九二五年には二十三歳だった。フランス語を話すスイス人の父チャールズと、イギリス人の母親フローレンスのあいだに生まれた三人きょうだいの二番目だった。ディラックの父親は威張り散らす高圧的な人物だったので、一九三五年に父親が死んだとき、ディラックは「これでずいぶん気持ちが楽になった」と書いたほどだった。フランス語の教師だった父親の前では、英語を話すことを禁じられたのがトラウマになって、ディラックは無口な人間に成長した。

無口なイギリス人、ポール・ディラック　ハイゼンベルクの行列力学とシュレーディンガーの波動力学を調和させるのに貢献した。
AIP Emilio Segrè Visual Archives

「父はフランス語でしか話しかけてはならないという規則を作った。そうすればわたしがフランス語を学ぶのに役立つと考えたのだ。フランス語では自分の考えをうまく表現できなかったので、黙っている方がましだった」。沈黙を好むディラックの性向は、子ども時代から青年期にかけての不幸な生い立ちの遺産であり、のちにその寡黙さは伝説にさえなった。

一九一八年、ディラックは科学に興味をもっていたが、父親の忠告に従い、ブリストル大学に入学して電気工学を学ぶことにした。三年後、優秀な成績で大学を卒業したディラックだったが、技術者として職を得ることはできなかった。イギリスでは戦後の不況が長引き、就職は非常に難しかったのだ。そこでディラックは、あと二年間母校で数学を勉強することにして、授業料免除の申請をした。できればケンブリッジ大学に行きたいところだったが、彼の得た奨学金ではその費用を賄うことができなかった。しかし一九二三年、数学の学士号を取得し、政府の奨学金を受けて、ディラックは博士号取得を目指す大学院生としてついにケンブリッジ大学にやってきた。その彼の指導教授となったのが、ラザフォードの娘婿のラルフ・ファウラーだった。

ディラックは、まだ電気工学の学生だった一九一九年に世界中で大騒ぎになったアインシュタインの相対性理論のことはよく知っていたが、十年ばかり前に生まれたボーアの原子の量子論のことは、ほとんど何も知らないに等しかった。ディラックはケンブリッジに来るまで、原子は「きわめて仮想的」なので、まともに取り合うに値しないと思っていたのである。しかし彼はまもなく考えを変え、遅れを取り戻そうと勉強を始めた。

理論物理学者の卵として静かに暮らすケンブリッジの日々は、無口で内向的なディラックに合っていた。研究生は、カレッジの自室か、または図書室で勉強してさえいればよかったからだ。孤独な毎日がつらいと思う者もいたかもしれないが、ディラックにとっては放っておいてもらえることがありがたかった。週末にケンブリッジシャーの田舎をのんびり歩き回るときも、ディラックはひとりで出かけるのを好んだ。

ディラックが初めてボーアに会ったのは、一九二五年六月のことだった。ボーアと同様ディラックも、書くにせよ話すにせよ、言葉は慎重に選び抜いた。のちにディラックが講義をしていて、良くわからない点を説明してくれるように学生に求められると、彼はしばしば、一字一句同じ説明を繰り返した。ボーアがケンブリッジにやってきて量子論の諸問題という講演をしたが、ディラックはボーアという人間には感銘を受けたものの、話の内容にはそれほど興味を引かれなかった。「わたしは数式で表されるような命題を求めていたが、ボーアの仕事には、そういうものはほとんど出てこなかった」とディラックはのちに語っている。一方、ゲッティンゲンからやってきて、一カ月間ケンブリッジに滞在して講義を行ったハイゼンベルクは、まさしくディラックが刺激的だと思うような種類の物理をやっていた。だが、ディラックがそのことを知ったのは、ハイゼンベルクの講義からではなかった。ハイゼンベルクは原子の分光学について話をしたが、理論的な面にはあえて触れないことにしたからだ。

ディラックの注意をハイゼンベルクに向けさせたのは、このドイツ人がまもなく発表するという論文の校正刷りを見せてくれた指導教授のラルフ・ファウラーだった。短期間のケンブリッジ訪問中ファウラーの家に滞在したハイゼンベルクは、世話人であるファウラーに自分の最新のアイディアを話し、ファウラーは、その論文の写しを一部送ってくれるようハイゼンベルクに頼んだ。論文はまもなく送られてきたが、ファウラーはすぐに読んで詳しく検討する時間がなかったので、ディラックにそれを渡し、意見を聞かせてくれるよう頼んだのだ。ディラックが初めてその論文を読んだのは九月のはじめだったが、そのときは何が書いてあるのかわからず、ハイゼンベルクが成し遂げた大躍進が理解できなかった。それから一週間ほど経って、ディラックはふと、ハイゼンベルクの新しいアプローチの中核は、$A \times B$ が $B \times A$ と等しくならないということであり、それこそが「すべての謎を解く鍵(かぎ)」であることに気づいた。

ディラックは、彼の言うところの「q数」(AB と BA が必ずしも等しくない量)と「c数」($AB = BA$ である量)とを区別することにより、$pq - qp = (ih/2\pi)I$ を与える数学的な理論を作り上げた。そして量子力学が古典力学と違うのは、粒子の位置と運動量を表す q および p という変数が交換せず、彼がボルン、ヨルダン、ハイゼンベルクの三人とは別個に発見した交換式に従うという点であることを示したのだ。一九二六年五月、ディラックは、「量子力学」をテーマとする研究で博士号を取得した最初の物理学者となった。そのころまでには、正しい答えを与えてはくれるものの、使うのが難しく、視覚的なイメージを持つことさえ禁じられた行列力学を突き付けられて、ぐうの音も出ないありさまだった物理学者たちは、ようやく気を取り直しはじめていた。

一九二六年三月、アインシュタインは次のように書いた。「ハイゼンベルク＝ボルンの概念については誰しも絶句するしかなく、理論的な傾向をもつ者はみんな恐れ入っています。しかし、われわれのようなぐうたらな人間も、手も足も出ないまま降参したというわけではなく、現在、一種異様な緊迫感がみなぎっています」。行列力学を突き付けられて茫然（ぼうぜん）自失していた物理学者たちに活を入れたのは、ひとりのオーストリア人物理学者だった。その男は愛人との情事の合間にどうにか時間を作って、アインシュタインがハイゼンベルクの「手品というしかない計算」と呼んだものを不要にする、まったく異質な量子力学を作り出したのである。

第九章　人生後半のエロスの噴出——シュレーディンガー

ハイゼンベルクは、自分の新しい物理学の心臓部にある奇妙な掛け算規則の素性を聞かされたとき、「ぼくは行列が何なのかも知らない」と嘆いた。彼の行列力学を突き付けられたときに他の物理学者たちが示した反応も、それと似たり寄ったりだった。ところが、その数カ月後にエルヴィン・シュレーディンガーが別の方法を提案すると、物理学者は待ってましたとばかりにそれに飛びついた。シュレーディンガーの友人であるドイツの偉大な数学者、ヘルマン・ヴァイルは、その驚くべき偉業のことを、「人生後半のエロスの噴出」の賜物（たまもの）だと言った。次から次へと愛人を作る三十八歳のオーストリア人シュレーディンガーは、一九二五年のクリスマスに、スイスのスキーリゾート、アローザで秘密の逢瀬（おうせ）を楽しんでいるときに、波動力学を発見したのである。後年、ナチス・ドイツから脱出したときには、最初はオックスフォードで、次にはダブリンで、同じ屋根の下に妻と愛人を住まわせてスキャンダルになった。

シュレーディンガーが一九六一年に亡くなって数年後、ボルンは次のように述べた。

「彼の私生活は、われわれのような平凡で保守的な人間には理解できないものだった。しかし、そんなことは重要ではない。シュレーディンガーは、一匹狼で、洒落ていて、気分屋で、親切で、寛大な、じつに愛すべき人物だった。そして、恐ろしく効率のよい、第一級の頭脳の持ち主だった」

エルヴィン・ルドルフ・ヨーゼフ・アレグザンダー・シュレーディンガーは、一八八七年八月十二日にウィーンに生まれた。母親はゲーテにちなみヴォルフガングと名付けたかったが、夫が、幼くして死んだ兄の名を付けたいと言うので、そうさせてやった。その兄が早くに亡くなったために、シュレーディンガーの父親は、ウィーン大学で化学を学んだのち、科学者になるという夢に終止符を打って、家業のリノリウムや

エルヴィン・シュレーディンガー
彼の波動力学の発見は、「人生後半のエロスの噴出」の賜物と言われた。
AIP Emilio Segrè Visual Archives

オイルクロスの製造業を継いだのだった。第一次世界大戦が始まるまで、一家が何不自由のない暮らしをすることができたのは、父親がおのれの夢を犠牲にして家業を継いでくれたおかげだということを、シュレーディンガーはよく理解していた。

シュレーディンガーは、読み書きができるようになる前から日記をつけるようになった。その日一日の出来事を話すと、家の者が喜んで書き取ってくれたのだ。早熟な子どもだった彼は、家庭教師をつけてもらって勉強し、ウィーンのアカデミッシュ・ギムナジウムに通いはじめたのは十一歳になってからのことだった。ギムナジウムの初日から、八年後にそこを卒業するまで、シュレーディンガーは優等生で通した。ガリ勉をしているようでもないのに、彼はいつもクラスで一番だった。ある人物は当時を回想して次のように語った。「シュレーディンガーは、とくに物理学と数学では天性の理解力があり、宿題をしなくても、習ったことは授業中に理解できたし、さらには応用することさえできた」。しかしじっさいには、彼は自宅の勉強部屋でひとり猛勉強をする真面目(まじめ)な生徒だった。

シュレーディンガーはアインシュタインと同様、ドリルのような反復学習や、役にも立たない知識を詰め込まれることを嫌った。しかし、ギリシャ語やラテン語の文法の基礎となっている厳格な論理性は好きだった。母方の祖母がイギリス人だったため、英語は小さいころから学びはじめ、ドイツ語と同じくらい流暢(りゅうちょう)に話せた。のちにはフランス語とスペイン語も学び、必要とあればいつでもこれらの言葉で講義をすることができた。彼は文学と哲学に造詣が深く、演劇、詩、美術を愛好した。シュレーディンガーはまさしく、ヴェルナー・ハイゼンベルクに引け目を感じさせるような部類の人間だった。ポール・ディラックはあるとき、楽器はやりますかと尋ねられて、「わかりません」と答えた。やれるかどうか、試してみたことがなかったからだ。シュレーディンガーも楽器はやらなかった。父親がそうだったように、彼はむしろ積極的に音楽を嫌っていたのである。

一九〇六年にギムナジウムを卒業したシュレーディンガーはウィーン大学に進み、ルートヴィヒ・ボルツマンのもとで物理学を学べるのを楽しみにしていた。しかし悲劇的にも、伝説の理論物理学者ボルツマンは、シュレーディンガーがその講義に出席するようになるわずか数週間前に自ら命を絶った。灰色がかった青い目をもち、もじゃもじゃの髪を後ろに流したシュレーディンガーは、身長は百六十七センチメートルほどしかなかったにもかかわらず、目立って印象的な学生だった。ギムナジウムではずば抜けて優秀な生徒だったが、大学ではいっそう大きな期待が彼にかけられた。シュレーディンガーはその期待を裏切らず、試験という試験で、クラスで一番の成績を収めた。理論に興味をもっていたことからすれば少々意外なことに、一九一〇年五月に彼が最初の学位を得たときの論文のタイトルは、「湿った空気中での絶縁体表面の電気伝導」だった。これは実験物理学の論文である。このことからもわかるように、シュレーディンガーはパウリやハイゼンベルクとは異なり、実験室でもなんら不自由はなかったのだ。こうして大学を卒業した二十三歳のシュレーディンガーは、のびのびと夏休みを過ごしたのち、一九一〇年十月一日付で兵役についた。

オーストリア＝ハンガリー帝国は、すべての健康な男子に三年間の兵役義務を課していた。しかし大学を卒業していた彼には、一年間、士官候補生として訓練を受けるという選択肢があった。それを志願すれば将校への道が開かれるのだ。一九一一年、一年間の訓練を終えたシュレーディンガーは、母校であるウィーン大学で実験物理学の教授の助手に採用された。自分は実験向きではないと思っていたシュレーディンガーだったが、そのときの経験を悔やんだことはなかった。彼はのちにこう書いている。「わたしは、測定を行うとはどういうことかを、身をもって知るタイプの理論家である。そういう物理学者がもっといたほうが良いのではないだろうか」

一九一四年一月、二十六歳のシュレーディンガーは私講師になった。どこの国とも同じくオーストリアでも、理論物理学者として食べていける見込みは薄かった。彼が望む教授職への道は、長く厳しいものになりそうだった。彼は物理学を諦めることも考えはじめた。そうこうするうちに八月になり、第一次世界大戦が始まると、彼も召集された。シュレーディンガーには最初から幸運の女神がついていたようにみえる。砲兵隊の将校だった彼は、イタリアとの国境に近い、標高の高い山に造られた要塞に送られたのだ。彼がこの任務で現実に向き合った唯一の試練は、退屈との戦いだった。やがて彼は、退屈をしのぐための本や学術雑誌を送ってもらうようになる。その最初の荷物が届く直前のこと、彼は日記にこう書いた。「これが人生なのか？　眠り、食べ、トランプをする」。哲学と物理学だけが、シュレーディンガーを完全な絶望から救ってくれた。「ぼくはもう、この戦争はいつ終わるのだろうかと問いはしない。しかし、このことは問いたい――この戦争は終わるのだろうか？」

一九一七年の春、そんな彼に救いの手が差し伸べられた。ウィーン大学で物理学を担当し、防空学校では気象学を教えるために、ウィーンに転属を命じられたのだ。彼はのちにこう書いた。「戦争が終わったとき、わたしには怪我も病気もなく、武勲と言えそうなものも何もなかった」。戦争直後は、ほかの大多数の人たちと同じく、シュレーディンガー家の事業も壊滅的な打撃を受け、彼と両親は辛酸をなめた。戦後、ハプスブルク帝国が崩壊すると、ウィーンの状況は戦争中よりもむしろ悪化したほどだった。ハンガリーからの食糧供給が断たれたうえに、勝ち誇った連合国が経済封鎖を解除しなかったからだ。一九一八年から一九一九年にかけての冬、ウィーンでは何千人もの人たちが、闇市で食料を買う金もなく、飢えと寒さのために死んでいった。シュレーディンガーと両親も、しばしば困窮者のための給食施設の世話になった。一九一九年三月に封鎖が解かれ、皇帝が亡命すると、状況はゆっくりと改善に向かった。そして一九二〇年が明けると、シュレーディンガーにイエナ大学から就職の話が舞い込んだ。俸給はどうにか家庭を持てるぐらいはあったので、彼は二十三歳のアンネマリー・ベルテルと結婚する。四月にイエナにやって来たふたりは、わずか六カ月後にその街を離れた。シュレーディンガーにシュトゥットガルト工科大学から、員外教授の口がかかったのだ。シュトゥットガルトはイエナよりも俸給が高く、それまで何年も生活苦を味わっていた彼にとって、金の問題は大きかった。一九二一年の春までには、キール、ハンブルク、ブレスラウ、ウィーンの各大学はいずれも、理論物理学者の獲得に乗り出していた。すでに確固とした評価を得ていたシュレーディンガーは、それらすべての大学で真剣な検討の対象になった。結局、彼はブレスラウ大学の教授のポストを受けた。

シュレーディンガーは三十四歳にして、すべての学者が望むものを手に入れたと言ってよかったかもしれない。しかしブレスラウでは、教授の肩書きは得たものの、それに見合う給与の額ではなかったため、スイスのチューリヒ大学から声がかかると、彼はさっさとブレスラウを去った。一九二一年十月に、スイスに来てまもなく、シュレーディンガーは気管支炎の診断を下され、もしかすると結核かもしれないと告げられた。自分の将来にかかわる判断を次々と迫られたり、慣れない当局との交渉をこなさなければならなかったのに加え、それまでの二年間に相次いで両親を失ったことも重なって、彼は打ちのめされた。「あのときわたしは立ち上がれないほど憔悴して、まともにものを考えることもできませんでした」と、彼はのちにヴォルフガング・パウリへの手紙に書いた。医師の勧めで、彼はアローザのサナトリウムに行くことにした。有名なスキー場ダボスからほど近い、アルプスの高地にあるリゾートである。そこで過ごした九カ月で、彼はすっかり立ち直った。その間も彼は無為に過ごしたわけではなく、体力と気力を振り絞っていくつかの論文を発表している。

こうして時が過ぎるなか、シュレーディンガーは、はたして自分はこの時代の傑出した物理学者として、後世に名を残すほどの仕事はできるのだろうかと思い悩むようになった。一九二五年、彼は三十七歳になっていた。理論物理学者の分水嶺と言われる三十歳の誕生日を祝ったのは、もうだいぶ前のことである。自分はたいした物理学者ではないのかもしれないという思いに加え、夫婦双方の浮気で家庭内がぎくしゃくしていたことも彼の心を曇らせた。それまでもたびたび亀裂が入っていたシュレーディンガー夫妻の関係は、その年の暮れにはかつてないほどの危機を迎えていたのだ。しかしまさにそんなときに、彼は物理学の殿堂に自分の居場所を得るだけの大躍進を遂げるのである。

シュレーディンガーは、そのころ急速に発展していた原子物理学と量子物理学に積極的に踏み込んでいた。一九二五年十月、アインシュタインがその同じ年に発表した論文を読んでいたときのこと、脚注のひとつが彼の目に留まった。アインシュタインはそこで、波と粒子の二重性に関するルイ・ド・ブロイの学位論文に注意を促していたのだ。脚注のつねとして、ほとんどの物理学者はそれを見過ごした。しかしシュレーディンガーは、アインシュタインがお墨付きを与えていることに興味を引かれ、フランスの貴公子の学位論文を一部取り寄せてみることにした——実はその論文は、すでに雑誌に掲載されていたのだが。それから半月後の十一月三日、シュレーディンガーはアインシュタインへの手紙に次のように書いた。「数日前、わたしはド・ブロイの独創的な学位論文を非常に興味深く読み、ようやくその内容が飲み込めました」

ド・ブロイのアイディアに注目する者は徐々に増えはじめていたが、実験による裏づけがなかったため、アインシュタインやシュレーディンガーを別にすれば、それを真面目に受け止める者はほとんどいなかった。チューリヒでは、チューリヒ大学とスイス連邦工科大学の物理学者たちが、二週間に一度、合同で談話会(コロキウム)を開いていた。その会の運営に当たっていた工科大学教授のピーター・デバイは、ド・ブロイの仕事について話題を提供してもらえないかとシュレーディンガーにもちかけた。同僚の物理学者たちから見たシュレーディンガーは、放射性元素、統計物理学、一般相対性理論、色彩論といった幅広い分野で四十篇以上もの論文を発表している、堅実ではあるが、ずば抜けて優れているというほどでもない仕事を重ねてきた、守備範囲の広い器用な理論家だった。シュレーディンガーの仕事のなかには、他人の研究を理解して分析し、わかりやすく説明する力量を示す総説がいくつもあり、いずれも高い評価を得てありがたがられていた。

十一月二十三日、シュレーディンガーのコロキウムには、当時二十一歳の学生だったフェリックス・ブロッホが出席していた。ブロッホがのちに語ったところでは、シュレーディンガーは、「ド・ブロイが波と粒子を結びつけた方法や、粒子の定常状態の軌道に整数個の波が収まるという条件を課すことで、なぜニールス・ボーアとゾンマーフェルトの量子化規則が得られるのかということを、みごとにわかりやすく説明した[1]」。しかし、波と粒子の二重性には実験の裏づけがなかったため（それが得られるのは一九二七年のことだ）、デバイは、ド・ブロイの議論は「子どもじみている」との感想を述べた。波の物理学には——音波、電磁波、ヴァイオリンの弦を伝わる波など、どんな波を扱うにせよ——その波を記述する方程式が必要だ。ところが、シュレーディンガーの説明した理論には、「波動方程式」がなかったのだ。ド・ブロイは、物質波の波動方程式を導こうとしたことはなかったし、彼の学位論文を読んだアインシュタインも同様だった。そのコロキウムから五十年を経ても、ブロッホはそのときのことを鮮明に覚えており、デバイの指摘は、「あまりにも当たり前すぎて、みんなには軽く聞き流されたようだった」と述べた。

しかしシュレーディンガーは、デバイの言う通りだと思った。「波動方程式のない波では話にならない」のだ。そのとき彼はほとんど瞬時に、ド・ブロイの物質波に対する波動方程式を見つけてやろうと心に決めた。そしてクリスマス休暇から戻り、年明けに開かれた次のコロキウムで、シュレーディンガーは声高らかにこう宣言することができた。「前回デバイが、波動方程式が必要だと言いましたが、さてさて、わたしはそれを見つけました！」。シュレーディンガーはその二週間のうちに、胎児のようなド・ブロイのアイディアを取り上げて、立派な量子力学理論に育て上げたのである。

シュレーディンガーには、どこから出発すればよいかも、何をすればよいかもわかっていた。ド・ブロイは、波と粒子の二重性というアイディアの妥当性の保証を、電子の定在波の波数が整数のときに軌道が閉じ、ボーアの原子モデルで許される電子軌道を再現できることに求めたのだった。しかしシュレーディンガーは、自分の探す波動方程式は、三次元の水素原子モデルを、三次元の定在波として再現できなければならないと考えた。水素原子は彼が見出すべき波動方程式の試金石になるはずだ。

波動方程式を探しはじめてまもなく、シュレーディンガーはまさに求める方程式を捕まえたと思った。しかし、水素原子に当てはめてみると、その方程式からは実験と合わない結果が出てきてしまった。その失敗の根本的な理由は、ド・ブロイが波と粒子の二重性というアイディアを得たときに、アインシュタインの特殊相対性理論と矛盾しないものを考え、そのようなものとして提示していたことだった。ド・ブロイのやり方を手本にして進んでいたシュレーディンガーは、当然ながら、「相対論的」な形をした波動方程式を捜し、まさにそれを見つけたのである。そのころにはすでに、ウーレンベックとハウトスミットが電子のスピンを発見していたが、ふたりの論文が専門雑誌に掲載されたのは一九二五年十一月下旬のことだった。当然ながら、シュレーディンガーが発見した相対論的な波動方程式にはスピンが含まれておらず、結果として、その波動方程式から出てきた結果は、実験と合わなかったのだ[2]。

クリスマス休暇が迫ってきたため、シュレーディンガーは相対性理論のことを気にするのはやめて、昔ながらの波動方程式を探すことに努力を集中した。相対論的でない波動方程式は、電子が光速に近い速度で運動するような場合には、相対論的効果が無視できなくなるため使えなくなる。シュレーディンガーはそのことをよく知っていた。しかしとりあえずは、そんな波動方程式でも間に合ったのだ。そうこうするうちに、彼の頭の中に物理以外のものが割り込んで来た。彼と妻アニーとの不和は毎度のことだったが、このたびはそれがいつもより長引いていた。浮気をしたり、離婚話が出たりしても、お互い相手と別れられそうもなく、また、本心から別れたいと思っているわけでもなさそうだった。シュレーディンガーは二週間ばかりそんな状況から逃げ出すことにした。妻にどんな口実を使ったかはわからないが、ともかくも彼はチューリヒを離れ、かつての愛人との逢瀬を楽しむために、アルプス地方のお気に入りのリゾートである冬の景勝地アローザに向かったのである。

シュレーディンガーは、居心地のよい、馴染みのヘルヴィヒ山荘にまた来られたのが嬉しかった。彼は妻のアニーとともに、かつて二度ほどこの山荘でクリスマス休暇を過ごしたことがあったが、謎の愛人とそこに滞在した二週間のあいだ、シュレーディンガーがやましさを感じている暇はなかったようだ。めくるめく日々のなかでも、彼はどうにか時間を作って波動関数の探索を続けた。十二月二十七日付のヴィルヘルム・ヴィーンへの手紙に、彼は次のように書いた。「目下、新しい原子理論と格闘しているところです。もっと数学を知ってさえいれば！　ともあれ、それについてはわたしは非常に楽観的で、結果はとても美しいものになるだろうと予想しています――ただし、解くことができればの話ですが」。この「人生後半のエロスの噴出」に続く半年間、彼の頭にあふれんばかりの創造性が湧き出すことになる。今も名前のわからないミューズにインスピレーションを受けて、シュレーディンガーはひとつの波動方程式を見出した。しかし、それは本当に、彼が探し求めていた波動方程式なのだろうか？

シュレーディンガーはその波動方程式を「導いた」のではなかった――古典物理学から出発して、厳密な論理をたどるという方法では、その式は得られなかったのだ。そこで彼は、粒子に伴う物質波の波長と、その粒子の運動量とを結びつけるド・ブロイの式と、古典物理学のいくつかの式を睨み合わせて、その波動方程式を「作った」のである。簡単そうに聞こえるかもしれないが、シュレーディンガーがその式を書き下す最初の物理学者になれたのは、彼ほどの技量と経験があったればこそだった。シュレーディンガーはそれからの数カ月間で、その波動方程式を基礎として、波動力学という壮大な建物を作り上げることになる。しかしその前に、彼はそれがたしかに探し求めていた波動方程式であることを証明する必要があった。その方程式は、水素原子に応用した場合、水素のエネルギー準位に正しい値を与えてくれるのだろうか？

一月にチューリヒに戻ったシュレーディンガーがじっさいに調べてみると、その波動方程式は、たしかにボーア＝ゾンマーフェルトの水素原子のエネルギー準位を再現することがわかった。ド・ブロイは、電子の波として円軌道にぴったりはまる一次元の定在波を考えたが、シュレーディンガーの理論から得られるのは、もっと複雑な三次元の「軌道関数」だった。そして、波動方程式を解いて軌道関数が得られれば、その関数によって表される電子状態のエネルギーは自動的に決まる。ボーア＝ゾンマーフェルトの原子の量子論では、正しいエネルギーの値を得るためには恣意的な条件を課さなければならなかったが、そういう操作はいっさい不要になったのだ。そればかりか、謎めいた量子飛躍さえもが、電子に許される三次元定在波から別の三次元定在波への連続的な遷移に取って代わられたかにみえた。一九二六年一月二十七日、「固有値問題としての量子化」と題された論文が、『アナーレン・デア・フィジーク』に届いた。[3] 三月十三日に同誌に掲載されたその論文には、シュレーディンガー版の量子力学と、水素原子に対するその応用が示されていた。

シュレーディンガーは、五十年に及んだ物理学者としての経歴のなかで、年平均四十ページ相当の論文を発表し続けた。とくに一九二六年には、二百五十六ページ相当という大量の論文を発表し、波動力学はさまざまな原子物理学の問題に幅広く利用できることを明らかにした。また彼は、時間とともに変化する「系」を扱うことのできる、時間依存型の波動方程式も考え出した。時間とともに変化する系とは、たとえば、電子が放射を放出、吸収、散乱するような場合である。

二月二十日、その最初の論文が印刷を待つばかりとなったとき、シュレーディンガーは自分の作った新しい理論に対して、はじめて波動力学という言葉を使った。視覚的なイメージをもつことが可能であるかのように述べることさえ禁じる、冷たくて禁欲的な行列力学とは対照的に、彼が物理学者たちに与えたのは、使い慣れたおなじみの方法だった——彼の方法は、極度に抽象的なハイゼンベルクの方法よりも、ずっと十九世紀物理学に近い言葉で量子の世界を説明してあげようと、物理学者たちに語り掛けていた。謎めいた行列の代わりにシュレーディンガーが持ち込んだのは、物理学者の数学の道具箱にはかならず入っている微分方程式だった。ハイゼンベルクの行列力学は、量子飛躍と不連続性をもたらした。原子の内部を覗いてみたくても、視覚的にイメージできるものは、そこには何もなかったのだ。シュレーディンガーは、これからはもう、「自分の直観を抑え込む必要はないし、遷移確率やエネルギー準位といった、抽象的な概念だけを相手にする必要もない」と述べた。物理学者たちがシュレーディンガーの波動力学を熱烈歓迎し、われ先にとそれを使いはじめたのは当然のことだった。

シュレーディンガーは、その論文の抜き刷りを受け取るとすぐに、彼が意見を聞きたいと思う物理学者たちにそれを送った。プランクは四月二日付の手紙に、「ずっと頭から離れなかった謎が解けたと言われて真剣に話に聞き入る子どものように、あなたの論文を読みました」と書いた。それから二週間後にはアインシュタインから、「あなたの仕事のアイディアは、真の天才から湧き上がったものです」という手紙が届いた。シュレーディンガーは、「あなたとプランクが認めてくださったことは、わたしにとって世界の半分からの賞賛よりも大きな意味があります」と返信した。アインシュタインは、シュレーディンガーが決定的な前進を遂げたことを、「ハイゼンベルク＝ボルンの方法は邪道であると確信するのと同じぐらいの強さで確信」したのだった。

シュレーディンガーが「人生後半のエロスの噴出」で得たものを、このふたり以外の人たちが十分に理解するまでには、もう少し時間がかかった。ゾンマーフェルトは当初、波動力学は「完全なたわごと」だと思っていたが、やがて考えを変え、「行列力学が正しいことは疑う余地がありませんが、取り扱いが非常に難しく、おそろしく抽象的です。シュレーディンガーはわれわれを助けに駆け付けてくれました」と述べた。ほかにも多くの人たちが、ハイゼンベルクとゲッティンゲンの仲間たちの抽象的で奇妙な理論と格闘するよりは、波動力学の慣れ親しんだ方法を学び、じっさいに使いはじめてみて、ほっと胸をなでおろした。スピンで名をなした若手のヘオルヘ・ウーレンベックは、「シュレーディンガー方程式のおかげで助かりました。これでもう、不慣れな行列力学を勉強しなくてもすみます」と書いた。エーレンフェストやウーレンベックらライデンの物理学者たちは、行列力学を勉強する代わりに、数週間のあいだ毎日「何時間も黒板の前に立ち」、波動力学の驚くべき意味を汲み尽くそうとした。

パウリはゲッティンゲンの物理学者たちに近かったが、シュレーディンガーの仕事の重要性をすぐに見抜き、深く感銘を受けた。彼は行列力学を水素原子に当てはめて成功した際、ハイゼンベルクの方法のことは隅々まで調べ上げていた——彼がそれを迅速かつ徹底的に行ったことに、のちには誰もが驚くことになる。パウリがその論文を『ツァイトシュリフト・フュール・フィジーク』に送ったのは一月十七日。シュレーディンガーが最初の論文を投稿するわずか十日前のことだった。パウリは、シュレーディンガーが波動力学を使って、行列力学を使った場合よりも楽に水素原子を扱っているのを見て愕然とした。彼はパスクアル・ヨルダンに次のように書いた。「その仕事は近年出た論文のなかで、もっとも重要な仕事のひとつだと思います。注意深く、集中してそれを読み込んでください」。六月にはボルンまでが、波動力学は「量子の法則を表す、もっとも深い形式」だと言うまでになった。

ハイゼンベルクは、ボルンが変節して波動力学の支持に回ったことを、「あまり良い気持ちはしない」とヨルダンに語った。彼は、シュレーディンガーが慣れ親しんだ数学を使っていることは、「信じられないほど興味深い」が、物理の内容に関するかぎり、原子レベルの出来事を正しく記述しているのは自分の行列力学のほうだと確信していた。一九二七年五月、ボルンはシュレーディンガーにこう打ち明けた。「ハイゼンベルクは初めから、われわれの量子力学よりもあなたの波動力学のほうが重要だという、わたしの意見には賛成していませんでした」。そのころまでには、ハイゼンベルクの立場は周知のこととなっていたし、彼自身、それを隠すつもりもなかった。なにしろ、それにはあまりにも大きなものがかかっていたからだ。

一九二五年の春が夏に変わろうとするころには、古典物理学においてニュートン力学が果たしたような役割を、原子物理学において果たすべき理論――量子力学――は、まだ存在していなかった。ところがその一年後には、粒子と波ほども性格の異なる、ふたつのライバル理論が存在していた。しかもそれらの理論を同じ問題に当てはめてみると、まったく同じ結果が得られたのだ。ひょっとすると、行列力学と波動力学のあいだには何か関係があるのでは？　シュレーディンガーは、画期的な論文を書き終えた直後から、そのことを考えはじめた。彼は二週間ばかり、ふたつの理論の関係を探ってみたが、何も見出せなかった。「結局、それ以上探すのは諦めました」と、シュレーディンガーはヴィルヘルム・ヴィーンへの手紙に書いた。関係が見出せなくても、彼は少しも困らなかった。なにしろシュレーディンガーは、「自分の理論がぼんやり頭に浮かぶよりだいぶ前から、行列計算には耐えられないと思っていたから」だ。しかし結局、彼は両者の関係をさらに追求せずにはいられず、ついに三月の初めに、それを発見する。

形の上でも、内容という点でも大きく異なる二つの理論——一方は波動方程式を用いて波を記述し、他方は行列代数を用いて粒子を記述する理論——は、数学的には同じものだったのだ[4]。両者がまったく同じ答えを与えたのも当然のことだった。まもなく、形のうえでは異なっても、互いに等価であるようなふたつの方式があることの利点が明らかになった。物理学者が出会うほとんどすべての問題で、シュレーディンガーの波動力学のほうが容易に答えを与えてくれた。しかしそれ以外の側面、たとえばスピンが関係する問題では、ハイゼンベルクの行列のアプローチのほうが役に立つことが示されたのである。

かくして物理学者たちの関心は、理論の数学的形式から、物理的解釈へと移っていった。ふたつの理論のどちらが正しいのかという、起こっても不思議はなかった論争は、起こる前に息の根を止められた。ふたつの理論は、数学的には等価かもしれないが、その背後にある物理的世界は大きく異なっていた——シュレーディンガーの波と連続性の世界に対する、ハイゼンベルクの粒子と不連続性の世界である。シュレーディンガーとハイゼンベルクはふたりとも、自分の理論のほうが自然の物理的世界の姿を正しく捉えていると堅く信じていた。しかし、それに関するかぎり、両方とも正しいということはありえなかった。

シュレーディンガーとハイゼンベルクが、相手の量子力学解釈について互いに質問をしはじめたばかりのころは、両者のあいだに何のわだかまりもなかった。しかしまもなくふたりは感情的になっていった。公の場所や論文のなかでは、両者ともおおむね平静を装っていたが、私信となれば体裁も遠慮もなかった。シュレーディンガーは、波動力学と行列力学の等価性を証明できずにいた初期のころには、ふたつの理論に関係がなさそうで、むしろほっとした様子だった。というのも、「若い学生たちに、これが原子の本当の性質だと言って行列演算を教えなければならないと思うと、ぞっとする」からだった。シュレーディンガーは、「ハイゼンベルク＝ボルン＝ヨルダンの量子力学と、わたし自身の力学との関係について」と題する論文のなかで、波動力学を行列力学から遠ざけようとして、次のように述べた。「わたしの理論は、L・ド・ブロイの論文と、簡潔ながら先見性のあるアインシュタインの意見に刺激されて生まれたものである。自分の理論とハイゼンベルクの理論とのあいだに、何か一般的関係があるだろうとはまったく思っていなかった」。そして彼はこう結論づけた。行列力学には、「直観的に把握できる要素がないため、嫌悪感を抱いたとまでは言わずとも、抵抗を感じた」

ハイゼンベルクは、彼の考えによれば不連続性の支配する原子の領域に、シュレーディンガーが連続性を蘇らせようとしていることに対して、いっそう遠慮がなかった。「シュレーディンガーの理論の物理的な部分について考えれば考えるほど、これはダメだと思うのです」と、彼は六月にパウリへの手紙に書いた。「シュレーディンガーが、彼の理論は視覚化できると言っているのは、『たぶんちょっと違う』、換言すればガラクタです」。それより一カ月前、波動力学は「信じられないほど興味深い」と述べたときのハイゼンベルクは、もっと穏やかだったのではないだろうか？　しかし実を言えば、ボーアを知る者なら誰でもすぐに気づいたように、ハイゼンベルクはボーアの言い方を使っただけだったのだ。ボーアは、人のアイディアや論証をガラクタと思うと、決まって「興味深い」と言っていたのである。仲間の物理学者たちが、ひとり、またひとりと行列力学を見捨てて、より扱いやすい波動力学に乗り換えるにつれ、ハイゼンベルクの苛立ちは高まった。とうとうボルンまでがシュレーディンガーの波動方程式を使いだしたときは、ハイゼンベルクはほとんど信じられない気持ちだった。怒りにまかせて、彼はボルンを「裏切り者」と呼んだ。

ハイゼンベルクは、シュレーディンガーの方法の人気が高まるのが羨ましかったのかもしれない。しかし、波動力学が発見されてのち最大の勝利をこの理論にもたらしたのは、ほかならぬハイゼンベルクだった。ボルンに腹を立ててはしても、ハイゼンベルク自身、シュレーディンガーの方法を原子の問題に用いるときの数学的な扱いやすさには魅力を感じていた。そこで一九二六年七月、彼は波動力学を使ってヘリウムの線スペクトルを説明してみようと考えた。(5)ライバル理論を使うことでみんなが必要以上に穿った見方をしないよう、ハイゼンベルクは、波動力学を使うのはあくまでも便宜的な理由からにすぎないと、ひとこと断りを入れた。ふたつの理論が数学的に等価であるおかげで、ハイゼンベルクはシュレーディンガーが波動力学という絵筆を使って描いた「直観的な絵」には目をつぶって、この理論を使うことができたのだ。ところが、ハイゼンベルクがその論文をまだ投函さえしないうちに、ボルンがシュレーディンガーのパレットを使って、同じカンバスにまったく別の絵を描いた。彼は波動力学と量子的世界の核心に確率があることを発見したのだ。

シュレーディンガーは新しい絵を描くのではなく、古い絵を修復しようとしていた。彼にとっては、原子のエネルギー準位間で起こる量子飛躍などというものは存在せず、ある定在波から別の定在波への、なめらかで連続的な遷移があるだけだった。その遷移が起こるときに、普通とはちょっと違う共鳴現象のようなものを介して放射が放出されるのだろう、と彼は考えた。シュレーディンガーは、波動力学が古典的で「直観的」な物理的世界の絵を修復してくれるだろう、そして修復された絵には、連続的で、因果的で、決定論的な世界が描かれているだろうと考えていたのである。しかしボルンの考えは違った。「シュレーディンガーが成し遂げたことは、煎じ詰めれば数学なのです。彼の物理はかなりお粗末です」と、彼はアインシュタインへの手紙に書いた。シュレーディンガーが、ニュートン的な世界観に触発された近代絵画の巨匠になろうとしたのだとすれば、ボルンは同じ波動力学を用いて、不連続で、非因果的で、確率的な、シュールリアリズムの絵を描いたのだ。現実世界を描いたこれらふたつの絵の背景には、波動関数――シュレーディンガー方程式のなかに現れるギリシャ文字ψ（プサイ）――に関する別々の解釈があった。

シュレーディンガーはごく初期から、自分のバージョンの量子力学はひとつの問題を抱えていることに気づいていた。ニュートンの運動法則によると、ある時刻における電子の位置と速度がわかれば、それ以降のすべての時刻で、少なくとも理論上は、その電子はどこにいるかを知ることができる。しかし、波は粒子とくらべて居場所をつきとめるのはずっと難しい。池に石を落とせば、水面にさざ波が広がっていく。このとき、波はどこにあると考えればよいのだろうか？　粒子とは異なり、波はどこかひとつの場所にあるのではなく、媒質を伝わってエネルギーを運ぶ攪乱なのだ。サッカー競技場のウェーブに参加する人たちと同様、水の波は、上下運動をする水の分子の集団運動なのである。

粒子の運動がニュートンの運動方程式で記述されるのと同じく、あらゆる波は、大きさや形によらず、その運動を数学的に記述する方程式で表すことができる。波動関数ψは波そのものであり、与えられた時刻における波の形を教えてくれる。池の表面を伝わるさざ波の波動関数は、任意の点xと時刻tにおける攪乱の大きさ、すなわち振幅を定める。シュレーディンガーがド・ブロイの物質波を記述する波動方程式を発見したとき、波動関数がどんなものになるかについては何もわかっていなかった。ある特定の物理的状況、たとえば水素原子の場合について、その波動方程式を解いてはじめて具体的な波動関数が得られるのだ。しかしシュレーディンガーには答えのわからない問題があった。波とは言うが、いったい何が波打っているのだろうか？

水の波や音波なら、その答えはすぐにわかる――水や空気の分子が波打っているのだ。光の場合に何が波打っているのかは、十九世紀の物理学者たちを悩ませた難問で、物理学者たちは光を伝える媒質として、「エーテル」という謎めいた物質を持ち出さざるをえなかった。その後、光は電場と磁場が絡み合いながら波打つ電磁波の一種であることが判明した。シュレーディンガーは物質波もこうしたおなじみの波と同様、実在の波だと信じていた。では、電子の波は、どんな媒質を伝わるのだろう？　この問いは、シュレーディンガーの波動方程式に含まれる波動関数は何を表しているのかと問うことに等しい。一九二六年の夏、シュレーディンガーと仲間の物理学者たちが置かれていた状況は、次の戯れ歌によく表されている。

エルヴィンはプサイを使って
どっさり計算をしてのける
だけど、ひとつ知らないことがある
プサイとはいったい何なのか？(6)

シュレーディンガーは結局、次のような解釈を打ち出した。たとえば電子の場合であれば、その波動関数は、空間を進む電子の電荷が、雲のように分布したものと密接に結びついているというのだ。波動力学の波動関数は数学者のいう「複素数」なので、それを直接測定することはできない。複素数は、たとえば $4+3i$ のように、実部と虚部をもつ。このとき実部は4で、普通の数である。虚部は $3i$ である。この i には物理的な意味がない。なぜなら、それはマイナス1の平方根だからである。ある数の平方根とは、二乗したときにその数になるものだ。４の平方根は、２である（$2\times2=4$）。二乗してマイナス１になる数は存在しない。$1\times1=1$だが、-1×-1もやはり１である。なぜなら、マイナス×マイナスはプラスだからだ。

波動関数を観測することはできない——波動関数は、見ることも触ることもできない観測不可能な雲のようなものだ。しかし複素数を二乗すれば、実験で測定できる量と結びついた実数になる。[7] たとえば、$4+3i$を二乗すれば、25になる。[8] シュレーディンガーは、電子の波動関数を二乗したもの、$|\psi(x,t)|^2$は、場所xと時刻tにおける電荷の密度を表すと考えたのだ。

波動関数をそのように解釈することに関係して、シュレーディンガーは粒子の実在性に疑問を突きつけ、電子を表すために「波束」というものを導入した。電子を粒子と見なす立場には実験の強力な裏づけがあったにもかかわらず、シュレーディンガーは、電子は粒子のように「見える」だけで、じつは粒子ではないと論じたのである。粒子としての電子というイメージは幻想だ、と彼は考えた。現実の世界に存在するのは波だけであり、電子が粒子のように見えるのは、多数の物質波が重なり合い、波束を作っているからだ、と。空間を進む電子は、波束として進んで行く——ちょうど、一端を固定されたロープの他端を手に持ち、手首を動かして作ったパルスがロープを伝わって行くように。粒子状の波束ができるためには、その粒子に相当する小さな空間領域の外では、さまざまな波長の波が互いに干渉し、打ち消し合わなければならない。

粒子を諦め、すべてを波に還元することで、不連続性と量子飛躍の物理学を回避できるなら、それはシュレーディンガーにとって払う価値のある代償だった。しかしまもなく、彼の解釈は物理的に意味をなさないことが明らかになった。第一に、波束として表された電子は、バラバラに崩れてしまうのだ。もしもその電子を、粒子としてじっさいに検出されている電子と結びつけようとすれば、空間に広がった構成要素の波は、光の速度よりも速く進まなければならないことになる。

シュレーディンガーは、波束が崩れるのをなんとか食い止めようとしたが、手の打ちようがなかった。波束は、波長も振動数も異なるたくさんの波でできているため、それぞれの波が異なる速度で進み、波束はすぐに広がりはじめる。そのため、電子が粒子として検出されるときにはつねに、それぞれの波が瞬間的に一カ所に集中して波束にならなければならない――空間に広がっていたものが、一瞬のうちに、ある一点に局在化しなければならないのだ。第二の問題は、波動方程式をヘリウムや、それより重い原子に当てはめようとすると、シュレーディンガーの数学の基礎にある視覚化しやすい世界は、抽象的な多次元空間へと消えてしまうことだった。

一個の電子の波動関数には、三次元の電子の波に関して知るべきことがすべて符号化されている。しかし、ヘリウム電子には、電子が二個含まれており、それらを表す波動

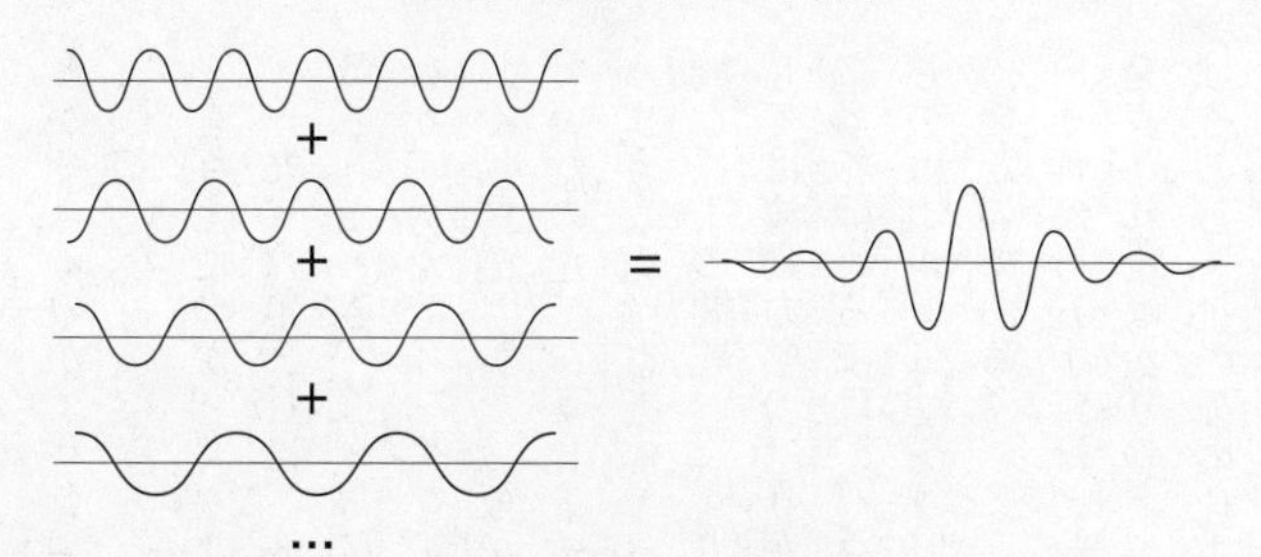

図11　波を重ね合わせ、波束を作る

関数は、普通の三次元空間のふたつの波ではなく、奇妙な六次元空間に生息するひとつの波になってしまうのだ。周期表の中で、ひとつの元素から次の元素へと順に進んでいくにつれ、電子は一個ずつ増えていく。そして電子が一個増えるたびに、新たに三つの次元が必要になる。そんなわけで、周期表の三番目の元素であるリチウムの波動関数は九次元空間を必要とし、ウランの波動関数ともなれば二百七十六次元もの空間に生息することになるのである。そういう抽象的な多次元空間の波は、シュレーディンガーが期待したような、連続性を回復させ、量子飛躍を駆逐してくれる物理的な実在の波ではありえなかった。

またシュレーディンガーの解釈では、光電効果やコンプトン効果を説明することができず、そのほかにも、たとえば次のような問題に答えることができなかった。波束に電荷をもたせるにはどうすればよいのか？　波動力学は、純粋に量子的なものであるスピンを組み入れることができるのか？　シュレーディンガーの波動関数が、日常的な三次元空間の中の波を表していないのなら、それはいったい何を表しているのだろうか？　これらの問いに答えを与えたのが、マックス・ボルンだった。

一九二六年三月に、波動力学に関するシュレーディンガーの最初の論文が専門誌に掲載されたとき、五カ月に及んだボルンのアメリカ滞在は終わりに近づいていた。四月になり、ゲッティンゲンに帰る旅の途中でその論文を読んだボルンは、ほかの人たちと同じく「驚愕」した。彼がドイツを離れているうちに、量子物理学の世界は劇的に変わっていたのだ。シュレーディンガーがどこからともなく取りだした理論の、「心を奪われるような力強さと優美さ」を、ボルンはすぐに見てとった。その理論を使えば、「基本的な原子の問題」、すなわち水素原子の問題が容易に扱えるのを見て、「数学的な道具としては波動力学のほうが優れている」と思った。なんといっても、行列力学を水素原子に当てはめるには、パウリのような桁外れ（けたはず）の天才が必要だったのだ。驚きはしたものの、じつはボルンは、シュレーディンガーの論文が出るだいぶ前から、物質波のことは知っていたのである。

それから五十年ほど経て、ボルンは次のように述べた。「アインシュタインの手紙に、発表されたばかりのド・ブロイの学位論文に注意するよう書いてあったのだが、わたしはそのとき目の前の仕事で忙しく、それをきちんと検討することができなかった」。しかし一九二五年七月までには、彼は時間を作ってド・ブロイの論文を読み、アインシュタインへの手紙に、「物質波の理論は非常に重要かもしれません」と書いた。物質波に興味をもったボルンは、「ド・ブロイの波についてちょっと考えはじめました」とアインシュタインに伝えた。しかしまさにそのとき、ハイゼンベルクが奇妙な掛け算規則の論文原稿をもってきたため、ボルンはそれを解明するためにド・ブロイの論文を脇(わき)にのけたのだった。それからほぼ一年が過ぎた今、ボルンは波動力学の抱えるいくつかの問題を解決することになるのだが、彼がそのために払った代償は、シュレーディンガーが粒子性を犠牲にすることで払った代償よりも、はるかに高くつくことになったのである。

シュレーディンガーが、粒子性と量子飛躍は認められないと論じている点は、ボルンには到底受け入れるわけにはいかなかった。彼はかねてから、ゲッティンゲンで行われていた原子同士を衝突させる実験を見ており、「粒子という概念の豊かさ」を実感していたからだ。ボルンは、シュレーディンガーの方式が優れていることは認めたものの、彼の解釈は受け入れなかった。ボルンは一九二六年の末に、「シュレーディンガーの形式だけを残して、そこに何か新しい物理的内容を盛り込むためには、彼の物理的描像はすっかり捨て去らなければなりません。彼の描像は、古典的な連続の理論を復活させようとするものです」と述べた。「おいそれと粒子を捨て去るわけにはいかない」と確信していたボルンは、波動関数の新しい解釈を考えるなかで、確率を使って波と粒子を統合する方法を見出すのである。

ボルンはアメリカ滞在中に、原子の衝突に行列力学を使おうとしていた。その後、突如としてシュレーディンガーの波動力学が現われたので、ドイツに戻ったボルンは、あらためて衝突について考え、「衝突現象の量子力学」という、のちに大きな影響力をもつことになる同じタイトルの二篇の論文を書いた。ひとつ目の論文はわずか四ページの短いもので、七月十日に『ツァイトシュリフト・フュール・フィジーク』に掲載された。その十日後には、第一論文よりも磨きあげられた第二論文が完成し、同誌に郵送された。シュレーディンガーは粒子は存在しないと主張したが、ボルンはなんとか粒子を救おうと試みるなかで、物理学の基本中の基本に挑戦するような波動関数解釈を提唱するのである。

ニュートンの宇宙は完全なる決定論の世界であり、そこに偶然の出る幕はない。そのような宇宙では、粒子は与えられた任意の時刻に、はっきりとした運動量と位置をもっている。粒子の運動量と位置が時間とともにどう変わるかは、その粒子に作用する力によって決まる。ジェームズ・クラーク・マクスウェルやルートヴィヒ・ボルツマンらの物理学者たちは、そんな粒子が多数集まった気体の性質を解明しようとしたが、彼らにできたことは、確率を使って統計的な取り扱いをすることだけだった。統計的な解析に撤退せざるをえなかったのは、莫大(ばくだい)な数の粒子の運動を追跡するのは非常に難しいからだ。あらゆることが自然法則に従って進展する決定論的宇宙において確率が顔を出すとすれば、それは人間の無知の反映だった。もしも任意の系で、その系の現在における状態と、その系に作用する力が完全にわかっているなら、未来においてその系に起こることはすべて決定される。古典物理学における決定論は、すべての作用には原因があるという「因果律」の母体と、へその緒でつながっているのだ。

二個のビリヤードの玉が衝突するように、電子が原子に衝突すれば、その電子はあらゆる方向に散乱される可能性がある。しかし電子とビリヤードの玉との類似性が成り立つのはそこまでだ、とボルンは述べて、驚くべき主張をした。原子レベルの衝突に関して、物理学に答えることができるのは、「衝突後の状態はどうなるのか?」という問いではなく、「その衝突の結果として、所定の結果になる可能性はどれだけあるのか?」という問いだというのである。「かくして決定論という大問題が持ち上がる」と、ボルンは自ら認めた。衝突の後で、電子が正確にどこに存在するのかを知ることはできない。物理学者にできるのはただ、電子がある角度に散乱される確率を計算することだけだ、とボルンは述べた。それがボルンの言う「新しい物理的内容」であり、彼の波動関数解釈はすべてそこにかかっていた。

波動関数そのものには物理的実在性はない。波動関数は、ぼんやりとした不思議な可能性の領域に存在している。波動関数は、たとえば原子と衝突した電子が散乱されるかもしれない角度をすべて足し合わせたような、抽象的な可能性を表しているのだ。そのような可能性と確率とのあいだには、大きな違いがある。ボルンは、波動関数を二乗したもの――複素数ではなく実数――は、確率の領域に存在していると論じた。波動関数を二乗しても、たとえば、電子のじっさいの位置が得られるわけではない。それが教えてくれるのは、電子がどこに見出されるかの確率だ[9]。もしも電子の波動関数の値が、場所Yでよりも、場所Xでのほうが二倍大きいとすると、電子がXに見出される確率は、Yに見出される確率よりも四倍大きい。しかし、その電子はXに見出されることもあるし、Yや、それ以外の場所に見出されることもある。

ニールス・ボーアはその後まもなく、電子のようなミクロな物理的対象は、観測や測定が行われるまでは、どこにも存在しないと主張するようになる。ひとつの測定が行われてから、次の測定が行われるまでは、波動関数という抽象的な可能性はあっても、電子は存在しないというのだ。そして、観測や測定が行われたときにだけ、可能性だった電子の状態のなかのひとつが、その電子のじっさいの状態になる。そして、その電子が測定された値以外の値をもつ可能性はゼロになる。波動関数はその瞬間、「一点に収縮する」のだ。

ボルンにとって、シュレーディンガーの方程式で記述されるのは確率の波だった。存在するのは電子そのものの波ではなく、抽象的な確率の波なのである。「われわれの量子力学の観点からすると、個々の衝突の結果を因果的に決定するような量は存在しない」とボルンは書いた。それに続けて彼は、次のように率直な気持ちを述べた。「わたし自身は原子の世界では決定論を手放す方向に気持ちが傾いている」。しかし、「粒子の運動は確率法則に従うが、確率それ自体は因果律にしたがって伝搬する」と彼は指摘した。

自分が物理学に持ち込んだ確率は、従来のものとはまったく異なるということにボルンが十分に納得するまでには、ふたつの論文のあいだに流れた十日間という時間が必要だったのだ。その奇妙な「量子的確率」は、情報の不足から生じ、それゆえ理論上は取り除くことのできる古典的確率とは別のものである。それは原子の領域にどこまでもついてまわる性質なのだ。たとえば、放射性物質の内部で、放射性原子がいずれ崩壊するのは確実だが、個々の原子がいつ崩壊するかを予測することはできない。それは情報が足りないために予測できないのではなく、放射性崩壊を支配する量子的なルールが確率的性質をもつためなのである。

シュレーディンガーは、ボルンの確率解釈など論外だと思った。電子やアルファ粒子と原子との衝突が、「完全に偶然の出来事」だ――すなわち「完全に非決定論的」だ――などとは、彼には考えることもできなかったのだ。もしもボルンの言う通りなら、量子飛躍を避けるすべはなくなり、因果律までも危機にさらされるだろう。一九二六年十一月、シュレーディンガーはボルンへの手紙にこう書いた。「しかしわたしは、あなたや、あなたとほぼ意見を同じくする人たちが、これらの概念（定常状態や量子飛躍など）に、あまりにも強く呪縛（じゅばく）されすぎているという印象を受けるのです。そういう概念は、この十年ほどのあいだに、あなたたちの思想のなかに市民権を得たため、もはや頭から追いだす根拠がわからなくなっているのです」。シュレーディンガーはその後も、自分の波動力学解釈と、原子レベルの現象を視覚的にイメージできるようにするという試みをやめなかった。彼はあるとき、非常に印象的な言葉を口にした。「電子が蚤（のみ）のようにぴょんぴょん跳ぶなんて、わたしには想像もできません」

チューリヒは、コペンハーゲン、ゲッティンゲン、ミュンヘンを結ぶ量子物理学のゴールデン・トライアングルからはだいぶ外れていた。一九二六年の春から夏にかけて、ヨーロッパの物理学者のあいだに波動力学という新しい物理学が野火のように広がっているとき、シュレーディンガー当人の口からその理論について話を聞きたいと思う者は多かった。ミュンヘンで二回にわたって講義をしてもらえないかという依頼がアルノルト・ゾンマーフェルトとヴィルヘルム・ヴィーンから届いたとき、シュレーディンガーは即座にそれを受けた。最初の講義は七月二十一日、ゾンマーフェルトの「水曜談話会（コロキウム）」で行われ、滞りなく進んで評判も良かった。しかし七月二十三日に、ドイツ物理学会のバイエルン支部で行われた二回目の講義は、そうは行かなかった。当時、ボーアの助手としてコペンハーゲンにいたハイゼンベルクは、シュレーディンガーの講義を二度とも聴けるタイミングでミュンヘンに帰省し、その後ハイキングに出かけることにしていた。

二度目の講義のために聴衆でいっぱいになった会場で席についていたハイゼンベルクは、「波動力学の新しい結果」と題されたシュレーディンガーの話が終わるまではおとなしく聞いていたが、質疑応答の時間になるとだんだん興奮し、とうとう黙っていられなくなった。ハイゼンベルクが発言のために立ちあがると、みんなの目がいっせいに彼に向けられた。ハイゼンベルクはこう述べた。シュレーディンガーの理論では、プランクの放射法則も、フランク＝ヘルツの実験も、コンプトン効果も、光電効果も説明できない。シュレーディンガーが排除したがっている不連続性と量子飛躍という概念なしには、何も説明できない、と。

二十四歳の若造のそういう言い方に、すでに何人かの人たちが不快感を表していたが、シュレーディンガーが返答するより先に、苛立ったヴィーンが立ち上がって口をはさんだ。のちにハイゼンベルクがパウリに語ったところによれば、この老物理学者はハイゼンベルクを、「講演会場から放り出さんばかりだった」という。この両者のあいだには、ハイゼンベルクがミュンヘンで学生だったころからの因縁があった。ハイゼンベルクは、実験物理学に関する質問にはなにひとつ満足に答えられず、口頭試問で危うく博士号を取り損なうところだったのだ。ヴィーンは、「お若いの、そういう問題はすべて、シュレーディンガー教授はすぐにも解決してくれるだろうよ」と言い、ハイゼンベルクに座るように身振りで示した。そして、「量子飛躍に関する馬鹿(ばか)げた話は、もう終わりだ」と言った。シュレーディンガーは落ち着いた様子で、未解決の問題はすべて克服されるだろうと確信していると答えた。

ハイゼンベルクはのちに、これを目撃していたゾンマーフェルトが「シュレーディンガーの数学の説得力に屈服した」ことを嘆かずにはいられなかった。戦いが始まりもしないうちに、敗北者として撤退することを余儀なくされたハイゼンベルクは、陣営の立て直しを図る必要があった。「数日前にシュレーディンガーの講義をふたつ聞きました」と、彼はヨルダンに伝えた。「そしてシュレーディンガーの量子力学の物理的解釈は間違っていると強く確信しました」。もちろん、確信だけでは十分ではないこともハイゼンベルクは知っていた。なんといっても、「シュレーディンガーの数学は偉大な前進」なのだ。質疑応答での発言が惨憺(さんたん)たる結果に終わったハイゼンベルクは、量子物理学の最前線から、ボーアにその状況を知らせる手紙を至急送った。

ミュンヘンでの出来事に関するハイゼンベルクの報告を読んだボーアは、シュレーディンガーをコペンハーゲンに招くことにした。彼はシュレーディンガーへの手紙に、「この研究所で仕事をしている小さなグループの人たちと」議論してもらえないだろうか、「そうすれば、原子理論の未解決問題についてもう少し深く取り扱うことができるだろう」と書いた。一九二六年十月一日、シュレーディンガーが列車から降りると、駅ではボーアが待ち受けていた。意外にも、ふたりが会うのはこれがはじめてだった。

儀礼的な挨拶(あいさつ)をかわした後、すぐに戦闘が始まった。ハイゼンベルクによれば、「その戦いは、毎日朝から夜遅くまで続いた」。それからの日々、ボーアからひっきりなしに鋭い質問が繰り出され、シュレーディンガーは息をつく間もなかった。ボーアは極力いっしょに過ごせるようにと、シュレーディンガーに自宅の客室を提供した。ボーアは普段、とても親切で配慮のあるホストだったが、シュレーディンガーに間違いを認めさせようと躍起になるあまり、ハイゼンベルクの目から見てさえ、「自分が間違っているという可能性を認めたり妥協したりするつもりは微塵(みじん)もなく、容赦のない狂信者のよう」だった。両者はともに、新しい物理学の物理的解釈について、自らの深い確信について熱弁を振るった。ふたりとも、一点たりとも譲るつもりはなく、相手の議論が弱かったり、あやふやなことを言ったりすれば、すかさずそこを突いた。

あるときシュレーディンガーが、「そもそも量子飛躍なんて、途方もない妄想です」と言うと、ボーアは「だからといって、量子飛躍が存在しないという証拠にはなりませんよ」と切り返した。それは単に、「われわれには量子飛躍がイメージできない」ということを意味しているにすぎない、とボーアは言うのだ。ふたりの興奮は急激に高まった。ボーアは、「まさかきみは、量子論の基礎そのものまで疑うのではないだろうね！」と言った。シュレーディンガーは、説明すべきことはまだたくさん残っていることは認めつつ、ボーアにしても、「量子力学について満足のいく物理的解釈を見つけていないではありませんか」と切り返す。ボーアは、しかし量子飛躍は量子論の基礎だと言い募ると、とうとうシュレーディンガーは、ピシャリとこう言い放った。「もしもこの忌まわしい量子飛躍が本当にこれからも居座るなら、わたしは量子論にかかわったことを後悔するでしょう」。するとボーアはそれに応えて、「しかしほかのみんなは、きみが量子論にかかわってくれたことに感謝していますよ。きみの波動力学は数学的に明快で使いやすいし、ほかのどんな量子力学の形式よりも大きな前進なのですから」と言った。

こういう熾烈な議論が何日か続いたのち、シュレーディンガーは具合が悪くなって寝込んでしまった。妻が客人を献身的に看病しているあいだも、ボーアはシュレーディンガーのベッドの端に座って議論を続けた。「しかしシュレーディンガー、きみは理解しなければいけないよ……」。シュレーディンガーは理解していたのだが、彼の理解は、昔から身に付けていた眼鏡を通して見たもので、ボーアが処方した眼鏡にかけかえるつもりはなかった。両者が意見の一致を見る可能性は、あったとしてもごくわずかだった。

お互い相手の意見に納得が行かなかったのだ。ハイゼンベルクはのちにこう述べた。「真の理解に達するとは考えられなかった。なぜならその当時はまだ、ふたりとも量子力学に関する首尾一貫した解釈を示せていなかったからだ」。シュレーディンガーは、量子論が古典的な現実の世界と断絶しているという考えは受け入れなかった。一方ボーアにとってみれば、原子の領域では、軌道や連続的な経路といった昔ながらの概念に立ち帰ることはありえなかった。量子飛躍は、シュレーディンガーが好むと好まざるとにかかわらず、決してなくならないと彼は考えていたのである。

チューリヒに戻るとすぐに、シュレーディンガーはヴィルヘルム・ヴィーンに手紙を書き、原子の問題に関するボーアの「真に驚くべき」アプローチについて、次のように語った。「彼は、普通の言葉でいうところの理解はいっさい不可能だということを、心の底から確信しているのです。そんなわけで、彼との会話はすぐに哲学的な問題に立ち入ってしまい、まもなく、自分ははたして彼が攻撃するような立場に立っているのか、あるいは、自分は彼が擁護する立場を攻撃しなければならないのかどうかといったことさえも判然としなくなってくるのでした」。しかし理論に関する立場の違いはあったものの、ボーアと、「とりわけ」ハイゼンベルクは、「心にしみる親切と、心遣い」をしてくれ、コペンハーゲンでは、「曇りひとつない好意とまごころのこもったもてなしを受けました」とシュレーディンガーは述べた。コペンハーゲンを遠く離れ、何週間かの時が流れたおかげで、ボーア邸での出来事は、過酷な試練というほどのものではなかったような気がしてきたのだろう。

一九二六年のクリスマスまであと一週間となったころ、シュレーディンガー夫妻はアメリカに向かった。シュレーディンガーはウィスコンシン大学から連続講義の依頼を受けていたのだ。その謝礼として彼は二千五百ドルという大金を受け取る約束だった。それから彼はアメリカを東奔西走して、五十件近くの講演をこなした。一九二七年の四月にチューリヒに戻るまでには、シュレーディンガーは何件ものポストの申し出を断っていた。彼はもっとずっと大きな賞品、ベルリンのプランクのポストに目をつけていたのだ。

一八九二年にベルリン大学の教授に任命されたプランクは、一九二七年十月一日に退職して名誉教授になる予定だった。二十四歳のハイゼンベルクは、そんな重要なポストに就くにはあまりにも若すぎた。アルノルト・ゾンマーフェルトは第一候補だったが、すでに五十九歳になっていたためミュンヘンに留まることを選んだ。残るはシュレーディンガーかボルンだった。結局、シュレーディンガーがプランクの後継者に任命された。彼がその勝利をつかんだのは、波動力学の発見のおかげだった。一九二七年八月、シュレーディンガーがベルリンに移ると、そこにはボルンの波動関数の確率解釈を彼と同じくらい苦々しく思っている人物がいた――アインシュタインである。

アインシュタインは一九一六年に、原子があるエネルギー準位から別の準位へと飛び移るときに起こる光量子の自然放出を説明するために、量子物理学に最初に確率を持ち込んだ人物だった。それから十年後にボルンが、量子飛躍の確率的性質を説明することのできる、波動関数と波動力学に関する解釈を提唱した。しかしその解釈には、アインシュタインには払う気になれないほど高額の値札がついていた――因果律の放棄である。

一九二六年十二月、アインシュタインはボルンへの手紙で、因果律と決定論を放棄することについては、ますます心穏やかではいられなくなっていると伝えた。「量子力学はたしかに立派な理論です。しかしわたしの内なる声が、まだ本物ではないと告げています。その理論は多くを語りますが、わたしたちを本当の意味で、〝神〟の秘密に近づけてはくれません。いずれにせよわたしは、神はサイコロを振らないと確信しています」。かくして戦線は敷かれ、アインシュタインは心ならずも、驚くべき大躍進にヒントを与えることになる。量子の歴史のなかでもっとも重要な進展のひとつ、不確定性原理である。

第十章　不確定性と相補性——コペンハーゲンの仲間たち

講義机にノートを広げ、黒板の前に立ったハイゼンベルクはカチカチに緊張していた。才気あふれる二十五歳の物理学者が硬くなるのも無理はなかった。一九二六年の四月二十八日水曜日、彼はベルリン大学の有名な物理学談話会(コロキウム)で、行列力学に関する講義をしようとしていたのだ。ミュンヘンやゲッティンゲンがどれだけの成果を挙げていようと、ハイゼンベルクがいみじくも「ドイツ物理学の牙城(がじょう)」と呼んだのはベルリンだった。聴衆を見渡しながら、ハイゼンベルクは最前列に並んだ四人のノーベル賞受賞者に目を止めた——マックス・フォン・ラウエ、ヴァルター・ネルンスト、マックス・プランク、そしてアルベルト・アインシュタインの面々である。

「そんなにたくさんの有名人と会える初めての機会」にどれほど緊張していたにせよ、「当時としてはかなり型破りな理論の基本的概念と数学的基礎について、わかりやすく説明」できたと我ながら思えるような話をするうちに、ハイゼンベルクの緊張はすぐにほぐれていった。講義が終わり、聴衆がバラバラと帰りはじめたころ、アインシュタインがハイゼンベルクに声をかけ、これからうちに来ないかと誘った。ハーバーラント通りを三十分ばかり歩きながら、アインシュタインがハイゼンベルクに尋ねたのは、家族のことや教育のこと、それまでの研究のことだった。いよいよ本題の議論が始まったのは、アインシュタインの家に着いて、ふたりがゆったりと椅子に腰を下ろしてからのことだ。ハイゼンベルクの回想によれば、アインシュタインは、「きみの最近の仕事の、哲学的な前提」について尋ねたいと切り出した。「きみは原子の内部に電子が存在すると仮定しているが、それはおそらく正しいだろう」とアインシュタイン。「しかし、霧箱の中に電子の軌跡が見えてもなお、きみは軌道というものを認めないと言うのだね。なぜそんなおかしなことを言い出すのか、その理由をもう少し詳しく聞かせてもらえるだろうか?」。ハイゼンベルクにとってはチャンス到来だった。彼は、この四十七歳の量子論の大家を説得して、なんとか味方に引き入れたいと思っていたのだ。

「われわれは原子内の電子の軌道を見ることができません」と、ハイゼンベルクは説明を始めた。「しかし放電現象では原子が放射を出しますから、そこから原子内電子の振動数と、それに対応する振幅を導き出すことはできます」。そしてハイゼンベルクは持論を開陳しはじめた。「良い理論は、直接的に観測可能な量にもとづかなければならないのですから、電子の軌道の代わりに、振動数と振幅だけを使ったほうがよいと思ったのです」。アインシュタインはそれを聞いてこう言った。「しかし、物理理論には観測可能な量だけしか入ってこないなどと、本気で思っているわけではないだろう?」。それはハイゼンベルクが新しい力学を作る際に、基礎としたものを直撃する問いだった。ハイゼンベルクは驚いてこう聞き返した。「でも、それはあなたが相対性理論を作ったときに基礎とした考え方そのものではありませんか?」

アインシュタインは微笑んでこう言った。「うまい手は二度使っちゃいけないよ」。「たしかに、わたしはその考え方を使ったかもしれない」と彼は認めた。「それでもやはり、そんなものは馬鹿げた考えなのだ」。何がじっさいに観測できるかを考えてみることは、発見法的には役に立つかもしれないが、原理的な観点からは、「観測可能な量だけからなる理論を見つけようとするのは、完全に間違っている」とアインシュタインは言った。「なぜなら事実はその逆だからだ。何が観測可能かを決めているのは、理論なのだよ」。アインシュタインは何を言わんとしているのだろうか?

それよりおよそ百年前の一八三〇年、フランスの哲学者オーギュスト・コントは、いかなる理論も観測に立脚しなければならないが、われわれの頭脳は観測を行うために理論を必要としてもいると論じた。アインシュタインは、観測というものは一般にきわめて複雑なプロセスであり、理論に使われている現象についての仮説もからんでくるということを説明しようとした。「観測している現象は、測定装置の内部で何らかの反応を引き起こす。その結果として、装置内でさらに別のプロセスが起こり、複雑な道筋を経て、最終的には知覚的な印象を生じさせ、われわれの意識に結果を定着させるわけだ」。その結果がどのようなものになるかは、どんな理論を使うかによる、とアインシュタインは言うのだ。「きみの理論にしたって、振動する原子から光が飛び出し、その光が分光器や観測者の目に届くまでのメカニズムは、誰もが仮定するように、やはり本質的にはマクスウェルの法則に従うと仮定しているわけだろう。もしそれすらも仮定しないというなら、きみが観測可能だと言っている量はすべて、そもそも観測できないのだからね」。アインシュタインはたたみかけた。「つまり観測可能な量しか持ち込んでいないというきみの主張は、きみが定式化しようとしている理論の性質に関する、ひとつの仮説なのだよ」。のちにハイゼンベルクは、「アインシュタインのその意見には完全に意表を突かれたが、彼の議論には説得力があると思った」と述べている。

アインシュタインはまだ特許審査官をしていたころに、オーストリアの物理学者エルンスト・マッハの仕事を勉強したことがあった。マッハにとって科学の目標は、実在の本性を知ることではなく、実験データ、すなわち「事実」をできるかぎり仮説を排して記述することだった。また、あらゆる科学概念は、操作的な定義――こうすれば測定できるという方法――により理解されるべきだというのがマッハの考えだった。アインシュタインが、絶対空間と絶対時間という確立された概念に疑問を突き付けたのは、このマッハ哲学の影響下にあった時期だった。しかしアインシュタインはもうだいぶ前に、マッハのアプローチを捨てていた。なぜなら、彼自身がハイゼンベルクに語った言葉によれば、そのアプローチは、「世界が実在性を持つ、つまりわれわれの感覚的印象には、かなりの程度まで客観的基礎があるということを、軽く見過ぎている」からだった。

アインシュタインを説得できずに落胆しつつ辞去するとき、ハイゼンベルクは決断を下さなければならない案件を抱えていた。それから三日後の五月一日には、彼はコペンハーゲンにいる予定になっていた——ボーアの助手とコペンハーゲン大学の講師という、ふたつの仕事が始まるからだ。しかしつい最近、ハイゼンベルクはライプツィヒ大学から正教授として招聘(しょうへい)されたのだ。彼のような若輩者にとって、正教授という申し出は非常に名誉なことだったが、はたしてその招きを受けるべきだろうか？ ハイゼンベルクはアインシュタインに、この難しい選択のことを話した。ボーアのところに行って、彼といっしょに仕事をしなさい、というのがアインシュタインのアドバイスだった。翌日、ハイゼンベルクは、ライプツィヒからの申し出は断るつもりだと両親に手紙を書いた。「よい論文を書き続ければ、これからもお呼びはかかるでしょう。もしそうでなかったなら、もともと自分にはその価値がなかったということです」

一九二六年の五月半ば、ボーアはラザフォードへの手紙にこう書いた。「ハイゼンベルクがこっちに来ました。われわれは暇さえあれば、量子論の新展開や、この理論の大きな可能性について議論しています」。ハイゼンベルクはボーア研究所の、「壁が斜めになった小さな屋根裏部屋」に住み込んだ。部屋の窓からは緑のフェレズ公園が見えた。ボーア一家は、研究所に隣接する広々として豪華な所長邸に移っていた。ハイゼンベルクはしょっちゅうボーア邸に行っていたので、まもなく「ボーア家の人たちといっしょにいるのが当たり前のように」なった。研究所の拡張と改修には予定よりだいぶ時間がかかり、ボーアは疲れ果てていた。エネルギーが尽きた彼はインフルエンザをこじらせ、回復するまでに二カ月かかった。その間にもハイゼンベルクは、波動力学を使ってヘリウムの線スペクトルを説明することに成功する。

ボーアがすっかり元気を取り戻すと、彼のとなりに暮らすのも善し悪しという具合になった。「夜の八時か九時を過ぎてから、ボーアはいつも突然わたしの部屋にやってきて、『ハイゼンベルク、きみはこの問題をどう考えるかね?』と言うのでした。それからふたりで議論を始め、それが延々と夜中の十二時や一時までつづきました」と、のちにハイゼンベルクは語った。また、ボーアがちょっと話をしようとハイゼンベルクを自邸に誘い、ワインを燃料として、ふたりして深夜まで議論することもしばしばだった。ボーアとの仕事に加え、ハイゼンベルクは週に二度、大学で理論物理学の講義をデンマーク語で行っていた。彼は学生たちとあまり歳が違わなかったので、ある学生はハイゼンベルクのことを、「専門学校を出たばかりの、元気いっぱいの見習大工のように見えたので、あんなに頭が良いなんて」信じられなかったと言った。ハイゼンベルクはすぐに研究所の生活のリズムに慣れ、新しい同僚たちとボート遊びや乗馬をしたり、週末には徒歩旅行に出かけたりした。しかし一九二六年十月のはじめにシュレーディンガーの研究所来訪という一件があってからは、そういう活動に費やす時間は急速になくなっていった。

シュレーディンガーとボーアは、行列力学にせよ波動力学にせよ、理論の物理的解釈についてはいかなる合意にも達しなかった。ハイゼンベルクはボーアが「真相を見極めたくてじりじりしている」のがよくわかった。それから数カ月間、ボーアとその若い弟子が理論と実験を睨み合わせて論じ合ったことのすべては、量子力学の解釈に関係していた。「ボーアは、われわれを苛んでいた量子論の困難について議論しようと、夜も更けてからわたしの部屋に来るのでした」とハイゼンベルクは語っている。ふたりが何より頭を痛めたのは、波と粒子の二重性だった。アインシュタインはその二重性をめぐる状況を、エーレンフェストへの手紙に次のように書いた。「片手に波、もう片手には粒子！　その両方が実在していることは岩のように堅い事実です。そして悪魔はそれを詩にするのです（それがまたちゃんと韻を踏んでいるのです）」

古典物理学では、記述すべき対象は粒子または波であって、その両方ということはありえない。ハイゼンベルクは粒子を使い、シュレーディンガーは波を使って、異なるバージョンの量子力学を発見した。行列力学と波動力学が数学的には等価であることが示されても、波と粒子の二重性について理解が深まったわけではなかった。問題は、次の疑問に答えられる者がいないことだ、とハイゼンベルクは言った。「電子は今このとき、波なのだろうか、それとも粒子なのだろうか？ そして、わたしがこれこれの働きかけをしたとき、電子はどんな振る舞いをするのだろうか？」。ボーアとハイゼンベルクが、波と粒子の二重性について懸命に考えれば考えるほど、ますます謎は深まるように思われた。「ある種の水溶液から毒を濃縮しようとする化学者のように、わたしたちはパラドックスという毒を濃縮しようとしていたのです」と、ハイゼンベルクは当時を振り返って語った。やがてふたりはその困難を乗り越えるために異なるアプローチを採るようになり、両者のあいだに緊張が生まれる。

量子力学の物理的解釈――原子レベルでの現実世界の性質について、理論は何を語っているのか――を探究するにあたり、ハイゼンベルクは断固として、粒子、量子飛躍、不連続性の側に立っていた。彼の見るところ、波と粒子の二重性のなかで主役を演じるのは粒子だった。ハイゼンベルクにとって、シュレーディンガーの解釈とつながりそうなものはなんであれ、受け入れる余地はなかったのだ。ところが、ボーアは「両方の枠組みを取り入れたい」と言い出し、ハイゼンベルクは愕然とした。この若いドイツ人とは異なり、ボーアは行列力学と結婚したつもりはなかったし、何にせよ数学的形式に心を奪われたことは一度もなかったのだ。ハイゼンベルクにとって第一の寄港地はつねに数学だったのに対し、ボーアは錨を上げて、数学の背後にある物理を理解しようとしていた。波と粒子の二重性のような量子的な概念を調べるとき、アイディアを包んでいる数学よりも、そのアイディアの物理的な中身のほうにボーアは興味があったのだ。彼は、原子レベルのプロセスを完全に記述する理論ならどんなものでも、その理論の内部で粒子と波が同時に存在できるようにするための方法を見つけなければならないと確信していた。ボーアにとっては、粒子と波という、互いに相容れない概念を調停することこそが、矛盾のない量子力学の物理的解釈へと続く扉を開けるための鍵だったのだ。

シュレーディンガーが波動力学を発見して以来、量子論はひとつあればよいという暗黙の了解があった。行列力学と波動力学が数学的に等価だというならなおさらのこと、定式化はひとつで十分だった。その秋、まさにそんな定式化を、ポール・ディラックとパスクアル・ヨルダンがそれぞれ独自に発見した。一九二六年九月に、六カ月の滞在予定でコペンハーゲンを訪れたディラックは、行列力学と波動力学は、「変換理論」という、量子力学の定式化としてはより抽象的な方法の、ふたつの特殊ケースにすぎないことを示したのである。こうしていよいよ、欠けているのは理論の物理的解釈だけとなり、解釈を見出す(みいだ)という課題が重圧となってのしかかってきた。

ハイゼンベルクはそのころのことを、後年、次のように回想した。「われわれの対話はしばしば真夜中過ぎまで続いた。そうやって何カ月も頑張ったにもかかわらず満足の行く結果が得られなかったので、ふたりとも消耗し、ピリピリした雰囲気になっていった」。ボーアはもう限界だと判断し、一九二七年二月に四週間の休暇をとり、ノルウェーのグドブランスダールにスキー旅行に出かけることにした。ハイゼンベルクはそれを、「絶望的に難しい問題について、ひとりでじっくり考えるチャンス」と受け止め、ボーアの出発を内心うれしく見送った。最大の問題は、霧箱の中の電子の軌跡だった。

さかのぼって一九一一年のこと、ボーアがケンブリッジで研究生が開くクリスマス・パーティーでラザフォードに会った際、ボーアはこのニュージーランド人が、スコットランド人物理学者C・T・R・ウィルソンが最近発明した霧箱（cloud chamber）という装置を絶賛するのを聞いて興味を引かれた。ウィルソンはそれ以前に、飽和水蒸気を入れた小さなガラスの容器の中で、雲を作ることに成功していた。飽和水蒸気の入った空気を膨張させて冷却すると、水蒸気が細かい塵(ちり)のまわりに凝結し、小さな水滴になるのだ。まもなくウィルソンは、その容器から塵を徹底的に取り除いてもなお、小さな雲が生じることに気がついた。彼が考えついた唯一(ゆいいつ)の説明は、容器内の空気に含まれるイオンのまわりに水蒸気が凝結するというものだった。しかし可能性はもうひとつあった。

その容器内を通過する放射線が、空気中の原子から電子を剝ぎ取ってイオンを作り、そのイオンのまわりに水蒸気が凝結して小さな水滴が生じ、それらがつながって軌跡を生じさせるという可能性だ。まもなく、放射線はたしかに軌跡を残すことが明らかになった。ウィルソンの霧箱を使えば、放射性物質から出てくるアルファ粒子やベータ粒子の経路を観測することができそうだった。

粒子はくっきりした線状の経路をたどるのに対し、波はどんどん広がるため経路というものはない。しかし量子力学［ここでは行列力学のこと］は、誰が見ても霧箱の中にはっきりと見える粒子の経路の存在を考慮に入れていなかった。これは克服不能な問題に思われた。だが、「どれほど難しそうに思えても」、霧箱の中に見えているものと、量子力学の数学的枠組みとのあいだになんらかの関係をつけることはきっとできるはずだとハイゼンベルクは確信していた。

ある晩遅く、研究所の小さな屋根裏部屋で仕事をしていたハイゼンベルクが、行列力学によれば存在しないはずの電子の軌跡が霧箱の中に見えるという謎について考えていると、思考がふらふらと彷徨いだした。すると突然、「何が観測できるかを決めているのは、理論なのだ」というアインシュタインの言葉が、こだまのように聞こえたのだ。自分は今、何かを摑みかけていると感じたハイゼンベルクは、頭をはっきりさせなければと思い、とうに真夜中を過ぎていたにもかかわらずフェレズ公園に散歩に出かけた。

ほとんど寒さも感じないまま、彼の考えはしだいに、霧箱に残された電子の軌跡とは実のところ何なのかという問題に絞られていった。後年、彼はそのときのことを次のように語った。「これまであまりにも安易に、霧箱の中では電子の軌跡が見えると言ってきた。[1] しかしおそらくわれわれは、それほどのものは見ていないのだ。現実にわれわれが見ているのは、電子が通過した後に残された、ぼんやりした点の並びだ。じっさい、霧箱の中に見えているのは、電子よりずっと大きいことのたしかな水滴の列にすぎないではないか」。こうしてハイゼンベルクは、なめらかにつながった軌跡は存在しないという確信を得た。彼とボーアは、問題の立て方を間違っていたのだ。問うべきは次のことだった。「電子がおおよそある場所にあって、おおよそある速度で移動しているという事実を、量子力学は記述できるのだろうか？」

急いで机に戻ったハイゼンベルクは、いまやすっかり手の内に入った数式をあれこれいじりはじめた。どうやら量子力学は、情報や観測可能性に制限を課しているらしかった。しかし量子力学は、観測できるものと観測できないものをどうやって決めているのだろう？　その答えが不確定性原理だった。

ハイゼンベルクは、与えられた任意の時刻に、粒子の位置と運動量の両方を正確に測定することは、量子力学によって禁じられていることを発見したのである。電子の位置は測定できるし、電子の速度も測定できるけれども、その両方を同時に正確に測定することはできない。どちらか一方を正確に知れば、自然はその代償として、他方に関する情報をあいまいにする。量子の世界にはある種の駆け引きがあって、一方が正確に測定されればされるほど、それだけ他方に関する情報や予測はあいまいになるのだ。ハイゼンベルクは、もしも自分の考え通りなら、不確定性原理によって課される限界を超えて量子の世界を正確に知ることは、いかなる実験によってもできないことを悟った。もちろん、その主張の正しさを「証明する」ことは不可能だが、実験に含まれるあらゆるプロセスが「量子力学の法則に従うはずである以上」、そうでなければならないとハイゼンベルクは確信した。

彼はそれからの数日間、不確定性原理――彼の好んだ呼び方によれば、「不決定性原理」――がたしかに成り立っているかどうかを調べることに専念した。ハイゼンベルクは頭の中の実験室で、不確定性原理によれば許されない正確さで、位置と運動量を同時に測定できそうな「思考実験」を次から次へと考え出した。しかし、考えついたかぎりの例で計算をしてみても、不確定性原理は破れなかった。とくに、あるひとつの思考実験をやってみたとき、「何が観測でき、何が観測できないのかを決めているのは、理論だ」ということを証明できたという手ごたえを得た。

ハイゼンベルクは少し前に、ある友人と電子の軌道について議論したことがあった。その友人は、原子内の電子の軌跡を観測できるような顕微鏡を作ることは、原理的にはできるはずだと言った。しかしその可能性は、いまや完全に否定された。なぜなら、ハイゼンベルクの言葉を借りれば、「最高の顕微鏡をもってしても、不確定性原理により課された限界は超えられない」からだ。残る仕事は、それを理論的に証明することだった。そこで彼は、運動する電子の位置を正確に決定することを考えてみた。

電子を「見る」ためには、特殊な顕微鏡が必要になる。普通の顕微鏡は可視光で対象を照らし、反射された光を集めて像を結ばせる。しかし、可視光の波長は電子よりもはるかに長いため、小さな石にさざ波が押し寄せても波には影響が出ないように、電子に可視光の波が打ち寄せても電子の位置はわからない。電子の位置を知るためには、波長が非常に短く、それゆえ振動数が大きい「光」、ガンマ線の顕微鏡を使う必要がある。一九二三年にアーサー・コンプトンは、電子にエックス線を照射することにより、アインシュタインの光量子の正しさを証明する決定的な証拠を得たのだった。ハイゼンベルクは、ガンマ線の光子が電子に衝突したらどうなるだろうかと考えてみた。光子と電子がビリヤードの玉のように衝突し、散乱された光子が顕微鏡に入って行く。一方、ガンマ線の光子に衝突された電子は、その衝撃で跳ね飛ばされるだろう。

ガンマ線の光子に衝突されたせいで、電子の運動量に突如不連続な変化が起こる。物体の運動量とは、その物体の質量に速度を掛けたものだから、速度が変化すれば、当然ながら運動量も変化する。[2]光子を電子に衝突させれば、電子の速度が変わってしまうのだ。電子の運動量に起こる不連続な変化をできるだけ小さくしようとすれば、光子のエネルギーを小さくして、衝突の衝撃を和らげるしかない。そのためには、波長が長く、振動数の小さい光を使えばよい。ところが、振動数を小さく、それゆえ波長を長くすれば、電子の正確な位置はわからなくなる。つまり、電子の位置を正確に測定すればするほど、その運動量はあいまいになるのだ。逆に、運動量を正確に測定すればするほど、その位置はあいまいになる。

ハイゼンベルクは、$\varDelta p$と$\varDelta q$（$\varDelta$はギリシャ文字のデルタ）を、運動量と位置について得られる値の「あいまいさ」とすると、$\varDelta p$と$\varDelta q$の積はつねに$h/2\pi$以上になることを示すことができた。それを式で表せば、hをプランク定数として、$\varDelta p\varDelta q \geqq h/2\pi$となる。[3] これが不確定性原理、すなわち、位置と運動量の「同時測定に関する不正確さ」の数学的表現である。ハイゼンベルクはもうひとつ、いわゆる「互いに共役な変数」であるエネルギーと時間の「不確定性関係」も見出した。$\varDelta E$を、系のエネルギーEを求める際のあいまいさ、$\varDelta t$を、Eを観測した時刻tのあいまいさとすると、$\varDelta E\varDelta t \geqq h/2\pi$となる。

当初、不確定性原理は実験装置のテクノロジーが未熟なせいで出てくるのだろうと考える人たちがいた。いずれ装置が改良されれば、不確定性は消滅するだろう、と。そんな誤解が生まれたのは、不確定性原理の意味を明らかにするために、ハイゼンベルクが思考実験を使ったためだった。しかし思考実験とは、理想的な条件のもとで、完璧（かんぺき）な装置を用いて行う架空の実験である。ハイゼンベルクが発見した不確定性は、現実の世界に本来的に備わっている性質なのだ。原子レベルの世界で観測可能な量について、プランク定数の大きさにより規定され、不確定性関係により課される正確さの限界は、装置をどれだけ改良してもけっして消滅することはない、とハイゼンベルクは述べた。この驚くべき発見の名前としては、「不確定性」や「不決定性」よりも、「不可知性」(unknowable）というほうがふさわしかったかもしれない。[4]

ハイゼンベルクは、電子の運動量と位置を、同時に正確に測定することができないのは、位置の測定に原因があると考えた。彼にしてみれば、その理由はごく簡単なことだった。電子の位置を「見る」ために光子を衝突させれば、電子は予測不可能な攪乱を受ける。測定に伴いどうしても起こってしまうこの攪乱を、ハイゼンベルクは不確定性の起源とみなしたのだ。[5]

この説明が正しいことは量子力学の基本方程式、$pq-qp=-ih/2\pi$（pは粒子の運動量、qは位置）からもわかる、とハイゼンベルクは考えた。この基本方程式に示された非可換性（$p\times q$が$q\times p$と等しくないこと）の背後には、自然の本質的な性質である不確定性がある。電子の速度（あるいは電子の運動量）を測定し、その後に電子の位置を測定すれば、いずれも正確な値が得られるだろう。それらふたつの値を掛け算すると、

Aという答えが得られるとしよう。逆に、まず位置を測定し、次に速度を測定して、それらふたつの値を掛け算すると、Bという別の答えが得られるとする。どちらの場合にも、最初の測定で電子が攪乱されるため、次の測定に影響が出る。もしも測定を行うたびに異なる攪乱が起こらなければ、$p \times q$ と $q \times p$ は同じ値になるだろう。すると $pq - qp$ はゼロになり、あいまいさも量子の世界も消滅する。

ジグソーパズルのピースがピタリと組み合わさり、ハイゼンベルクは安堵（あんど）のため息をついた。彼のバージョンの量子力学は、互いに交換しない位置と運動量のような観測可能量を表す行列でできていた。その力学の数学的枠組みの要（かなめ）である奇妙な交換法則――ふたつの行列を掛け算した結果は、掛け算する順番によって異なるという法則――を発見して以来、なぜその法則なのかという物理的な理由は、謎のヴェールに包まれたままだった。しかしついに、彼はそのヴェールを剝いだ。ハイゼンベルクの言葉によれば、「$\Delta p \Delta q \geqq h/2\pi$ という式で表されるあいまいさ（不確定性）のみが」、$pq - qp = -ih/2\pi$ という式に含まれる「関係が成り立つことを保証している」。そして、「p および q という量の物理的な意味の変更を要請することなく、交換関係の式を成り立たせているのは」、あいまいさ（不確定性）なのである。

不確定性原理は、量子力学と古典力学のあいだに横たわる、深くて根本的な違いを暴露するものだった。古典物理学では、対象の位置と運動量はどちらも、原理的には同時にどれだけ正確にでも測定することができる。もしもある時刻の位置と速度が正確にわかっているなら、その対象がたどる経路は、過去現在未来にわたって正確に知ることができる。日常の世界で成り立つ古典物理学において確立されて久しい概念はすべて、「原子レベルのプロセスでも、古典的諸概念にならって正確に定義することができる」とハイゼンベルクは述べた。しかし、共役変数のペア──位置と運動量や、エネルギーと時間など──を同時に測定しようとすると、そうした概念の限界があらわになる。

ハイゼンベルクにとって不確定性原理は、霧箱の中に電子の軌跡らしきものが見えるという事実と、量子力学とをつなぐ架け橋だった。こうして理論と実験とのあいだに橋を架けたハイゼンベルクは、量子力学の「数学的形式で表現できる実験的状況だけが、自然界に起こりうる」と考えた。もしも量子力学が、それは起こらないというなら、それは起こらないのだ、と。ハイゼンベルクは不確定性原理の論文のなかで次のように述べた。「量子力学の物理的解釈は、今もなお内部矛盾に満ちており、そのことは連続性と不連続性、粒子と波をめぐる論争というかたちで表れている」

それは、ニュートン以来の古典物理学の基礎となっていた概念が、原子レベルの「自然に対しては、あいまいにしか適合しない」ために生じている残念な状況だった。ハイゼンベルクは、位置、運動量、速度、そして電子や原子の経路といった概念をもっと厳密に分析すれば、「量子力学の物理的解釈に含まれる、今はまだ誰の目にも明らかないくつもの矛盾」を取り除くことができるだろうと考えた。

量子の領域では、「位置」という言葉は何を意味しているのだろうか？　この問いに答えるためには、与えられた時刻に、空間の中の「電子の位置」を測定するためにデザインされた実験を、具体的に指定しなければならない。「さもなければ、位置という言葉には何の意味もない」とハイゼンベルクは言う。彼にとって、電子の位置や運動量を測定するための実験が行われなければ、はっきりした位置や、はっきりした運動量をもつ電子は、そもそも存在しないのだ。電子の位置を測定するという行為が、位置をもつ電子を生み出し、電子の運動量を測定するという行為が、運動量をもつ電子を生み出す。はっきりした「位置」や「運動量」をもつ電子という概念は、測定が行われるまでは意味をもたない、と彼は述べた。ハイゼンベルクはそれまでも、測定によって概念を定義するというアプローチを採っていたが、そのルーツをたどれば、エルンスト・マッハと、操作主義と呼ばれる立場の哲学者たちにさかのぼる。しかしハイゼンベルクのアプローチは、単なる古い概念の焼き直しではなかった。

ハイゼンベルクは、霧箱の中に電子が残す軌跡のことを念頭に置きながら、「電子の経路」とは何かを注意深く吟味した。経路とは、運動する電子が空間と時間の中でつぎつぎと占めていく位置をつないだものである。彼の新しい判定基準に照らすなら、経路を観測するためには、そうしてつながれていく各点で、電子の位置を測定しなければばならない。しかし、測定を行うためにガンマ線の光子を電子に衝突させれば、電子は攪乱され、それ以降の軌跡を確実に予測することはできなくなる。原子核のまわりを「軌道運動」している原子内電子の場合には、ガンマ線の光子一個が、電子を原子から叩き出せるほどのエネルギーをもつため、電子の軌道について知ることができるのは、空間の中の一点だけである。電子の経路、すなわち原子内の電子軌道を定義するために必要な位置と運動量を、同時に正確に測定することは不確定性原理により禁止されているのだから、経路とか軌道とか言われているものは、そもそも存在しないことになる。確実に知ることができるのは、経路上の一点だけなのだ。「したがって、〝経路〟という言葉は、いかなる合理的な意味ももたない」とハイゼンベルクは述べた。測定対象は、測定によって定義されるのである。

ひとつの測定が行われてから、次の測定が行われるまでのあいだに、何が起こるかを知るすべはない、とハイゼンベルクは論じた。「測定と測定のあいだにも電子はどこかに存在するはずであり、それゆえ、たとえどの経路かはわからなくても、なんらかの経路ないし軌道をたどっているはずだ、と言いたくなるのは無理もない」。しかし、電子の軌跡——空間の中でつながった経路——という古典的概念には根拠がない。霧箱の中に観測される電子の軌跡は、軌跡のように「見える」だけであって、じっさいには電子の通ったあとに点々と残された水滴の集まりにすぎないからだ。

不確定性原理を発見したのち、ハイゼンベルクは、実験によって解答が与えられるような問題を解明することに全力を注いだ。測定されようがされまいが、運動する物体は、いつでもはっきりした位置と運動量をもつというのは、古典物理学の暗黙の大前提だった。ハイゼンベルクは、電子の位置と運動量を、同時に正確に測定することはできないのだから、電子は「位置」と「運動量」の値を同時にもつことはできない、したがって、電子がそれらを同時にもつかのように語ったり、電子が「軌跡」をもつかのように語ったりすることは無意味である、と主張した。彼にとって、観測と測定の領域を超えたところにある実在の性質に思いをめぐらしても意味がないのだ。

後年ハイゼンベルクは、不確定性原理へとつながる旅路のなかで決定的に重要だった分岐点として、ベルリンでのアインシュタインとの対話を繰り返し持ち出した。しかし、コペンハーゲンの冬の深夜に終着点にたどり着いた発見への道を歩んでいたとき、彼にはほかにも、ともに歩む仲間たちがいた。なかでも影響力が大きかった貴重な同行者は、ボーアではなく、ヴォルフガング・パウリだった。

さかのぼって一九二六年十月のこと、シュレーディンガーとボーア、そしてハイゼンベルクの三人がコペンハーゲンで議論にはまり込んでいたとき、パウリはハンブルクでひとり静かに二個の電子の衝突を調べていた。ボルンの確率解釈を使って分析を進めるうちに、パウリはあることに気がついた——彼はハイゼンベルクへの手紙のなかで、それを「暗点」という言葉で説明した。二個の電子が衝突すると、「それぞれの電子の運動量はわかっている」が、位置のほうは「わからなくなる」と考えなければならないことにパウリは気づいたのだ。運動量になんらかの変化が起こると、それにともない位置にも変化が起こる——ただし、その位置の変化は確定できない。パウリの言葉によれば、運動量（p）と位置（q）の値の「両方を、同時に尋ねる」ことはできないのだ。「世界をpの目で見ることはできるし、qの目で見ることもできるのですが、両目を開けていると道に迷うのです」とパウリは重ねて述べた。パウリはそれ以上この問題を追求しなかったが、彼の「暗点」は、不確定性原理を発見するまでの数カ月にわたり、ボーアとともに量子力学の解釈問題や波と粒子の二重性などの問題に取り組んでいるあいだ、ハイゼンベルクの心の奥底に潜んでいたのだった。

一九二七年二月二十三日、ハイゼンベルクはパウリに、不確定性原理に関する仕事をまとめた十四ページの手紙を送った。ハイゼンベルクはウィーン生まれの「神罰」が下す厳しい判定を、ほかの誰の意見よりも頼りにしていたのだ。パウリからの返事には、「量子論の夜は明けつつある」とあった。たとえハイゼンベルクに多少の迷いが残っていたとしても、パウリのこの言葉で不安は一掃された。三月九日、ハイゼンベルクはパウリへの手紙の内容を、発表のための論文にまとめた。そうなってはじめて、彼はノルウェーにいるボーアに手紙を書いた。「p（運動量）とq（位置）の両方が、ある正確さで与えられている場合を取り扱うことができたと思います。……この問題について論文の草稿を書き、昨日それをパウリに送りました」

ハイゼンベルクは、論文の写しも、自分の仕事の詳細についての報告も、ボーアには送らないことにした。彼のその判断は、ふたりの関係がかなり緊迫していたことの証拠である。のちにハイゼンベルクはそれについて次のように語った。「ボーアが戻ってくれば、わたしの解釈に腹を立てるだろうという思いがぶりかえし、ボーアが戻る前にパウリの意見を聞いておきたかったのです。まずなんらかの支持を得たい、誰かがこれを気に入ってくれるかどうか知りたいという気持ちでした」。ハイゼンベルクが手紙を投函してから五日後に、ボーアがコペンハーゲンに戻ってきた。

一カ月間の休暇でたっぷり充電したボーアは、まずたまっていた研究所関係の用事を片づけると、不確定性原理の論文を注意深く検討した。ふたりがその論文について議論するために会ったとき、ボーアは「どうも違う」と言い、ハイゼンベルクは凍りついた。ボーアは、ハイゼンベルクの解釈に賛成しなかったばかりか、ガンマ線顕微鏡を使った思考実験の分析に間違いがあることを突き止めたのだ。こういう光学機器の仕組みは、ミュンヘン時代にハイゼンベルクを危うく破滅させかけた鬼門だった。あのときはゾンマーフェルトが介入してくれたおかげで、どうにか博士号をとることができたのだった。反省したハイゼンベルクは光学機器の仕組みをしっかりと勉強し直したが、今になってまだ勉強が足りないことを思い知らされようとしていた。

ボーアは、電子の運動量のあいまいさの起源を、ガンマ線の光子と衝突して、電子が跳ね飛ばされるということに求めるのは間違いだ、とハイゼンベルクに言った。電子の運動量を正確に測定することを禁じているのは、運動量が不連続な変化を被り（こうむ）、制御不可能になることではなく、衝突による変化が正確に測定できないことだ、というのがボーアの主張だった。コンプトン効果では、電子と衝突して散乱された光子が顕微鏡に入ったときの角度がわかれば、そのかぎりにおいて運動量の変化を正確に計算することができる。ところが、光子が顕微鏡に入る位置を正確に知ることはできない。ボーアはそれができないことに、電子の運動量があいまいになる原因を求めたのだ。電子が光子と衝突した場所を正確に知ることができないのは、どんな顕微鏡も、その開口部にはある程度の広がりがあるため、分解能には限界があり、それゆえミクロな対象の位置を知る能力にも限度があるからだ、と。ハイゼンベルクはそうしたことを考慮していなかった。しかし、それぐらいはまだ序の口だった。

ボーアは、顕微鏡の思考実験を正しく分析するためには、散乱された光量子［光子］を波として解釈することがどうしても必要だと言ったのだ。ボーアにとっては、波と粒子の二重性こそが、量子の世界のあいまいさの核心だった。なぜなら彼は、シュレーディンガーの波束を、ハイゼンベルクの新しい原理と結びつけて考えていたからだ。もしも電子を波束と見なすなら、それが空間内の一点に位置するためには、波は局在していなければならず、広がっていてはならない。そのような波束を作るには、さまざまな波を重ね合わせる必要がある。その波束が狭い範囲に局在していればしているほど——つまり、狭い領域に閉じ込められていればいるほど——いろいろな波を重ね合わせなければならず、それぞれの波がもつ振動数や波長の分布は広がる。単一の波は、あるひとつの値の運動量をもつが、さまざまな波長の波を重ね合わせて作った波束は、特定の運動量をもたないということは確立された事実だ。同様に、波束の運動量の値を狭く絞り込めば絞り込むほど、それだけ重ね合わせる波は少なくなる。結果として波束は広がり、波の位置はあいまいになる。したがって、位置と運動量を、同時に正確に測定することは不可能だ。ボーアは、電子を波と捉えることにより、電子の波モデルから不確定性関係を導いてみせたのである。

ハイゼンベルクが粒子と不連続性だけに立脚するアプローチを採ったことが、ボーアには気がかりだった。量子力学を解釈するためには、波動性は無視できないというのがボーアの考えだったからだ。ハイゼンベルクが波と粒子の二重性を考慮していないことは、概念上の重大な欠陥だとボーアは考えた。ハイゼンベルクは後年次のように述べた。

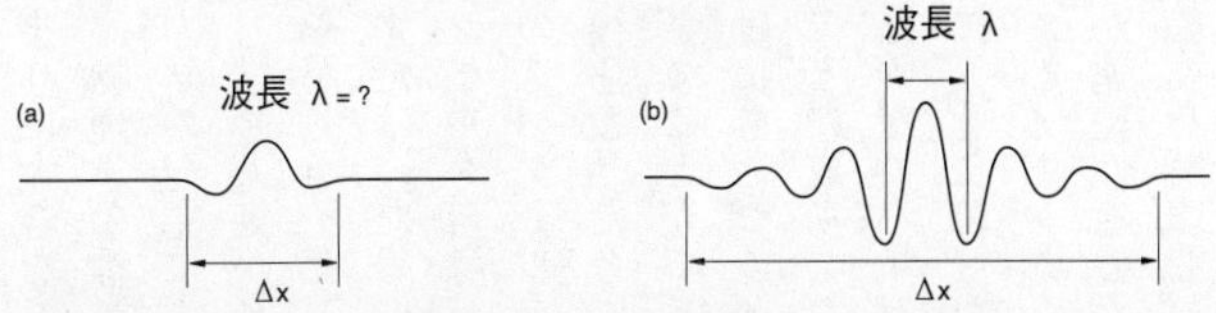

図12　(a) 波の位置は正確に求めることができるが、波長（したがって運動量）は正確に求められない。(b) 波長は正確に測定することができるが、波が広がっているため位置を正確に測定することはできない。

「ボーアの意見に対し、わたしはどう言ったらよいかわからず、このときもまた、ボーアはわたしの解釈は正しくないことを証明したというムードのなかで議論は終わりました」。ハイゼンベルクはいきり立ち、ボーアは若い弟子のそんな態度にむっとした。

隣り合う建物に住み、同じ研究所の一階で、階段ひとつを隔てただけの研究室にいながら、ボーアとハイゼンベルクはそれから数日間、相手に会わずにすむように上手に立ちまわったが、しばらくしてもう一度、不確定性の論文について議論した。ボーアは、ハイゼンベルクがこの間に頭を冷やし、自分が示した理由をよく理解したうえで、論文を書き直すものと思っていた。ところがハイゼンベルクは論文の書き直しを拒んだのだ。「ボーアは、その論文は正しくないから発表すべきではないとわたしを説得にかかりました」と、後年ハイゼンベルクは語った。「とうとうわたしはボーアの圧力に耐えられなくなり、ぽろぽろと涙をこぼしたのを覚えています」。言われるままに論文を書き換えるには、彼にとってあまりに大きなものがかかっていたのだ。

物理学の神童というハイゼンベルクの評判は、二十四歳という若さで成し遂げた行列力学の発見によるものだった。しかしその驚くべき業績は、シュレーディンガーの波動力学の人気が高まるにつれて影が薄くなり、それどころか存亡の危機に立たされていた。やがてハイゼンベルクは、行列力学を使って得られた結果を、波動力学の言葉に焼き直すだけのために、たくさんの論文が書かれていると愚痴をこぼすようになった。ハイゼンベルク自身、波動力学を便利な数学的道具として行列力学の代わりに使い、ヘリウムのスペクトルを計算したにもかかわらず、シュレーディンガーの波動力学と、連続性を復活させたというこのオーストリア人の言い分がこれ以上広がる前に、バタンと扉を閉ざすことができたらと思っていたのだった。不確定性原理を発見し、粒子と不連続性だけにもとづく解釈を示したことで、ハイゼンベルクは首尾良く扉を閉ざし、鍵をかけることに成功したつもりだった。ところがボーアは、その扉をもう一度開けようとしていたのだ。ハイゼンベルクは、なんとかそれを阻止しようとして、思うにまかせぬ悔しさに涙をこぼしたのだった。

ハイゼンベルクは、原子の領域を支配するのが、粒子なのか波なのか、不連続性なのか連続性なのかに、自分の将来がかかっていると思っていた。彼はできるだけ早くその論文を発表し、行列力学は視覚化できないからダメだというシュレーディンガーの主張い、シュレーディンガーは不連続性と粒子にもとづく物理学を嫌悪していた。不確定性原理と、量子力学の正しい解釈――と、彼が考えるもの――で武装したハイゼンベルクは、その論文の脚注でライバルの名前を挙げながら攻撃を続けた。「シュレーディンガーは量子力学を、抽象的で視覚化できないために抵抗を感じさせる、それどころか嫌悪感さえ抱かせる形式的理論だと述べた。たしかにシュレーディンガーの理論のおかげで、量子力学の法則が数学的に扱いやすくなったこと（そしてそのかぎりにおいて物理的にも扱いやすくなったこと）は、どれほど高く評価してもしすぎることはない。しかし、物理的解釈と原理的問題については、私見によれば、人気のある波動力学の立場は、一方ではアインシュタインとド・ブロイの論文、他方ではボーアの論文および量子力学（すなわち行列力学）で示されたふたつの道から、われわれを離反させるものである」

一九二七年三月二十二日、ハイゼンベルクは、「量子論的な運動学と力学の直観的内容について」と題したその論文を、量子論の研究者たちが投稿先に選ぶことの多い『ツァイトシュリフト・フュール・フィジーク』に送付した。[6] 二週間後、ハイゼンベルクは、「ボーアと喧嘩しました」とパウリに手紙を書いた。「どちらの面を誇張するかによって、新しいことは何も言わずとも、いくらでも議論を続けられるのです」とハイゼンベルクはこぼした。これでシュレーディンガーと波動力学を封じ込めることに成功したと思ったハイゼンベルクだったが、今やその彼の前に、シュレーディンガーよりもはるかに粘り強い論敵が立ちはだかった。

ハイゼンベルクがコペンハーゲンで不確定性関係の意味を探ることに没頭していたとき、ボーアはノルウェーのゲレンデで「相補性」を思いついていた。それは彼にとって、単なるひとつの理論や原理ではなく、量子の世界の奇妙な性質を記述するために必要な、それまで欠けていた概念的枠組みだった。波と粒子の二重性という矛盾した性質は、相補性という枠組みの中にうまく収まりそうだった。電子と光子——つまり物質と放射——がもつ波と粒子というふたつの性質は同じひとつの現象の排他的かつ相補的なふたつの側面であり、波と粒子は一枚のコインの裏と表なのだ、とボーアは考えた。

相補性は、波と粒子という、古典的にはまったく異質なふたつの記述方法を、非古典的な世界を記述するために使わなければならないせいで生じた困難を、きれいに迂回するものだった。ボーアによれば、量子的な世界を完全に記述するためには、波と粒子の両方が必要不可欠であり、どちらか一方だけでは不完全な記述にしかならない。光子と波はそれぞれ光について異なる絵を描き、それらふたつの絵は隣り合わせに壁に掛けてある。しかし、矛盾を避けるために制限が課されている。与えられた任意の時刻にわれわれに見ることができるのは、ふたつの絵のどちらか一方だけなのである。どんな実験を行っても、粒子と波が同時に見えることはない。ボーアは次のように主張した。「異なる条件のもとで得られた証拠は、一方の絵の中だけで理解することはできず、現象の総体のみが対象について得られる情報を尽くすという意味において、相補的なものとして捉えなければならない」

ボーアがその新しいアイディアに手ごたえを得たのは、ふたつの不確定性関係$\Delta p\Delta q \geqq h/2\pi$、$\Delta E\Delta t \geqq h/2\pi$に、波と連続性を嫌悪するハイゼンベルクには見えなかったものを見たときだった。プランク＝アインシュタインの式$E=h\nu$と、ド・ブロイの式$p=h/\lambda$には、波と粒子の二重性が体現されている。エネルギーと運動量は粒子的な量なのに対し、振動数と波長は波の性質だ。つまりどちらの式にも、粒子の性質を記述する変数と、波の性質を記述する変数の、両方が含まれているのである。ひとつの式に、粒子と波の両方の性質が含まれていることがボーアには腑に落ちなかった。なんといっても粒子と波は、物理的に似ても似つかないものなのだから。

ボーアは、ハイゼンベルクの顕微鏡の思考実験の分析の間違いを正したとき、それと同じことが不確定性関係についてもいえることに気がついた。それに気付いたことでボーアは、相補的かつ排他的な古典的概念（粒子と波動、運動量と位置など）が、量子の世界でどこまで同時に矛盾せずに通用するかを教えているのが不確定性関係だ、という解釈に導かれたのだった。[7]

また不確定性関係は、エネルギー（不確定性関係の式の中のE）と運動量（p）の保存則にもとづく記述（ボーアの言葉では「因果的」記述）と、空間（q）と時間（t）の中で出来事を追跡する記述（「時空的」記述）のどちらか一方を選ばなければならないことも意味していた。これらふたつの記述は、考えられるかぎりの実験を説明する際には、互いに排他的、かつ相補的な関係にあった。そこで、位置と運動量のような、互いに相補的な観測可能量を同時に測定しようとしたり、互いに相補的なふたつの記述を同時に用いたりすることには、自然界に本来的にそなわる限界があるのだ、とボーアは考えた。ハイゼンベルクにとってはショックなことに、ボーアは不確定性原理を、そのような限界を明らかにする特殊なルールに格下げしたのである。

意見の違いはそれだけではなかった。たとえば、不確定性原理を発見したハイゼンベルクは、「粒子」、「波」、「位置」、「運動量」、「軌跡」といった古典的な概念は、原子の領域ではどこまでも無制限に使うことはできないと考えたのに対し、ボーアは、「実験データの解釈は、本質的に古典的な概念によらなければならない」と考えていた。また、ハイゼンベルクは、これらの概念は操作的に定義されなければならない（測定を介して定義しなければならない）と考えたのに対し、ボーアは、それらの概念の定義は、古典物理学でどのように使われているかによって初めから決まっていると考えていた。さかのぼって一九二三年のこと、ボーアは次のように書いた。「自然のプロセスに関する記述はすべて、古典物理学の理論によって導入され、定義された概念に立脚しなければならない」。不確定性原理がどんな限界を課そうとも、理論の成否は実験によって検証され、データ、論証、解釈は、すべて古典物理学の言葉と概念によって行われるという単純な理由から、古典的概念を別のもので置き換えることはできない、というのがボーアの考えだった。

ハイゼンベルクは、古典物理学は原子のレベルでは通用しないというのに、なぜ古典的な概念を使い続けなければならないのかが理解できなかった。一九二七年の春に、彼はこう言った。「精度が非常に高くなると、古典的な概念は使えなくなると言ってしまってはいけないのでしょうか？」、こと量子に関しては、「われわれの言葉は通用しないのです」と。そして言葉が通用しない以上、ハイゼンベルクにとって唯一意味のある選択肢は、量子力学の数学的形式に撤退することだった。なんといっても、「何が起こり、何が起こらないかを知るためには、新しい数学的枠組みがあれば事足りるんですから」と彼は食い下がった。

しかしボーアは納得しなかった。量子の世界に関するあらゆる情報は実験から得られる。そして実験結果は、スクリーン上でチカチカする光、ガイガー計数管のカチカチという音、電圧計の針の動きとして記録される。そうした実験装置は、研究所という日常レベルの世界に属している。量子レベルの出来事をスケールアップして、測定し、記録するためには、日常レベルの世界に属する装置を使うよりほかない。そして、ガイガー計数管をカチカチいわせ、電圧計の針を振れさせるのは、それらの実験装置とミクロな物理的対象――アルファ粒子や電子――との相互作用だ、とボーアは論じた。

そのような相互作用では、少なくともひとつのエネルギー量子が交換される。その結果として、「原子レベルの対象の振る舞いと、その現象が生じる条件を定義するために用いられる測定装置との相互作用とを、区別することはできない」とボーアは考えたのだ。言い換えれば、古典物理学において、観測者と観測対象、測定装置と測定対象とのあいだに存在していた区別は、原子レベルでは存在しなくなるということだ。

ボーアは、電子と光線、すなわち物質と放射を観測するときに、粒子と波、どちらの面が現れるかはどんな実験を行うかによると考え、それについては一歩も譲るつもりはなかった。粒子と波は、基礎となるひとつの現象の相補的かつ排他的なふたつの側面なのだから、現実の実験であれ思考実験であれ、両方の面が同時に現れることはありえない。ヤングの有名な二重スリット実験のように、実験装置が光の干渉を見るようにデザインされている場合には、波としての光の性質が現れるし、光線を金属表面に照射して光電効果を調べるためにデザインされた実験では、粒子としての光の性質が現れる。光は波なのか、粒子なのかと問うことには意味がない。量子力学においては、光の「正体」を知るすべはない。意味のある質問はただひとつ、光は粒子として「振る舞う」のか、それとも波として「振る舞う」のかということだ。そしてその質問に対しては、「実験の選び方によって、粒子として振る舞うこともあれば、波として振る舞うこともある」と答えることになる、というのがボーアの考えだった。

ボーアは、実験を選ぶという行為に決定的な役割を与えた。ハイゼンベルクは、たとえば一個の電子の正確な位置を求める実験が、その電子の運動量と位置を同時に正確には求められなくする攪乱の起源だと考えた。ボーアも物理的な攪乱が存在するという点では同じ意見だった。ボーアは一九二七年九月に行った講演で次のように述べた。「物理現象に関する普通の（古典的な）記述は、調べている現象をかき乱すことなく観測することができるという事実に全面的に依拠しているということに疑問の余地はありません」。つまり量子の世界では、観測という行為によって攪乱が起こるというのだ。それから一カ月後、彼はある論文の下書きに、それと同じことをもう少しはっきりと書いた。「原子レベルの現象を観測するときには、本質的な攪乱が不可避的に起こる」。しかし、なくすことも制御することもできないその攪乱は、測定という行為により生じるのではなく、波と粒子の二重性の、どちらの面を観測するかを選択することによって生じる、というのがボーアの考えだった。不確定性は、その選択に対して自然が求める代償なのだ、とボーアは論じた。

一九二七年四月の半ば、相補性という概念的枠組みの中で矛盾のない量子力学解釈を作ろうとしていたボーアは、ハイゼンベルクに頼まれて、不確定性原理の論文を一部アインシュタインに送った。それに添えた手紙に、ボーアはハイゼンベルクの仕事について、「量子論の一般的問題を扱う理論における非常に重要な貢献です」と書いた。しばしば熱くなって論争している最中だったにもかかわらず、ボーアはアインシュタインに、「ハイゼンベルクはみごとなやり方で、彼の不確定性関係は、量子論を発展させるだけでなく、視覚化の可能性を切り開くためにも利用できる可能性があることを示しました」と伝えた。ボーアはそれに続けて自分の新しいアイディアのことを書いた。それらのアイディアは、「量子論の困難」に光を投げかけてくれるだろうと彼は述べ、その困難は「自然に関する普通の記述で用いられる概念、というよりもむしろ言葉に結びついており、その起源はつねに古典理論にあります」と説明した。アインシュタインは、いかなる理由によってか、その手紙には返信しないことを選んだ。

もしもアインシュタインからの返事を期待していたのなら、復活祭の休暇をミュンヘンで過ごし、コペンハーゲンに戻って来たハイゼンベルクはがっかりしたに違いない。ボーアの解釈に屈服させられそうな状況から逃れるためにも、それはハイゼンベルクにとって待ちに待った休暇だった。五月三十一日、二十七ページの論文が活字になったその日、ハイゼンベルクはパウリに手紙を書いた。「そんなわけで、わたしは行列を支持し、波に反対する戦いに戻らなければなりません。この大きな仕事に取り組みながら、わたしはボーアの反論をひどくきつい言い方で批判し、彼に不愉快な思いをさせてしまいました――そうと知っていたわけでも、ましてやそれを意図していたわけでもなかったのですが。今になってこれまでの議論を振り返ると、ボーアの立腹がよく理解できます」。ハイゼンベルクが深く反省しているのは、それより二週間ばかり前にパウリへの手紙の中で、ボーアが正しかったことをついに認めたからだった。

運動量と位置に関する不確定性関係の基礎は、仮想的な顕微鏡の開口部に、散乱されたガンマ線が入って行くというプロセスにあったのだ。「$\Delta p\Delta q \approx h$という関係は自然に出てくるのですが、わたしが考えていたのとは少し違っていました」。ハイゼンベルクは、シュレーディンガーの波の記述を使うと、「あるいくつかの点では」取り扱いが容易になることを認めたが、量子物理学において「興味があるのは不連続性だけであり」、そのことはいくら強調しても強調しすぎることはないと確信していた。その時点ではまだ、不確定性原理の論文を取り下げることもできた。しかしハイゼンベルクには、そこまでやる必要があるとは思えなかった。「結局のところ、その論文に述べた結果については、すべて正しいのですから」と彼はパウリに釈明した。「それでわたしは、この一件についてボーアと合意に達しました」

ハイゼンベルクは妥協策として、その論文に「後記」をつけた。その後記は、「本論文の脱稿後に」という一文ではじまる。「ボーアの最新の研究により、この仕事で試みられた量子力学的諸関係の分析を、本質的に深化させ、精密化させる見地が得られた」。ハイゼンベルクはボーアが、自分が見逃していた決定的に重要な点に気づかせてくれたことに感謝した。その重要な点とは、粒子の世界のあいまいさの起源は、波と粒子の二重性にあるということだ。彼はその後記の最後に、ボーアに謝辞を述べた。この論文の発表をもって、論争と「重大な個人的誤解」に費やされた数カ月間の出来事は——完全に水に流されたとはいえずとも——しっかりと脇に押しやられた。ふたりのあいだにどんな食い違いがあったにせよ、ハイゼンベルクがのちに述べたように、重要なのは、「たとえどれほど新奇であろうと、いまや完全に理解された事柄をすべての物理学者に理解できるように表現することだけが、残された重大な仕事であることが明らかになった」ことだった。

「恩知らずな印象を与えてしまったことを、とても残念に思います」と、ハイゼンベルクは四月の半ばにボーアへの手紙に書いた。それはパウリがコペンハーゲンに来てまもないころのことだった。それから二カ月後、ハイゼンベルクはまだ自責の念にかられ、「なぜあんなことになったのか、なぜもっと別のやり方ができなかったのかと、毎日のように自分を責めています」とボーアに伝えた。ポストを得られるだろうかという不安が、彼が論文発表を急いだ決定的な要因だった。ライプツィヒの正教授のポストを断ってコペンハーゲンに来たとき、ハイゼンベルクは、「良い論文」を書き続ければこれからもお呼びがかかるだろうと考えていたのだった。不確定性原理の論文が発表されると、就職の話がいくつも舞い込んだ。ボーアが誤解するのを懸念（けねん）したハイゼンベルクはすぐに、不確定性をめぐる論争のせいで外に出たがったわけではないことをわかってもらおうとした。二十六歳の誕生日さえ迎えていないハイゼンベルクは、ライプツィヒ大学から再度招聘を受け、ドイツで最年少の正教授となった。彼は六月末にコペンハーゲンを去った。そのころまでには研究所での生活も正常に戻り、ボーアは相補性と、それが量子力学の解釈に及ぼす影響に関する論文をまとめるという、つらいほど歩みの遅い仕事を続けた。

ボーアはその仕事に四月から取り組んでいたが、これに関して彼が助けを求めたのは、研究所のスタッフになっていた三十二歳のスウェーデン人、オスカル・クラインだった。不確定性と相補性をめぐるボーアとハイゼンベルクの論争が激しさを増すと、かつてボーアの助手だったヘンドリク・クラマースがクラインにこう忠告した。「この論争に首を突っ込むんじゃないよ。われわれはふたりとも、この手の戦闘に加わるには気が優しくて上品すぎるからね」。ボーアがクラインの協力を得て、「波と粒子、両方の実在性」に立脚する論文を書いていると知ったとき、ハイゼンベルクはパウリへの手紙に、「あんなやり方をすればすべて矛盾なく片づくのは当然です」と、かなり辛辣（しんらつ）な意見を述べた。

下書きを何度もバージョンアップし、タイトルも「量子論の哲学的基礎」から、「量子仮説と原子論の最近の発展」と変えながら、ボーアは近々開かれる会議に間に合わせようと努力を続けた。しかし結局、その原稿もまた下書きとなった。原稿はまだしばらく完成しそうになかった。

一九二七年九月の十一日から二十日にかけて、イタリアのコモで開催された国際物理学会は、イタリアのアレッサンドロ・ボルタの没後百周年の記念行事だった。会議がたけなわとなっても、ボーアはまだ、九月十六日に予定されている講演の原稿を書き続けていた。講演当日、カルドゥッチ研究所で彼の話を待ち受ける参加者のなかには、ボルン、ド・ブロイ、コンプトン、ハイゼンベルク、ローレンツ、パウリ、プランク、ゾンマーフェルトがいた。

ボーアはまず、新しい相補性という考え方の枠組みを初めて公式の場で説明したのち、ハイゼンベルクの不確定性原理を取り上げ、量子論において測定が果たす役割について語った。ボーアが小声で話す内容を、隅から隅まできちんと聞き取るのは難しい人たちもいた。ボーアは、シュレーディンガーの波動関数に関するボルンの確率解釈をはじめ、さまざまな要素をひとつひとつつなぎ合わせ、それらを量子力学に対する新しい物理的理解の基礎とした。物理学者たちはのちに、たくさんのアイディアが混じり合ったその解釈のことを、「コペンハーゲン解釈」と呼ぶようになる。

ボーアの講義は、後年ハイゼンベルクが、「量子論の解釈にかかわるあらゆる疑問について、コペンハーゲンで行われた徹底的な研究」と表現することになる努力の、ひとつの到達点だった。このデンマーク人が与えた回答は、「量子の手品師」たる若きハイゼンベルクさえも、はじめは戸惑いを覚えるほどのものだった。ハイゼンベルクはのちに、当時の様子を次のように語った。「何時間も話し続けてすっかり夜も更け、見通しがつかないまま議論が終わると、わたしはしばしば研究所のそばに広がる公園にひとりで散歩に出かけ、繰り返しこう自問したものだった。自然は本当に、こうした原子レベルの実験が示しているような馬鹿げたものなのだろうか？」。この疑問に対するボーアの答えは、きっぱりとした「イエス」だった。測定と観測に与えられたその中心的役割が、自然のなかに規則的なパターンや因果的な結びつきを見出そうとするいっさいの試みを無効にしたのだ。

科学の中核的教義のひとつである因果律は捨てなければならないと、論文のなかではっきりと唱えた最初の人物がハイゼンベルクだった。彼は不確定性原理の論文に次のように書いた。『現在が正確にわかっていれば未来を予測することができる』という決定論的な因果律の定式化において、間違っているのは結論ではなく、仮定のほうである。現在をあらゆる細部にわたって知ることは、原理的にさえできないからだ」。たとえば、一個の電子がもつ位置と速度を、同時に正確に知ることはできない。それゆえわれわれに計算できるのは、その電子が未来においてもつ位置と速度に関する、「さまざまな」可能性だけである。原子レベルのプロセスについて、一回かぎりの観測や測定で得られる結果を予測することはできない。正確に予測できるのは、ある範囲の可能性のうち、どれかの結果が得られる確率だけなのだ。

ニュートンの敷いた基礎の上に築かれた古典的宇宙は、決定論的な時計仕掛けの宇宙だった。アインシュタインの相対性理論による修正を受けてからも、粒子であれ惑星であれ、与えられた時刻における物体の位置と速度が正確にわかれば、あらゆる時刻におけるその物体の位置と速度は、原理的にはどれほど正確にでも求めることができる。しかし量子的な宇宙では、あらゆる出来事は空間と時間のなかで因果的に進行するものとして記述できるという古典的決定論には、どこにも居場所がなかった。ハイゼンベルクは不確定性原理の論文の最後の段落で、大胆にも次のように述べた。「あらゆる実験が量子力学の法則に従い、それゆえ式 $\Delta p\Delta q \approx h$ に従う以上、因果律が成り立たないということは、量子力学によれば疑う余地がないのである」。因果律を復活させようとすることは、「知覚される統計的な世界」とハイゼンベルクが呼ぶものの背後に、何か「真の」世界が隠れていることを期待するのと同様、「非生産的であり、無意味である」というのがハイゼンベルクの考えだった。それが、彼とボーア、そしてパウリ、ボルンの共通の見解だったのである。

コモの会議では、ふたりの物理学者の欠席が目立っていた。シュレーディンガーは数週間前にプランクの後任としてベルリンに移り、新しい環境に慣れるのに忙しかった。アインシュタインはファシズムのイタリアに足を踏み入れることを拒否した。しかしボーアはわずか一カ月後には、ブリュッセルでこのふたりに会えるはずだった。

第三部　実在をめぐる巨人たちの激突

量子の世界というものはない。あるのは抽象的な量子力学の記述だけである。

——ニールス・ボーア

わたしは今も、実在のモデルを作ることは可能だと信じている——単なる出来事の確率ではなく、もの自体を表す理論を作ることは可能であると。

——アルベルト・アインシュタイン

第十一章　ソルヴェイ　一九二七年

一九二六年四月二日、ヘンドリク・ローレンツは、「ようやくアインシュタインに手紙を書けるようになりました」と、ある人物への手紙に書いた。物理学界の長老格であるこのオランダ人は、その日、ベルギー国王に拝謁（はいえつ）してきたところだった。実業家エルネスト・ソルヴェイが設立した国際物理学研究所の学術委員会のメンバーとしてアインシュタインを選出したい旨（むね）を国王に願い出て、それを認められたのだ。かつてアインシュタインに、「奇跡のような知性と巧みな運営手腕」の持ち主と称されたローレンツは、アインシュタイン選出の件に加え、一九二七年十月に開催を予定されている第五回ソルヴェイ会議に、ドイツの物理学者たちを招くことについても国王の認可を得た。「国王陛下は、大戦から七年を経て、あの戦いにより国民のあいだに高まった反独感情も徐々に収まっているはずであり、未来のためには両国民の相互理解が欠かせず、科学はそのために役立つとのお考えでした」とローレンツは報じた。一九一四年にドイツがベルギーの中立性を無残にも踏みにじったことは、いまだ記憶に生々しいとはいえ、「ドイツ人が物理学に成した大きな貢献を考えれば、彼らを締め出すことはきわめて困難だという点を強調しなければならない」というのがベルギー国王の考えだった。しかし、困難であろうとなかろうと、第一次世界大戦が終結して以来、ドイツ人は国際的な科学界から閉め出され、孤立していたのである。

さかのぼって一九二一年四月の第三回ソルヴェイ会議が開かれる直前のこと、ラザフォードはある物理学者に次のように伝えた。「このたびの会議に招待されたドイツ人は、国際的だとみなされたアインシュタインただひとりです」。しかしアインシュタインは、ドイツ人が排除されたことを理由に第三回会議を欠席することに決め、その代わりに、エルサレムのヘブライ大学設立の資金集めのためにアメリカへ講演旅行に出かけたのだった。それから二年後、アインシュタインはドイツ人の参加が引き続き禁じられていることを踏まえ、第四回ソルヴェイ会議へのいかなる招待も断るつもりだと述べた。「科学に政治を持ち込むのは正しくないというのがわたしの意見です」と、彼はローレンツへの手紙に書いた。「また、各個人が、たまたま自分の属している国の政府の行いに責任を負わされるべきだとも思いません」

一九二一年の会議には、健康上の理由により出席できなかったボーアも、一九二四年の会議への招待は辞退した。もしも出席すれば、ドイツ人を排除するという方針に暗黙の承認を与えたものと見られることを懸念したからだった。一九二五年に国際連盟知的協力委員会の委員長に就任したローレンツは、ドイツの科学者たちが近い将来に国際会議に参加できるようになる見込みはほとんどないだろうと考えていた。[1]ところが意外にも、その年の十月に、ドイツ人を締め出していた扉が開かれた――とは言わないまでも、扉にかかっていた鍵が外されたのである。

スイスのマッジョーレ湖北端に位置する小さなリゾート地、ロカルノの美しい宮殿で、いわゆるロカルノ条約が結ばれると、多くの人たちは、これでヨーロッパは平和になるものと期待した。スイスでもっとも陽光に恵まれたロカルノは、そんな楽観主義にはお似合いの舞台だった。[2]戦後の国境を策定するこの会議にこぎつけるために、ドイツ、フランス、ベルギーの代表は、数カ月に及ぶ外交交渉を粘り強くやり抜かなければならなかった。そのロカルノ条約により、一九二六年九月にドイツが国際連盟に加入する道が開かれ、ひいては、ドイツの科学者が国際舞台から排除されるという事態にも終止符が打たれたのである。つまりベルギー国王がドイツの科学者をソルヴェイ会議に参加させることに承認を与えたとき、外交というチェスボード上では、まだ最後の手は指されていなかったのだ。ともかくも、こうしてローレンツはついに、アインシュタインに第五回ソルヴェイ会議に出席するとともに、会議の計画立案にあたる学術委員会にも参加してもらいたいとの手紙を書くことができたのだった。アインシュタインはその要請を受けた。それから数カ月をかけて招待者が選ばれ、議題が決められ、物理学者にとっては垂涎（すいぜん）の的の招待状が発送された。

招待者は三つのグループに分かれていた。第一のグループは学術委員会のメンバーで、ヘンドリク・ローレンツ（委員長）、マルティン・クヌーセン（幹事）、マリー・キュリー、シャルル＝ウジェーヌ・ギー、ポール・ランジュヴァン、オーウェン・リチャードソン、アルベルト・アインシュタインである。[3]第二のグループは運営委員一名、ソルヴェイ家の代表一名、そして儀礼的に招待されたブリュッセル自由大学の三人の教授たちだった。たまたま会議の時期にヨーロッパに来ている予定のアメリカの物理学者アーヴィング・ラングミュアが、学術委員会の招待客として参加することになった。

招待状には、「このたびの会議では、主に新しい量子力学と、それに関連する問題を議論します」と明記されていた。第三のグループの招待者の顔ぶれには、その趣旨が反映されている。ニールス・ボーア、マックス・ボルン、ウィリアム・ローレンス・ブラッグ、レオン・ブリュアン、アーサー・H・コンプトン、ルイ・ド・ブロイ、ピーター・デバイ、ポール・ディラック、パウル・エーレンフェスト、ラルフ・ファウラー、ヴェルナー・ハイゼンベルク、ヘンドリク・クラマース、ヴォルフガング・パウリ、マックス・プランク、エルヴィン・シュレーディンガー、C・T・R・ウィルソンが顔を揃（そろ）えていたのだ。

かくして量子論の巨匠たちと、量子力学をひっさげて改革を叫ぶ青年たちがブリュッセルに結集することになった。学説上の争点に決着をつけるべく開かれるこの会議――いわば宗教における公会議の物理学者版――に招かれなかった人たちのなかで、とりわけその不在が目立ったのはゾンマーフェルトとヨルダンだった。会議では五つの報告が予定されていた。エックス線反射の強度に関するウィリアム・L・ブラッグの報告、放射に関する電磁理論と実験データとのズレに関するアーサー・コンプトンの報告、量子の新しい動力学に関するルイ・ド・ブロイの報告、マックス・ボルンとヴェルナー・ハイゼンベルクの量子力学に関する報告、そして波動力学に関するエルヴィン・シュレーディンガーの報告である。それに加えて会議終盤のふたつのセッションでは、量子力学について広い立場から一般的な議論が行われることになった。

講演者のリストには、載っていて然るべきふたりの人物の名前が抜けていた。そのひとりアインシュタインは講演を依頼されたものの、自分には報告者になるだけの「力がない」として辞退した。彼はローレンツに、「自分は話題が提供できるほど量子論の最近の発展に熱心に関わっていません。というのも、ひとつには、わたしはこの怒濤のような発展について行けるほど進取の気性に恵まれていないということがあります。また、この新しい理論の基礎となっている純粋に統計的な考え方を認めてもおりません」。「ブリュッセルではそれなりの貢献をしたい」と思っていたアインシュタインにとって、それは難しい決断だったが、「報告者になることは断念しました」と彼は述べた。

しかしじっさいには、アインシュタインはこの新しい物理学の「怒濤のような発展」を綿密に追い、ド・ブロイとシュレーディンガーの仕事には間接的に刺激を与え、ふたりを励ましてもいたのである。それにもかかわらず、アインシュタインはごく初期から、量子力学は現実の世界を完全に矛盾なく記述する理論ではないと感じていたのだった。講演者のリストにはボーアの名前もなかった。彼もまた、量子力学の理論の発展に直接的な役割を演じてはいなかったが、ハイゼンベルク、パウリ、ディラックら、直接的に貢献した人たちとの議論を通じて、この分野に影響力をふるっていた。

第五回ソルヴェイ会議に招待された物理学者たちはみな、「電子と光子」というテーマを掲げたこの会議は、目下もっとも緊急度の高い問題、物理学というよりもむしろ哲学というべき問題について討論するよう企画されていることを知っていた。その問題とはすなわち、量子力学の意味である。量子力学は自然の本当の姿について何を教えているのだろうか？　ボーアはその答えを知っているつもりだった。多くの人たちにとって、ボーアは「量子の王」としてブリュッセルに到着した。しかしアインシュタインは、「物理学の教皇」だった。ボーアにとって、「最近到達した発展の段階は、われわれの観点から見れば、アインシュタイン自身がきわめて独創的なやり方で提示したいくつかの問題を解明するという目的地に至る道のりを、かなり先まで進んだということを意味して」いた。彼は、「アインシュタインがそれをどう考えるか」を知りたくてうずうずしていた。ボーアにとってアインシュタインの意見は大問題だったのだ。

かくして灰色の雲に覆(おお)われた一九二七年十月二十四日の月曜日、最初のセッションが始まる午前十時に、世界有数の量子物理学者のほとんどが、レオポルド公園内にある生理学研究所の建物に顔をそろえた。その場には大きな期待感がみなぎっていた。それは、準備に一年半をかけ、ドイツが仲間外れにされていた時期を終わらせるために国王の同意を必要とした会議だった。

学術委員会の委員長であり、ソルヴェイ会議の議長を務めるローレンツが短い歓迎の言葉を述べたのち、マンチェスター大学物理学教授のウィリアム・L・ブラッグが開会宣言を行った。このとき三十七歳のブラッグは、結晶構造の研究にエックス線を用いるという先駆的な仕事により、一九一五年に父親のウィリアム・H・ブラッグとともにノーベル物理学賞を受賞したときには、まだ二十五歳という若さだった。結晶によるエックス線解析の最新データと、そこから得られる原子構造に関する情報について報告するという任務に、彼以上の適任者はいなかった。ブラッグが報告を終えると、ローレンツは会場からの質問と発言を求めた。会議の進行は、それぞれの報告に続いて十分な討議ができるよう、余裕をもって計画されていた。ローレンツはドイツ語とフランス語を操り、あまり語学が得意ではない人たちを助けた。討議には、ブラッグ、ハイゼンベルク、ディラック、ボルン、ド・ブロイ、そしてローレンツ自身が参加し、こうしてひとつ目のセッションが終わった。その後、みんなで昼食をとった。

午後のセッションでは、アメリカのアーサー・コンプトンが、電磁放射の理論では、光電効果も、「エックス線が電子に散乱されると波長が伸びるという現象」も説明できないと述べた。わずか数週間前に一九二七年のノーベル物理学賞を受賞することが決まったコンプトンだったが、その謙虚な人柄ゆえ、自分が発見したその現象を、今日通用している「コンプトン効果」という名前では呼ばなかった。十九世紀にジェームズ・クラーク・マクスウェルが作った偉大な理論にはできなかった理論と実験の不整合を克服したのが、アインシュタインの光量子——新しい名前では「光子」——だった。ブラッグとコンプトンの報告は、理論的な概念についての議論の呼び水となるよう企画されていた。第一日目が終わるころまでには、主要なプレイヤーは全員が発言をしていた——ただアインシュタインひとりを除いて。

翌火曜日の朝、ブリュッセル自由大学でゆったりとレセプションが行われたのち、「量子の新しい動力学」と題するルイ・ド・ブロイの報告を聞くために、全員がふたたび会議場に集まった。ド・ブロイはフランス語で講演を行い、まず、波と粒子の二重性を物質にまで拡張した自分の仕事について説明し、それをシュレーディンガーが独創的なアプローチで波動力学に発展させた経緯を報告した。それからド・ブロイは、ボルンの確率解釈には少なからぬ真実が含まれていることを認めつつも、シュレーディンガーの波動関数に対する別の解釈を、慎重な語り口で提唱した。

　のちにド・ブロイ自身が「先導波理論」と呼ぶようになるその解釈では、どんな実験を行うかによって、電子が粒子または波として振る舞うコペンハーゲン解釈とは対照的に、電子は粒子と波動の両方として存在する。粒子はちょうど波乗りをするサーファーのようなもので、粒子と波は同時に存在する、とド・ブロイは論じた。粒子を先導する波は、ボルンのいう抽象的な確率波ではなく、実在する物理的な波だった。討議の時間になると、ボーアとその仲間たちは、コペンハーゲン解釈の優位性を断乎として主張し、シュレーディンガーのほうも波動力学に関する自分の解釈を売り込もうと粘っていたため、ド・ブロイの先導波は四面楚歌というありさまになった。中立的な人たちに影響力をもっていた唯一の人物、アインシュタインからの援護射撃を期待していたド・ブロイは、彼が最後まで口を開かなかったことに失望させられた。

　十月二十六日の水曜日には、量子力学のふたつの対抗理論の提唱者たちがそれぞれ報告を行った。午前中のセッションは、ハイゼンベルクとボルンが共同で担当した。ふたりの講演は大きく四つの部分に分かれていた――数学的形式、物理的解釈、不確定性原理、そして量子力学の応用である。

具体的には、この会議の議事録にある通り、上位者のボルンが序説と、第一部および第二部を担当し、第三部と第四部をハイゼンベルクが担当した。ふたりはその報告を次のように切り出した。「量子力学は、不連続性の発生こそは原子物理学と古典物理学との本質的な違いだという直観にもとづいています」。そしてふたりはほんの数メートルの距離に座っている物理学者たちに謝意を表す意味で、量子力学は本質的に、「プランク、アインシュタイン、そしてボーアによって創設された量子論を直接的に拡張した」ものだと指摘した。

それに続いて、行列力学、ディラック＝ヨルダンの変換理論、確率解釈を説明したのち、不確定性原理と「プランク定数 h の意味」に話を進めた。ふたりは、プランク定数は「波と粒子の二重性を介して自然法則に入り込む普遍的なあいまいさの尺度」だと主張した。じっさい、もしも物質と放射が波と粒子の二重性をもたなかったなら、プランクの定数は存在しなかっただろうし、量子力学も存在しなかっただろう。そしてふたりはまとめとして、次のような挑戦的な発言をした。「量子力学は閉じた理論であって、その物理的数学的前提は、もはやいかなる変更も受けることはないと考えています」

閉じた理論だというのは、今後いかなる発展があろうと、量子力学の基本的な特徴は変わらないという意味だ。アインシュタインにとって、量子力学は完全だとか最終理論だとかいう主張はなんであれ、到底受け入れられるものではなかった。たしかに量子力学はみごとな理論だが、アインシュタインの見るところ、まだ本物ではなかったのだ。しかしアインシュタインは挑発に乗ることを拒否し、ふたりの報告に続く討論でも口を閉ざしていた。その討議で発言したのは、ボルン、ディラック、ローレンツ、ボーアの四人で、ボルンとハイゼンベルクの報告に異議を唱えた者はひとりもいなかった。

パウル・エーレンフェストは、量子力学は閉じた理論だというボルン＝ハイゼンベルクの大胆な主張にアインシュタインが納得していないのを察知し、次のようなメモを彼に手渡した。「笑わないで！　煉獄（れんごく）には量子論の教授たちのための特別部門があって、そこで彼らは毎日十時間、古典物理学の講義を受けなければならないとか」。それに対してアインシュタインはこう答えた。「わたしとしては、彼らのおめでたさを笑うしかないね。何年かして誰が最後に笑うかなど、誰にもわからないよ」

昼食後に演壇に上がったのは、波動力学に関する報告を英語で行ったシュレーディンガーだった。「波動力学の名のもとに、現在、互いに密接に関係しているが完全に同じではないふたつの理論が使われています」と彼は切り出した。じっさいにはひとつの理論しかないのだが、事実上、それがふたつに分裂していたのだ。一方は、日常的な三次元空間の中にある波についての理論。そして他方は、高度に抽象的な多次元空間を必要とする理論だ。問題は、一個の電子の運動を記述する場合を別にすれば、その波は、三次元よりも高い次元の空間に存在する波になってしまうことだ、とシュレーディンガーは説明した。水素原子に含まれる一個の電子を記述するためには三次元空間で足りるが、ヘリウムの二個の電子を記述するためには、六次元空間が必要になる。とはいえ、配位空間として知られるこの多次元空間は数学的な道具にすぎず、その理論で記述されるプロセスがいかなるものであれ――衝突し合う多数の電子であれ、原子核のまわりを軌道運動している一個の電子であれ――そのプロセスは空間と時間の中で起こっている、とシュレーディンガーは論じた。「しかし率直に言って、それらふたつの概念は、まだ完全には統一されていません」と述べてから、彼はふたつの場合それぞれについての説明に話を進めた。

物理学者たちは波動力学を便利に使っていたが、一個の粒子を記述する波動関数はその粒子の電荷と質量の分布を表しているというシュレーディンガーの解釈を支持する者は、指導的な理論家の中にはひとりもいなかった。シュレーディンガーは、ボルンの確率解釈が広く支持されていることにも屈せず、自分の波動関数解釈の妥当性を力説し、定説となっていた「量子飛躍」という考え方に疑問を投げかけた。

シュレーディンガーは、報告者としてこの会議に招待されたときから、「行列派」との衝突は避けられまいと覚悟していた。講演後に最初に質問に立ち上がったのはボーアだった。ボーアは、シュレーディンガーが報告の後半で述べた「困難」は、彼が前半で述べた、ある結果が間違っているからではないかと問いただした。シュレーディンガーは、ボーアのその質問はうまく切り抜けたが、今度はボルンが立ち上がり、別のところで計算に間違いがあるのではないかと質問した。シュレーディンガーは少しいらついた様子で、「その計算は完璧(かんぺき)に正しく厳密であり、ボルン氏による抗議は根拠がありません」と述べた。

さらに二人が発言したのち、ハイゼンベルクが立ち上がった。「シュレーディンガー氏は報告の最後で、われわれの知識が深まれば、多次元理論で得られた結果を三次元空間で説明し、理解できるようになるだろうとの希望的観測を述べることで、彼の理論を根拠づけました。しかしわたしの見るところ、シュレーディンガー氏の計算には、この希望的観測を根拠づけるようなものは何もないように思います」。これに対してシュレーディンガーは、「三次元で考えることができるようになるだろうという自分の期待は、さほど荒唐無稽(むけい)な夢物語というわけではありません」と答えた。それから数分ほどして討議が終わり、議事の第一部にあたる招待講演はすべて終了した。

ソルヴェイ会議の日程を変更するには遅すぎる時期になって、パリの科学アカデミーが、十月二十七日の木曜日に、フランスの物理学者オーギュスタン・フレネルの没後百周年を記念する行事を行うという決定を下したことがわかった。そのためソルヴェイ会議は議事の進行を一日遅らせて、その記念行事への出席を希望する約半数の参加者がパりに行き、会議のクライマックスである最後のふたつのセッションで行われる一般的討議までに、ブリュッセルに戻れるように取り計らった。ローレンツ、アインシュタイン、ボーア、ボルン、パウリ、ハイゼンベルク、ド・ブロイを含む二十名が、フレネルに敬意を表するためにパリに向かった。

ローレンツに発言の許可を求めて、ドイツ語、フランス語、英語が飛び交うなか、パウル・エーレンフェストが突然立ち上がり、黒板に歩いて行ってこう書いた。「主はここに、全地の言葉を混乱させた」。エーレンフェストが席に戻ると、彼が聖書のバベルの塔のエピソードを引用しただけではないことに気づいた参加者のあいだに笑いが起こった。一般的討論のひとつ目のセッションは、十月二十八日金曜日の午後に始まった。まずローレンツが、因果律、決定論、確率の問題に討論のテーマを絞るために、いくつかの論点を提出した。量子的な出来事には何らかの原因があるのだろうか、ないのだろうか？　彼の言葉を借りるなら、「決定論は、それを信仰箇条のひとつとしなければ主張できないのだろうか？　非決定論をひとつの原理にまで格上げしなければならないのだろうか？」。ローレンツはそれ以上は自分の考えを述べず、ボーアにこのセッションの舵取り（かじとり）を頼んだ。ボーアはそれを受けて、「量子物理学においてわれわれが直面する認識論的な問題」について語り出した。彼の目的が、アインシュタインにコペンハーゲンの解決策の正しさを納得させることにあるのは、誰の目にも明らかだった。一九二八年十二月に、第五回ソルヴェイ会議の議事録がフランス語で公刊されると、ボーアの論文は正式な報告のひとつなのだろうと誤解した者は、当時もその後も多かった。このセッションでの発言を議事録に収めるために校正を求められたボーアは、同年四月にすでに刊行されていた、ソルヴェイ会議での発言よりもはるかに長いコモでの講演記録を収録してくれるよう頼み、それを認められたのである。(4)

アインシュタインは、ボーアが自分の信念の概略を語るあいだ、じっとその言葉に耳を傾けていた。ボーアは、波と粒子の二重性は相補性という枠組みの中でしか説明できないと主張した。また、不確定性原理は、自然に本来そなわっている特徴であり、古典的概念に適用限界があることを明らかにするものだが、その基礎は相補性にあると述べた。そして、量子の世界を調べるために行われた実験の結果を明確に伝達するためには、観測結果そのものだけでなく、実験の設定についても、「古典物理学の語彙を適切に磨き上げた」言葉で表現しなければならないとボーアは主張した。

一九二七年二月、ボーアが相補性に向かってじりじりと考察を進めていたころ、アインシュタインはベルリンで光の性質に関する講演を行っていた。アインシュタインは、光の量子論と、光の波動論のどちらか一方ではなく、「それらふたつの概念を統合しなければなりません」と主張した。彼がその考えを最初に明らかにしたのは、もう二十年ほども前のことだった。アインシュタインは、「統合」を待望していたのに対し、ボーアは相補性を導入し、波と粒子の性質を、互いに相容れないものとして分離しようとしていた。どんな実験をするかによって、光は波であったり粒子であったりするというのだ。

科学者たちは従来、自分が見ているものを攪乱せずに観測できるという、暗黙の前提の上に立って実験を行ってきた。客体と主体、観測者と観測対象は、はっきりと区別されていたのである。しかしコペンハーゲン解釈によれば、原子の領域では、もはやその区別は成り立たない。その原因を、ボーアは「量子仮説」に求めた――それを彼は、新しい物理学の「エッセンス」と呼んだ。量子仮説とは、量子がそれ以上分割不可能な塊になっているせいで、自然界に不連続性が生じるということを捉えるために、ボーアが導入した言葉である。量子仮説を受け入れれば、観測対象と観測者をはっきり区別することはできなくなる、とボーアは述べた。観測を行おうとすると、測定対象と測定装置とのあいだでかならず相互作用が起こる。しかし量子は塊になっているので、その相互作用を好きなだけゼロに近づけることはできない。そのため原子の領域では、「現象と観測者のどちらに対しても、通常の意味での、独立した物理的実在性を与えることはできない」というのがボーアの考えだった。

ボーアのイメージする実在は、観測されなければ存在しないようなものだった。コペンハーゲン解釈によれば、ミクロな対象はなんらかの性質をあらかじめもつわけではない。電子は、その位置を知るためにデザインされた観測や測定が行われるまでは、どこにも存在しない。速度であれ、他のどんな性質であれ、測定されるまでは物理的な属性をもたないのだ。ひとつの測定が行われてから次の測定が行われるまでのあいだに、電子はどこに存在していたのか、どんな速度で運動していたのか、と問うことには意味がない。量子力学は、測定装置とは独立して存在するような物理的実在については何も語らず、測定という行為がなされたときにのみ、その電子は「実在物」になる。つまり、観測されない電子は、存在しないということだ。

「物理学の仕事を、自然を見出す（みいだす）ことだと考えるのは間違いである」とボーアはのちに述べた。「物理学は、自然について何が言えるのかに関するもの」であって、それ以外のなにものでもないというのがボーアの考えだった。彼にとって、科学にはふたつの目的があった。「経験できることの範囲を広げること、そして経験を秩序立てること」だ。

アインシュタインはかつてこう述べた。「われわれが科学と呼ぶものの唯一の目的は、存在するものの性質を明らかにすることである」。アインシュタインにとって物理学とは、観測とは独立した存在をありのままに知ろうとすることだった。アインシュタインが、「物理学において語られるのは、〝物理的実在〟である」と述べたのは、その意味でだった。コペンハーゲン解釈で武装したボーアにとって、物理学において興味があるのは、「何が実在しているか」ではなく、「われわれは世界について何を語りうるか」だった。ハイゼンベルクはその考えを、のちに次のように言い表した。日常的な世界の対象とは異なり、「原子や素粒子そのものは実在物ではない。それらは物事や事実ではなく、潜在性ないし可能性の世界を構成するのである」

ボーアとハイゼンベルクにとって、「可能性」から「現実」への遷移（せんい）が起こるのは、観測が行われたときだった。観測者とは関係なく存在するような、基礎的な実在というものはない。アインシュタインにとって科学研究は、観測者とは無関係な実在があると信じることに基礎づけられていた。アインシュタインとボーアとのあいだに起ころうとしている論争には、物理学の魂ともいうべき、実在の本性がかかっていたのである。

ボーアに続いて三人が発言したところで、ついにアインシュタインが、自らに課した沈黙を破りたいという意思をローレンツに伝えた。「わたしは自分が量子力学のエッセンスに十分習熟していないことは承知していますが、いくつか一般的なことを述べたいと思います[5]」。ボーアは、量子力学は「観測可能な現象を説明する可能性を尽くしている」と主張した。しかしアインシュタインはそれに同意しなかった。量子の世界のミクロな物理学という砂の上に、一本の線が引かれた。アインシュタインは、コペンハーゲン解釈には矛盾があることを示し、「量子力学は閉じた完全な理論だ」という、ボーアや彼の支持者たちの主張を覆す責任は、自分にあることを知っていた。そこで彼は得意の技に訴えた――頭の中の実験室で行う、仮想的な思考実験である。

アインシュタインは黒板の前に行くと、細いスリットを開けた不透明なスクリーンを表す一本の線を引いた。それから彼は、その線の上のほうに、写真乾板を表す半円を描いた。その簡単な図を使って、アインシュタインは自分の頭の中にある実験を説明しはじめた。電子または光子のビームをスクリーンに照射すると、その一部はスリットを通り抜けて写真乾板に当たる。スリットは細いので、そこを通過する電子たちは波のように回折し、あらゆる可能な方向に広がって行くだろう。スリットを通り抜けて写真乾板に向かう電子たちは、量子論の要請と矛盾することなく、球面波のように振る舞うのだ。ところがその電子たちは、個々に粒子として写真乾板に当たる。この思考実験を解釈するにはふたつの観点がある、とアインシュタインは言った。

コペンハーゲン解釈によれば、何らかの観測が行われて、写真乾板に電子が当たった痕跡がカウントされるまでは、写真乾板上のどの点にも、どれかひとつの電子が検出される有限な（ゼロではない）値の確率がある。たとえ電子が空間の大きな領域に波のように広がっているとしても、どれかの電子がA点で検出されたとたん、その電子がB点で——A点以外のあらゆる点で——検出される確率はゼロになる。コペンハーゲン解釈は、この実験で個々の電子が検出されるという出来事は、量子力学によって完全に記述されると主張しているのだから、個々の電子の振る舞いは波動関数によって記述されるはずである。

さてここに問題がある、とアインシュタインは言った。もしも観測が行われるまで、その電子が検出される確率が写真乾板全体に「広がって」いたのなら、電子がA点に当たった瞬間に、B点やその他、写真乾板上のすべての点で検出される確率に影響が及んだと考えなければならない。広がっていた波動関数が瞬間的に一点に「収縮」したのなら、光よりも早い因果関係が存在することになるが、それは彼の特殊相対性理論によって禁じられている。Aで起こったことが原因で、Bで何かが起こるなら、その信号が伝わるためには、最低でも、光がAからBに進むためにかかるだけの時間は必要だからだ、とアインシュタインは説明した。彼は、のちに「局所性」と呼ばれることになるこの要請が破られていることを根拠に、コペンハーゲン解釈には矛盾があり、量子力学は個々のプロセスを記述する完全な理論ではないことが示されたと考えたのだった。つぎにアインシュタインは、この実験を説明する別の説明を提案した。

スリットを通過した個々の電子は、さまざまな経路をとる可能性があるなかで、どれかひとつの経路をとって写真乾板に当たる。一方、波動関数の球面波は、個々の電子に

対応しているのではなく、「多数の電子の雲」に対応している。量子力学は、個々のプロセスに関する情報を与えるのではなく、たくさんのプロセスからなる統計的集団（アンサンブル）についての情報を与えるにすぎない。アンサンブルを構成する個々の電子は、それぞれ別の経路をとってスリットから写真乾板に向かうが、波動関数は、それら個々の電子ではなく、多数の電子の雲のようなものを表している。つまり波動関数の二乗 $|\psi(A)|^2$ は、ある特定の電子がAに検出される確率ではなく、アンサンブルを構成する電子のうち、どれかひとつが検出される確率を表しているのである、とアインシュタインは論じた。この解釈は「純粋に統計的」だとアインシュタインは述べた。この言葉で彼が言わんとしたのは、波に特徴的な干渉パターンを写真乾板に生じるのは、きわめて多数の電子が写真乾板に当たるときの、統計的分

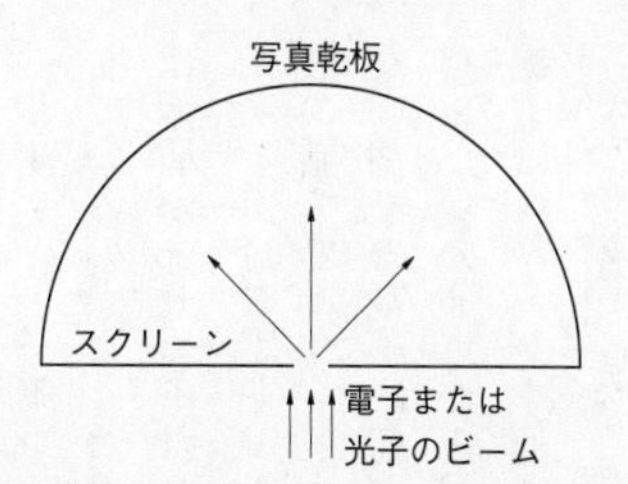

図13　アインシュタインの一重スリット思考実験

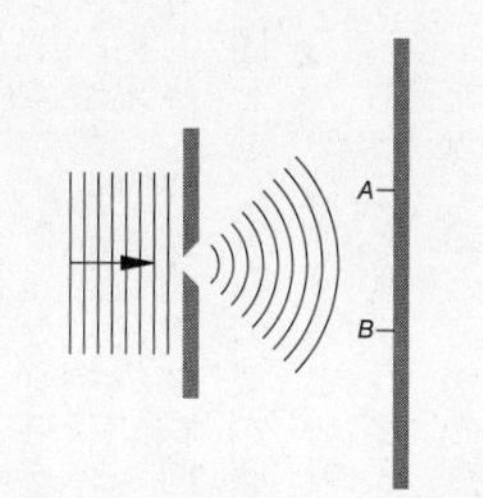

図14　アインシュタインの一重スリット思考実験
のちにボーアが図示したもの。

布のためだということだった。

ボーア、ハイゼンベルク、パウリ、ボルンは、アインシュタインがどこに向かおうとしているのかよくわからなかった。アインシュタインは、自分の目的地――量子力学には矛盾があり、それゆえ不完全な理論だと示すこと――をはっきりとは述べなかったからだ。ボーアら四人は、もちろん波動関数は瞬間的に収縮するが、それは抽象的な確率波の話であって、三次元空間を進む実在の波が収縮するわけではないと考えていた。また、個々の電子に何が起こるかを観測するという方法では、アインシュタインが説明したふたつの観点から、どちらか一方を選び出せるわけでもなかった。どちらの場合にも、電子はスリットを通過して、乾板上のどこかの点に当たることには違いがないのだから。「わたしは困った立場に立たされているように思います」とボーアは言った。「というのも、わたしにはアインシュタインの言わんとすることが理解できないからです。もちろん、理解できないのは、わたしのほうに非があります」。それに続けてボーアは驚くべきことを言った。「わたしは量子力学がなんであるかを知りません。ただ、われわれは何か数学的な方法を使っているということ、そしてその方法を使えば、実験をうまく記述できるということはわかっています」。ボーアはアインシュタインの分析については何も言わず、自分の考えを繰り返すにとどめた。しかし、この量子のチェスの勝負の一方の当事者であるデンマーク人のグランドマスターは、アインシュタインの七十歳の記念論文集に寄せるために一九四八年に書いた論文のなかで、一九二七年の会議の折、その晩と会議の最終日に与えた回答について述べている。

ボーアによれば、その思考実験に関するアインシュタインの分析では、スクリーンと写真乾板の両方が、空間と時間のなかでよく定義された位置をもつものと暗黙のうちに仮定されていた。しかしそのことは、スクリーンと写真乾板はともに無限大の質量をもつということを意味する。なぜなら電子がスリットから出てくる場所および時刻のどちらについても、あいまいさがないのはその場合だけだからである。その結果として、電子の正確な運動量およびエネルギーはわからなくなる。不確定性原理から、電子の位置が正確にわかればわかるほど、同時に測定される運動量は不正確にならざるをえないため、それが唯一可能なシナリオなのだ、とボーアは論じた。アインシュタインの仮想的な実験ではスクリーンが無限大の質量をもつため、電子がスリットを通り抜ける位置と時刻がはっきりわかる。スリットの場所での電子の位置、およびその時刻にあいまいさの余地はない。しかしその正確さには代償が伴う――その電子の運動量とエネルギーがまったくわからなくなるのだ。

スクリーンの質量は無限大ではないと考えるのが現実的だろう、とボーアは言った。スクリーンの質量が有限なら、電子に比べればずっと重いとはいえ、電子がスリットを通り抜けるとき、スクリーンは動くことになる。その動きは非常に小さいため、実験室では検出できないだろうが、理想化された思考実験という抽象的な世界では、申し分なく正確な測定ができると考えてよい。スクリーンが動くせいで、回折の過程で電子の位置は空間的にも時間的にもあいまいになり、結果として、電子の運動量とエネルギーも相応にあいまいになる。しかし、スクリーンの質量が無限大である場合よりは、回折された電子が写真乾板に当たる位置の予測は正確になるだろう。量子力学は、不確定性原理により課される限界の範囲内で、個々の出来事について、可能なかぎり完全な記述を与えるのである、とボーアは論じた。

アインシュタインはボーアの回答に納得せず、粒子（電子でも光子でもよい）がスリットを通過するとき、スクリーンと粒子とのあいだでやりとりされる運動量とエネルギーを測定できる可能性について考えてみてほしいと言った。その場合、スリットを通過した直後の粒子の状態が、不確定性原理によって許される限界を超えて正確にわかることになる。粒子がスリットを通り抜けるとき、粒子は経路を曲げられ、粒子が写真乾板に向かう経路は運動量保存則から求められるだろう。運動量保存則によれば、二つの物体（粒子とスクリーン）の運動量の和は一定に保たれる。したがって、粒子が上向きに進路を曲げられればスクリーンは下向きに押されるし、粒子が下向きに進路を曲げられればスクリーンは上向きに押される。

ボーアが導入した動くスクリーンを逆手に取り、アインシュタインは動くスクリーン

S_1と写真乾板とのあいだに、細いスリットをふたつ開けたスクリーンS_2を挿入することによって、その想像上の実験を改良した。

アインシュタインは、第一のスクリーンS_1のスリットと、第二のスクリーンS_2に開けたふたつのスリットのうちのどちらか一方を、一度に一個の粒子しか通過できないぐらいまでビームの強度を弱めた。その後粒子は写真乾板に当たる。ひとつひとつの粒子が、写真乾板に消すことのできない痕跡を残していくうちに、驚くべきことが起こるだろう。はじめはランダムにバラ撒かれているように見えていた点が、粒子の痕跡がスクリーン上に溜まっていくにつれ、統計法則に従い、明暗の縞からなる特徴的な干渉パターンに変わっていくのだ。個々の粒子は、どれかひとつの痕跡だけにしか関与しないにもかかわらず、何らかの統計的な指令に従って、全体としての干渉パターンに紛れもなく寄与するのである。

粒子と第一のスクリーンS_1とのあいだでやりとりされる運動量を制御して測定すれば、粒子がスクリーンS_2の、上のスリットに向かったか、あるいは下のスリットに向かったかがわかる、とアインシュタインは述べた。その粒子が写真乾板に当たった位置と、S_1の動きがわかれば、粒子がS_2のふたつのスリットのどちらを通ったかを追跡することができる。どうやらアインシュタインは、不確定性原理によって許された限界よりも正確に、粒子の位置と運動量を同時に測定できる実験を考え出したらしかった。そしてその過程で、彼はコペンハーゲン解釈のもうひとつの屋台骨である相補性にも反駁したようにみえた。ボーアの相補性という枠組みの中では、ひとつの実験では、電子の（または光子の）、粒子的性質または波的性質の、どちらか一方だけしか現れないはずだからだ。

アインシュタインの思考実験にはきっと穴があるはずだと思ったボーアは、それを見つけるために、その実験に必要な装置をスケッチしてみた。彼が注目したのは、スクリーンS_1だった。ボーアは、粒子とS_1とのあいだでやりとりされる運動量を制御し測定できるかどうかは、S_1が垂直方向に動けるかどうかにかかっていることに気がついた。粒子がスクリーンS_2の、上下どちらのスリットを通ったかがわかるためには、その粒子がS_1を通過するときに、S_1が上下どちらに動くかを観測できなければならないからだ。

長年スイスの特許局に勤めていたにもかかわらず、アインシュタインはその実験の詳細までは考えていなかった。しかしボーアは、量子の悪魔は細部に宿ることを知りぬいていた。彼は、粒子がS_1を通過するときに運動量をやりとりする結果として生じる上下方向の運動が測定できるように、S_1を、ふたつのバネで枠から吊り下げるタイプのものに取り替えた。測定装置は、枠に取り付けられたポインターと、S_1に刻まれた目盛りだけの簡単なものだ。粗い装置だが、この思考実験でS_1と粒子との相互作用を観測するためには十分感度が高いものとする。

ボーアは、粒子が通過するときに、S_1が、粒子との相互作用で生じる動きよりも大きな未知の速度ですでに動いていたとすると、粒子とのあいだでどれだけの運動量が移行したかを正確に知ることはできず、それゆえ粒子の軌跡も知ることはできないと論じた。一方、もしも粒子からS_1に移行する運動量を制御し測定することが可能だとすると、今度は不確定性原理により、S_1とスリットの位置があいまいになる。スクリーンの垂直方向の運動量がどれほど正確に測定されようとも、不確定性原理により、それに応じて垂直方向の位置の測定があいまいになるのだ。

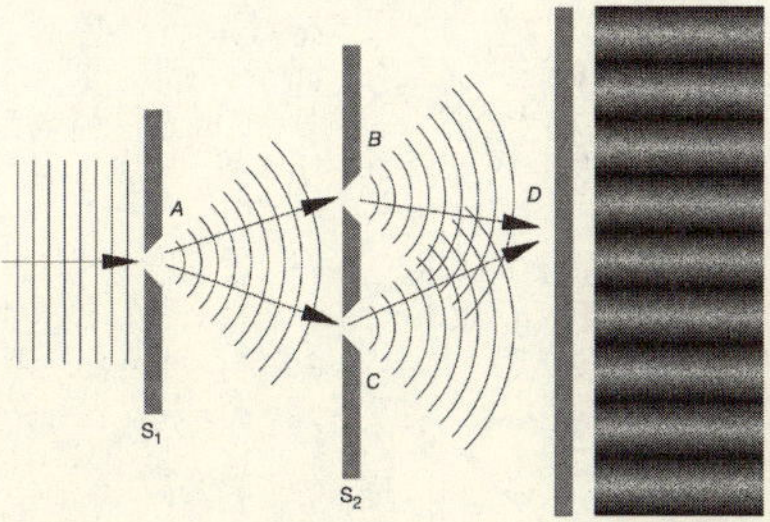

図15　アインシュタインの二重スリット思考実験
右側には、スクリーン上の干渉パターンを示す。

ボーアはさらに続けてS_1の位置があいまいなら干渉パターンが崩れると論じた。たとえば、写真乾板上のDという位置（図15）は、波が弱め合う場所であり、干渉パターンの暗い部分である。S_1の位置が上下にずれると、ふたつの経路ABDとACDの長さが変わる。もしも新しい長さが、もとの長さに比べて半波長だけ変わったとすると、弱め合う干渉の代わりに強め合う干渉が起こり、Dは明るい場所になるだろう。

S_1の上下方向の位置の変化にあいまいさを含める

ためには、このスクリーンが取り得るあらゆる位置について、ある種の「平均」を行う必要がある。すると、もっとも強め合う干渉ともっとも弱め合う干渉の、どこか中間の干渉が起こることになり、写真乾板上にはぼやけたパターンが現れるだろう。粒子からS_1への運動量移行をきちんと測定すれば、S_2のふたつのスリットのうち、粒子がどちらを通り抜けたかがわかるが、そうすると干渉パターンが崩れる、とボーアは論じた。

「アインシュタインの提案するような運動量移行の制御を行うと、膜（S_1）の位置に関する情報に幅が生じ、問題の干渉が現れることはなくなるだろう」というのが彼の結論だった。こうしてボーアは、不確定性原理を擁護したばかりか、ミクロな物理学の対象がもつ波としての側面と粒子としての側面の両方が、ひとつの実験に――架空の実験であれ現実の実験であれ――同時に現れることはないという持論も擁護したのだった。

ボーアの反論は、スクリーンS_1への運動量移行を、粒子の進路がわかるほど正確に測定すれば、S_1の位置があいまいになるという仮定の上に成り立っていた。その原因は、S_1の目盛りを読み取るというプロセスにある、とボーアは説明した。目盛りを読み取るためには、目盛りを光で照らさなければならない。そのためには光がS_1で散乱されなければならず、結果として制御（測定）不可能な運動量移行が起こる。粒子がスリットを通り抜けるとき、粒子からS_1にどれだけの運動量が移行するかを正確に測定できないのはそのためだ。光子が反射することによる衝撃をなくすためには、目盛りを照らさないようにするしかなく、そうすると目盛りは読み取れなくなる。ボーアはかつて顕微鏡の思考実験で、あいまいさの起源として「攪乱」を使ったハイゼンベルクを批判したが、今彼はそれとまったく同じ「攪乱」という概念に訴えたのである。

二重スリット実験にはもうひとつ興味深い点があった。ふたつのスリットの一方にシャッターがついているとすると、それを閉じれば干渉パターンは消える。干渉が起こるのは、ふたつのスリットが同時に開いている場合だけなのだ。しかし、なぜそんなことが起こりうるのだろうか？　一個の粒子は一方のスリットしか通過できない。それなのに粒子はどうやって、他方のスリットが開いているか閉じているかを、「知る」のだろうか？

ボーアはすでに答えをもっていた。くっきりした経路をたどる粒子は存在しないということだ。干渉パターンが生じるのは、そんな経路は存在しないからなのだ。たとえ二重スリットの実験装置を通過するのが波ではなく、一度に一個ずつの粒子だとしても、くっきりした経路は存在しないのである。量子のそんなファジーさのおかげで、

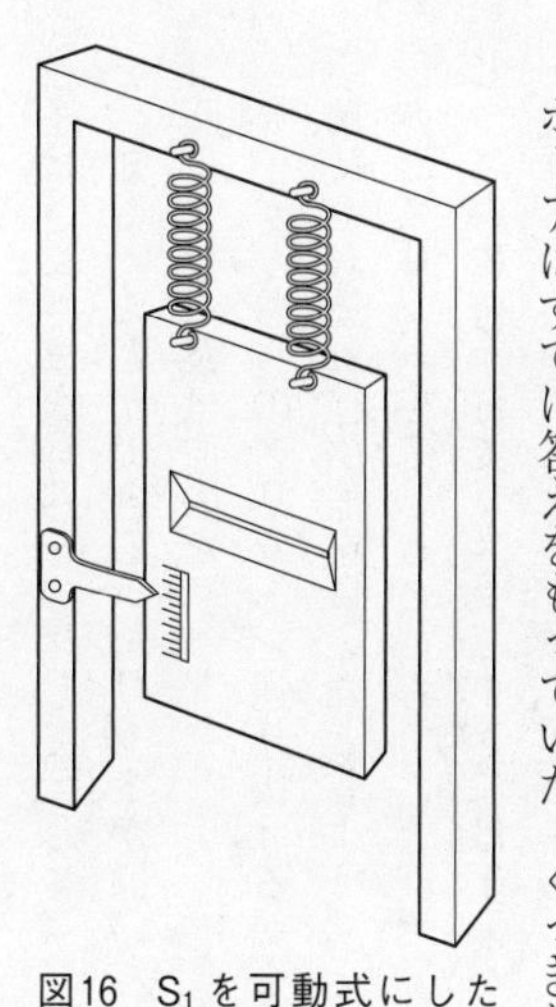

図16　S_1を可動式にしたボーアの設計

粒子はさまざまな経路を「試して」みて、一方のスリットが開いているか閉じているかを「知る」ことができる。スリットが開いているか閉じているかが、その粒子の未来の経路に影響を及ぼすのだ。

粒子がどちらのスリットを通り抜けるかを覗(のぞ)いてみようとして、ふたつのスリットの手前にそれぞれ検出器を置いたとしよう。その場合、粒子の経路に影響を及ぼさずに、一方のスリットを閉じることもできそうだ。そのいわゆる「事後選択」実験が、のちにじっさいに行われて、スクリーンには干渉パターンではなく、拡大されたスリットの像が現れることが示された。粒子がどちらのスリットを通り抜けるかを確定するために粒子の位置を測定しようとすれば、電子ははじめの経路を攪乱され、干渉パターンは消えてしまうのだ。

物理学者は、「粒子の経路を追跡するか、波の干渉効果を観測するか」のどちらか一方を選ばなければならない、とボーアは述べた。もしもS_2のふたつのスリットのうちの一方が閉じていれば、粒子がどちらのスリットを通過して写真乾板に当たったかがわかるが、その場合には干渉パターンは現われないだろう。そしてボーアはこう論じたのである。この選択をすることで、「電子なり光子なりの振る舞いが、それが通過しなかったことが判明するかもしれない膜(S_2)の存在に左右されると結論しなければならないという、逆説的な事態を回避できる」と。

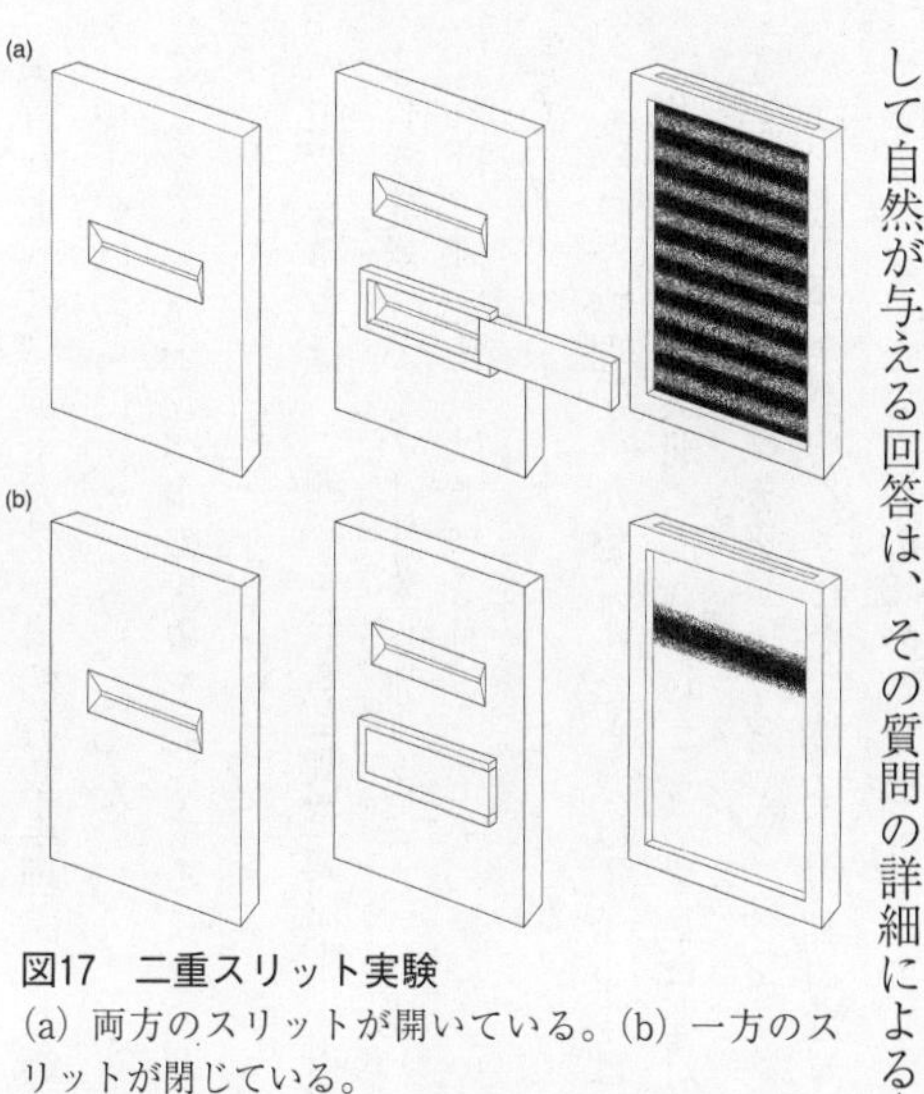

図17　二重スリット実験
(a) 両方のスリットが開いている。(b) 一方のスリットが閉じている。

ボーアにとって二重スリット実験は、互いに排他的な実験条件のもとで、相補的な現象が現れる「典型例」だった。この世界の本性は量子力学的なのだから、光は粒子でも波でもない、とボーアは論じた。光はその両方なのであって、粒子のように振る舞うこともあれば、波のように振る舞うこともある。光が粒子なのか波なのかという質問に対して自然が与える回答は、その質問の詳細による——つまり、どんな実験をするかによる。光子がスクリーンS_2の、どちらのスリットを通り抜けたかを知ろうとして行われる実験は、「粒子」という答えを引き出すような問いであり、その場合、干渉パターンは現われない。アインシュタインが容認できなかったのは、確率——神がサイコロを振ること——ではなく、観測者の思惑とは無関係に存在する客観的実在が失われることだった。それゆえアインシュタインにとっては、ボーアが言うように、量子力学が自然の基本理論だということはありえなかった。

ボーアはのちに次のように語った。「アインシュタインの懸念と批判はわれわれ全員にとって、原子レベルの現象を記述することに関するさまざまな面を再検討するためのインセンティブとして非常に貴重だった」。そして彼は、アインシュタインとのあいだの主要な争点は、「調べる対象と測定装置――古典的な言葉で記述され、現象が起こる条件を定義するもの――を区別すること」にあったと力説した。コペンハーゲン解釈によれば、測定装置は調べる対象と密接に結びついていて、それらを切り離すことは不可能なのだ。

ミクロな物理学の対象――たとえば電子――は量子力学の法則に従うのに対し、装置は古典物理学の法則に従う。しかし、マクロな対象であるスクリーンS_1に不確定性原理を当てはめてよいのかというアインシュタインの反論に答えることができなかったボーアは、撤退を余儀なくされた。彼は、古典的世界と量子的世界に「切れ目」を入れる、つまりマクロとミクロの境界線を引くことができず、日常の大きなスケールの世界の構成要素である観測装置を、量子の世界に属すると宣言するだけで済ませたのである。ボーアはこれ以降も、量子力学に関するアインシュタインとのチェスゲームのなかで、しばしば怪しげな行動をとる。勝者の取り分は、あまりにも大きかったのだ。

一般的討論の時間にアインシュタインが口を開いたのは、この後はあと一度、ひとつ質問をしたときだけだった。後年ド・ブロイは、「アインシュタインは、確率解釈に対するごく簡単な反論をした以外はほとんど何も言わなかった」と語った。その発言の後、アインシュタインは「ふたたび口をつぐんだ」と。しかし、参加者全員がホテル・メトロポールに滞在していたため、突っ込んだ論争は生理学研究所の会議室でではなく、ホテルのエレガントなアール・デコ様式のダイニングルームで行われていたのである。ハイゼンベルクは、「ボーアとアインシュタインは全面戦争に突入した」と言った。

貴族にはめずらしく、ド・ブロイはフランス語しか話さなかった。彼はダイニングルームでアインシュタインとボーアが話し込んでいて、ハイゼンベルクとパウリらがそれを熱心に聞いているのを見ていたに違いない。しかし彼らはドイツ語で話していたので、ド・ブロイは、アインシュタインとボーアが、ハイゼンベルク言うところの「全面戦争」をしているとは思わなかったのだろう。思考実験の達人として知られるアインシュタインは、毎朝、不確定性原理と、この原理とともに称賛されていたコペンハーゲン解釈の無矛盾性に挑む、新たな思考実験で武装して朝食の席に現われた。

コーヒーとクロワッサンを取りながら、その思考実験の分析が始まった。議論はアインシュタインとボーアが生理学研究所に向かう途中も続けられ、たいていはハイゼンベルク、パウリ、エーレンフェストが、ふたりの後にぞろぞろとついていった。アインシュタインとボーアが歩きながら論じ合ううちに、仮説が洗い出され、論点が明らかにされた。そうこうするうちに午前の部のセッションが始まるのだった。ハイゼンベルクはのちにこう語った。「会議のあいだじゅう、とくに休憩時間には、われわれ若手、とくにパウリとわたしはアインシュタインの実験の分析を試みた。昼食時には、ボーアとコペンハーゲンのメンバーが集まって議論を続けた」。夕方になり、さらにコペンハーゲンのメンバーで相談をした後に、共同でアインシュタインの反論に立ち向かった。ホテル・メトロポールで夕食の時間になると、ボーアはアインシュタインに、彼の新しい思考実験は不確定性原理によって課される限界を破ってはいないことを説明するのだった。どの思考実験についても、アインシュタインはコペンハーゲンの反論に欠陥を見出すことができなかったが、ハイゼンベルクが述べたように、「彼が心から納得しているわけではない」のも明らかだった。

ハイゼンベルクがのちに語ったところによれば、数日後、「こうしてボーア、パウリ、そしてわたしは、自分たちの一致点はゆるぎないとわかって納得し、アインシュタインも、量子力学の新しい解釈は、それほど簡単には論駁(ろんばく)できないらしいということは理解したようだった」。しかしアインシュタインは屈しなかった。彼は、たとえそれがコペンハーゲン解釈を拒否する理由の本質を捉えてはいないとしても、「神はサイコロを振らない」という言葉をたびたび口にした。あるときボーアはそれに対して、「しかし、神がどうやってこの世界を回しているのかなど、われわれにはわからないでしょう」と言った。パウル・エーレンフェストは、半ば冗談としてこう言った。「アインシュタイン、残念ながら、きみが新しい量子論に反対するやり方は、きみの敵対者たちが相対性理論について反対するやり方とまったく同じだよ」

アインシュタインとボーアが一九二七年のソルヴェイ会議で非公式に繰り広げた議論を、偏り（かたよ）のない立場から目撃していた唯一の人物がエーレンフェストだった。ボーアはのちにこう述べた。「アインシュタインの意見が、少数の集団のあいだで熱烈な議論を引き起こした。双方と長年にわたり親しい友人だったエーレンフェストは、きわめて積極的かつ有益なかたちで議論に参加した」。会議が終わって数日後、エーレンフェストはライデン大学の学生たちに手紙を書き、ブリュッセルでの出来事を生き生きと伝えた。「ボーアがみんなを完全に圧倒しています。はじめは誰も彼の言うことが理解できないのですが（ボルンもその場にいました）、ボーアは一歩一歩、みんなを説き伏せて行くのです。もちろん、ボーアは、あの恐るべき意味不明な文句を呪文（じゅもん）のように唱えます（気の毒に、ローレンツはイギリス人とフランス人のために通訳をしていますが、まったく意味が伝わりません。ローレンツはボーアの話したことをまとめようとするのですが、ボーアは礼儀正しく、それは自分の言っていることとは全然違うと言うのです）。

毎晩夜中の一時になると、ボーアはわたしの部屋にやってきて、『ひとことだけ』と言いながら、午前三時までしゃべり続けます。ボーアとアインシュタインとの対話をそばで見ていられたことは、わたしにとっては喜びでした。ふたりにとって、あれはチェスのようなものなのです。アインシュタインはいつも新しい例を携えてやってきます――それで不確定性関係を打倒しようというのです。ボーアは哲学的なもやのなかから、アインシュタインが次々と打ち出す例を論破する道具を探し出してきます。しかしアインシュタインは、あたかもびっくり箱の中から飛び出してくる人形のように、毎朝、新しくなって飛び出してきます。こういう議論の価値は計り知れません。しかしわたしはほとんど躊躇（ちゅうちょ）なくボーアに賛成し、アインシュタインには反対です」。それでもエーレンフェストはこう認めた。「しかし、アインシュタインと意見の一致をみるまでは、ボーアの心が休まることはないでしょう」

ボーアは後年、一九二七年のソルヴェイ会議でのアインシュタインとの対話は、「とても楽しい気分のなかで」行われたと語った。しかし彼は少し残念そうにこう言い添えた。「ものの見方や考え方には一定の違いが残った。なぜならアインシュタインは、連続性と因果律を捨てずとも、一見してまったく異質な経験を調和させるみごとな腕前があったので、その理想を捨てる気になれなかったのだろう。それに関して言えば、この新しい学問分野を探究するにあたって、日々新たに蓄積されている原子レベルの現象に関する多くの証拠を調和させるという差し迫った仕事をするためには、連続性と因果律を断念するしかないと考える者たちよりも思い切りが悪かったのだろう」。つまりボーアは、アインシュタインの収めた成功そのものが、彼を過去に縛りつけたと言っているのである。

第五回ソルヴェイ会議は、ブリュッセルに集まった人たちに次のような印象を残した。ボーアは、コペンハーゲン解釈は論理的に無矛盾だと論証することには成功したが、「完全」で閉じた理論についての唯一可能な解釈だとアインシュタインに納得させることはできなかった、と。アインシュタインは会議からの帰りに、ド・ブロイら数人とともにパリに立ち寄った。彼はこのフランスの貴公子との別れ際に、「続けなさい、あなたは正しい道を歩いている」と言った。しかしブリュッセルで支持を得られなかったことで傷心したド・ブロイは、その後まもなく自説を撤回し、コペンハーゲン解釈の支持に回る。ベルリンに帰り着いたアインシュタインはすっかり疲れ果て、気が抜けたようになっていた。二週間後、彼はアルノルト・ゾンマーフェルトに手紙を書いて、量子力学は「統計的法則を記述するという意味では正しい理論かもしれませんが、基本的な個々のプロセスを記述する理論として適切ではありません」と述べた。

ポール・ランジュヴァンは後年、一九二七年のソルヴェイ会議で、「概念の混乱は頂点に達した」と述べたが、ハイゼンベルクにとってはこの会議こそ、コペンハーゲン解釈の正しさを証明する道のりの決定的な転換点だった。会議が終わった時点で、ハイゼンベルクはある人物への手紙に、「科学的な成果に関しては、あらゆる点で満足しています」と書いた。「ボーアとわたしの観点は全般的に受け入れられました。少なくとも、深刻な反論は、アインシュタインとシュレーディンガーからさえ、もはや出てきませんでした」。ハイゼンベルクの見るところ、彼は勝利を収めたのだ。彼はそれからほぼ四十年を経て次のように語った。「われわれは古い言葉を使い、それを不確定性関係により制限することで、あらゆることを明らかにすることができたし、首尾一貫した描像を作ることもできた」。「われわれ」とは誰のことかと問われて、ハイゼンベルクはこう答えた。「当時、それは事実上、ボーアとパウリと、わたしだった」

ボーアは、「コペンハーゲン解釈」という言葉を一度も使わなかったし、一九五五年にハイゼンベルクが使うときまで、誰もその言葉を使っていない。しかし、初めはほんの一握りの熱狂的な支持者しかいなかったこの解釈は、その後すみやかに広がり、最終的にはほとんどすべての物理学者にとって、「量子力学のコペンハーゲン解釈」は、量子力学と同義語になった。この急速な、「コペンハーゲン精神」の広がりと受容の背景には三つの要素があった。ひとつは、ボーアと彼の研究所が果たした重要な役割である。

若いポスドクの時代にマンチェスターのラザフォードの研究所に滞在したときの経験に触発されたボーアは、それと同じような活気——やればできるという感覚——にあふれた、自分自身の研究所を作ることに成功したのだ。

「ボーアの研究所はすみやかに量子物理学の世界的中心地となり、昔のローマ人たちの言葉をもじれば、『すべての道はブライダムスヴァイ十七番地に通ず』という状況だった」と語るのは、一九二八年の夏にそこを訪れたロシア人のジョージ・ガモフである。アインシュタインが所長を務めるカイザー・ヴィルヘルム理論物理学研究所は書類の上にしか存在せず、アインシュタインはそれでよいと思っていた。彼はたいていひとりで仕事をし、のちには計算をやってくれる助手をひとり雇っただけだったのに対し、ボーアは科学上の子どもたちをたくさん育て上げた。その中でも最初に卓越した権威としての地位にのぼったのは、ハイゼンベルク、パウリ、ディラックだった。後年、ラルフ・クローニヒが回想したところでは、この三人はまだ若かったが、ほかの若い物理学者たちがあえて彼らに反論することはなかった。クローニヒ自身、パウリにスピンというアイディアを馬鹿（ばか）にされて、電子のスピンをしまい込んだのだった。

第二の要因として、一九二七年のソルヴェイ会議のころに、教授のポストにたくさん空きが出たことがある。その席のほとんどすべてを、量子力学という新しい物理学を作るために貢献した者たちが占めた。彼らが向かった研究所は、その後すみやかに、ドイツをはじめヨーロッパ中からもっとも優秀な学生を引き付けるようになる。シュレーディンガーはベルリンで、プランクの後継者というもっとも名誉ある地位に就いた。ゾルヴェイ会議の直後に、ハイゼンベルクはライプツィヒ大学の正教授となり、理論物理学研究所の所長も兼任するようになった。その六カ月後の一九二八年四月には、パウリがハンブルクからチューリヒに移り、スイス連邦工科大学の教授になった。パスクアル・ヨルダンの数学の力量は、行列力学を発展させるにあたって決定的に重要な役割を果たしたが、そのヨルダンがハンブルクでパウリの後任となった。まもなくハイゼンベルクとパウリは頻繁に行き来するようになり、助手や学生をお互いの研究室やボーアの研究所とで交換し、ライプツィヒとチューリヒをともに量子物理学の中心地にした。クラマースはすでにユトレヒト大学に着任していたし、ボルンはゲッティンゲンにポストを得ていた。かくしてコペンハーゲン解釈はすみやかに量子論の定説となったのである。

三つ目の要因として、ボーアと若い協力者たちは、それぞれ意見に違いがあったにもかかわらず、コペンハーゲン解釈に異議を唱える声に対してはつねに統一戦線を張ったことが挙げられる。唯一の例外が、ポール・ディラックだった。一九三二年九月に、ケンブリッジ大学でかつてアイザック・ニュートンが務めていた数学のルーカス教授職に着任したディラックは、量子力学の解釈問題にはついに関心を持たなかった。彼にはこの問題が、新しい方程式をもたらさない、つまらない執着のように思えたのだ。興味深いことに、彼は自分のことを数理物理学者と呼んだのに対し、同世代のハイゼンベルクやパウリも、またアインシュタインもボーアも、そう名乗ることは決してなかった。彼らはどこまでも理論物理学者だった――そのグループの重鎮だったローレンツがそうだったように。ローレンツは一九二八年の二月に亡くなった。のちにアインシュタインは、「わたしにとって彼の存在は、わたしの生涯に出会ったほかの誰よりも大きな意味があった」と書いた。

まもなくアインシュタインの健康状態に不安が生じた。一九二八年四月、短期間のスイス訪問中、スーツケースをもって坂道を歩いているときに気分が悪くなって倒れたのだ。初めは心臓発作が疑われたが、やがて心臓肥大の診断が下る。アインシュタインは友人のミケーレ・ベッソに、「危うく死ぬところでした。もちろん、人間いつまでもそのときを先延ばしするわけにはいかないのですが」と語った。ベルリンに戻った彼は、エルザの注意深い監督下に入り、友人や同僚たちの訪問は厳しく制限された。彼女は、かつてアインシュタインが一般相対性理論を定式化するという英雄的な努力をした後で病気に倒れたときと同じく、アインシュタインの門番にして看護婦になったのだ。このたびエルザは手伝ってくれる人が必要になり、ある友人の妹である未婚の女性を雇った――ヘレン・デュカスである。当時三十二歳の彼女は、アインシュタインの信頼する秘書にして友人となった。

アインシュタインが元気を取り戻すと、ボーアの論文が英語とドイツ語とフランス語の三カ国語で出版された。英語版は「量子仮説と原子論の最近の発展」と題されて、一九二八年四月十四日に刊行された。その脚注に、「本論文の内容は、一九二七年九月十六日に、コモで開かれたボルタ記念会議で量子論の現状について行った講義と本質的に同じものである」とあった。しかし実を言えば、ボーアはその論文のために、コモでの講演とブリュッセルでの発言のどちらよりも、相補性と量子力学に関するアイディアをさらに練り上げていたのである。

ボーアはシュレーディンガーにその論文を一部送り、シュレーディンガーは次のように返信した。「もしもひとつの系、つまり質点を、そのp(運動量)とq(位置)を特定して記述したければ、そのような記述は限られた正確さでしかできないということですね」。だとすれば、そのような制約を受けないような新しい概念を導入する必要がある、とシュレーディンガーは論じ、こう結論した。「しかし、そのような概念的な枠組みを発明するのは非常に難しいということに疑問の余地はないでしょう。というのは――あなたがきわめて印象的に力説したように――そのような枠組みを新しく作るためには、われわれの経験のもっとも深いレベル――すなわち空間と時間と因果律――に触れずにはすまないからです」

ボーアはシュレーディンガーに、「一定の理解を示してくれたこと」には感謝するが、シュレーディンガーは古い経験的な概念を、「視覚化という人間の手段の基礎」と分かちがたく結びつけているので、量子論では「新しい諸概念」が必要だということが理解できていないように見える、と書いた。そしてボーアはふたたび持論を繰り返した。すなわち、問題は古典的な諸概念の適用可能性に多少とも恣意的な制限があるかどうかではなく、観測という概念を分析すると相補性という不可避的な特徴が現れることなのだ、と。ボーアは最後に、この手紙の内容についてプランクやアインシュタインと議論してみてもらえないかと書いた。シュレーディンガーがアインシュタインに、ボーアとのやりとりのことを話すと、アインシュタインはこう述べた。「ハイゼンベルク＝ボーアの心休まる哲学――というより宗教？――は、たいへん繊細に作り上げられているので、当面、真の信者には優しい枕になってくれるでしょう。信者はそのまどろみから容易には起きないでしょう。そのまま寝かしておきましょう」

病に倒れてから四カ月後、アインシュタインはまだ本調子ではなかったが、もはやベッドに縛りつけられてはいなかった。健康回復のため、彼はバルト海沿岸のシャルボイツという、さびれた町に家を借りた。そこで彼はスピノザを読み、「都市で過ごす馬鹿げた暮らし」から遠く離れた日々を楽しんだ。ほぼ一年をかけて体調を取り戻した彼は、研究に復帰した。午前中は研究室で仕事をしてから、家に帰って昼食をとり、三時ぐらいまで休憩した。「その休憩を別にすれば、彼はいつも仕事をしていました。ときには徹夜もしていました」と、ヘレン・デュカスは回想した。

一九二九年の復活祭の休暇に、パウリはアインシュタインに会うためにベルリンに行った。パウリの見るところ、「今日の量子物理学に対するアインシュタインの態度は反動的」だった。なぜならアインシュタインはあいかわらず、現実の宇宙では、自然現象は観測者とは無関係に、自然法則に従って進むと信じていたからだ。パウリの訪問の直後、アインシュタインはプランク当人からプランク・メダルを授与された際に、自分の考えを明らかにした。彼は聴衆に向かってこう語りかけた。「わたしは量子力学の名によって、若い世代の物理学者たちが成し遂げたことを非常に高く評価していますし、その理論の真実性を深いレベルで信じています。しかしわたしは、統計的法則への制約は過渡的なものだろうと考えています」。アインシュタインはすでに、統一場理論の探究という孤独な旅路に踏み出していた——その理論が、因果律と観測者によらない実在を救ってくれると彼は信じていたのだ。そのかたわら、彼は量子論の正統派となりつつあるコペンハーゲン解釈に挑みつづけることになる。一九三〇年に第六回ソルヴェイ会議が開かれ、ブリュッセルでふたたび相まみえたとき、アインシュタインがボーアに示したのは、想像上の光子の箱だった。

第十二章　アインシュタイン、相対性理論を忘れる

ボーアは愕然(がくぜん)とし、アインシュタインは微笑(ほほえ)んだ。

ボーアはそれまでの三年間、アインシュタインが一九二七年十月のソルヴェイ会議で提案した想像上の実験を、何度も繰り返し吟味していた。いずれも量子力学には矛盾があることを示すためにデザインされていたが、ボーアは、どの場合にもアインシュタインの分析に欠陥を見つけた。しかしボーアはその勝利に安んじることなく、自分の解釈に何か弱点はありはしないかと、自分でもスリット、シャッター、時計などを使った思考実験を考えてみたが、それでも弱点は見つからなかった。だが、ボーアが考え出した思考実験のなかには、第六回ソルヴェイ会議の開かれているブリュッセルで、たった今アインシュタインが説明したような、シンプルで独創的なものはひとつもなかった。

第六回会議は「物質の磁気的性質」をテーマとして、一九三〇年十月二十日から六日間にわたり開催された。会議の組み立てはそれまでと同じだった。まず、磁気に関して

話題を提供するように依頼された者が報告を行い、それに続いて討議の時間が設けられた。ボーアとアインシュタインは九人からなる学術委員会のメンバーになっていたので、ふたりは自動的に今回の会議に招待されていたのである。ローレンツはすでに亡くなっていたため、フランスのポール・ランジュヴァンが、学術委員会と議事運営の両方の議長という重責を引き受けた。このたびの会議の参加者は、ディラック、ハイゼンベルク、クラマース、パウリ、ゾンマーフェルトを含め、全部で三十四人だった。

優れた頭脳が一堂に会する場として、第六回ソルヴェイ会議は、一九二七年の第五回に次ぐ重要な催しであり、このときの参加者からは最終的には十二人のノーベル賞受賞者を出すことになった。そのような場を背景にして、量子力学の意味と実在の本性をめぐるアインシュタイン＝ボーア論争の「第二ラウンド」は始まった。アインシュタインは、不確定性原理とコペンハーゲン解釈に致命的な一撃を与えるためにデザインされた新しい思考実験で武装して、ブリュッセルにやってきたのだった。そんなこととは知らぬボーアは、ある公式セッションのあとで不意打ちを食らった。

光を満たした箱を考えてもらいたい、とアインシュタインはボーアに言った。その箱の壁のひとつには穴が開いていて、そこにシャッターが取り付けられている。シャッターは、箱の中にある時計につないだ装置で開閉することができる。その時計は、実験室の別の時計と同期させてある。ここで箱の重さを測ろう。次に、ある時刻にシャッターが開くように、箱の中の時計をセットする。シャッターが開いている時間は非常に短いが、光子が一個、箱から逃げ出せるぐらいには長いものとする。こうして、光子が箱から出た時刻は正確にわかる、とアインシュタインは説明した。ボーアは黙って話を聞いていた。アインシュタインが今説明した実験には、とくに難しいところはなかったし、論じるべきことも何もなかったからだ。不確定性原理は、相補的な変数のペア——位置と運動量、時間とエネルギーなど——が同時に測定されるときにしか適用されない。そうしたペアのどちらか一方だけが測定される場合には、どれだけ正確に測定しようと、この原理の制約は受けないのである。そのとき、かすかに微笑みを浮かべながら、アインシュタインは致命的な言葉を口にした。ここでもう一度、箱の重さを測ろう、と。その瞬間、ボーアは、彼とコペンハーゲン解釈が深い困難に陥ったことを知った。

一個の光子というかたちで、どれだけの光が逃げ出したかを計算するために、アインシュタインはベルンの特許局で審査官をしていた時期に成し遂げた驚くべき発見を利用した。すなわち、エネルギーは質量であり、質量はエネルギーだという発見である。相対性理論の副産物として得られたその関係は、彼が発見したなかで、もっとも単純でもっとも有名な式、$E=mc^2$として表されている。ここで、Eはエネルギー、mは質量、そしてcは光の速度だ。

光子が出ていった前後で箱の重さを測定すれば、質量がどれだけ変わったかはすぐにわかる。もちろん、一九三〇年にあった実験装置では、そんなわずかな変化を測定することはできなかったが、思考実験の世界でなら、子どもにでもできる簡単な仕事だ。質量がどれだけ減ったかがわかったなら、式$E=mc^2$を用いて、その減少分をエネルギーに変換する。そうすれば、箱から出ていった光子のエネルギーを正確に知ることができる。光子が箱から出ていった時刻は、シャッターを制御する箱の中の時計と同期させておいた実験室の時計からわかる。どうやらアインシュタインは、光子のエネルギーと、それが出ていったときの時刻の両方を、ハイゼンベルクの不確定性原理によって禁止されているはずの正確さで測定できる実験を考え出したらしかった。

「ボーアにとってはかなりのショックだった」と回想するのは、ベルギーの物理学者レオン・ローゼンフェルトだ。彼はちょうどそのころ、長く続くことになるボーアとの共同研究を始めたばかりだった。「ボーアはすぐには解決策を考えつかなかった」とローゼンフェルトは続ける。ボーアがアインシュタインの新たな挑戦にうろたえているときも、パウリとハイゼンベルクは歯牙にもかけない様子だった。「まあ、心配ありませんよ。今に解決しますよ」とふたりはボーアに言った。ローゼンフェルトはのちにこう語った。「その晩中、ボーアはひどく落ち込み、会う人ごとに、そんな馬鹿なことがあるはずはない、と訴えていた。もしもアインシュタインの言う通りなら、物理学は終わりだ、と。しかし彼はいかなる反論も考え出せなかった」

ローゼンフェルトは、一九三〇年のソルヴェイ会議に招待されていなかったが、ボーアに会うためにブリュッセルに来ていたのだった。彼は、その晩ふたりが量子をめぐっ

アインシュタインとボーア　1930年のソルヴェイ会議の折、ブリュッセルの街を歩きながらふたりが論じていたのは、まず間違いなく、アインシュタインの「光の箱」の思考実験だ。当初この思考実験はボーアを打ちのめした。「もしもアインシュタインのアイディアの正しさが証明されれば、物理学の終わりだ」とボーアは案じた。Photograph by Paul Ehrenfest, courtesy AIP Emilio Segrè Visual Archives, Ehrenfest Collection

て議論を戦わせながら、ホテル・メトロポールに向かうときの情景を忘れたことがなかった。「背が高くて堂々としたアインシュタインは、かすかに皮肉な微笑みを浮かべ、黙って歩きつづけた。ボーアは彼のそばを小走りについて行きながら、ひどく興奮して、もしもアインシュタインの装置がうまくいくなら、それは物理学の終わりを意味する、と空(むな)しく訴え続けた」。しかしアインシュタインにとって、それは終わりでもなければ始まりでもなかった。単に、量子力学には矛盾があること、それゆえボーアがいうような閉じた完全な理論ではないことが証明されただけのことだった。彼がこのたび提案した思考実験は、観測者とは無関係な実在を理解することを目標とするような物理学を救済しようという、試みのひとつにすぎなかったのだ。

ここに一枚の写真がある。アインシュタインとボーアは一緒に歩いているが、ちょっと歩調が合っていない。アインシュタインは、逃げようとでもするかのようにどんどん先に行き、ボーアが何か言いながら、急ぎ足で彼についていこうとしている。ボーアはアインシュタインのほうを向き、自分の話を聞いてもらおうと懸命だ。左の腕にコートを掛けているのに、ボーアは左手の人差し指で、自分の論点を強調しようとしている。アインシュタインは自然に両手を下げ、一方の手はブリーフケースを持ち、他方の手にもっているのは、自分へのご褒美(ほうび)の勝利の葉巻(ヴィクトリー・シガー)かもしれない。ボーアの話を聞きながらも、アインシュタインの口ひげは、「してやったり」と言わんばかりの微笑みを隠せずにいる。ローゼンフェルトの伝えるところによれば、その晩のボーアは、まるで「お仕置を受けた犬」のようだったという。

ボーアはアインシュタインの思考実験をあらゆる面から吟味しようと、眠れぬ夜を過ごした。きっとどこかに欠陥があるはずだと考えたボーアは、想像上の光の箱を分解してみることにした。アインシュタインは、光の箱の内部がどうなっているのかも、箱の重さを測る装置のことも、具体的に示したわけではなかったし、実は頭の中でさえ、その装置の詳細を具体的に考えていたわけではなかった。躍起になったボーアは、アインシュタインの装置と、行われるであろう重さの測定のプロセスまで徹底的に調べあげるために、彼の言うところの「疑似リアリズム」の図を描いた。

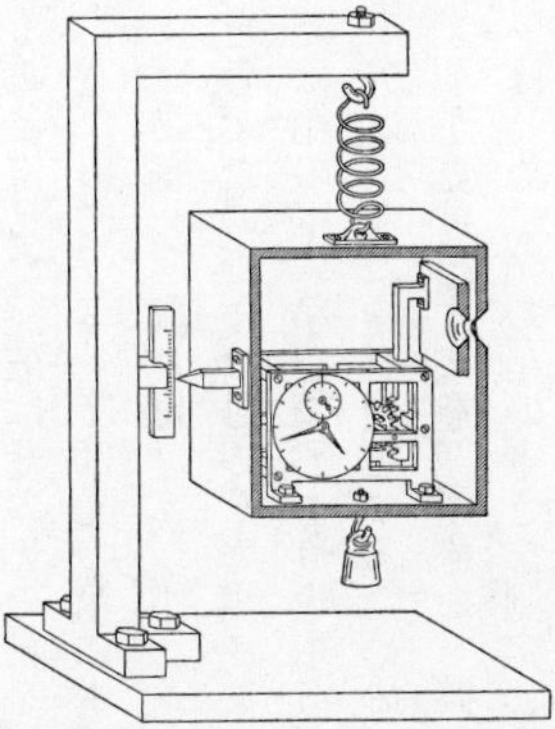

図18　1930年のアインシュタインの光の箱を、ボーアがのちに図示したもの　Niels Bohr Archive, Copenhagen

あらかじめ決めておいた時刻にシャッターが開き、光子が箱から逃げ出す。その前後で光の箱の重さを測る必要があることから、ボーアは重さを測定するプロセスに焦点を合わせた。のしかかってくる不安と、時間があまりないという差し迫った状況のなかで、彼は考えられるかぎりもっとも簡単な方法で重さを測定することにした。彼はその光の箱を、枠からバネで吊るしたのである。それで重さを測定するために、ボーアは光の箱にポインターを取り付け、絞首台のような垂直の腕の部分には物差しを取り付けて、ポインターが指している物差しの目盛を読み取るという方法を考えたのだ。はじめそのポインターを、物差しのゼロの位置に合わせるために、ボーアは箱の下に小さなおもりを取り付けた。この仕組みには何も難しいところはなく、ボーアは土台に枠を固定するためのボルトとナットまで描き込んだ。そればかりか彼は、光子が逃げ出す穴を開閉する、時計仕掛けのメカニズムまでも描いている。

はじめに光の箱の重さを測定するには、おもりを適当に選び、ポインターを物差しのゼロの位置に合わせるだけでよい。光子が逃げ出すと光の箱は軽くなり、バネの力で引き上げられる。その段階でポインターをふたたびゼロに合わせるには、おもりを少しだけ重いものと交換しなければならない。実験家がおもりを交換するためにかける時間に制限はない。こうして得られた重さの差は、光子が逃げ出したことによる質量の差である。それゆえ$E=mc^2$から、逃げ出した光子のエネルギーを正確に求めることができる。

一九二七年の第五回ソルヴェイ会議でボーア自身が用いた議論から、光の箱の位置を測定しようとすれば、いかなる方法を使ったとしてもかならず運動量があいまいになる、とボーアは考えた。なぜなら、物差しの目盛を読み取るためには、どうしても光を当てなければならないからだ。箱の重さを測定するという行為そのものが、光の箱に制御不能な運動量を移行させることになるだろう。ポインターと、ポインターを動かそうとしている観測者とのあいだで、光子がやりとりされるからだ。位置をより正確に測定するための唯一の方法は、粗い測定をするときよりもじっくり時間を掛けて、ポインターの位置をきちんとゼロに合わせることだ。しかしそうすると、箱の運動量はよりあいまいにならざるをえない、とボーアは考えた。つまり、箱の位置を正確に測定すればするほど、どんな測定方法を使おうとも、箱の運動量はそれだけあいまいになるのだ。

一九二七年のソルヴェイ会議のときとは異なり、アインシュタインがこのたび攻撃したのは、位置と運動量ではなく、エネルギーと時間に関する不確定性関係だった。夜も明けはじめ、ボーアは疲れていた。そのとき突然、彼はアインシュタインの思考実験の欠陥に気がついた。一歩一歩分析を組み立て直してみると、アインシュタインはたしかに信じられないような間違いを犯していたのだ。安堵したボーアはそれから数時間ほど眠った。目が覚めたときには、朝食の席で勝利を味わうことになると思いながら。

量子の実在に関するコペンハーゲン解釈を打ち倒そうと躍起になったアインシュタインは、自分の作った一般相対性理論のことをうっかり忘れていた。彼は、光の箱の中の時計を使って時間を測定するときに、重力の影響を見落としたのだ。一般相対性理論はアインシュタインの最大の偉業である。マックス・ボルンは、「その理論はわたしにとって、当時も今も、自然に関する人間の思考が成し遂げたもっとも偉大な仕事であり、そこには哲学的な深い洞察と、物理的な直観、そして数学的な記述が、驚くべき方法でひとつに組み合わされている」と述べた。ボルンはこの理論のことを、「偉大な芸術作品であり、遠くから喜びに満ちて称えるべきもの」だとも語っている。一九一九年に行われた日食観測で、一般相対性理論が予測した光の湾曲が確かめられると、その話題は世界中の新聞の見出しを飾った。J・J・トムソンはイギリスのある新聞に、アインシュタインの理論は、「科学上の新しいアイディアという観点からすると、ひとつの新大陸のようなものだ」と述べた。

一般相対性理論から得られた新しいアイディアのひとつに、重力によって時間が伸びるというものがある。まったく同じふたつの時計を同期させておく。一方の時計は部屋の天井に取り付け、他方は床に取り付ける。すると、天井でよりも床でのほうが、ごくわずかながら時間がゆっくり流れるのだ。そんなことが起こるのは、重力のためである。アインシュタインの重力理論である一般相対性理論によれば、時計が時を刻むペースは、重力場の中での時計の位置によって変わる。また、重力場の中で運動している時計は、静止している時計よりもゆっくりと時を刻むことになる。ボーアは、光の箱の重さを測定するという行為が、箱の内部の時計の時間の刻み方に影響を及ぼすことに気づいたのだった。

ポインターを物差しに合わせることで箱の位置を測定するという行為は、地球の重力場の中での光の箱の位置を変える。そして位置が変われば、箱の中の時計が時を刻むペースも変わるため、その時計はもはや実験室の時計とは同期していないことになり、シャッターが開いて光子が箱から逃げ出した正確な時刻を測定することはできない――少なくとも、アインシュタインが想定したような正確さで、その時刻を測定することはできない。$E=mc^2$を使って、その光子のエネルギーを正確に測定すればするほど、重力場の中での光の箱の位置はあいまいになる。そして、位置があいまいになればなるほど、重力が時間の流れ方に影響を及ぼすせいで、シャッターが開いて光子が逃げ出した正確な時刻はわからなくなるのだ。このあいまいさの連鎖により、ボーアは、アインシュタインの光の箱の実験は、光子のエネルギーと、それが逃げ出したときの時刻の両方を、同時に正確に測定することはできないことを示したのである。[1] ハイゼンベルクの不確定性原理はこのたびの試練も無傷のまま乗り越え、ひいては量子力学のコペンハーゲン解釈も無傷ですんだ。

　朝食を取るためにホールに降りてきたボーアは、もはや昨夜の「お仕置された犬」のような様子ではなかった。三年前と同じく、今回の挑戦も失敗だったというボーアの説明を聞いて、今度はアインシュタインが言葉を失う番だった。後年、このときのボーアの反論に疑問を呈する者が出てきた。なぜならボーアは、ポインター、物差し、光の箱というマクロな物体を、あたかも不確定性原理の制約を受ける、量子的な世界のミクロな物体であるかのように扱ったからだ。マクロな物体をそのように扱うことそれ自体が、実験装置は古典的に取り扱わなければならないという、ボーア自身の強い主張と矛盾しているのである。しかしミクロとマクロの境界線をどこに引くべきかをボーアが明らかにしたことは一度もなかった。つまるところ、古典的な物体といえども原子の集まりだというわけだ。

後年、ボーアのこの説明に納得しない者たちが出てきたとはいえ、アインシュタインは、当時の物理学界がそうだったように、ボーアの反論を受け入れた。結果として彼は、量子力学が論理的に矛盾していることを示すために不確定性原理を崩そうとするのをやめた。その代わりに彼は、これ以降、量子力学は不完全であることを証明することに攻撃の的を絞るようになる。

一九三〇年十一月にライデンで行った講演で、アインシュタインはこの光の箱を取り上げた。講演の後の質疑応答の時間に、聴衆のなかにいたある人物が、量子力学の内部にはなんら矛盾はないのではないかと発言した。アインシュタインは、「ええ、矛盾はありません」と答え、こう続けた。「しかしわたしの考えでは、この理論にはある種の不合理性が含まれています」。こうした経緯があったにもかかわらず、一九三一年の九月、彼はふたたびハイゼンベルクとシュレーディンガーをノーベル賞に推薦した。しかし、ソルヴェイ会議で戦ったボーアとの二ラウンドと、その敗北という経緯を踏まえれ

アインシュタインとボーア　1930年のソルヴェイ会議の閉会後、ライデンのエーレンフェスト宅にて。
Photograph by Paul Ehrenfest, courtesy AIP Emilio Segrè Visual Archives, Ehrenfest Collection

ば、推薦の手紙のなかの、次の一文はとりわけ興味深い。「わたしの意見では、この理論に究極の真理の一片が含まれていることは疑いありません[2]」。量子力学は不完全であり、ボーアがみんなに信じさせようとしているのとは裏腹に、それが真実の「すべて」ではないと、アインシュタインの「内なる声」はささやき続けていたのである。

一九三〇年のソルヴェイ会議が終わると、アインシュタインは数日間滞在する予定でロンドンに向かった。彼は十月二十八日に開かれた、貧困化した東ヨーロッパのユダヤ人のためのチャリティー晩餐会（ばんさんかい）の主賓だったのだ。サヴォイ・ホテルを会場とし、ロスチャイルド男爵がホストを務めるこの催しには、千人ほどもの人びとが集まった。貴族や善意の人たちが優雅な服装に身を包むなか、アインシュタインも、それがみんなの財布のひもを緩めるのに役立つのならと、快く燕尾服を着用して、彼の言うところの「サル芝居」で一役演じたのだった。ジョージ・バーナード・ショーは、そんなセレモニーを盛り上げる名人だった。

七十四歳のショーは、準備した原稿からときどき脱線しつつ名人芸を披露した。彼はまずはじめに、「プトレマイオス、アリストテレス、ケプラー、コペルニクス、ガリレオとニュートン、重力と相対性理論、そして現代天体物理学という、誰にも理解できない話をしなければなりません」と申し訳なさそうに話を切り出した。それに続いて、彼はいつものようにウィットを利かせ、その分野のすべてを次の三つのセンテンスにまとめてみせたのだ。「プトレマイオスはひとつの宇宙を作り、その宇宙は千四百年間続きました。ニュートンもまたひとつの宇宙を作り、その宇宙は三百年続きました。アインシュタインもひとつの宇宙を作りましたが、はてさて、その宇宙はいつまで続くのでしょうか」。客たちはみんな笑ったが、いちばん大きく声を上げて笑ったのがアインシュタインだった。ニュートンとアインシュタインの成し遂げたことを比較してみせたのち、ショーはこう言って乾杯の音頭を取った。「われわれと同じ時代を生きる人びとのなかで、もっとも偉大な人物、アインシュタインに乾杯！」

ショーの名人芸の後ではやりにくいところだったが、アインシュタインは時と場合に応じて、ショーに負けないほどの芸人になることができた。彼はまずショーに向かって、「わたしと同じ名前をもつ、神話上の人物についてのお言葉に感謝いたします。その人物のおかげで、わたしはかなり生きにくくなったのですが」と礼を述べた。それから彼は、ユダヤ人もそうでない人も分け隔てなく、「気高い精神と強い正義感をもって、人類社会を発展させ、個人の誇りを傷つける抑圧から解放するために生涯を捧げた」人びとを讃えた。そして彼は、共感している聴衆を前にしていることを前提に、次のように述べた。「ここにいらっしゃる皆様に申しますが、わが民族の存続と運命は、外的な要因よりもむしろ、われわれが道徳的伝統に忠実であるかどうかにかかっています。その伝統があればこそ、頭上をいくつもの激しい嵐が吹きすさんだにもかかわらず、われわれは数千年のあいだ生き延びることができたのでした」。そしてこう言い添えたのだ。「命に奉仕するという観点から言えば、犠牲が恩寵になるのです」。希望を込めて語られた言葉ではあったが、ナチスの嵐が迫りきて、暗雲が厚く空を覆うようになると、何百万人もの人たちが、まさしくその言葉通りの運命に直面させられることになったのである。

それより六週間前の九月十四日、ナチスは国会の選挙で六百四十万の票を獲得した。ナチスに票を投じた者がこれほど多かったことに驚いた者は多かった。ナチス党は、一九二四年五月の選挙では三十二議席を獲得したが、その年の十二月の選挙ではわずか十四にまで議席を減らしていた。一九二八年五月には議席数はさらに減って十二議席となり、獲得した票数は八十一万二千票に留まった。この選挙結果は、ナチス党はよくある極右過激派のひとつにすぎないことを証明したかにみえた。ところが、それからわずか二年ほどのうちに、ナチス党は得票数を八倍に増やし、百七議席をもつドイツ第二の政党にのし上がったのである。

アインシュタインは、「ヒトラー票は、必ずしも反ユダヤ主義を反映したものではなく、経済的苦境と失業によって間違った方向に導かれたドイツの若者たちのあいだに引き起こされた、一時的な怒りを表しているにすぎない」と考えていたし、彼と同じように考える者は多かった。しかしじっさいには、ナチスに票を投じた者のうち、選挙権を得たばかりの若者はわずか四分の一にすぎなかった。ナチスを支持したのは、むしろホワイトカラーの労働者や、商店経営者や、小規模事業主、北部のプロテスタント農家、職人、産業の中心から外れた非熟練労働者という層だったのだ。一九二八年の選挙から一九三〇年の選挙までに、ドイツの政治状況を決定的に変えた原因は、一九二九年十月、アメリカのウォールストリートの証券市場崩壊に端を発する大恐慌（だいきょうこう）だった。それまでの五年間、危うげな経済復興を支えていた活力の基盤は、アメリカからの短期貸付ニューヨークに始まった金融危機の衝撃波をもろに食らったのがドイツだった。それだった。ところが、莫大な損害を被って大混乱に陥ったアメリカの金融機関は、まだ残っていた貸付金の即時返還を求めたのである。その結果としてドイツでは失業者が急増し、一九二九年九月には百三十万人だった失業者が、一九三〇年十月には三百万人になった。アインシュタインは、ナチスは「ワイマール共和国の子どもっぽい病気」にすぎず、すぐに治るだろうと見ていた。しかしその病気は、息も絶えだえだった共和国の息の根を止めることになった。共和国はすでに、名ばかりの議会制民主主義を放棄し、実質的に「政令による支配」を行っていたのである。

この状況に悲観的だったジークムント・フロイトは、一九三〇年十二月七日に次のように書いた。「われわれは悪い時代に向かっている。わたしは年寄り特有の無関心さで目をつぶればよいことだが、七人の孫のことを思うと悲しまずにはいられない」。アインシュタインはその五日前にドイツを離れ、二カ月間の滞在の予定でパサデナのカリフォルニア工科大学（カルテック）に向かっていた。アメリカの科学研究の中心となっていたこの大学では、ボルツマン、シュレーディンガー、ローレンツも講義をしたことがあった。船がニューヨークに到着すると、アインシュタインは、待ち構える大勢のレポーターの前で十五分間の記者会見をするよう説き伏せられた。あるレポーターが、「アドルフ・ヒトラーについてどう思いますか？」と声を上げると、アインシュタインは、「彼はドイツ人のからっぽの胃袋を食い物にしているのです」と答えた。「経済状況が改善しさえすれば、大した問題ではなくなるでしょう」

それから一年後の一九三一年十二月、アインシュタインが二度目のカルテック滞在のためにアメリカに出発するころには、ドイツの経済状況はさらに悪化し、政治の混乱も激しくなっていた。アインシュタインは船で大西洋を渡りながら、「今日、わたしは基本的にベルリンでの職を放棄し、残りの人生は渡り鳥となる決意をした」と日記に書き記した。アインシュタインはこのときのカリフォルニア滞在中に、ニュージャージー州プリンストンに、他に類のない研究センター、高等研究所を作ろうとしているエイブラハム・フレクスナーという人物と出会った。フレクスナーは五百万ドルの寄付金を財源として、教育義務がなく研究だけしていればよいという「学者の社会」を作りたいと考えていたのだった。たまたまアインシュタインと知り合ったフレクスナーは、一時も無駄にせず、計画実現のために第一歩を踏み出した。それが最終的には、世界でもっとも有名な科学者アインシュタインの獲得につながるのである。

アインシュタインは年に五カ月をそのフレクスナーの研究所で過ごし、残りはベルリンで過ごすということで合意した。「ドイツを捨てるわけではありません」と彼は『ニューヨーク・タイムズ』に語った。「わたしの住処は、今もベルリンです」。五年間の契約期間は、一九三三年の秋から始まることとされた。なぜならアインシュタインはすでに、もう一学期間をカルテックで過ごすことになっていたからだ。このたびのカリフォルニア訪問期間中の一九三三年一月三十日に、ヒトラーが首相に任命されたことは、アインシュタインにとっては幸運だった。ドイツには五十万人のユダヤ人がいたが、彼らがドイツを脱出する動きは鈍く、六月までに出国したユダヤ人はわずか二万五千人に留まった。安全なカリフォルニアにいたアインシュタインは、言葉には出さずとも、時期がくればドイツに戻るつもりであるかのように振る舞っていた。彼はプロイセン科学アカデミーに給与に関する問い合わせもしたが、心はすでに決まっていた。アインシュタインは二月二十七日に、ある友人への手紙に次のように書いた。「ヒトラーのことを考えれば、わたしはあえてドイツの土を踏もうとは思いません」。まさにその日、ベルリンの国会議事堂が放火されて炎上した。それは国家を後ろ盾にした、ナチスの恐怖政治の第一波が到来したことを告げる出来事だった。

ナチスの暴力が解き放たれたまさにこのとき、三月五日に、千七百万人もの人が国会選挙でナチスに票を投じた。その五日後、パサデナからプリンストンに向かって出発する前の晩、アインシュタインはインタビューを受け、ドイツで起こっていることに対する考えを明らかにした。「わたしに選択の余地があるかぎりにおいて、市民的自由と平等が行われている国にしか住むつもりはありません。市民的自由とは、自分の政治的信念を表明する自由と、言論および著作の自由を意味します。寛容とは、いかなる他人の信念に対しても、それを尊重することです。これらの条件は、今のドイツでは満たされていません」。彼の言葉が世界中で報じられると、ドイツの各新聞は、ナチス体制を支持する姿勢を明らかにするために、アインシュタインを激しく非難した。『ベルリーナー・ローカルアンツァイガー』紙には、「アインシュタインに関する良い知らせ――彼は戻ってこない!」という見出しが躍った。その記事には次のように書かれていた。「思い上がった虚栄心の塊であるこの人物は、この地で起こっていることを何も知らずに下されるドイツへの判定にあえて一枚嚙んだのだ。我が国の状況は、われわれの見るところ一度たりともドイツ人であったことのない人物――自分はユダヤ人であり、ユダヤ人以外の何者でもないと宣言している人物――には、永遠に理解できるはずもない事柄なのである」

アインシュタインのこの発言のせいで、プランクは難しい立場に立たされた。三月十九日、プランクはアインシュタインに手紙を書き、「この騒然たる難しい時期に、微妙な問題についてあなたが公的、私的に発言している内容をめぐり、ありとあらゆる噂が流れていることに深い悲しみを覚えています」と述べ、こう続けた。「そのような発言は、あなたを高く評価し、尊敬している者たちが、あなたたちのために立ち上がることをきわめて困難にしています」。彼は、アインシュタインと「同じ民族の人たち、同じ宗教をもつ人たち」の困難な状況を、アインシュタイン自身がさらに悪化させていると非難したのである。アインシュタインは、船が三月二十八日にベルギーのアントワープに入港すると、車でブリュッセルのドイツ大使館に連れていってもらった。ドイツ大使館に着くと、アインシュタインはパスポートを放棄した。こうして彼は、その人生で二度目にドイツ国籍を捨てるとともに、プロイセン科学アカデミーを辞任する旨の手紙を手渡した。

何をすべきか、どこへ行くべきかと思案しつつ、アインシュタインとエルザはベルギーの海辺にある小さなリゾート、ル・コック・シュル・メールの小さな家に移り住んだ。アインシュタインの命が危険にさらされているという噂が流れると、ベルギー政府は彼を護衛するために、ふたりの警備員をつけた。ベルリンではプランクが、アインシュタインが辞任してくれたことを知って、胸をなでおろしていた。それだけが、プロイセン科学アカデミーと彼との関係を名誉あるかたちで断つとともに、「計り知れない悲しみと傷から、あなたの友人たちを救う」唯一の方法だった、とプランクはアインシュタインへの手紙に書いた。新しいドイツでは、彼のために立ち上がろうという者はほとんどいなかったのだ。

一九三三年五月十日、鉤十字を身に付けた学生と学者たちが松明を掲げて、ベルリンのウンター・デン・リンデンから、ベルリン大学正門のすぐ前にある歌劇場広場まで行進し、ベルリン市内の図書館や、書店の棚から略奪した二万冊ほどの本に火を放った。「非ドイツ的」なものと、「ユダヤ＝ボルシェビキ的」な著作、たとえばマルクス、ブレヒト、フロイト、ゾラ、プルースト、カフカ、アインシュタインなどの著作が炎に包まれるのを、四万人の群衆が見守った。それと同様の光景が、ドイツの主要な大学町すべてで繰り返され、プランクのような人たちはその煙にある種の信号を読み取って、ほとんど抵抗を試みることさえしなかった。しかし焚書(ふんしょ)は、「退廃」芸術と文化に対するナチスの攻撃の、ほんの序章にすぎなかった。それよりずっと重大な出来事が、ドイツのユダヤ人たちの身にすでに起こっていたのである——反ユダヤ主義が、事実上法制化されたのだ。

その四月七日に「職業官吏再建法」が成立し、二百万人もの国家公務員がその適用を受けた。この法律は、ナチスの政敵である社会主義者、共産主義者、ユダヤ人を標的とするものだった。その第三条が悪名高い「アーリア条項」で、「アーリア人ではない出自の公務員は退職」すると規定されていた。この条項の定義によれば、非アーリア人とは、両親または祖父母にひとりでも非アーリア人が含まれる者だった。一八七一年に正式にドイツ国民となってから六十二年を経て、ドイツのユダヤ人たちは、ふたたび法的に差別を受けることになったのだ。この法律の成立を契機に、ナチスのユダヤ人迫害は一挙に激化する。

ドイツの大学は国立の教育機関だったため、三百十三人の教授を含む千人以上の学者が、まもなく解雇されるか、または辞職した。一九三三年までには、物理学会会員のおよそ四分の一、理論物理学者の半数が、亡命に追い込まれた。一九三六年までに職を追われた学者は、千六百人以上にのぼる。その三分の一は科学者で、すでにノーベル賞を受賞したか、またはその後に受賞する者が二十名いた――内訳は、物理学賞十一人、化学賞四人、生理学・医学賞五人である。(3)この新しい法律は、公式には、第一次世界大戦以前に雇用された者と、第一次世界大戦の退役軍人、または父親や息子を戦争で失った者には適用されないことになっていた。しかし、ナチスが公務員からユダヤ人を追放しようとする勢いは一向に衰えず、法律から除外されていた者でも免職される例が増えていった。そんな状況のなか、一九三三年五月十六日、プランクはカイザー・ヴィルヘルム協会の会長として、ヒトラーに面会した。プランクはこうなってもまだ、ドイツの科学に及ぶ被害を食い止められると考えていたのだ。

信じられないことに、プランクはヒトラーにこう言った。「ユダヤ人にもさまざまな種類があり、人類にとって価値ある者もいれば、価値のない者もいます。そこを区別しなければなりません」。するとヒトラーは、「それは違う」と言った。「ユダヤ人はユダヤ人だ。ユダヤ人はみな、ヒルのように寄り集まる。ユダヤ人がひとりいれば、ありとあらゆるユダヤ人がすぐに集まってくるのだ」。当初の作戦が不首尾に終わったプランクは、戦略を変えた。ユダヤ人の科学者を十把ひとからげにして追い出すことは、ドイツのためにならないとプランクは言ったのだ。それを聞いて、ヒトラーは激高しはじめた。「たとえ科学者のためであろうと、われわれの国家政策が取り消されたり、修正されたりすることはない。ユダヤ人科学者を免職すれば現代ドイツ科学が消滅するというなら、二、三年ぐらい、科学なしにやってやろうではないか！」[4]

一九一八年十一月、第一次世界大戦に敗北してまもなく、プランクは失意の底にあるプロイセン科学アカデミーの会員を次のように激励した。「たとえ敵が、我らが祖国からすべての防衛力や権力を奪おうとも、あるいはまた、国に重大な危機が降りかかり、さらに厳しい危機が行く手に立ちはだかろうとも、国の内外の敵どもには決して奪うことのできないものがある。それは、世界に冠たるドイツ科学の位置である」。戦場で長男を亡くしたプランクにとって、いかなる犠牲にも何らかの意味がなければならなかったのだろう。しかし、惨憺たる結果になったヒトラーとの会見が突然打ち切られたとき、プランクはナチスが、これまで誰も成しえなかったこと――ドイツ科学の破壊――を、まさに今、成し遂げようとしていることを知った。

それより二週間前、ナチス党員であり、ノーベル賞受賞者でもある物理学者ヨハネス・シュタルクが、帝国物理工学研究所の所長に任命された。その後まもなくシュタルクは、政府の研究財源を分配する権限を与えられ、「アーリア物理学」に奉仕するために、よりいっそうの権力を振るうようになる。こうした権力ある立場から、シュタルクは断固たる決意で復讐を開始した。さかのぼって一九二二年のこと、彼はヴュルツブルク大学の教授をやめて、事業に手を染めた。反ユダヤ主義者にして教条主義者であり、好戦的なシュタルクは、ほとんどすべての人から嫌われ、しだいに孤立していく。そんななか唯一の友人は、彼と同じくノーベル賞受賞者でナチス党員のフィリップ・レーナルトだった。レーナルトはだいぶ前から、いわゆる「ドイツ物理学」を推進する先頭に立っていた。シュタルクが事業に失敗して学者の世界に戻りたいと思ったときには、彼にポストを提供できる立場にあった者で、救いの手を差しのべた者はひとりもいなかった。すでにアインシュタインの「ユダヤ物理学」に激しく反対を唱え、当世の理論物理学を見下していたシュタルクは、物理学教授の人事のすべてに断固として口を出し、「ドイツ物理学」の支持者がポストに就けるようロビー活動を展開した。

ハイゼンベルクはだいぶ前から、ミュンヘンでゾンマーフェルトの跡を継ぎたいと思うようになっていた。一九三五年にシュタルクはハイゼンベルクを、「アインシュタイン精神の精髄」と呼び、ハイゼンベルクと理論物理学に反対する一斉キャンペーンを張った。一九三七年七月十五日、シュタルクが、SS（親衛隊）の雑誌『ダス・シュヴァルツェ・コーア（黒い軍団）』に一篇の論文を発表すると、反ハイゼンベルク・キャンペーンは最高潮に達した。シュタルクはその論文の中で、ハイゼンベルクを「白いユダヤ人」と呼んだのだ。シュタルクの中傷は、ハイゼンベルクがドイツで孤立し、放逐される現実的可能性を生じさせるものだったので、ハイゼンベルクは翌年一年間をかけて、それを打ち消すことに力を注いだ。ハイゼンベルクは、たまたま彼の家族の知り合いだったSS長官ハインリヒ・ヒムラーに助けを求めた。ヒムラーはハイゼンベルクの潔白を証明してくれたが、ゾンマーフェルトの後継者となることは認めなかった。そしてヒムラーはハイゼンベルクに対し、今後とも、「きみの話を聞く人の利益のために、科学研究の結果を認めるときには、その研究を行った科学者の個人的な特徴、および政治的な特徴を、その研究成果とはっきり区別する」ことを要求した。ハイゼンベルクはその要求に従い、科学者と科学を切り離した。それ以降、ハイゼンベルクが公の場でアインシュタインの名前を口にすることはなくなった。

ゲッティンゲン大学の物理学者、ジェームズ・フランクとマックス・ボルンは、退役軍人であるため「アーリア条項」の適用を免除されていた。しかしふたりとも、その権利を行使することはナチスに迎合することだと考えた。フランクは辞表を提出する際に、「われわれユダヤ系ドイツ人は、祖国の敵たる異邦人として扱われています」と述べた。それが反ドイツ・プロパガンダを煽る発言だとして、フランクはゲッティンゲン大学の四十二人もの学者たちから糾弾を受けた。ボルンは辞任するつもりはなかったが、地元の新聞に掲載された停職者のリストに自分の名前が含まれているのを見つけた。のちにボルンはそのときの心情を、「十二年間努力を重ねてゲッティンゲンに築き上げてきたいっさいのものが、粉々に砕け散った気がした」と語った。「それはわたしにとって、世界の終りのように感じられた」。ボルンにとって、「いかなる理由にせよ、わたしを追放した学生たちの前に立つこと、あるいはこれを受け入れた同僚たちに混じって生きる」のは耐え難いことだった。

停職にはなったものの、まだ解雇されたわけではなかったボルンは、それまで自分がユダヤ人だと意識したことがなかった、とアインシュタインに打ち明けた。しかしこうなってみて、「自分がユダヤ人であることにとても意識的になっています。それは他人からユダヤ人として見られるからだけでなく、この抑圧と不公正が、わたしの内に怒りと反抗心を引き起こしたためです」と彼は語った。ボルンはイギリスに定住することを望んでいた。「イギリス人は亡命者を、もっとも気高く、寛大に受け入れているように見えるからです」。ボルンの希望は叶えられた――ケンブリッジ大学で、三年間の期限付きで講師の職が得られたのだ。彼は、イギリスの物理学者からその職を奪うのではないかと心配していたが、そのポストが彼のために特別に作られたことを知り、その申し出を受けることにした。物理学への貢献で国際的に認められていた者のなかでも、ボルンは幸運に恵まれた数少ない例のひとつだった。「若手」はそれほど順調には行かず、アインシュタインはそのことに「胸を痛めている」と語った。しかしその当時は、ボルンほど実績ある科学者でさえ、先行きの見えない不安な時期を経験したのである。ケンブリッジでの任期が終わると、ボルンはインドのバンガロールで半年間過ごし、モスクワのポストに就くことも真剣に考えたが、一九三六年、エディンバラ大学の自然哲学教授に招かれた。

ハイゼンベルクはかつてボルンに、「あの法律の影響を受ける人はごく少数でしょう。あなたとフランクには、まず間違いなく関係ありません」と説いたことがあった。ハイゼンベルクも他の多くの人たちと同じく、いずれ事態は落ち着き、「たとえ政治的な革命が起こったとしても、ゲッティンゲンの物理学には損害が及ばない」と期待していたのだった。しかしいまやゲッティンゲンにも被害は及んでいた。ナチスは、法律が成立してからわずか二、三週間のうちに、量子力学の揺籃(ようらん)の地だったゲッティンゲンを、卓越した最高学府から二流の大学にしてしまったのだ。ナチスの教育相は、ゲッティンゲンでもっとも尊敬されている数学者ダーフィト・ヒルベルトに、「きみの研究所は、ユダヤ人やその友人たちが去ったことで非常に苦労している」というのは事実かと尋ねた。ヒルベルトはこう答えた。「苦労？　いいえ、苦労などありませんよ、大臣閣下。研究所はもはや存在していないのですから」

ドイツで起こっていることが広く報道されると、科学界はナチスの抑圧を逃れてきた仲間たちに金銭と仕事を提供して援助する行動をすみやかに起こし、個人や私的な財団からの贈与や寄付金をもとに救援組織が設立された。イギリスでは一九三三年五月に、ラザフォードを会長とする学術支援評議会が設立され、亡命科学者、芸術家、作家たちに、当座の職を提供するなどの援助活動を行うための「情報センター」となった。亡命者の多くは、まずスイス、オランダ、フランスに脱出し、しばらくそれらの国々で過ごしたのち、イギリスか、アメリカに旅立っていった。

コペンハーゲンでは、ボーアの研究所が多くの物理学者の寄港地となった。一九三一年十二月、デンマーク王立科学文学アカデミーは、有名なビールの銘柄カールスバーグで知られる醸造会社の創設者が建てた壮麗な邸宅、「名誉の家」の次の居住者としてボーアを選んだ。デンマークの指導的市民の地位を得たことにより、ボーアは国の内外でそれまで以上に影響力を振るえるようになった。彼はその力を、ほかの人たちを助けるために使った。一九三三年、ボーアと弟のハーラルは、「亡命中の知的労働者を支援するためのデンマーク委員会」の設立に加わる。ボーアは、同僚の物理学者や教え子たちにも協力を要請して新設の、あるいは空席になったポストを亡命物理学者に提供したりすることに力を尽した。一九三四年四月に、三年間の任期付き客員教授としてジェームズ・フランクをコペンハーゲンに呼んだのもボーアだった。それから一年ほどして、フランクは終身在職権のあるポストを得てアメリカに旅立った。アメリカとスウェーデンは、デンマークにやってきた人たちの多くが最終目的地とした国だった。こうした厳しい状況のなかで、ポストの心配をしなくてもよい人物がひとりいた――アインシュタインである。

九月の初め、ベルギーで身の安全が危うくなると、アインシュタインはイギリスに旅立った。それから一カ月間、彼はノーフォーク州の海岸沿いにあるコテージに住み、極力目立たないように暮らしていた。しかし海辺の静かな生活は、まもなく悲しみに打ち砕かれた。パウル・エーレンフェストが、妻と別れて暮らすうちに絶望の発作に襲われ、自殺したのである。その発作が起こったとき、エーレンフェストは十六歳になる息子でダウン症だったファシリーを見舞いにアムステルダムの病院を訪れていた。エーレンフェストがファシリーを撃ったと知って、アインシュタインは衝撃を受けた。少年は奇跡的にも一命を取り止めたが、片方の目は失明した。

エーレンフェストの自殺で激しく動揺しつつも、アインシュタインはやがて、亡命者の窮状に注目してもらうための資金集めの集会で行う約束になっていたスピーチのことに心を振り向けた。十月三日にロイヤル・アルバート・ホールで開催され、ラザフォードが議長を務めたその集会には、偉大な科学者アインシュタインを一目見ようと大衆が押し寄せ、その晩アルバート・ホールには立錐の余地もなかった。主催者の要望に応え、アインシュタインは一万人の聴衆に向かって、なまりの強い英語でどうにか「ドイツ」という言葉をただの一度も使わずに話すことができた。というのは、「現在ドイツで深刻な事態となっているこの問題は、しかし、ドイツだけのものではない」というのが、主催者である難民支援財団の考えだったからだ。それから四日後の十月七日の夜、アインシュタインはアメリカに向かって旅立った。五カ月のあいだプリンストン高等研究所で過ごす予定だったのだが、結局、アインシュタインは二度とヨーロッパに戻ることはなかった。

ニューヨークからプリンストンに車で向かう途中、アインシュタインにエイブラハム・フレクスナーからの手紙が渡された。プリンストン高等研究所の所長であるフレクスナーはアインシュタインに、公的な行事には出席しないこと、そして彼自身の身の安全のために慎重に行動することを求めていた。フレクスナーはその理由として、アメリカにいるはずの「無責任なナチスの連中」が、アインシュタインに危害を及ぼすおそれがあるためと述べていた。だがフレクスナーの本当の懸念は、アインシュタインの公的な発言が、創立後まもない彼の研究所の評判に、そして頼みの綱である寄付金に及ぼすダメージにあった。しかしわずか数週間後に、アインシュタインはフレクスナーの課す制約と、徐々に強まる干渉に息が詰まりそうになった。彼は一度など、自分の新しい住所として「プリンストン強制収容所」と書いたほどだ。

アインシュタインは研究所の評議会に宛てて、フレクスナーの振る舞いに苦情を述べ、「自尊心のある人間ならば耐えられないような種類の、あらゆるレベルの干渉を控え、邪魔されずに尊厳をもって仕事をできることを保障してほしい」と求め、もしもそれが認められないなら、彼は「尊厳ある方法で、あなたがたの研究所との関係を断つための方策を話し合わなければ」ならないと述べた。結局、アインシュタインは自分の思い通りに行動する権利を得たが、それには代償が伴った。研究所の運営に対して現実的な影響力をいっさい失うことになったのである。シュレーディンガーがプリンストン高等研究所のポストを得られるよう後押ししたときも、それは事実上、このオーストリア人の勝算をなくすように作用したのだ。

シュレーディンガーはベルリンを離れる必要はなかったのだが、自分の主義を貫いてその地を去った。彼がオックスフォード大学のモードリンカレッジで亡命生活を送るようになって一週間もしない一九三三年十一月九日のこと、驚くべき知らせが舞い込んだ。モードリンカレッジの学長であるジョージ・ゴードンはシュレーディンガーに、『タイムズ』が彼に電話をよこして、シュレーディンガーが今年のノーベル賞受賞者のひとりになるだろうと教えてくれたというのだ。ゴードンは誇らしげに、「信じて良いと思いますよ。『タイムズ』は確かな情報がなければ言いませんから」と伝えた。そしてゴードンはこう言い添えた。「実はわたしは、その知らせにとても驚きました。あなたはもうノーベル賞をもらっているものとばかり思っていたので」

シュレーディンガーとディラックは一九三三年のノーベル賞を共同受賞し、延期されていた一九三二年の賞はハイゼンベルクの単独受賞となった。ディラックは、人前に出たくないので賞を辞退すると言い出した。しかしラザフォードが、ノーベル賞を辞退し

1933年、ストックホルム駅にて　左からハイゼンベルクの母親、シュレーディンガーの妻、ディラックの母親、ディラック、ハイゼンベルク、シュレーディンガー。この年、シュレーディンガーとディラックはノーベル賞を受賞し、ハイゼンベルクは1932年のノーベル賞を１年遅れて受賞した。AIP Emilio Segrè Visual Archives

たりすればもっと騒がれることになると言って説得すると、ディラックは考えを変えて受賞することにした。受賞を辞退しようかとディラックが思案していたとき、ボルンはスウェーデンのアカデミーに無視されたことで深く傷ついていた。

ハイゼンベルクはボーアへの手紙に、「シュレーディンガー、ディラック、そしてボルンのことで自責の念にかられています」と書いた。「シュレーディンガーとディラックは、少なくともわたしと同じくらいには単独受賞に値しますし、わたしはボルンと共同受賞したかったです。わたしたちはいっしょに仕事をしたのですから」。それに先立って、ハイゼンベルクはボルンからの祝福の手紙に次のように返信した。「ゲッティンゲンで、あなたとヨルダンとわたしがいっしょに行った研究に対し、わたしが単独でノーベル賞を受賞することになったことに心が曇ります。あなたには何と言ってよいか言葉もありません」。それから二十年を経て、ボルンはアインシュタインにこう不満を漏らした。「ハイゼンベルクの行列力学に彼の名前が冠されているのは公正とはいえません。あの日々、彼はじっさい行列が何なのかも知らなかったのですから。われわれの共同研究では彼ひとりが報いを受けました。ノーベル賞や、それと同様のことがいろいろとありました」。そしてボルンは、「この二十年間というもの、自分の気持ちから、ある種の不公平感を取り除くことができませんでした」と打ち明けた。ボルンが「量子力学における基本的な仕事、とくに波動関数の統計的解釈に対して」ノーベル賞を受賞したのは、ようやく一九五四年のことである。

当初は嫌な思いもしたものの、一九三三年十一月の末までには、アインシュタインにとってプリンストンは魅力的な場所になりはじめていた。「プリンストンは美しい小さな街で、儀式ばったことの好きな、神格化されたちっぽけな英雄たちが大仰に気取っています」と、彼はベルギーのエリザベート王妃に宛てた手紙に書いた。「それでもある種の儀礼に目をつぶれば、勉強に適した雰囲気と、気が散ることから離れていられる自由があります」。一九三四年四月、アインシュタインは無期限にプリンストンにいるつもりであることを公にした。「渡り鳥」は、残りの人生を過ごすために巣をかける場所を見いだしたのだ。

アインシュタインは特許局での日々以来、物理学界のなかでさえ、つねにアウトサイダーだった。彼はあまりにも長いあいだ、そしてあまりにもしばしば、アウトサイダーとして生きてきた。そして今、彼はふたたびアウトサイダーとして生きてみたいと思うようになった。それというのも、ボーアとコペンハーゲン解釈に突き付ける新たな難題を思いついたからだ。

第十三章　EPR論文の衝撃

「プリンストンは変人たちの巣窟」で、「アインシュタインは完全な変人だ」とロバート・オッペンハイマーは書いた。一九三五年一月、アメリカが生んだ第一級の理論物理学者、三十歳のときのことである。それから十二年後、アメリカの原子爆弾製造を指揮したのち、オッペンハイマーは、「無力な孤立のなかで光を放つ、唯我論に陥った有名人たち」の世話をするために、「変人たちの巣窟」である高等研究所の所長としてプリンストンに戻ってきた。アインシュタインは、量子力学に批判的なせいで、「プリンストンでは頭のおかしな老いぼれと思われている」ことを甘んじて受け入れていた。

アインシュタインへのそんな評価は、若い世代の物理学者のあいだではごく普通のことだった。量子力学を離乳食のように与えられて育った新しい世代は、この理論は「物理学のほぼすべてと、化学のすべて」を説明したというポール・ディラックの意見に賛同していた。そんな若手たちにしてみれば、一握りの年寄りたちが量子力学の意味について論争を続けていることなど、この理論が現実に収めている成功に比べれば取るに足りないことに思われたのだ。一九二〇年代の末までには、原子物理学の問題は次々に解決され、物理学者たちの関心は原子から原子核へと移っていった。一九三〇年代に入るとすぐに、ケンブリッジ大学のジェームズ・チャドウィックが中性子を発見し、ローマのエンリコ・フェルミとそのチームが、中性子を原子核に衝突させたときに引き起こされる反応を調べて、原子核物理学という新しいフロンティアを切り開いた[1]。一九三二年には、ラザフォード率いるキャヴェンディッシュ研究所で、チャドウィックの同僚だったジョン・コッククロフトとアーネスト・ウォルトンが最初の粒子加速器を作り上げ、それを使って原子核を破壊して、かつて「それ以上分割できないもの」だった原子を分割した。

アインシュタインはベルリンからプリンストンに移ったが、物理学は彼抜きで進んでいた。アインシュタインもそのことはよく承知していたが、彼はすでに、自分がやりたい物理学をやれるだけの権利は手に入れたつもりだった。一九三三年十月に高等研究所にやってきたアインシュタインは、新しく自分の研究室となる部屋に案内されて、どんな備品が必要ですかと尋ねられ、「机かテーブルと椅子、それと紙と鉛筆が必要です」と答え、こう言い添えた。「ああそうそう、大きな屑籠もね。間違ったものを全部放り込めるように」。じっさいアインシュタインはたくさん間違いを犯すことになるが、自分が聖杯と思うものを探究しているあいだ、彼の心が挫けたことはただの一度もなかった。その聖杯とは、統一場理論である。

十九世紀にマクスウェルは、電気、磁気、光を統一して、包括的なひとつの理論構造にまとめあげた。アインシュタインはそれと同様、電磁気理論と一般相対性理論とを統一したいと考えていたのだ。彼にとって、それらふたつの理論を統一することは次に踏み出すべきステップであり、避けて通ることのできない道筋であると同時に、論理的必然でさえあった。そんな理論を作るという彼の試みはいずれも屑籠行きになるのだが、彼がその道に最初の一歩を踏み出したのは、一九二五年のことだった。その後量子力学が発見されてからは、統一場理論ができれば、量子力学はその副産物として得られるだろうと考えるようになっていた。

一九三〇年のソルヴェイ会議以降、ボーアとアインシュタインが直接連絡を取り合うことはほとんどなくなった。一九三三年九月にパウル・エーレンフェストが自ら命を絶つと、貴重な通信経路も失われた。アインシュタインはエーレンフェストへの胸を打つ追悼文のなかで、量子力学を理解しようとしてエーレンフェストが苦しんだことに触れ、「五十を過ぎた人間は誰もみな、新しい考えに順応するのはしだいに難しくなるものです。これを読んでいる人たちのなかで、はたしてどれだけの人が、その悲劇を十分理解できるようになるのでしょうか」と述べた。

アインシュタインのその文章を読んで、彼は自分の窮状を嘆いているのだろうと誤解した者は多かった。このとき五十代半ばのアインシュタインは、自分が量子力学を受け入れることのできない過去の遺物と見られていることを知っていた。しかし彼は、ほかの物理学者たちと、自分やシュレーディンガーとの違いもわかっていたのだ。「ほかの人たちはほとんど全員、事実から理論を見るのではなく、理論から事実を見ています。彼らはいったん受け入れた概念の網に捕らわれたまま、そこから自由になることができず、網の中でぶざまにパタパタと跳ねまわるだけなのです」

若い世代とのあいだに相互不信はあったものの、アインシュタインといっしょに仕事をしたいと熱望する若手はつねにいた。そんな若手のひとりがネイサン・ローゼンである。ニューヨーク生まれのローゼンは、一九三四年、二十五歳のときに、アインシュタインの助手としてマサチューセッツ工科大学（ＭＩＴ）から高等研究所にやってきた。そのローゼンよりも数カ月ほど早く、ボリス・ポドルスキーというロシア生まれの三十八歳が、研究員として高等研究所のメンバーに加わっていた。ポドルスキーが初めてアインシュタインに会ったのは、一九三一年、カリフォルニア工科大学（カルテック）でのことだった。そのときふたりは共著論文をひとつ書き上げた。アインシュタインはもうひとつ論文のアイディアをもっていた。その論文が、コペンハーゲン解釈に新しい側面から一撃を加え、アインシュタイン＝ボーア論争の歴史に新時代を画することになるのである。

一九二七年と一九三〇年の、二度のソルヴェイ会議でアインシュタインが採った路線は、不確定性原理を突き崩すことにより、量子力学には矛盾があり、それゆえ不完全であることを示すというものだった。ボーアはハイゼンベルクとパウリの協力を得て、アインシュタインの思考実験という要塞を解体し、コペンハーゲン解釈を防衛することに成功した。その後アインシュタインは、量子力学には論理的な矛盾はないものの、ボーアが言うような完全な理論ではないと考えるようになった。量子力学は完全ではなく、物理的実在を十分に捉えていないということを示すためには、これまでとは違う戦略が必要なのはわかっていた。その目的のためにアインシュタインが開発したのが、彼の考案したなかで、もっとも長く攻略に耐えることになる思考実験だった。

一九三五年が明けるとすぐに、アインシュタインは、ポドルスキーとローゼンを研究室に呼び、三人で数週間にわたって議論を重ね、その新しい戦略を入念に練り上げた。ポドルスキーがその議論の成果を論文として書き上げる作業を担当し、ローゼンはそのために必要な計算のほとんどを担当した。のちにローゼンが語ったところによれば、アインシュタインの担当は、「一般的な考え方、およびその意味」を明らかにすることだった。わずか四ページのその論文――アインシュタイン゠ポドルスキー゠ローゼン論文、略してＥＰＲ論文――は、三月末には完成し、専門誌に送付された。「物理的実在に関する量子力学の記述は完全だと考えることができるか？（Can Quantum Mechanical Description of Physical Reality Be Considered Complete?）」と題された三人の共著論文は、［Physical Reality の前にあるべき］“the” を落としたまま、五月十五日に、アメリカの物理学専門誌『フィジカル・レビュー』に掲載された。タイトルに掲げた問いに対するＥＰＲの回答は、敢然たる「ノー！」だった。ＥＰＲ論文は、著者のひとりにアインシュタインが含まれていたために、専門誌に掲載される前に、誰も望まないかたちで世間の注目を浴びることになった。

一九三五年五月四日土曜日の『ニューヨーク・タイムズ』の第十一面に、「アインシュタイン、量子論を攻撃する」という派手な見出しの記事が掲載された。「アインシュタイン教授は、科学の重要理論である量子力学を攻撃する予定だ。その理論にとって彼は祖父のような存在である。彼は、量子力学は〝正しい〟が、〝完全〟ではないと結論した」。それから三日後、『ニューヨーク・タイムズ』は、明らかに不機嫌なアインシュタインの談話を掲載した。新聞を相手取ることに不慣れではないはずのアインシュタインだったが、言わずもがなのことを言ったのだ。「科学的な問題については、それにふさわしい場でしか論じないというのが、一貫したわたしのやり方である。わたしは、こうした問題についての発表を、論文掲載に先立って一般紙で行うことに反対する」

アインシュタイン、ポドルスキー、ローゼンは発表された論文の中で、まずはじめに、実在そのものと、物理学者が理解するところの実在とを区別した。「物理理論についての本格的な考察を行うときにはつねに、理論とはいっさい関係のない客観的実在と、理論のなかで用いられる物理的な概念とを区別しなければならない。物理的概念は、客観的実在に対応させるために作られたものであり、われわれはそれらの概念を使って、自らのために客観的実在を描き出すのである」。それに続けてEPRは、物理理論が成功していると言えるためには、次のふたつの問いに対する答えが、無条件に「イエス」でなければならないと主張した。そのふたつとは、「その理論は正しいのか?」と、「その理論によって与えられる記述は完全か?」である。

「理論が正しいかどうかは、理論から導かれる結論と人間の経験とが、どの程度合うかによって判断される」とEPRは述べた。物理学で言う「経験」は、実験や測定を意味するから、三人がここで述べたことは、物理学者なら誰でも受け入れるだろう。今日にいたるまで、実験室で行われた実験と、量子力学の理論的な予測とのあいだに矛盾と言えるようなものはない。したがって、量子力学は正しい理論だと言えそうだ。しかしアインシュタインにとって、実験と合う正しい理論だというだけでは不十分だった——理論はそれに加えて、完全でなければならなかったのである。

「完全」という言葉が何を意味しているにせよ、EPRは、物理理論の完全性に対して、ひとつの必要条件を与えた。「物理的な実在の要素はすべて、その物理理論のなかに対応物をもたなければならない」。理論が完全であるための判定基準をこのように定める以上、ＥＰＲがこの先に議論を進めるためには、「実在の要素」とは何かを定義しなければならない。

アインシュタインは哲学の泥沼にはまり込みたくはなかった。あまりにも多くの人たちが、「実在」を定義しようとして、その泥沼に飲み込まれていった。実在が何で構成されているかを明らかにしようとして、無事にその沼から出てきた者はかつてひとりもいなかったのだ。そこでＥＰＲは、その泥沼を回避するために、自分たちの目的にとって、「実在を一般的に定義する必要はない」と述べた。そのうえで「実在の要素」を定義するために、「十分」にして「妥当」な判定基準、と三人が考えるものを使うことにした。その判定基準とは、「系をいかなる仕方でもかき乱すことなく、ある物理量の値を、確実に（すなわち確率一で）予測することができるなら、その物理量に対応する、物理的実在の要素が存在する」というものだった。

アインシュタインは、量子力学が捉えていない客観的な「実在の要素」が存在することを示すことにより、量子力学は自然についての完全な基礎理論だというボーアの主張を突き崩したいと考えたのだ。アインシュタインは、ボーアや彼の意見を支持する者たちとの論争の焦点を、量子力学には内部矛盾があるかどうかという問題から、実在はいかなる性質をもつのか、そして理論の役割とは何かという問題へとシフトさせたのである。

ＥＰＲの主張は次のようなものだった。理論が完全であるためには、理論の要素と実在の要素とは、一対一に対応していなければならない。ある物理量（たとえば運動量）の値を、系をかき乱すことなく、確実に（確率一で）予測することができるなら、その物理量は実在すると言える。もしも理論によっては説明できないような物理的実在の要素が存在するなら、その理論は不完全である。ＥＰＲのこの論法を理解するために、図書館で本を借りるときのことを考えてみよう。あなたが図書館である本を見つけ、借りて帰ろうとしたところ、司書から、この図書館にはそんな本はありませんと言われたとしよう。その本には、その図書館の蔵書であることを示す目印がすべてそろっている。このとき考えられる唯一の可能性は、その図書館の蔵書目録が不完全だということだ。

不確定性原理によれば、微視的物理学の対象である物体（系）について、運動量の正確な値を与えるような測定を行えば、その物体（系）の位置を同時に測定することは可能性すらも排除される。アインシュタインは次の問いに答えたかった。「正確な位置を測定できないということから、その電子はくっきりとした位置をもたないということが、直接的に結論されるのだろうか？」。コペンハーゲン解釈はこの問いに対し、「位置を求めるための測定が行われないかぎり、その電子は位置をもたない」と答えたのだった。ＥＰＲは、量子力学に含まれない物理的実在の要素（たとえば、くっきりした位置をもつ電子）は確かに存在すること、それゆえ量子力学は不完全であることを示そうとしたのである。

ＥＰＲはその議論の決め手として、ひとつの思考実験を行った。ふたつの粒子ＡとＢが、ほんの一瞬だけ相互作用をしたのち、互いに反対向きに飛び去ったとしよう。不確定性原理によれば、すべての時刻において、どちらの粒子についても、位置と運動量を同時に正確に測定することはできない。しかし、ふたつの粒子ＡとＢを合わせた系の全運動量と、両者のあいだの距離とを、同時に正確に測定することはできる。

ＥＰＲ思考実験のカギは、粒子Ｂについては直接測定を行わないことで、粒子Ｂをかき乱さず、そのまま進ませるという点にあった。量子力学の数学構造からすると、たとえＡとＢが何光年も離れていようと、Ａの運動量を測定することにより、Ｂをかき乱さずに、Ｂの正確な運動量を知ることは禁じられていない。粒子Ａの運動量を正確に測定すれば、運動量保存則から、Ｂの運動量を、間接的ながら同時に正確に知ることができる。したがって、ＥＰＲの実在の判定基準によれば、Ｂの運動量は物理的実在の要素でなければならない。同様に、ＡとＢの距離はわかっているのだから、Ａの位置を正確に測定することにより、直接測定を行わなくても、Ｂの位置を知ることができる。それゆえＢの位置もまた、物理的実在の要素でなければならない、とＥＰＲは論じた。ＥＰＲは、粒子Ａに対する測定を行うだけで、粒子Ｂをかき乱さずに、Ｂの運動量または位置の正確な値を、確実に（確率一で）求める方法を考えだしたようだった。

ＥＰＲの実在の判定基準に照らして、粒子Ｂの運動量と位置は「実在の要素」であること、そしてＢは位置と運動量の正確な値を同時にもつことが証明された、とＥＰＲは論じた。不確定性原理から、量子力学によれば、粒子が位置と運動量の両方を同時にもつことはありえないから、理論のなかには、これら「実在の要素」に対応するものがない、ということになる。それゆえ物理的実在に関する量子力学の記述は不完全である、とＥＰＲは結論したのだ。[2]

アインシュタインの思考実験は、粒子Ｂの位置と運動量を同時に測定するようにはデザインされていなかった。彼は、一個の粒子について、位置と運動量のどちらか一方を測定すれば、他方について修復不可能な力学的攪乱を引き起こさずにはすまないということは認めていた。そのため二粒子についての思考実験は、一方の粒子については測定を行わずとも、その位置と運動量は同時に存在できるということ――その粒子の位置と運動量は、どちらも「実在の要素」であること――を示すために組み立てられていた。もしも粒子Ｂの位置と運動量を、Ｂについて観測（測定）を行わずとも知ることができるなら、Ｂの位置と運動量は、観測（測定）されるかどうかとは関係なく、実在の要素として存在しているはずだ。つまり粒子Ｂは、実在の位置と、実在の運動量をもつ、というのがＥＰＲの議論だった。

ＥＰＲは、次のような反論がありうることはわかっていた。「ふたつ以上の物理量が、同時に実在の要素であると言えるのは、それらを同時に測定ないし予測できる場合だけである」。しかし、もしもそうだとすると、粒子Ｂの運動量と位置の実在性が、粒子Ａの何をどのように測定するかに依存してしまう——粒子Ａは何光年も離れているかもしれず、粒子Ｂをいかなる仕方でもかき乱さないにもかかわらず、である。「実在の合理的な定義であるかぎり、そのような可能性を許すものはありえない」とＥＰＲは述べた。

ＥＰＲの論証の核心は、アインシュタインの局所性の仮定、すなわち、瞬時に伝わる謎めいた遠隔作用は存在しないという仮定だった。局所性が成り立っているなら、空間内のある領域で起こった出来事が、どこか別の領域で起こる別の出来事に、瞬時に——光よりも早く——影響を及ぼすことはありえない。アインシュタインにとって、光の速度は、ある場所から別の場所へと何かが移動する速度に対して自然が課した制限速度であり、決して超えることのできない限界だった。相対性理論の発見者である彼にとって、粒子Ａについて行われた測定が、ある距離を隔てた粒子Ｂがもっている独立した実在の要素に対し、瞬間的に影響を及ぼすとは考えられなかったのだ。

ＥＰＲ論文が世に出るとすぐに、ヨーロッパ中の主要な量子論の研究者たちのあいだに警報が鳴り響いた。チューリヒのパウリは、ライプツィヒのハイゼンベルクに興奮した調子の手紙を書いた。「アインシュタインがまたしても量子力学に噛み付いてきました。しかも『フィジカル・レビュー』上です。五月十五日の号に載っています。（ポドルスキーとローゼンとの共著です。まあ、あまり面白い連中ではありませんが）」。そしてパウリはこう続けた。「これが起こると、毎度、酷（ひど）いことになるのはわかりきっています」。しかしそうは言いながら、パウリはこうも言っているのだが。「とはいえ、もしも勉強を始めてまもない学生のなかにこんな問題を突き付けてくる者がいたとしたら、自分はその学生を、かなり頭が良くて将来有望だと思うでしょう」

パウリはあたかも量子力学の伝道師のような熱意に燃えて、アインシュタインの新たな挑戦のせいでほかの物理学者たちが混乱したり動揺したりしないよう、すぐに反論すべきだとハイゼンベルクに迫った。パウリ自身、「教育上の」理由から、「量子論によって要請される事柄のなかでも、とりわけアインシュタインの頭を悩ませている部分について説明してやるために、紙とインクを費やすことを考えたこともある」と認めた。結局、ハイゼンベルクがEPR論文への反論を書き、その草稿をパウリに送った。しかしハイゼンベルクはその論文を発表することは差し控えた。なぜならボーアがすでに武器をとり、コペンハーゲン解釈を防衛すべく立ち上がっていたからだ。

EPRの「猛攻撃は青天の霹靂（へきれき）のようにわれわれに降りかかってきた」と、当時コペンハーゲンにいたレオン・ローゼンフェルトは回想した。「それがボーアに及ぼした影響には、目を見張るものがあった」。ボーアはすぐさまいっさいを放り出し、アインシュタインがどこで間違ったかを洗い出して、EPRに「この問題について語るときの、正しいやり方を教えてやろう」と決心したのだ。ボーアは張り切って、EPRへの反論をローゼンフェルトに口述しはじめた。ところが彼はまもなく口ごもりはじめ、「いや、これではダメだ、最初からやり直しだ」などとボソボソ言い出した。「そんなことがしばらく続くうちに、（EPRの）議論の思わぬ巧妙さに、驚きが膨らんでいった」。「彼はときどきわたしのほうを振り返って、『連中は何を言っているのだろう？　きみはどう思う？』と言うのだった」。やがてボーアは動揺しはじめた。アインシュタインの論法は独創的であるだけでなく、きわめて緻密に考え抜かれていたからだ。EPR論文を論駁するのは、彼がはじめに思ったほど容易ではなさそうだった。とうとうボーアは、「ひと晩寝て考えることにしよう」と言った。翌日、ボーアは少し落ち着きを取り

議論するボーア、ハイゼンベルク、パウリ
1930年代半ば、ボーア研究所で昼食時に。
Niels Bohr Institute, courtesy AIP Emilio Segrè Visual Archives

戻していた。それから六週間のあいだ、ボーアは昼も夜もこの問題にかかりきりになり、少しずつEPRの要塞を崩していった。そしてついにボーアは、ローゼンフェルトにこう言えるまでになった。「連中はなかなか賢いやり方をしたね。しかし重要なのは、正しいやり方をすることなのだ」

EPRへの反論がまだ書き上がっていなかった六月二十九日の時点で、ボーアは『ネイチャー』誌にレター論文を発送した。「量子力学と物理的実在」と題するその論文には、彼の反撃のあらましが述べられていた。このときも『ニューヨーク・タイムズ』は事前にそれを嗅ぎ付けた。七月二十八日、「ボーアとアインシュタインが対立。両者は実在の基本的性質について論争を始める予定」と題する記事が同紙に掲載された。「アインシュタイン＝ボーア論争が英国の科学雑誌『ネイチャー』の最新号で始まった。ボーア教授は同誌上で、アインシュタイン教授に対して予備的な反論を行い、〝理論の完全版はまもなく『フィジカル・レビュー』に掲載されるだろう〟と予告した」

ボーアは意図的にアインシュタインと同じ雑誌を選んだ。そして七月十三日に『フィジカル・レビュー』に受理された六ページの回答には、「物理的実在に関する量子力学の記述は完全だと考えることができるか？」という、EPR論文とまったく同じタイトルがつけられていた。十月十五日に世に出たその論文は、タイトルに掲げた疑問に対し、断固とした「イエス」で答えるものだった。しかし、EPRの議論の間違いを突き止めることができなかったボーアは一歩後退を余儀なくされ、量子力学は不完全だというアインシュタインの主張の論拠は、かくも大きな主張を支えるには弱すぎると述べるに留まった。ボーアはコペンハーゲン解釈を防衛するために、まず定石に従い、アインシュタインが不完全性を論証するために用いた要素のうち、もっとも重要なもの、すなわち物理的実在の判定基準を却下した。ボーアは、ＥＰＲの実在の定義のなかに、ひとつ弱点を見つけたと考えたのである。それは、「系をいかなる仕方でもかき乱すことなく」測定を行わなければならない、という部分だった。

ボーアは、ＥＰＲの実在の判定基準の弱点を突けると思った。その弱点は、ボーア自身の言葉によれば、ＥＰＲの判定基準が「量子現象に適用された場合には、本質的なあいまいさを含む」ことだった。そしてボーアはその路線をとるために、測定を行えばかならず力学的攪乱が起こる、という立場から撤退することを公式に表明したのである。ボーアはそれまで一貫して、アインシュタインの思考実験を論破するために、攪乱という考え方を利用してきた。つまり、粒子の運動量と位置のどちらか一方を正確に測定しようとすると、制御不能な攪乱を引き起こしてしまい、他方を正確に測定することができなくなる。したがって、粒子の運動量と位置を、同時に正確に知ることはできない、という論法を使ってきたのだ。しかしボーアは、ＥＰＲの標的はハイゼンベルクの不確定性原理ではないことに気づいた。なぜならＥＰＲの思考実験は、一個の粒子の位置と運動量を同時に測定するようにはデザインされていなかったからだ。

ボーアは、EPRの思考実験では、「調べている系［粒子B］が、力学的攪乱を受けないことは明らかである」と述べた。彼がこの重大な譲歩を公式に表明したのはこれが初めてだった。しかし実はそれより数年前に、彼とハイゼンベルク、ヘンドリク・クラマース、そしてオスカル・クラインの四人が、チスヴィレにある彼の別荘で暖炉を囲んで議論をしていたとき、ボーアは内々にそのことを認めていたのである。その議論のときに、クラインが次のように言った。「原子物理学では偶然性が一役演じるということを、アインシュタインがあれほど認めたがらないというのは奇妙ではないだろうか？」。するとハイゼンベルクがこう言った。「現象をかき乱さずには観測できないから、観測のせいで持ち込まれる量子効果のために、観測対象にもある程度のあいまいさが持ち込まれるわけだね。アインシュタインもそのことは十分にわかっているんだが、どうしても納得がいかないのだろう」。するとボーアがハイゼンベルクにこう言ったのだ。「それはちょっと違うように思う。どんな場合であれ、『観測をすれば現象にあいまいさが持ち込まれる』というような言い方はすべて、不正確で誤解を招くというのがわたしの理解なんだ。われわれが自然から学んだのは、実験の設定や観測装置を指定しないうちは、原子レベルのプロセスに対して、〝現象〟という言葉を使うわけにはいかないということだったね。実験の設定が具体的に定義され、なんらかの観測が行われてはじめて、現象について語ることができるんだ。観測をすれば現象がかき乱される、ということではないんだよ」。しかし、二度のソルヴェイ会議の前にも、会議の期間中も、そして会議が終わってからも、ボーアの書いたもののなかには、「測定の行為が観測対象をかき乱す」という言い方が散見されるし、じっさいその考えが、ボーアがアインシュタインの一連の思考実験を解体するにあたって中核的な役割を果たしたのだった。

アインシュタインがこの間もずっとコペンハーゲン解釈を探究していたと知って圧力を感じたボーアは、それまで頼りにしていた「攪乱」という考え方を捨てた。なぜなら、たとえば電子がかき乱されるという言い方をすれば、かき乱されるまでは、その電子はなんらかの確定した状態にあったことをほのめかすからだ。そこでボーアは攪乱の代わりに、測定されている微視的物理学の対象と、測定を行う装置とが、分離不可能なひとつの全体――「現象」――を作り上げているという点を強調することにした。測定行為によって引き起こされる力学的攪乱には、どこにも居場所がないのだ。それが、EPRの実在の判定基準はあいまいだ、とボーアが考えた理由だった。

しかし残念ながら、EPRに対するボーアの論文はさらにあいまいだった。それから長年を経た一九四九年の論文で、ボーアは、EPRに対する自分の反論には、「表現に拙い(つたな)ところがある」と認めた。そして彼は、自分がEPRへの回答のなかで言いたかったのは、「対象そのものの振る舞いと、対象と測定装置との相互作用とを明確に区別することができないような現象を扱う場合に、その対象の物理的属性について云々（うんぬん）することには本質的なあいまいさが付きまとう」ということだったと述べた。

EPRは、粒子Aを測定して得られた結果にもとづいて、粒子Bについて同様の測定を行ったとすれば得られるであろう値を予測したが、ボーアはその点については異議を唱えなかった。EPRの言う通り、粒子Aの運動量を測定すれば、粒子Bの運動量について同様の測定を行った結果を正確に予測することはできる。しかしだからといって、運動量はBの独立した実在の要素だと言うことはできない、とボーアは論じた。Bについてじっさいに運動量が測定された場合にのみ、Bは運動量をもつと言うことができるのであり、粒子の運動量が実在するのは、その粒子の運動量を測定するためにデザインされた装置と相互作用する場合だけである。測定行為に先立って、未知ではあるが実在の状態に粒子があるわけではない。粒子の位置、または運動量のどちらか一方を知るための測定が行われないかぎり、粒子がじっさいに、位置または運動量をもつと主張することには意味がない、というのだ。

ボーアにとって、EPRの言うところの「実在の要素」を定義するうえで、測定装置が果たす役割は決定的に重要だった。たとえば、いったん物理学者が粒子Aの位置を正確に測定するために装置を設定すれば（そのときBの位置も確実に求めることができる）、Aの運動量は測定できなくなり、それゆえBの運動量も得られなくなる。

ボーアがＥＰＲに譲歩したようにＢが力学的攪乱を受けないのなら、その場合には、Ｂの「物理的実在の要素」は、測定装置の性質と、Ａに対して行われる測定によって定義されなければならない、とボーアは論じたのだ。

ＥＰＲの観点からすれば、もしもＢの運動量が実在の要素なら、粒子Ａの運動量を測定するという行為によって、Ｂが影響を被（こうむ）るということはありえない。Ａの運動量を測定すれば、粒子Ｂの運動量——いかなる測定とも無関係に、Ｂがもっている性質——を計算できるというだけのことだ。ＥＰＲの実在の判定基準では、粒子Ａと粒子Ｂが物理的な力を及ぼし合わなければ、一方に何が起こっても、他方がそれによって「乱される」ことはないと仮定されていた。しかしボーアの観点からすれば、ＡとＢは離れ離れになる前に一度相互作用したことがあるのだから、両者はひとつの系を構成しており、その意味で互いに結びついているので、互いに無関係な粒子として扱うことはできない。したがって、Ａの運動量を測定することは、事実上、Ｂを直接的に測定することに等しい。結果として、Ａの運動量が測定された瞬間に、Ｂははっきりした運動量の値をもつ、ということになる。

ボーアは、粒子Ａに対して観測を行っても、粒子Ｂは「力学的攪乱」を受けないということは認めた。ＥＰＲと同じくボーアも、引力であれ斥力であれ、遠隔作用としての物理的な力は存在しないと考えていたのである。しかし、粒子Ｂの位置または運動量の実在性が、粒子Aに対して行われる測定の影響を受けるというなら、離れた場所に瞬間的に及ぶような、なんらかの「影響」があるのではないだろうか？　もしもそんな影響があるなら、局所性と分離性は成り立たない——つまり、粒子Aに起こったことが、瞬時にBに影響を及ぼすことになり、AとBは互いに無関係だとはいえなくなる。局所性と分離性は、EPRの論証の核心であり、観測者には無関係な実在が存在するというアインシュタインの思想の核心でもあった。しかしボーアは、粒子Aに対して測定を行えば、粒子Bになんらかの「影響」が及ぶと主張したのである。ボーア自身の言葉によれば、「系［B］のその後の振る舞いについて、いかなるタイプの予測が可能であるかを定める諸条件そのものに対する影響」があると言うのだ。ボーアは、謎めいたその影響について、それ以上の説明は与えなかった。そして彼は次のように結論した。「〝物理的実在〟という言葉で呼ぶに値するあらゆる現象に対し、それらの諸条件が、現象を記述するために必要不可欠な要素を構成している以上、上述の著者たち［EPR］の立論は、量子力学の記述は本質的に不完全であるという彼らの結論を正当化するものではない、とわれわれは考える」

アインシュタインは、ボーアが言うところの「影響」のことを、「ブードゥーの力」とか「不気味な相互作用」などと言って揶揄（やゆ）した。アインシュタインは後年、次のように述べた。「全能の神の手の内をのぞき見ることは難しそうです。しかしわたしは、神がサイコロを振るとか、〝テレパシー〟の力を使うとは、一瞬たりとも信じることができません（現行の量子論によれば、神はそういう力を使うことになっています）」。またアインシュタインは、ボルンへの手紙に次のようにも書いた。「物理学は不気味な遠隔作用など使わずに、時間と空間のなかで実在を説明しなければなりません」

ＥＰＲ論文には、量子論のコペンハーゲン解釈と客観的実在とは両立不可能だというアインシュタインの考えが表明されていた。それについてはアインシュタインのいう通りであり、ボーアもそれはわかっていた。じっさいボーアは、「量子の世界というものはない。あるのは抽象的な量子力学の記述だけである」と述べているのである。コペンハーゲン解釈によれば、粒子には、独立した実在性はない。観測されていないときには、粒子は物理的な性質をもたないのだ。アメリカの物理学者ジョン・アーチボルト・ホイーラーは、のちにこの考え方を次のように言い表した。「基礎的な現象は、観測されるまでは実在しない」。ＥＰＲ論文が世に出る一年ほど前にはパスクアル・ヨルダンが、観測者とは無関係な実在を認めないコペンハーゲン解釈の観点を論理的にとことん突き詰めて次の結論に達した。「われわれ自身が、測定結果を生み出すのである」

ポール・ディラックは、「アインシュタインがこれではダメだと証明したのだから、一からやり直しだ」と言った。彼ははじめ、アインシュタインは量子力学に致命的な打撃を与えたと考えたのだ。しかしすぐに、ディラックもその他多くの物理学者たちと同じく、今回もまたボーア＝アインシュタイン論争の戦場から、勝者として帰還したのはボーアだと考えるようになった。量子力学が非常に役に立つ理論であることはとっくの昔に証明されていたし、ＥＰＲに対するボーアの回答をじっくり吟味してみようという者はほとんどいなかった——なにしろボーア自身の基準に照らしてさえ、その回答はあいまいで難解だったのだから。

ＥＰＲ論文が雑誌に掲載されてまもなく、アインシュタインはシュレーディンガーから一通の手紙を受け取った。「最近『フィジカル・レビュー』に発表された論文で、あなたが教条的な量子力学に挑戦状を叩きつけたことをうれしく思いました」。そしてシュレーディンガーは、ＥＰＲ論文の細部を少々解析して見せたのち、彼自身が多大な貢献をして完成させた量子力学に自分は納得していないとして、次のように述べた。「われわれは相対性理論と矛盾しないような量子力学をもっていません。つまり、いかなる影響の伝達速度も有限であることと両立するような理論をもっていないのです。われわれが手にしているのは、古い絶対的な力学のアナロジーにすぎません。……正統的な枠組みでは、分離のプロセスは扱えません」。ボーアがＥＰＲへの回答を作ろうと苦心していたとき、シュレーディンガーは、ＥＰＲの議論で中核的な役割を果たしている分離性と局所性から判断して、量子力学は実在に関する完全な記述ではないと考えていたのだ。

その手紙のなかでシュレーディンガーは、EPR実験のように、いったん相互作用をしてから離れていく二粒子の相関を表すために、「フェルシュレンクング（交差させる）」という言葉を使った——それがのちに「エンタングルメント（量子もつれ・量子絡み合い）」と英訳されることになる。シュレーディンガーもボーアと同じく、いったん相互作用をした二粒子は、ふたつの一粒子系ではなく、ひとつの二粒子系であって、一方の粒子に何か変化が起これば、両者がどれほど遠く離れていても、他方の粒子に影響が及ぶと考えていたのである。彼はその年のうちに発表した有名な論文のなかで、次のように述べた。「〝予測のエンタングルメント〟として起こることはなんであれ、その原因は、それらふたつの物体が過去において真にひとつの系であったこと、つまり両者が相互作用し、相手にその痕跡を残したということにしか求めようがないことは明らかである」。そして彼はこう続けた。「もしも別個の物体がふたつあり、そのおのおのについて最大限の情報が得られているなら、両者が相互に影響を及ぼしたのちにふたたび離れた場合、それらふたつの物体に関するわれわれの知識に、今述べたエンタングルメントが起こるのは当然のことである」

シュレーディンガーは、知的にも心情的にも、アインシュタインほど局所性を重視していなかったが、局所性を捨てるほどの覚悟もなかった。そこで彼はエンタングルメントを解消する方法を打ち出した。エンタングルした粒子系のふたつの部分AとBが遠く離れているとき、どちらか一方に対して何らかの測定を行えば、エンタングルメントは破壊され、両者はふたたび無関係になる、と。そしてシュレーディンガーはこう結論した。「遠く離れた系の一方について測定を行い、他方の粒子に直接的に影響を及ぼすことはできない――それができたら魔法だろう」

六月十七日付のアインシュタインからの手紙を読んだとき、シュレーディンガーは驚いたに違いない。「原理的な観点から、量子力学で言われているような意味において、物理学の基礎に統計性があるなどとは、わたしは断固信じません。量子力学のそのような定式化がみごとな成功を収めていることは、十分にわかっているのですが」。そのことはシュレーディンガーも知っていたが、アインシュタインはそれに続けて、強い調子でこう述べていたのだ。「認識論にどっぷり浸かったこんなお祭り騒ぎは終わらせなければなりません」。そう書きつつも、アインシュタインはそんな自分がどう見えるかも意識していた。「しかしあなたは、こんなわたしを見て微笑みながら、こう思っていらっしゃることでしょう。結局、若いときに異端者だった者は年をとって狂信者になり、若いときに革命家だった者は年をとって反動家になるのだ、と」

ふたりの手紙は行き違いになったのだ。アインシュタインはシュレーディンガーへのその手紙を投函してから二日後に、ＥＰＲ論文に関するシュレーディンガーからの手紙を受け取り、すぐに返事を書いた。「わたしが本当に言いたかったことが、あの論文では十分に表現されていません。あの論文の一番重要な部分が、ややこしい議論に埋もれてしまいました」。ポドルスキーが文章作成を担当したEPR論文は、アインシュタインがドイツ語で発表した他の論文のような、明快なスタイルをもっていなかった。アインシュタインにとってとりわけ残念だったのは、空間的に離れた物体の一方に対して行われた測定は、他方の物体の状態にはまったく影響を及ぼさないという「分離性」の重要さが、EPR論文ではわかりにくくなってしまったことだった。アインシュタインはその「分離原理」を、論文の最後のページにあたかも思いつきのように書き加えるのではなく、EPRの論証の明確な特徴として、はっきりと提示したかったのである。分離性と量子力学の完全性とは両立不可能であることを、きちんと論証したかったのだ。その両方が正しいということはありえなかった。

「じつは問題は、物理学（フィジックス）は一種の形而上学（メタフィジックス）だという点にあります。物理学は実在を記述するものです――われわれは物理的な記述を通してしか、実在について知ることができません」と、アインシュタインはシュレーディンガーに語った。物理学は「実在を記述するものにほかなりません」。しかしその記述は「『完全』にも『不完全』にもなりえます」とアインシュタインは続けた。彼はそれを説明するために次のような例を挙げた。箱がふたつあり、どちらか一方にボールがひとつ入っているとしよう。一方の箱の蓋（ふた）を開けて中を見ることは、「観測を行う」ことだ。第一の箱の蓋を開けて中を見るまでは、ボールがそこにある確率は二分の一、つまり五十パーセントである。第一の箱の蓋が開いた瞬間、ボールがそこにある確率は、一（ボールがある）、またはゼロ（ボールはない）になる。しかしじっさいには、蓋が開く前から、ボールはふたつの箱のどちらか一方に入っていたわけだ、とアインシュタイン。さてこのとき、「第一の箱にボールが入っている確率は二分の一である」と述べることは、実在の完全な記述になっているのだろうか？　と彼は問うた。もしもこの問いに対する答えが「ノー」だとすると、完全な記述は、「第一の箱にボールが入っている（または入っていない）」というものになるだろう。もしも、先の問いに対する答えが「イエス」であって、第一の箱が開く前に何らかの記述が完全だと見なされるのであれば、その記述は、「ふたつの箱のどちらか一方の中には、ボールが存在しない」というものになるだろう。一方の箱の蓋を開けたときに初めて、確定した箱の中にボールが存在しているという状況が生じる。「こうして経験世界に統計的性質が生じる、つまり、経験的な法則体系に統計的性質が生じるわけです」とアインシュタインはそこまでの話をまとめた。では、とアインシュタインは改めて問い掛けた。第一の箱が開く前の状態は、「確率二分の一」という言い方で完全に記述されるのだろうか？

これに判定を下すためにアインシュタインが導入したのが、「分離原理」だった。分離原理とはすなわち、第二の箱、およびその内部にあるものは、第一の箱に何が起ころうと、その影響を受けないということだ。したがってアインシュタインによれば、答えは「ノー」である。第一の箱にボールが入っているという状態に対し、二分の一という確率を割り振るやり方は、実在に対する完全な記述ではないということだ。ＥＰＲ思考実験で「不気味な遠隔作用」が生じてしまうのは、ボーアがアインシュタインの分離原理を破ったためだ、ということになる。

　アインシュタインは一九三五年八月八日付の手紙で、量子力学は確実なことに対して確率しか与えることができないのだから、不完全な理論だということをシュレーディンガーに示すために、箱の中のボールの例の続編として、いっそう過激なシナリオを提案した。彼はシュレーディンガーに、翌年中に自然に爆発する不安定な火薬を詰めた樽(たる)があるものとしようと言った。はじめ波動関数は、爆発していない火薬の樽という、はっきりとした状態を記述している。しかし一年後、その波動関数は、「まだ爆発していない系と、すでに爆発した系とが混合した状態を記述していることになります」とアインシュタインは述べた。「どれほど解釈の腕を振るったところで、この波動関数が現実に起こっていることを適切に記述しているということにはならないでしょう。なぜなら、すでに爆発した状態と、まだ爆発していない状態の中間というものは、現実には存在しないからです」。樽の状態は、すでに爆発したか、まだ爆発していないかのふたつにひとつだ。それはＥＰＲ思考実験で扱ったのとまったく同じ「困難」を示す「巨視的な例」である、とアインシュタインは述べた。

一九三五年の六月から八月までのあいだに、アインシュタインとのあいだで慌(あわ)ただしくやりとりした一連の手紙に刺激されて、シュレーディンガーはコペンハーゲン解釈を詳しく検討した。このときのふたりの議論は、十一月二十九日から十二月十三日のあいだに発表されたシュレーディンガーの三部作の論文として結実した。シュレーディンガーは「量子力学の現状」と題したその論文を、「報告」と呼ぶべきか、「一般的告白」と呼ぶべきかわからないと述べた。いずれにせよその論文には、長きにわたって大きな影響を持つことになる、一匹の猫の運命に関する次のような一節が含まれていた。

「一匹の猫が鋼鉄でできた箱の中に、次のような悪魔的な装置とともに入れられている（その装置は、猫によって直接的に干渉を受けないように保護されていなければならない）。ガイガー計数管の中に少量の放射性物質があり、非常に少量であるため、一時間以内に一個の原子が崩壊するかもしれない。しかしまた、五分五分の確率で、一個も崩壊しないかもしれない。もしも崩壊すれば、計数管の中の真空管が放電し、リレーを通してハンマーが動き、それが青酸の入った小さなフラスコを割る。この装置を一時間放置したとする。もしも原子が一個も崩壊しなければ猫はまだ生きているだろう。最初に原子が崩壊したときに、猫は毒を吸うことになる。系全体の波動関数はその状態を、生きている猫と、死んでいる（失礼）猫が半々に混じり合ったもの、ないし、そのふたつを平均したものとして表すことになるだろう」

シュレーディンガーによれば、常識的に言っても、その猫は、放射性崩壊が起こったかどうかに応じて、死んでいるか生きているか、どちらか一方の状態にある。ところがボーアとその追随者たちによれば、原子以下の領域は『不思議の国のアリス』のような世界だ。その世界では、観測をすることによってしか、放射性崩壊が起こったかどうかを決められないため、猫が死んでいるか生きているかは観測をしなければ決められない。観測が行われるまでは、猫は量子の煉獄（れんごく）で宙ぶらりんの状態にあり、死んでもいなければ生きてもいないという、重ね合わせの状態にあるのだ。

アインシュタインは、シュレーディンガーが、ナチス体制を黙許するドイツ人科学者たちが残っているときに、ドイツの学術誌に論文を発表したことをたしなめたが、論文そのものは歓迎した。彼はシュレーディンガーに、この猫は「現行の理論［量子力学］の性質について、われわれの意見が完全に一致している」ことを表しており、生きている猫と死んでいる猫を含むような波動関数が、「真の状態を記述している」と考えることはできません」と書いた。のちに一九五〇年になって、爆発する火薬の樽を考え出したのは自分だったことも忘れ、アインシュタインは猫を爆発させてしまった。彼はシュレーディンガーへの手紙のなかで、「今日の物理学者は、量子論は実在を記述することができる、それどころか完全な記述をすることができる」と言って憚（はばか）らないことに暗澹（あんたん）たる思いを隠せなかった。そんな解釈は、「あなたの放射性元素+ガイガー計数管+増幅器+火薬+猫を箱に詰めた装置によって、このうえなくエレガントに反駁されました。その装置内の系の波動関数は、生きている猫と、ばらばらに飛び散った猫の両方を含んでいるのですから」

有名なシュレーディンガーの猫の思考実験は、日常的な巨視的世界の一部である測定装置と、量子のミクロな世界の一部である測定対象とのあいだに境界線を引くことの難しさを浮かび上がらせた。ボーアにとって、古典的な世界と量子の世界とのあいだに、はっきりとした「切れ目」はなかった。観測する者と観測される対象は密接に結びついていて、分割することはできないという考えを説明するために、ボーアは、杖を持った目の不自由な男の例を持ち出した。この男と、彼がその中で生きている見えない世界との切れ目はどこにあるのだろうか？　目の不自由な男と杖を切り離すことはできない、とボーアは論じた。その男が周囲の世界について情報を得るために杖を使うとき、杖は彼の拡張だからだ。それでは、目の見えない男がもっている杖の先端から、外の世界は始まるのだろうか？　そうではない、とボーアは論じた。杖の先端を通して、目の見えない男の触覚は外の世界に接し、両者は分かちがたく結ばれているからだ。それと同じことが、微視的物理学の対象である粒子の性質を、実験家が測定しようとするときにも当てはまる、とボーアは主張した。観測者と観測される対象とは、測定という行為により密接に絡み合っており、一方がどこからはじまり、他方がどこで終わるかを決めることはできないというのだ。

しかしその一方で、コペンハーゲン解釈は実在を構成する際、観測者——人間であれ機械装置であれ——に特権的な立場を与える。あらゆる物質は原子からできており、すべては量子力学の法則に従うというのに、いったいどうすれば観測者や測定装置に特権的な立場を与えることができるのだろう？　これがいわゆる測定問題である。巨視的な測定装置を含む古典的世界の存在をあらかじめ仮定するコペンハーゲン解釈の議論は、循環論法であり、矛盾しているようにみえる。

アインシュタインとシュレーディンガーはそれを、世界観としての量子力学は不完全であることを示す明白な証拠だと考えた。シュレーディンガーはその問題をあざやかに浮かび上がらせようとして、箱の中の猫という例を考えたのだった。コペンハーゲン解釈の内部では、測定のプロセスは今も解明されていない。なぜなら、量子力学の数学の内部には、波動関数がいつ、どのように収縮するのかを教えてくれるようなものは何もないからだ。ボーアは、測定を行うことはじっさいに可能だと断じることで、その問題を「解決」した。しかし、どのように観測を行うのかについては、彼は説明を与えたことは一度もなかった。

シュレーディンガーは、イギリス滞在中の一九三六年三月にボーアに会い、そのときのことを次のようにアインシュタインに伝えた。「最近ロンドンでニールス・ボーアと数時間ほど会って話をしました。いかにも彼らしい、ていねいで好感のもてる言い方で、ラウエやわたしのような者、とりわけあなたのような人が、既知の逆説的状況を持ち出して量子力学に一撃を加えようとするのには、『唖然とするばかり』だし、じっさいそれは『大逆罪』に値すると何度も言いました。量子力学の逆説的状況は、物事のありようとして仕方がないのだし、この理論は実験によってきわめて良く支持されている。それにもかかわらず、われわれがそんなことをするのは、自分たちの深い先入観である〝実在〟概念を、むりやり自然に押し付けようとしているからではないか、とボーアは言うのでした。彼は、非常に頭の良い人物だけがもつ深い確信をにじませながら語るものですから、たいていの人は心をゆるがされることでしょう」。しかし、アインシュタインとシュレーディンガーはふたりとも、コペンハーゲン解釈に反対する考えを堅持した。

一九三五年八月、ＥＰＲ論文が発表されて三カ月後のこと、アインシュタインはついに家を購入した。マーサー・ストリート一一二番地のその家は、周囲の家となんら変わるところはなかったが、所有者がアインシュタインだったため、世界でもっとも有名な住所のひとつとなった。家からプリンストン高等研究所の研究室までは徒歩圏内だったが、アインシュタインは自宅の書斎で研究することを好んだ。書斎は二階にあり、部屋の真ん中に置かれた大きな机には、学者らしい雑多なものが山と積まれていた。壁にはファラデーとマクスウェルの肖像画がかけられ、のちにはガンディーの肖像画がそれに加わった。

緑のシャッターをつけた板張りの小さな家には、エルザの下の娘であるマーゴットと、ヘレン・デュカスも住んでいた。しかし暮らしの平安はあまりにも早く破られてしまう。エルザが心臓病の診断を受けたのだ。彼女の病状が悪化するにつれ、アインシュタインは「うちひしがれ」ていると、エルザは友だちへの手紙に書いた。それはエルザにとって嬉しい驚きだった。「彼がこんなにわたしに愛着をもってくれているとは、思いもよりませんでした。こんなことでも心の支えにはなります」。彼女は一九三六年十二月二十日、六十歳で死んだ。マーゴットとデュカスが身の回りの世話をしてくれるおかげで、アインシュタインはすみやかにエルザの喪失に順応した。

「わたしはすっかりここに落ち着きました」と、彼はボルンへの手紙に書いた。「ここで洞窟の熊のように冬眠しています。これまでさまざまな暮らしをしてきましたが、こんなにくつろいだ気分になったことはありません」。そして彼は次のように述べた。「熊のような生活は、つれあいが死んだことでいっそう深まりました。彼女はわたしとくらべて、人間によくなついていたので」。アインシュタインがエルザの死をあまりにもさりげなく告げたことに、ボルンは「奇異な」印象を受けたが、とくに驚きはしなかった。後年、ボルンはこう述べた。アインシュタインは「とても親切で、つきあいやすく、人類を愛してはいましたが、自分の環境や、自分を取り巻く環境の中にいる人間たちから完全に孤立していました」。なるほど彼は周囲から孤立していたかもしれないが、完全にというわけではなかった。ひとりだけ、アインシュタインが深く愛着を感じている人間がいた。妹のマヤである。マヤは、ムッソリーニの人種差別法によりイタリアを離れなければならなくなったため、一九三九年からアインシュタインといっしょに暮らすようになり、一九五一年に亡くなるまでその家にとどまった。

　エルザが死んでから、アインシュタインは毎日決まりきった生活を送るようになり、年を経るにつれて変化は乏しくなった。九時から十時のあいだに朝食をとり、歩いて研究所に行く。午後一時まで仕事をしてから家に帰って昼食をとり、昼寝をする。それから書斎で仕事をして、六時半から七時のあいだに夕食を取る。来客をもてなすことがなければ、彼はそれからまた仕事に戻り、十一時から十二時のあいだに就寝した。劇場やコンサートに行くことはめったになく、ボーアとは異なり、映画もほとんど見なかった。一九三六年に語ったように、アインシュタインは、「若いときには苦痛に思えるが、熟年になると甘美になる孤独のなかに生きている」のだった。

一九三七年の二月のはじめに、ボーアが妻と息子のハンスを伴って、六カ月に及ぶ世界旅行の途中、一週間の滞在予定でプリンストンにやってきた。それはEPR論文を発表して以来、アインシュタインとボーアが初めて相まみえる機会だった。ボーアは結局、アインシュタインにコペンハーゲン解釈を受け入れさせることができたのだろうか？のちにアインシュタインの助手となるヴァレンティン・バーグマンは、そのときの討論について次のように語った。「量子力学に関する議論はまったく盛り上がらなかった。部外者の目には、アインシュタインとボーアは、互いを超えた遠くに向かって話をしているようにみえた」。あのような重要な議論は、「本来なら何日もの時間をかけなければならないのだろう」。しかし残念ながらバーグマンが目撃したこの出会いでは、「語られないことがあまりにも多すぎた」

ふたりのあいだで語られなかったことは、すでにお互いが知っていることだった。量子力学の解釈に関するふたりの論争は、突き詰めれば、実在をどう位置づけるかに関する哲学的な信念にかかわっていた。世界は実在するのだろうか？ボーアは、量子力学は自然に関する完全な基礎理論だと信じ、その上に立って哲学的な世界観を作り上げた。その世界観にもとづき、ボーアはこう断言した。「量子の世界というものはない。あるのは抽象的な量子力学の記述だけである。物理学の仕事を、自然を見出(みいだ)すことだと考えるのは間違いである。物理学は、自然について何が言えるかに関するものである」。アインシュタインはそれとは別のアプローチを選んだ。彼は、観測者とは独立した、因果律に従う世界がたしかに実在するという揺るがぬ信念の上に立って量子力学を評価した。その結果として、彼はコペンハーゲン解釈を受け入れることができなかった。「われわれが科学と呼ぶものの唯一の目的は、存在するものの性質を明らかにすることである」ボーアにはまず理論があり、次に哲学的な立場があった。その哲学的立場とは、理論が実在について何を語っているかを理解するために作り上げた解釈だった。アインシュタインは、何であれ科学理論を基礎として哲学的世界観を作ることの危険性を知っていた。新しい実験的証拠の光に照らして、理論に不十分な点があることが判明すれば、その理論に支えられていた哲学的な立場は崩れるからだ。「いかなる知覚的行為とも無関係な実在を仮定することは、物理学の基礎です」とアインシュタインは述べた。「しかしその仮定が正しいかどうかを、わたしたちは知らないのです」

アインシュタインは、哲学的には実在論者であり、そのような立場を根拠づけることは不可能であることを知っていた。それは実在に関するひとつの「信念」であって、証明できるようなものではないからだ。しかし、たとえそうだとしても、アインシュタインにとって、「人が理解したいと願うのは、そこに存在する現実の世界」なのだった。彼はモーリス・ソロヴィンへの手紙に次のように書いた。「人間理性にとって手が届くかぎりの実在の本性が合理的なものだという確信について何か語るとすれば、〝宗教的〟

ねに退屈な経験主義に陥ってしまう恐れがあります」

確信というより良い表現が見つかりません。この感覚がなくなるところでは、科学はつねに退屈な経験主義に陥ってしまう恐れがあります」

ハイゼンベルクは、アインシュタインとシュレーディンガーは「古典物理学の実在概念、より一般的な哲学的な言葉を使うなら唯物論の実在論に戻りたい」のだろうと考えていた。ハイゼンベルクにとって、「石や木が存在するのと同じ意味において、最小の構成要素が客観的に存在するような実世界が、われわれがそれらを観察するかどうかによらずに存在している」という信念をもつことは、「十九世紀の自然科学に広く行き渡っていた、素朴な実在論者の観点」に後戻りすることだった。アインシュタインとシュレーディンガーは「物理学を変えることなく哲学を変えたい」のだというハイゼンベルクの判断は、半ば正しく、半ば間違っていた。アインシュタインは、量子力学は今あるなかでは最善の理論であることは認めていたが、この理論は、「力と質点という基本概念から作ることのできる唯一の理論ではあるが（古典力学の量子的補正）、実在を表わすものとしては不完全」だと考えていたのだ。

アインシュタインは物理学そのものを変えることにも懸命だった――彼は、多くの人たちが考えていたような、保守的な過去の遺物ではなかったのである。古典物理学の概念は、何か新しいもので置き換えなければならないとアインシュタインは確信していた。それに対してボーアは、巨視的な世界は古典物理学の概念で記述されるのだから、巨視的な世界については、古典物理学を超える理論を探そうとすることさえ時間の無駄だと論じていた。じっさい、彼が相補性の枠組みを作り上げたのは、古典的な概念を救おうとしてのことだった。ボーアにとって、測定装置とは独立した基礎的な物理的実在などというものは存在しなかった。ハイゼンベルクが指摘したように、「われわれは量子論のパラドックス、すなわち、古典的な諸概念を使うしかないというパラドックスを避けることはできない」とボーアは考えていたのである。アインシュタインが「心休まる哲学」と呼んだのは、古典的諸概念を残さなければならないという、ボーア＝ハイゼンベルクの魅力的な呼び声のことだったのだ。

アインシュタインは、古典物理学の存在論、すなわち観測者とは独立した実在があるという思想は手放さなかったが、古典物理学とはキッパリ手を切る覚悟があった。コペンハーゲン解釈のお墨付きを得た実在観は、アインシュタインにしてみれば、古典物理学と手を切る必要があることを示すはっきりとした証拠だった。彼は量子力学によって引き起こされた革命よりも、いっそう過激な革命を求めていたのである。アインシュタインとボーアが多くを語らなかったのも無理はなかったろう。

一九三九年一月、プリンストンに戻ってきたボーアは、高等研究所の客員教授として四カ月間滞在した。ふたりはこのときもまた友情あふれる和やかな交流をしたが、量子の世界のありようをめぐる論争が決着していないせいで冷ややかな一面が顔をのぞかせることもあった。ボーアといっしょにアメリカに来ていたローゼンフェルトは、「アインシュタインは、彼自身の影にすぎないようにみえた」と、そのときのことを回想した。ボーアとアインシュタインは、公式のレセプションなどで顔を合わせることもあったが、ふたりにとって最大の関心事である物理学について語り合うことはなかった。ボーアの滞在中、アインシュタインは一度だけ、統一場理論の探究に関する講演を行った。聴衆の中にボーアを迎えて、アインシュタインは統一場理論から量子物理学が得られるだろうという期待を述べた。しかしアインシュタインは、この問題についてこれ以上論じるつもりはないという意思表示をし、「ボーアはそのことで深く気分を害した」とローゼンフェルトは述べている。アインシュタインは量子物理学について語りたがらなかったが、プリンストンには原子核物理学の最近の発展について論じたがっている者が大勢いることをボーアは知った。世界をふたたび戦争に引きずり込むことになる不吉な出来事が、まさにこのときヨーロッパで起こっていたのである。

アインシュタインはベルギーのエリザベート皇太后への手紙にこう書いた。「深く仕事に打ち込んでいても、避けようのない悲劇の予感が心を離れません」。その手紙の日付は一九三九年一月九日。ボーアがアメリカに向かって出発する二日前のことだった。アメリカに到着したボーアはアインシュタインに、最近成し遂げられた発展のことを伝えた。大きな原子核が小さな原子核に分裂し、そのときエネルギーが放出されることがわかったのだ——核分裂の発見である。ボーアはアメリカに向かう船の中で、遅い中性子を衝突させたときに核分裂を起こすのは、ウラン238ではなく、ウラン235という同位体であることを発見した。それは五十三歳のボーアが物理学において成し遂げた、最後の大きな貢献となった。アインシュタインが量子の世界の本性について議論したがらなかったため、ボーアはプリンストン大学出身のアメリカ人、ジョン・ホイーラーとともに核分裂の性質を詳しく調べあげる仕事に専念するようになった。

ボーアがヨーロッパに戻ってから、アインシュタインは八月二日付で、ローズベルト大統領に手紙を書いた。現在ドイツが支配しているチェコスロバキアのウラン鉱山で取れたウラン鉱の輸出が停止されたことに鑑み、ドイツが原子爆弾を開発する可能性を考慮に入れるべきだと強く促す内容だった。ローズベルトは十月に、アインシュタインに手紙のお礼を述べ、提起された問題を調査するための委員会を設立したことを伝えた。その間の一九三九年九月、ドイツはポーランドに侵攻した。

アインシュタインは平和主義者だったが、ヒトラーとナチスが打倒されるまでは戦いも辞さない覚悟だった。一九四〇年三月七日付の、ローズベルトへの二通目の手紙で、彼はやるべきことをやってほしいと迫った。「戦争の勃発以来、ドイツではウランに関する関心が高まっています。かの地での研究が高度な秘密のうちに行われていることを知りました」。アインシュタインの知らぬことではあったが、ドイツの原子爆弾プログラムの責任を負っていたのはヴェルナー・ハイゼンベルクだった。しかしこのときもアインシュタインの手紙はほとんど何の反応も引き起すことができなかった。原子爆弾の製造にとって重要だったのは、ローズベルトに宛てたアインシュタインの二通の手紙よりも、核分裂を起こすのはウラン235だという、ボーアの発見のほうだった。アメリカ政府がマンハッタン計画というコードネームで知られる原子爆弾開発を本格的に検討するようになったのは、ようやく一九四一年十月のことである。

アインシュタインは一九四〇年にアメリカ国籍をとっていたが、当局は政治的見解を理由に彼を危険人物と考えていた。アインシュタインが原子爆弾の仕事に参加するよう依頼を受けることはなかった。しかしボーアは依頼を受けた。一九四三年十二月二十二日、爆弾が製造中のニューメキシコ州ロスアラモスに向かう途中、ボーアはプリンストンに立ち寄る。このとき彼は、アインシュタインと、一九四〇年に高等研究所に加わったヴォルフガング・パウリとともに夕食を取った。ボーアがこの前アインシュタインに会ってから、多くのことが起こっていた。

一九四〇年四月、ドイツ軍はデンマークを占領した。ボーアは自分の国際的名声が研究所の人たちを守るのに多少とも役立つことを期待して、コペンハーゲンに残ることにした。しかし、それも一九四三年八月までのことだった。緊急事態宣言の発令と、サボタージュには死刑をもって報いるべしというナチスの要求をデンマーク政府が拒否すると、ナチスは戒厳令を発し、デンマーク人の自治という夢は泡と消えた。九月二十八日、ナチスはデンマークの八千人のユダヤ人を一掃せよとの命令を発した。ある同情的なドイツ人の役人が、ユダヤ人の一斉検挙が十月一日の午後九時に始まることを、ふたりのデンマーク人政治家に伝えた。ナチスのこの計画のうわさが広まると、ユダヤ人はデンマーク人の家に匿(かくま)ってもらうか、教会の中に聖域を見つけるか、あるいは病院の患者になりすますなどして、ほとんど全員が姿をくらました。ナチスがどうにか検挙できたユダヤ人は三百人に満たなかった。ボーアは母親がユダヤ人だったので、家族とともにスウェーデンに脱出した。そこから彼はイギリスの爆撃機でスコットランドに向かったが、爆弾倉に乗っていたボーアは酸素マスクをうまく装着できず、危うく酸欠で命を落とすところだった。彼はイギリスの政治家たちに会ったのち、すぐにアメリカに向かい、短期間プリンストンに滞在してから、「ニコラス・ベイカー」という偽名で原子爆弾の仕事に携わった。

戦後、ボーアはコペンハーゲンの研究所に戻り、アインシュタインは「純粋なドイツ人には、それが誰であろうと友情を」感じないと述べた。それでも彼はプランクに対しては同情的だった。プランクは最初の結婚でもうけた四人の子どもをすべて亡くしていたのだ。末の息子の死は、プランクがその長い人生のなかで受けたあらゆる痛手のなかで、もっとも深い苦しみを彼にもたらした。ナチスが権力を握るまでは首相官邸の国務次官の地位にあった末の息子、エルヴィンは、一九四四年七月にヒトラー暗殺を企てた容疑者だったのだ。エルヴィンはゲシュタポに逮捕されて拷問（ごうもん）され、暗殺計画の共謀者として有罪になった。プランクが、エルヴィンを死刑から禁固刑に変えてもらうために、彼自身の言葉によれば「天国と地獄を動かし」たとき、一筋の希望が生まれた。しかしその後、なんの前ぶれもないまま、一九四五年一月、エルヴィンはベルリンで絞首刑（こうしゅけい）に処されたのだ。プランクは最後に一目、息子に会うことさえも認められなかった。「彼はわたしの存在の大切な部分だった。彼はわたしの太陽、わたしの誇り、わたしの希望だった。彼とともにわたしが失ったものは、とても言葉では言い表せない」

　プランクは一九四七年十月四日、脳卒中のため八十九歳で亡くなった。その知らせを聞いてアインシュタインはプランク夫人に手紙を書き、彼と知り合う特権に恵まれ、「美しく、実り多い時を」過ごした思い出をしたためた。「あなたの家で過ごすことを許された時間と、かのすばらしい人物と対面してかわした多くの対話は、わたしの残された人生のなかで、もっとも美しい思い出としていつまでもとどまることでしょう」。その思い出は、「悲劇的な運命がわれわれを引き離したという事実によって」も変わらない何かだと、アインシュタインはプランク夫人に伝えた。

　戦後、ボーアは高等研究所の永久在外メンバーとなり、好きなときにいつでもプリンストンに来て滞在できるようになった。一九四六年九月の最初の旅行は、プリンストン大学の創設二百周年の記念行事に参加するためのもので、短い滞在となった。次にボーアがプリンストンを訪れたのは、一九四八年二月で、そのときは六月まで滞在した。このときアインシュタインは物理学についても快く議論をした。この訪問の折、ボーアとともに過ごしたオランダ人の若い物理学者アブラハム・パイスが後年語ったところによれば、あるときボーアが彼の研究室に飛び込んできて、「怒りと絶望にかられた様子で、『自分がとことん嫌になった』」と言った。パイスがいったい何があったのかと尋ねると、ボーアは、アインシュタインのところに行って、量子力学の意味について議論を始めてしまったのだと答えたという。

ふたりの友情が復活したことは、アインシュタインがボーアに自分の研究室を使わせたことからも窺(うかが)い知れる。ある日のこと、ボーアはパイスに、アインシュタインの七十歳の記念論文集に寄せる文章の下書きを口述していた。言葉に詰まったボーアは立ち止まって窓の外を眺め、アインシュタイン、アインシュタイン、とつぶやいた。そのとき、アインシュタインが抜き足差し足で研究室に忍び込んできた。掛かりつけの医師に、タバコを買うことを禁じられたアインシュタインだったが、失敬することは禁じられていなかったのだ。パイスはそのとき起こったことを、次のように伝えている。「アインシュタインは忍び足で、わたしの座っている机の上に置かれたボーアのタバコ壺(つぼ)にまっすぐ近づいてきた。ボーアは何も気づかず、窓のそばに立ち、アインシュタイン……アインシュタイン……とつぶやいていた。わたしはどうしたものか途方に暮れた。なにしろわたしはそのとき、アインシュタインが何をしようとしているのか見当もつかなかったからだ。そのときボーアがはっきりと声に出して、『アインシュタイン』と言いながらクルリと振り返った。ふたりはばったりと顔を合わせた。まるでボーアがアインシュタインを召喚したかのように。ボーアの驚きぶりといったらしばし口もきけないほどだった。一部始終を見ていたわたし自身、一瞬、何か薄気味悪く感じたほどだったので、ボーアの気持ちはよくわかった。次の瞬間、魔法は解けた。アインシュタインは自分の目的を明かし、わたしたち三人は爆笑した」

プリンストンに行く機会はほかにもあったが、ボーアは結局、量子力学についてアインシュタインの考えを変えさせることはできなかった。ハイゼンベルクも、戦後の一九五四年、ボーアの最後の訪問と重なる時期にアメリカに講演旅行に出かけた折に、一度だけアインシュタインに会ったが、やはり彼の考えを変えさせることはできなかった。アインシュタインはハイゼンベルクを家に招き、コーヒーとケーキを取りながら、午後のほとんどを話をして過ごした。「政治のことはいっさい話題にしませんでした」とハイゼンベルクは回想した。「アインシュタインのすべての関心は量子論の解釈に絞られており、そのことは相変わらず彼の頭を悩ませていました。二十五年前に、ブリュッセルでそうだったように」。アインシュタインは不屈だった。「『きみがやっているような物理学をわたしは好まない』と彼は言うのでした」

アインシュタインはあるとき、古い友人のモーリス・ソロヴィンへの手紙に次のように書いた。「量子論の連中が鼻高々でいるうちは、自然を客観的な実在とみなす必要があるという考えは、時代遅れの偏見と言われるでしょう。人間は馬よりも暗示を受けやすい生き物で、どの時代もひとつの気分に支配され、ほとんどの人は自分を支配している暴君を見ることができないのです」

一九五二年十一月にイスラエルの初代大統領ハイム・ワイツマンが死ぬと、首相のダビット・ベン＝グリオンは、アインシュタインに大統領になってもらうよう頼むのが筋だろうと思った。アインシュタインはその依頼に対して次のように答えた。「わたしたちの国イスラエルからそのような申し出をいただいたことに、深く心を動かされています。それと同時に、それをお引受けできないことが悲しく、また申し訳なく思います」彼がそのとき力説したのは、自分は「人をしかるべく遇することにも、公的な機能を果たすことにも、生まれつき向いていませんし、その経験もありません」という点だった。「寄る年波のために体力がひどく衰えていることは別にしても、先に述べた理由だけでも、そのような重責にはふさわしくないでしょう」

1954年のアインシュタイン　蔵書のあふれるプリンストンの自宅書斎にて。

一九五〇年の夏、彼に大動脈瘤があることを医師が発見して以来、大動脈のコブはしだいに大きくなり、アインシュタインは、いつなんどき死が訪れても不思議はないことを悟っていた。彼は遺書を書き、身内だけで葬儀をすませ、遺体は火葬にしてほしいという希望を明らかにした。彼は七十六歳の誕生日を祝うまで生きた。彼が最後にやったことのひとつは、哲学者バートランド・ラッセルが起草した、核兵器の廃絶を求める宣言に署名することだった。アインシュタインはボーアへの手紙に、その宣言に署名してもらいたいと書いた。「そんな恐い顔をしないでください！　これは物理学に関するわたしたちの古い論争とは、なんの関係もないのですから。むしろわたしたちが完全に合意できることなのです」。一九五五年四月十三日、アインシュタインは胸に激痛が起こって二日後に入院した。彼は、「自分が望むときに逝きたい」と言って手術を拒んだ。「人為的に命を延ばすのは趣味の悪いことです。わたしはできるかぎりのことはやりました。今は去るべきときです」

運命のなせるわざか、義理の娘マーゴットが同じ病院に入院していた。彼女は二度アインシュタインに会い、数時間ほど話をした。一九三七年に家族を伴ってアメリカに来ていた息子のハンス・アルベルトは、カリフォルニアのバークレーから父親の病床に駆け付けた。アインシュタインはしばらくのあいだ具合がよさそうで、こうなっても統一場理論の研究をやめられず、ノートをもってきてくれるよう頼んだ。四月十八日の午前一時過ぎ、動脈瘤が破裂した。アインシュタインはドイツ語でふたこと三言つぶやいたが、夜勤の看護婦が聞き取れないでいるうちに亡くなった。その日のうちに彼は火葬されたが、その前に脳が取り出され、灰は未公開の場所に撒かれた。彼はかつて妹への手紙に、「みんながわたしのような人生を生きたなら、小説はいらないだろうね」と書いたことがあった。一八九九年、彼が二十歳のときのことである。

プリンストン時代のアインシュタインの助手のひとりだったバネシュ・ホフマンはこう述べた。「ニュートン以来の最大の物理学者だということを別にすれば、彼は科学者というより、科学の芸術家だったといえるかもしれない」。ボーアは心からの弔辞を述べた。彼にとってアインシュタインの業績は「われわれの文化の歴史全体のなかで、他のなにものにも劣らぬほど豊かで実り多いもの」だった。そして彼はこうつづけた。

「絶対空間と絶対時間という原始的な概念に関連して、われわれのものの見方を狭めるいくつもの障壁を取り払ってくれたことに対し、人類は永遠にアインシュタインの恩恵をこうむるだろう。彼は過去におけるもっとも野心的な夢さえも超えるような、統一と調和のある世界観をわれわれに与えてくれた」

アインシュタイン＝ボーア論争は、アインシュタインの死をもって終わったわけではなかった。ボーアは、論敵がまだ生きているかのように、その後も量子論争をつづけたのだ。「わたしにはアインシュタインが微笑んでいるのが見える。得意気でありながら、思いやりと優しさを浮かべたあの顔で」。ボーアが物理の基本的な問題について考えるときには、アインシュタインならどう言っただろうかということが、

生涯最後の図　1962年11月、ニールス・ボーアが亡くなる前夜、書斎の黒板に描いたのは、アインシュタインが1930年に持ち出した「光の箱」だった。ボーアは最後の最後まで、量子力学と実在の本性をめぐってアインシュタインと戦わせた議論を分析していた。
AIP Emilio Segrè Visual Archives

まず頭に浮かぶことも多かった。一九六二年十一月十七日の土曜日、ボーアは、自分が量子物理学の発展に果たした役割に関する、五回にわたるインタビューの最後のひとつを受けた。翌日曜日、昼食をとった後、ボーアはいつものように昼寝をするために寝室に向かった。夫の声を聞いた妻のマグレーデが寝室に急ぐと、そこには意識を失ったボーアがいた。七十七歳のボーアは、致命的な心臓発作を起こしたのだ。前の晩、かつての議論をもう一度反芻（はんすう）しながら、彼が最後に書斎の黒板に描いたのは、アインシュタインの光の箱だった。

第四部　神はサイコロを振るか?

わたしが知りたいのは、神がどのようにしてこの世界を作ったのかということだ。あれこれの現象や、さまざまな要素には興味がない。わたしは神の考えを知りたい。その他のことは枝葉である。

――アルベルト・アインシュタイン

第十四章　誰がために鐘は鳴る——ベルの定理

一九四四年のこと、アインシュタインはボルンへの手紙に次のように書いた。「あなたはサイコロを振る神を信じ、わたしは客観的に存在する世界のなかの、完全な法則と秩序を信じています。そしてわたしは、ひどく思弁的な方法でそれらを捉えようとしているわけです。その信念はまったく揺らいでいませんが、もっと堅実なアプローチ、というより、与えられた分限のなかでわたしに見出すことのできた基礎よりもいっそうたしかな基礎を、誰かが発見してくれることを願っています。量子論は、まずはこうして大きな成功を収めましたが、基本的なレベルでサイコロ博打が行われているとは、わたしにはどうしても信じられないのです。若い人たちが、そんなわたしの態度を歳のせいだと思っていることは知っています。しかし、どちらの直観的態度が正しかったかが判明する日が、いずれかならず来ることは疑いありません」。その審判の日を近付ける発見がなされるまでに、それから二十年の歳月が流れた。

一九六四年には、電波天文学者のアーノ・ペンジアスとロバート・ウッドロー・ウィルソンがビッグバンのこだまを検出し、進化生物学者のウィリアム・ハミルトンが社会行動は遺伝のプロセスを通して進化するという説を提唱し、理論物理学者マレー・ゲルマンが、クォークという基本粒子の存在を予言した。これら三つのほかにも、この年にはいくつもの大躍進があった。しかし、物理学者で科学史家でもあるヘンリー・スタップは、ベルの定理が発見されたことこそは、重要さという点において他のすべての大躍進に勝る、「科学上のもっとも深い発見」であると述べた。しかしその深い発見は、見過ごされてしまったのである。

ほとんどの物理学者は、着実に成果を積み上げていく量子力学を使うことに忙しすぎて、量子力学の意味と解釈についてアインシュタインとボーアのあいだで戦われた論争の込み入ったところに頭を使っている余裕はなかった。そんな状況のなか、三十六歳のアイルランド人物理学者ジョン・スチュアート・ベルが、アインシュタインとボーアにはできなかった発見をしたことに、誰も目を向けなかったとしても不思議はないだろう。ベルは、アインシュタインとボーアの相反する哲学的世界観のどちらが正しいかを判定できる、数学的な定理を発見したのである。ボーアにとって、「量子の世界」は存在せず、「抽象的な量子力学の記述」があるだけだった。一方のアインシュタインは、観測には影響されない実在を信じていた。アインシュタインとボーアの論争は、どんな理論ならば、この世界を記述するものとして受け入れられるかに関する論争であると同時に、実在そのものの性質に関する論争でもあったのだ。

アインシュタインの見るところ、ボーアとコペンハーゲン解釈の支持者たちは、実在を相手に「危険なゲーム」をしていた。ジョン・ベルはそんなアインシュタインの立場に共感していたが、彼が画期的なその定理を発見するきっかけのひとつを作ったのは、祖国を追われたアメリカ人物理学者が一九五〇年代の初めに行った仕事だった。

デーヴィッド・ボーム　コペンハーゲン解釈とは異なる量子力学解釈を作った。上院非米活動委員会で、共産党のメンバーだったことがあるかどうかについて証言することを拒否した後の彼の様子。Library of Congress, New York World-Telegram and Sun Collection, courtesy AIP Emilio Segrè Visual Archives

デーヴィッド・ボームは、一九一七年十二月にペンシルバニア州のウィルクスバリに生まれ、カリフォルニア大学バークレー校では、ロバート・オッペンハイマーのもとで学ぶ才能ある博士候補生だった。一九四三年にオッペンハイマーが、ニューメキシコ州ロスアラモスでの原子爆弾開発という最高機密計画を率いる地位につくと、ボームはそのプロジェクトから締め出された。ボームはヨーロッパにたくさんの親戚がおり——そのうち十九人がナチスの強制収容所で死ぬことになる——そのことがセキュリティ上の脅威になると当局が判断したためだった。しかしじっさいには、マンハッタン計画の科学部門の責任者という地位を確実なものにしたかったオッペンハイマーが、アメリカ共産党のメンバーである可能性のある人物について質問されたときに、ボームの名前を挙げたのがその理由だった。

それから四年後の一九四七年、原爆が使われて「世界の破壊者」になったことを自ら認めたオッペンハイマーは、今度は、かつて彼自身が「変人たちの巣窟」と呼んだプリンストン高等研究所の所長の地位に就くことになった。教え子だったボームの名前を情報部に告げたことへの罪滅ぼしのつもりでか——そのことをボームは知らなかったのだが——オッペンハイマーは、ボームがプリンストン大学准教授のポストに就けるよう力添えをした。第二次世界大戦後、アメリカに反共パラノイアの嵐が吹き荒れると、かつて左翼的な政治思想をもっていたという理由により、オッペンハイマーに疑惑の目が向けられる。何年間も執拗にオッペンハイマーを追い続けたFBIは、アメリカの原子爆弾にかかわる機密に通じたこの人物について、膨大な量の資料を積み上げた。非米活動委員会はオッペンハイマーに不利な情報をつかもうと、彼の友人や同僚の物理学者たちの何人かを捜査し、出頭させた。一九四八年には、一九四二年にアメリカ共産党に入党し、九カ月後に離党していたボームが取り調べを受ける。このとき彼は、自己に不利益な証言を強要されることはないと定めた憲法修正第五条に訴えた。それから一年と経たないうちに、今度は大陪審に出頭を命じられたボームは、このときもまた憲法修正第五条に訴えた。一九四九年十一月、ボームは逮捕され、法廷侮辱罪に問われて投獄されたが、まもなく保釈されて出獄した。プリンストン大学は、寄付をしてくれる裕福な人たちの支持を失うことを恐れ、彼を停職処分にした。一九五〇年六月に行われた公判でボームは無罪となったにもかかわらず、プリンストン大学は、まだ契約の残っている期間については、キャンパスに足を踏み入れないという条件を付けてその間の給料を渡し、ボームを解雇するという選択をする。こうしてブラックリストに載ったボームが、この先アメリカ国内で研究職に就ける見込みはなくなった。アインシュタインは彼を助手として雇うことも本気で考えたが、オッペンハイマーはそれに反対し、数名の同僚とともに、アメリカを出たほうがよいとかつての教え子に忠告した。一九五一年十月、ボームはアメリカを離れてブラジルのサンパウロ大学に向かった。

ブラジルに来てから数週間ほど経った頃、ボームの最終目的地がソ連であることを懸念したアメリカ大使館は、彼のパスポートを没収し、アメリカ国内にしか旅行できないものを再発行した。南米に閉じ込められて国際的な物理学者のコミュニティーから孤立することを恐れたボームは、アメリカに強いられた外国旅行の制限を免れるために、ブラジル国籍を取得する。そのころアメリカでは、オッペンハイマーが公聴会への出頭を命じられていた。オッペンハイマーへの圧力が強まったのは、彼が原子爆弾の仕事に従事させていた物理学者のクラウス・フックスが、ソ連のスパイだったことが判明したためだった。アインシュタインはオッペンハイマーに、公聴会に出ていって、お前たちはみんな馬鹿（ばか）だと言って帰ってきなさいと言った。オッペンハイマーはそんなことはしなかったが、一九五四年の春にあらためて開かれた公聴会で、機密情報使用許可（セキュリティー・クリアランス）の取り消しという処分を受ける。

ボームは一九五五年にブラジルを去り、イスラエルのハイファにあるテクニオン工科大学に二年間滞在したのち、イギリスに渡ってブリストル大学で四年間過ごし、一九六一年にはバークベック・カレッジの理論物理学教授となってロンドンに腰を落ち着けた。ひどい目にあったプリンストン時代だったが、ボームはそのなかでも時間を見つけては、量子力学の構造と解釈について調べていた。一九五一年二月、彼は『量子論』という著作を発表する。それは、教科書としてはもっとも早い時期に、量子力学の解釈とEPR思考実験について詳しく検討したもののひとつである。

アインシュタイン、ポドルスキー、ローゼンの思考実験では、遠く離れているために物理的な相互作用はできないはずの粒子ペア、AとBが用いられる。粒子Aについて測定を行っても、粒子Bが物理的にかき乱されることはない、とEPRは論じた。彼らは、二個の粒子のうちの一方についてだけ測定を行うことにより、測定をすればかならず「力学的攪乱」を引き起すという、ボーアからの反論を避けようとしたのだった。粒子AとBの性質には相関があるため、粒子Aの性質――たとえば位置――を測定すれば、Bをかき乱すことなく、その位置を知ることができる、というのがEPRの議論の要点だ。EPRの目的は、粒子Bは、測定行為とは無関係にその性質（位置）をもつということ、そして量子力学はそれを記述できないということから、量子力学は不完全だと論証することにあった。ボーアはそれに対して、わかりやすい説明とは到底言えなかったが、ともかくも、ペアになった粒子はエンタングルしているので、どれほど遠く離れていても、あくまでもひとつの系だという論法で反論した。つまりボーアは、一方の粒子を測定すれば、どうしても他方の粒子も測定することになると言ったのだ。

ボームは次のように述べた。「もしも彼ら（EPR）の主張の正しさが証明されれば、われわれは［量子力学よりも］完全な理論を探すようになるだろう。その理論はおそらく、何か隠れた変数のようなものを含むことになるだろう。そういう隠れた変数の観点からすれば、現在の量子論は、ある限定された場合を記述する理論だということになる」。しかし彼は結局、「量子論は、因果律に従う隠れた変数が存在するという仮定とは相容れない」と結論した。つまりボームは、この時点では、主流であるコペンハーゲン解釈の観点から量子論を見ていたのだ。彼はほかの人たちの考えに同調して、ＥＰＲの理論には、「十分な根拠がなく、量子論と矛盾するような物質の性質を暗黙のうちに仮定している」と述べている。しかしボームは『量子論』を書き進めるうちに、ボーアの解釈にだんだん納得がいかなくなっていった。

　ボームがコペンハーゲン解釈に疑問を抱くようになったのは、ＥＰＲ思考実験が実によく考え抜かれており、この思考実験の基礎となっている仮定が妥当なものに思われたからだった。ほかの物理学者たちが、消えつつある論争の火種をかき起しキャリアをだいなしにする危険を犯したりせずに、量子論を使って業績を挙げようと奮闘しているときに、コペンハーゲン解釈に疑問を突き付けるのは勇気ある一歩だった。しかし、非米活動委員会に出頭してプリンストン大学を停職になり、すでに札つきになっていたボームには、もはや失うものはないに等しかった。

　ボームはアインシュタインに『量子論』を一部献呈し、プリンストンの住人のなかでもっとも名高いこの人物と、自分が抱いているいくつかの疑問について議論した。引き続きコペンハーゲン解釈を調べてみるよう励まされたボームは、その成果を二篇の論文にまとめ、それらは一九五二年一月に活字になった。彼はひとつ目の論文で、「興味深く、かつ刺激的な議論」をしてくれたとして、アインシュタインに謝辞を述べている。論文が掲載されるころまでには、ボームはブラジルに移っていたが、彼は『量子論』の出版からわずか四カ月のうちに、それら二篇の論文を書き上げ、一九五一年の七月には『フィジカル・レビュー』に送付している。ボームは、ダマスカスならぬコペンハーゲンへの道の途中で、パウロのごとき転向を遂げたように見えるのだ。

ボームはそのふたつの論文のなかで、量子論のコペンハーゲン解釈とは別の解釈を示し、「このような解釈が可能だというだけでも、個々の系を量子レベルで、正確に、合理的に、そして客観的に記述するという望みを捨てる必要はないことがわかる」と述べた。ボームが提案した解釈は、量子力学による予測とまったく同じ予測をし、数学的な観点からは、ルイ・ド・ブロイの先導（パイロット）波を洗練させ、矛盾を取り除いたバージョンとみることができる。フランスの貴公子は、一九二七年のソルヴェイ会議で厳しい批判を受け、その先導波モデルを捨てたのだった。

量子力学の波動関数は抽象的な確率の波であるのに対し、先導波理論の波は、粒子を導く物理的な実在の波である。泳いでいる人や船舶を運ぶ海流のように、先導波は、粒子の運動を支配する流れを生み出す。粒子は、与えられた任意の時刻において、はっきりした位置と速度の値をもち、それらの値により定められるくっきりした軌跡をもつ。しかしその軌跡は、不確定性原理のせいで実験家には測定できないため、「隠れて」いる。

ベルは、ボームの二篇の論文を読むなり、「不可能であるはずのことができてしまった、と思った」という。ベルもまた、ほとんどすべての人たちと同じく、ボームが考え出したようなコペンハーゲン解釈の代替案は、不可能だとしてすでに除外されたものと思い込んでいたのだ。先導波理論のことを、なぜ誰も教えてくれなかったのだろう、とベルは自問した。「なぜ先導波のアイディアは、教科書のどこにも紹介されていないのだろう？　先導波の考え方は、それが唯一可能な案だからというのではなく、広く行き渡っている自己満足への解毒剤として、むしろ積極的に教えるべきではないだろうか？ [量子の世界の] あいまいさや主観性や非決定論性は、それが実験事実だからではなく、意図的に選び取った思想として押し付けられているのだということを明らかにするだけのためにも、先導波理論を教えるべきなのではないだろうか？」。それなのになぜ、誰も教えてくれなかったのだろう？　その答えの一部は、ハンガリー生まれの伝説の数学者、ジョン・フォン・ノイマンにあった。

ユダヤ人銀行家の三人兄弟の長子として生まれたフォン・ノイマンは、数学の神童だった。十八歳で最初の論文を発表したとき、彼はまだブダペスト大学の学生だったが、普段はドイツのベルリン大学とゲッティンゲン大学で過ごし、試験のときだけハンガリーに戻るという生活をしていた。一九二三年、数学よりも実社会で役立つことを身に付けるべきだという父親の強い意見に従い、化学工学を学ぶためにチューリヒのスイス連邦工科大学に入学した。そこを卒業したフォン・ノイマンは、短期間のうちにブダペスト大学で博士号を取得し、一九二七年には二十三歳にして史上最年少のベルリン大学私講師になる。それから三年後にはプリンストン大学で教鞭（きょうべん）をとるようになり、一九三三年には高等研究所でアインシュタインとともに教授になって、死ぬまでそこに留まった。プリンストンで教授になる一年前の一九三二年のこと、二十八歳のフォン・ノイマンは、量子物理学のバイブルとなる著作『量子力学の数学的基礎』を発表する。彼はそのなかで、隠れた変数を考えることにより、量子力学を決定論的な理論として作り直すことは可能だろうか、という問題に取り組んだ。隠れた変数は、普通の変数とは違って測定することができず、それゆえ不確定性原理の支配を受けない。フォン・ノイマンはこう論じた。「素過程［たとえば一個の電子の振る舞いなど］について統計的記述［確率を持ち込む記述］以外の記述が可能であるためには、現行の量子力学の体系は客観的に誤りでなければならない」。換言すれば、先の問いに対する答えは、「ノー」だということだ。つまりフォン・ノイマンは、「隠れた変数」のアプローチは不可能だということを数学的に証明したのである。ところがそれから二十年後に、ボームはじっさいに隠れた変数のアプローチが取れることを示したのだ。

　隠れた変数のアプローチには長い歴史がある。十七世紀以来、ロバート・ボイルをはじめとする科学者たちが、圧力、体積、温度を変えたときに気体が示す性質を調べて、気体の従う法則を明らかにしてきた。ボイル自身も、気体の体積と圧力との関係を表す法則を発見している。彼は、ある量の気体について、温度一定のまま圧力を二倍にすれば、体積は二分の一になることを見出したのだ。圧力を三倍にすると、体積は三分の一になった。温度が一定のとき、気体の体積は、その圧力に反比例するのである。

気体の法則がきちんと物理的に説明されたのは、十九世紀にルートヴィヒ・ボルツマンとジェームズ・クラーク・マクスウェルが、気体分子運動論を作り上げたときのことだった。一八六〇年にマクスウェルは次のように書いた。「物質の特徴のうち非常に多くのものは——とりわけ、その物質が気体であるときは——それらの微小部分［粒子］がすばやく動き回り、温度が上がるとともに速度が増大すると仮定すれば導くことができる。そのため、この運動の正確な性質が純理的な興味の対象になっている」。そしてマクスウェルは次のように結論した。「完全気体の、圧力、温度、密度のあいだの関係は、粒子が直線に沿って等速度運動を行い、容器の壁に衝突して圧力を生み出すと仮定すれば説明することができる」。たえず動き回る気体分子が、お互い同士や容器の壁とランダムに衝突することにより、圧力、温度、体積のあいだに成り立つ関係、すなわち気体の法則を成り立たせているのだ。気体分子は、観測されることのない微視的な「隠れた変数」であり、観測されている巨視的な気体の性質は、その隠れた変数によって説明されると考えることができる。

アインシュタインが一九〇五年に説明したブラウン運動では、花粉粒子が浮かぶ液体中の分子を「隠れた変数」と見なすことができる。花粉粒子のランダムな運動をみんなが不思議に思っていたが、その基礎には、目には見えない液体分子のランダムな運動が存在するとアインシュタインが指摘すると、突如としてすべての謎が解けた。

量子力学にも隠れた変数のアプローチが可能なのではないかとの発想は、アインシュタインが、量子力学は不完全だと主張したのを発端として生まれた。アインシュタインのいう不完全性の背後には、何かもっと基礎的な階層が存在するのではないだろうか？ 隠れた変数――隠れた粒子、隠れた力、あるいはまったく新しい何か――を考えれば、観測者とは関係のない、客観的な実在を取り戻せるかもしれない。あるレベルでは確率的に見える現象が、隠れた変数を考えることにより、実は決定論的であることが明らかになるのでは？ もしそうなら、粒子はつねに確定した速度と位置をもつだろう、というのが、量子力学における隠れた変数の考え方である。

フォン・ノイマンは、同時代のもっとも偉大な数学者のひとりと見なされていたので、大半の物理学者は、彼が量子力学の隠れた変数のアプローチを否定したことをあっさりと認め、わざわざそれを検証しようとはしなかった。そういう物理学者にしてみれば、「フォン・ノイマン」と「証明」という言葉だけで十分だったのだ。しかし実を言えば、フォン・ノイマン自身が認めていたように、量子力学が間違っている可能性も、小さいとはいえ残されていたのだ。彼はこう述べている。「量子力学は経験とみごとに一致し、この世界がもつ質的に新しい側面への認識を開いてくれたが、なんらかの理論が経験的に証明されたと言うことはけっしてできない。ただ単に、知られている理論のなかでは、もっともよく経験を総括していると言えるだけなのである」。フォン・ノイマンがこうして警鐘を鳴らしたにもかかわらず、彼の証明は神聖侵すべからざるものと見なされてしまった。ほとんどすべての物理学者が、フォン・ノイマンの証明は、隠れた変数の理論は、それがどんなものであれ、量子力学と同じようには実験結果を再現できないことを意味する、と思い込んだのである。

ボームはフォン・ノイマンの証明を詳しく調べて、何かがおかしいと確信したが、具体的に間違いを突き止めることはできなかった。しかしアインシュタインとの議論に力づけられたボームは、不可能であるはずの隠れた変数理論をじっさいに作ってみたのである。フォン・ノイマンが用いた仮説のなかに、必ずしも正しいという保証のないものがひとつ含まれていること、それゆえ彼の「不可能性」の証明は正しくないことを明らかにしたのが、ベルだった。

一九二八年七月にアイルランドのベルファストで生まれたジョン・スチュアート・ベルは、先祖代々、大工、鍛冶屋（かじや）、農場労働者、肉体労働者、馬の販売業者などをなりわ

ジョン・スチュアート・ベル　アイルランド人物理学者。アインシュタインとボーアが発見できなかったもの、すなわち、対立する２つの哲学的世界観のどちらが正しいかを決定することのできる数学的定理を発見した。
© CERN, Geneva

いとする家の子どもだった。彼はかってこう語ったことがある。「両親は貧しいけれども正直者でした。ふたりとも、八人とか九人家族という子だくさんの家の出です。アイルランドの労働者階級では、当時はだいたいそんなものでした」。父親は仕事があったりなかったりで、ベルの子ども時代は、量子論の開拓者たちのような中流の快適な生活とはかけ離れた暮らしだった。それでも読書好きなベルは、まだ家族に科学者になりたいという希望を話す前の、十歳になるかならないうちから、「教授」というあだ名をもらっていた。

ベルには姉がひとりと弟がふたりいた。母親は、教育を受けることが子どもたちの将来のためになると考えていたが、十一歳のときに中等学校に進んだのはジョンひとりだった。きょうだいたちが同じ機会を与えられなかったのは、能力がなかったためではない。家計の苦しい一家には、単にお金がなかったのだ。幸運にも一家に少々の金が入り、そのおかげでジョンはベルファスト工業高校に進むことができた。町にはもっとレベルの高い学校もあったが、この工業高校はアカデミックな内容と実践的な内容を兼ね備えたカリキュラムをもち、それがベルには合っていた。一九四四年、十六歳のときに、ベルはベルファストのクイーンズ大学で学ぶために必要な資格を得る。

大学入学の最低年齢が十七歳だったことと、両親が息子を大学にやるための金を工面できなかったために、ベルは働きに出ることにした。たまたまクイーンズ大学の物理学実験室で、技術者の助手の仕事に就くことができた。まもなく、責任ある立場にあるふたりの物理学者がベルの能力に目を止め、やるべき仕事をすませたら、いつでも一年生向けの講義に出てよいと言ってくれた。学問への情熱と、誰の目にも明らかな才能のおかげで、ベルは少額ながら奨学金をもらえることになった。その奨学金と、それまでにどうにか貯めた金を合わせて、一年間技術者の助手として働いたベルは、いよいよ学生として物理学を学びはじめる。自分も両親も、それまでいろいろなことを犠牲にしてお金を節約してきただけに、ベルは勉強に没頭し、駆り立てられるように学んだ。彼はずば抜けた成績を収め、一九四八年には実験物理学で学位を取得し、その一年後には数理物理学でふたつ目の学位を得る。

彼はこう語っている。「長い間両親の世話になったことを、とても申し訳なく思っていたので、とにかく就職しなければと思いました」。ふたつの学位と、彼を高く評価する推薦状を手に、彼はイギリスの原子力研究機構で働くことになった。一九五四年、ベルは同僚の物理学者のメアリー・ロスと結婚する。一九六〇年にはバーミンガム大学で博士号を取得し、夫婦でスイスのジュネーブにあるヨーロッパ原子核研究機構（CERN）に移った。量子論の研究者として有名になる人物にしては意外なことに、ベルの仕事は粒子加速器の設計だった。彼は誇りをもって、量子エンジニアを名乗った。

ベルがフォン・ノイマンの証明に初めて出会ったのは、一九四九年、学生としてベルファストで学んでいた最後の年のことだった。当時彼は、出版されたばかりのマックス・ボルンの著書『原因と偶然の自然哲学』を読んでいた。「量子力学を一種の統計力学として解釈すること［統計力学における原子のような〝隠れた変数〟を、量子力学に導入すること］は不可能だということを、じっさいに誰かが――フォン・ノイマンが――証明したと知って、わたしは感銘を受けました」とベルは回想した。しかしベルは、フォン・ノイマンの著作そのものを読んだわけではなかった。なぜならその本はドイツ語で書かれており、ベルはドイツ語がわからなかったからだ。そこでベルは、フォン・ノイマンの証明に間違いはないという、ボルンの言葉を信用することにした。ボルンが言うには、フォン・ノイマンは「一般的な性質の、きわめて信憑性が高い」少数の公理から量子力学を導くことにより、この理論に公理的基礎を与えたということだった。その結果として、「量子力学の定式化は、これらの公理により一意的に決定され」、とくに「量子力学の非決定論的性質を、決定論的なものに変換するような、隠された変数を導入することは不可能であること」が証明された、とボルンは述べていた。実はボルンは、暗黙のうちに、コペンハーゲン解釈に好意的な議論をしていた。彼は、「もしも未来の理論が決定論的なものならば、それは今ある理論の修正版ではありえず、本質的に異なる性質のものでなければならない」と述べていたのである。つまりボルンは、量子力学は完全であり、それゆえ修正不可能だというメッセージを送っていたのだ。

ようやく一九五五年になってフォン・ノイマンの本の英語版が出たが、そのころまでにベルは、隠れた変数に関するボームの論文を読んでいた。それを読むなり、「フォン・ノイマンは完全に間違っていたのだと思いました」と彼はのちに語った。ところがパウリとハイゼンベルクは、ボームの隠れた変数理論に対し、「形而上学」だとか、「イデオロギー的」だという烙印を押した。フォン・ノイマンによる不可能性の証明がこれほど安易に受け入れられたことは、ベルにとっては「イマジネーションの欠如」の証明としか思えなかった。ところがフォン・ノイマンの証明のおかげで、ボーアやコペンハーゲン解釈を唱導する者たちの足場は、いっそう固められたのだった。とはいえ、フォン・ノイマンが間違っている可能性を疑う者がいなかったわけではない。パウリは、最終的にはボームの仕事を否定することになるのだが、波動力学についての講義をまとめた著作のなかで次のように述べている。「量子力学を拡張することの不可能性（隠れた変数を導入することによって量子力学を完全なものにするのは不可能だということ）は、まだ証明されたわけではない」

二十五年の長きにわたり、フォン・ノイマンの権威のために、隠れた変数理論は不可能だとして切り捨てられていた。しかし、そんな理論をじっさいに作ることができて、量子力学と同じ予測をすることが示されたなら、物理学者たちがコペンハーゲン解釈を鵜呑み（うの）みにする理由はなかったはずだ。だが、まさにそんな理論をボームが作ってみせたときには、コペンハーゲン解釈はすでに無視することも攻撃することもできない唯一の量子力学解釈として、あまりにも堅固な地歩を築き上げていたのだった。初めはボームを励ましたアインシュタインさえも、彼の隠れた変数理論を、「安っぽすぎる」と言って一蹴（いっしゅう）した。

ベルは、アインシュタインのそんな反応を理解しようとして、次のように述べた。

「おそらく彼は、量子現象をまったく新しい角度から見直すような、もっとずっと深遠なモデルを探していたんだと思うんです。ふたつ三つ変数を付け加えただけで、解釈以外は何も変わらないというボームのアイディアは、普通の量子力学にトリビアルな変更を加えただけなのですから、アインシュタインはさぞがっかりしたことでしょう」。アインシュタインは、何か新しい大きな原理、エネルギー保存則に匹敵するような原理が立ち現れてくることを期待していたに違いない、とベルは言うのだ。ところがボームがアインシュタインに示したのは、「量子力学的な力」が瞬時に伝わるという、「非局所的」な解釈だった。ほかにもボームの理論にはいくつか恐るべきことが潜んでいた。「たとえば」と、ベルは説明した。「宇宙のどこかで誰かが磁石をひとつ移動させたとたんに、素粒子たちの軌跡が変わってしまうのです」

ベルがアインシュタイン＝ボーア論争に参入する時間を見つけたのは、一九六四年、CERNから一年間の有給休暇（サバティカル）をもらい、粒子加速器の設計という普段の仕事を離れたときのことだった。ベルは、ボームのモデルがもつ非局所性は、そのモデルに特有の奇妙な性質なのか、それとも量子力学の結果を再現するために作られた隠れた変数理論なら、どんなモデルにもそなわる性質なのかを明らかにしようと考えた。「もちろん、アインシュタイン＝ポドルスキー＝ローゼンの設定が決定的に重要だということはわかっていました。なにしろ、そこから長距離相関が出てきたのですから」とベルは言った。「EPRは論文の最後に、量子力学の記述を完全なものにしようとすると、どうしても非局所性が出てきてしまうと述べています。基礎理論は局所的なはずだと考えているからです」

ベルはまず、局所的な隠れた変数理論を作ってみようとした。局所的な理論では、ある出来事が原因となって別の出来事が起こるとき、それらふたつの出来事のあいだには、光の速度で進む信号が両者を隔てる距離を伝わるためにかかるだけの時間が経過していなければならない。しかし、「何をやってもうまくいきませんでした」とベルは語った。「だんだん、これではダメだと思うようになりました」。アインシュタインが「不気味な遠隔作用」と呼んだ、ある場所から別の場所へと瞬時に伝わる非局所的な影響を取り除こうとするうちに、ベルは、彼の名を冠する有名な定理を導くことになる。

ベルはまず、一九五一年にボームが考案した、EPR思考実験の簡単なバージョンから調べてみることにした。アインシュタイン、ポドルスキー、ローゼンは、一個の粒子のふたつの性質（位置と運動量）を使ったのに対し、ボームは、量子スピンというひとつの性質だけを使っていた。一九二五年に、ヘオルヘ・ウーレンベックとサムエル・ハウトスミットという、ふたりの若いオランダの物理学者が提唱した量子スピンは、古典物理学には対応物のない、純粋に量子的な性質である。電子のスピンには、「上向き」と「下向き」という、ふたつの状態しかない。ボーム版のEPR実験では、自発的に崩壊するスピン0の粒子が用いられる。その粒子が崩壊すると、ふたつの電子AとBが生じる。それらふたつの電子のスピンを合わせた全スピンは、最初の粒子がもっていたスピン0でなければならないから、一方の電子のスピンは「上向き」、他方は「下向き」でなければならない。[1]二個の電子は、互いに逆向きに進み、いかなる物理的相互作用もできないほど遠く離れる。その後、それぞれの電子のスピンが検出器により同時刻に測定される。ベルが興味をもったのは、同時刻に行われた測定結果のあいだに起こりうる相関だった。

電子の量子スピンは、互いに直交する三つの向きのどれについても、他とは関係なく測定することができる。その三つを、x、y、zの軸と呼ぶことにしよう。[2] これら三つは、日常生活のなかで物体が動く向きと同じ——左右（x軸）、上下（y軸）、前後（z軸）——であり、普通の三次元である。電子Aのスピンを、Aの経路上に置かれた測定装置を使って、x軸について測定すれば、「上向き」または「下向き」の、どちらかの結果が得られる。どちらの結果になるかは五分五分の確率で、コインを投げたときに表が出るか裏が出るかの確率と同じだ。電子の場合もコインの場合も、一回の試行でどちらになるかは単なる偶然で決まる。しかし、コインを何度も投げる場合と同じく、スピン測定実験を何度も繰り返せば、電子Aのスピンについても、半分の測定では「上向き」、残り半数の測定では「下向き」という結果になるだろう。

二個のコインを同時に放り投げれば、それぞれのコインについて、表または裏という結果が得られる。しかしスピンの場合はそれとは異なり、電子Aのスピンを測定して「上向き」という結果が得られたなら、電子Bのスピンを同じ軸について測定した結果は、かならず「下向き」になる。つまり、このときふたつの電子AとBのスピンに関する測定結果は、完全に相関するのだ。ベルは、この相関にはなんら不思議な点はないということを説明するために、次のように述べた。「そのへんにいる哲学者に、アインシュタイン＝ポドルスキー＝ローゼンの相関のことを話してみよう。もしもその哲学者が、量子力学の講義で苦労したことがなかったなら、その話を聞いてもとくに不思議には思わないだろう。そんな相関なら、日常生活のなかにいくらでも転がっているからだ。例としてよく持ち出されるものに、バートルマンの靴下がある。バートルマン博士は、左右の足に別々の色の靴下を穿くのが好きだ。博士が、ある特定の日に、どちらの足に何色の靴下を穿いているかを予測することはできない。しかし、もしも一方の靴下の色がピンクだとわかれば、その瞬間に、他方の靴下は絶対にピンクではないことがわかる。一方の靴下を観測した結果と、バートルマンに関する経験的な知識から、他方の靴下のことが瞬時にわかるのだ。それがわかったからといってバートルマンの趣味が説明できるわけではないが、ここに謎めいたことは何もない。EPRの仕事も、それと同じではないだろうか？」。バートルマンの靴下の色と同じく、もともとの粒子のスピンはゼロだとわかっているのだから、電子Aのスピンをある軸について測定して「上向き」という結果が得られたなら、同じ軸について電子Bのスピンを測定すれば、かならず「下向き」という結果になるからといって、驚くべきことは何もない。

ボーアによれば、測定が行われるまでは、電子Aも、電子Bも、どの軸に関してもスピンをもたない。「それはちょうど、バートルマンの靴下、とまでは言わずとも、少なくとも靴下の色は、じっさいに見るまでは、存在しないというようなものだ」とベルは述べた。観測される前の電子は、いくつかの状態を重ね合わせた幽霊のような存在なので、電子は「上向きスピン」の状態にあると同時に、「下向きスピン」の状態にもある。ふたつの電子はエンタングルしているため、スピンの状態に関する情報は、ψ＝（A上向きスピン＋B下向きスピン）＋（A下向きスピン＋B上向きスピン）のような波動関数で表される。電子Aのスピンがx軸について測定され、AとBからなる系の波動関数が収縮するそのときまで、Aはx軸に関するスピンの値をもたない。つまりAのスピンは、測定されて初めて、上向きか下向きになるということだ。そしてAについて測定が行われた瞬間、エンタングルしたパートナーである電子Bは、たとえ両者が宇宙の両端ほど遠く離れていたとしても、Aと同じ軸について、Aとは逆向きのスピンをもつことになるというのだ。ボーアのコペンハーゲン解釈は、非局所的なのである。

アインシュタインならば、測定されようとされまいと、ふたつの電子はいずれもx、y、zという三つの方向のどれについても確定したスピンの値をもっていると考えて、その相関を説明しただろう。アインシュタインにとってみれば、「この相関からわかるのは、量子論の理論家たちが微視的世界を否定したのは性急にすぎたということだ」とベルは述べた。ペアの電子おのおのについてあらかじめ存在しているスピン状態を扱えないということから量子力学は不完全な理論だ、とアインシュタインは結論した。

アインシュタインは、量子力学が正しいという点には異論を唱えなかった。彼はただ、量子力学は、量子レベルの物理的実在を、完全には描き出していないと言ったのである。

アインシュタインは、「局所的実在論」を信じていた。どこかで何かが起こった瞬間に、遠く離れた粒子がその影響を受けたりはしないし、粒子の性質はどんな測定とも無関係に存在していると考えていたのである。しかし残念ながら、オリジナルのEPR実験を巧みに作り替えたボームの思考実験でも、アインシュタインとボーアの立場のどちらが正しいかを判定することはできなかった。両者とも、その実験の結果を説明することができたのだ。ベルの天才のひらめきは、ふたつのスピン検出器の相対的な向きを変えれば、その袋小路から抜け出せることに気付いたことだった。

電子Aと電子Bのスピンを測定する装置が互いに平行になっているなら、二組の測定結果のあいだには百パーセントの相関がある――つまり、一方の検出器で「上向きスピン」という結果が得られれば、他方の検出器ではかならず「下向きスピン」という結果が記録される。一方の検出器を少しだけ回転させれば、両者は平行ではなくなる。このとき、エンタングルした多数の電子ペアについてスピンを測定すれば、Aについて「上向きスピン」という結果が得られたとき、相棒のBについても、やはり何回かは、「上向きスピン」という結果が得られるだろう。ふたつの検出器のなす角度が大きくなるにつれ、相関はしだいに小さくなる。検出器が互いに九十度をなしているときに何度も測定を繰り返せば、粒子Aのx軸に関する測定結果が「上向きスピン」のとき、粒子Bについては半数が「下向きスピン」になるだろう。ふたつの検出器が百八十度をなす場合、電子ペアの相関は完全に逆になる――Aについての測定で「上向きスピン」という結果が得られたなら、Bについての測定でも、やはり「上向きスピン」という結果が得られるのだ。

以上は思考実験ではあるが、ふたつの検出器の与えられた角度に対して、量子力学が予測するスピン相関を正確に計算することができた。しかし、局所性を保持する隠れた変数理論の典型的なモデルでは、同様の計算をすることはできなかった。そのような理論では、AとBのスピン状態は完全には相関しないとしか言えなかったのだ。それでは量子力学と局所的な隠れた変数理論のどちらが正しいかを判定するには不十分だった。

ベルは、じっさいに実験を行って量子力学の予測と一致するスピン相関が得られたかといって、この問題に決着がつくわけではないのはわかっていた。なんといっても、検出器のなす角度ごとに、スピン状態の相関を正しく予測するような隠れた変数理論を、いつか誰かが作ってみせないともかぎらないからだ。そんなことを考えていたとき、ベルは驚くべき発見をする。ふたつの検出器の角度をどれかに設定して電子ペアのスピンを測定したのち、角度を変えてもう一度測定すれば、量子力学による予測と、任意の局所的な隠れた変数理論による予測の、どちらが正しいかを判定できることに気づいたのだ。

こうしてベルは、任意の局所的な隠れた変数理論が予測する測定結果を用いて、角度を変えて行なわれる二度の測定について、二つの検出器それぞれで得られる結果の、全体としての相関を計算することができた。そのような理論では、一方の検出器による測定でどんな結果が得られようと、他方の検出器による測定の結果に影響が及ぶことはけっしてないため、隠れた変数理論と量子力学とを区別することが可能になるのである。

ベルは、ボーム版のEPR実験で、エンタングルした電子ペアのスピンに関する測定結果の相関が、どんな値の範囲に収まるかを計算してみた。すると、量子力学に支配されたこの世ならぬ量子の領域での相関は、隠れた変数と局所性に支配されたいかなる領域での相関よりも、大きくなることが示された。つまりベルの定理は、量子力学とまったく同じ相関を予測するような、局所的な隠れた変数理論は存在しないということを教えていたのである。局所的な隠れた変数理論は、それがどんなものであれ、スピンの相関は、相関係数と呼ばれる数が−2から＋2までの範囲に収まると予測する――これが、「ベルの不等式」の名前で知られる関係だ。ところが量子力学の予測では、スピン検出器の向きによっては、相関係数が−2から＋2までの範囲を上回るのだ。

赤毛でひげをピンと尖らせたベルは、どこにいてもよく目立ったが、彼の定理は見過ごされてしまった。一九六四年当時、論文に注目してほしければ、アメリカ物理学界が刊行する『フィジカル・レビュー』に発表するべきだった。しかし、『フィジカル・レビュー』に論文を発表するには費用がかかる。普通、論文が受理されれば、所属する大学が費用を払ってくれるが、ベルは当時、カリフォルニアのスタンフォード大学に訪問研究者として滞在していたため、大学に論文発表の費用を払ってもらうのは厚かましいような気がしたのだ。そこでベルは、『アインシュタイン＝ポドルスキー＝ローゼンのパラドックスについて』と題した六ページの論文を、『フィジックス』という、逆に投稿者にお金を払っていた、注目度の低い、短命に終わった雑誌に発表することにした。

じつはこの論文は、ベルがその年に書いたふたつ目の論文だった。ひとつ目の論文で彼は、「量子力学は隠れた変数解釈を許さない」というフォン・ノイマンやその他の人たちの判断の見直しを行った。あいにく彼が投稿した『レビュー・オブ・モダン・フィジックス』に手違いがあり、編集人からの手紙が紛失したせいで論文の発表が遅れて、掲載されたのは一九六六年の七月のことだった。ベルはその論文を、「『隠れた変数はありうるのかという問題は、フォン・ノイマンが早い時期にありえないと数学的に証明したので、かなりはっきり答えが出ている』と思い込んでいる人たち」のために書いたと語った。ベルはその論文で、フォン・ノイマンは間違っていたことを決定的に明らかにしたのだ。

実験事実と合わない科学理論は、修正されるか捨てられる。しかし量子力学は、実験との一致ということではあらゆるテストに合格し、理論と実験とのあいだには何の矛盾もなかった。ベルと同時代の物理学者たちは、年配の者から若手まで、量子力学の解釈をめぐるアインシュタインとボーアとの論争は、物理学というよりもむしろ哲学に属するものと見なしていた。物理学者たちは、一九五四年にパウリがボルンに宛てた手紙に書いた、次の考えに同意していたのだ。「針の先に何人の天使が座れるかという昔の問題と同様、考えたところで答えが出るわけでもない、存在するのかしないのかといった問題に、これ以上頭を悩ませるべきではありません」。パウリの見るところ、アインシュタインがコペンハーゲン解釈を批判するために持ち出してくる問題は、煎じ詰めれば、すべて「この手のもの」だったのだ。

ベルの定理はそんな状況を一変させた。この定理により、アインシュタインが支持した局所的実在観——量子の世界は観測とは無関係に存在し、物理的影響は光の速度よりも速くは伝わらないという考え——と、ボーアのコペンハーゲン解釈のどちらが正しいのかという問題は検証可能になった。ベルはアインシュタイン＝ボーア論争を、実験哲学という新しい舞台に引き出したのである。もしもベルの不等式が成り立てば、量子力学は不完全だというアインシュタインの主張が正しいということになる。一方、ベルの不等式が破られれば、ボーアが勝利者として立ち現れるだろう。もはや思考実験はいらなかった。アインシュタインvsボーアの対決は、実験室に持ち込まれたのだ。

ベルは一九六四年に、「この測定が行われているのを思い浮かべるには、ほとんど想像力もいらないほどだ」と書き、その不等式を検証するよう実験家に呼びかけた最初の人物となった。しかし、それより一世紀前にグスタフ・キルヒホフが考案した黒体の場合と同様、理論家が実験を「思い浮かべる」のは、実験家がそれをじっさいに行うのに比べてずっと簡単なのだ。それから五年後の一九六九年、カリフォルニア州バークレーにすむ若い物理学者から、ベル宛てに一通の手紙が届いた。当時二十六歳のジョン・クラウザーとその仲間たちが、ベルの不等式を検証するための実験を考案したというのだ。

クラウザーがベルの不等式のことを初めて知ったのは、その二年前、ニューヨークのコロンビア大学で博士課程の学生だったときのことだった。この不等式は検証するに値すると確信したクラウザーは、教授のところに行って相談したところ、にべもなくこう言われた。「まともな実験家なら、そんなものを測定しようとは思わないものだよ」。教授のその対応には、「量子論とそのコペンハーゲン解釈を、誰もが福音として受け入れて」いた当時の状況が反映されていた。「そしてまた、量子論の基礎に対し、やんわりとでも疑問を呈することに対しては、誰もが完全に後ろ向きだった」とクラウザーは語った。それでも彼は、一九六九年の夏までにはマイケル・ホーン、アブナー・シモニー、リチャード・ホルトの協力を得て、具体的な実験を考え出した。これら四人の実験家が、完璧な装置をそなえた想像上の実験室ではなく、現実の実験室でベルの不等式を検証するためには、不等式そのものを少し調整する必要があった。

ポスドクとしての受け入れ先を探していたクラウザーは、カリフォルニア大学バークレー校で電波天文学の仕事をすることになった。幸運にも、バークレーの研究室のボスに、自分が本当にやりたい実験のことを話してみると、勤務時間の半分はその仕事に使ってもよいと言ってもらえた。クラウザーは、スチュアート・フリードマンという意欲的な大学院生を仲間に引き入れた。クラウザーとフリードマンは、相関をもつペアとして、電子ではなく光子を使うことにした。それが可能だったのは、この検証の目的に関するかぎり、光子がもつ「偏極」という性質が、量子スピンの代わりになるからだ。光子は「上向き」または「下向き」の偏極をもつ。電子のスピンの場合と同様、ふたつの光子の偏極を合わせるとゼロになるので、一方の光子の偏極をx軸について測定し、「上向き」という結果が得られたなら、他方が測定されれば「下向き」という結果が得られるのだ。

電子ではなく光子を使うことにしたのは、光子のほうが作りやすいから、とくに、その実験ではきわめて多数の粒子ペアを測定することになるからだ。一九七二年には、クラウザーとフリードマンはベルの不等式を検証できるところまでこぎつけた。ふたりはカルシウム原子を熱して、一個の電子が基底状態から高いエネルギー準位に飛び上がれるところまで温度を上げた。その電子が基底状態に戻るとき、二段階のステップを経て、二個のエンタングルした光子が放出される——一方は緑色、他方は青色の光に相当する。二個の光子は逆向きに放出され、同時にそれぞれの偏極が測定される。ふたつの偏極測定装置は、はじめは互いに二十二・五度の角度をなすように設定され、次に六十七・五度の角度をなすように設定された。クラウザーとフリードマンは二百時間をかけて測定を行った。その結果、光子の偏極に見られる相関は、ベルの不等式を破っていることが示されたのだ。

その結果は、「不気味な遠隔作用」をもつ、ボーアによる非局所的な量子力学のコペンハーゲン解釈を支持し、アインシュタインの局所的実在論を除外するものだった。しかし、その結果が本当に正しいのかどうかに関しては、いくつか考慮すべき点があった。一九七二年から一九七七年にかけて、異なる実験チームがベルの不等式について別個に九回の検証を行い、そのうちベルの不等式が破れていたのは七回だけだった。結果にバラツキがあったため、実験の信頼度が疑問視されたのである。ひとつの問題は、検出器の性能が不十分だったせいで、生成された光子ペアのうち、ほんの一部だけしか測定されなかったことだった。そのことが相関の程度にどんな影響を及ぼすのか、正確なところは誰にもわからなかったのだ。そのほかにもいくつか未解決問題があったため、それらが解決されるまでは、ベルの定理がどちらに弔いの鐘(ベル)を鳴らすかについてはっきりしたことは言えなかった。

クラウザーやその他の人たちが懸命に実験を計画、実行していたころ、物理学を学ぶひとりのフランス人大学院生が、アフリカでボランティアをしながら余暇に量子力学のことを調べていた。フランス語で書かれた影響力のある教科書をじっくり読み込んでいたとき、アラン・アスペという名前のその学生は、EPR思考実験のことを初めて知って魅了された。その後、ベルの重要な論文をいくつか読んだアスペは、ベルの不等式を高い精度で検証する方法を考えはじめた。カメルーンで三年を過ごしたのち、一九七四年、アスペはフランスに戻った。

二十七歳になっていたアスペは、パリ南部の郊外オルセーにあるパリ第十一大学の光学理論応用研究所の地下実験室で、アフリカでの夢を実現する仕事に取りかかった。アスペがジュネーブにベルを訪ねたときのこと、ベルはアスペに、「きみには定職があるの?」と尋ねた。アスペは、自分はまだ大学院生で、博士号を取ろうとしているところです、と答えた。「ずいぶん勇気のある大学院生だね」とベルは言った。ベルは、こんな難しい実験に取り組んだのでは、若いアスペの将来が台なしになりはしないかと心配したのだ。

実験は当初の予定より時間がかかったが、一九八一年と一九八二年にアスペと仲間たちは、レーザーやコンピューターなど最新技術を駆使して、ベルの不等式を検証する高精度実験を、ひとつではなく三つ行うことができた。クラウザーと同じくアスペも、カルシウム原子から同時に放出されて、互いに逆向きに飛び去るエンタングルした二個の光子を使って偏極の相関を測定した。しかしアスペたちの実験では、光子のペアが生成され、測定される率は、従来行われた実験よりも何倍も高かった。その結果、「それまでに行われたどの実験よりも、ベルの不等式が大きく破れていることが示され、その結果は量子力学とみごとに一致した」とアスペは述べた。

ベルは、一九八三年にアスペが博士号を取得したときの、論文審査官のひとりだった。アスペが得た結果には、まだいくつか疑問が残っていた。量子の世界の本性は、どちらに転んでもおかしくない危うい状況だったため、どれほどありそうにない事態でも、抜け穴はすべて考慮に入れる必要があったのだ。たとえば、二個の検出器が、なんらかのかたちで互いに信号を送り合っている可能性もあった。しかしその可能性は、光子が検出器に到達する前に、検出器の向きをランダムに切り替えることで排除された。決定的な実験とは言えなかったが、アスペらはそれから数年をかけて改良を重ね、ほかの人たちの実験からも、彼らが最初に得た結果は正しいことが裏付けられた。考えられるかぎりの抜け穴をすべてふさいだ実験はまだ行われていないけれども、物理学者はほとんどすべて、ベルの不等式は破れているということを認めている。

ベルはその不等式を、たったふたつの仮定を置くことによって導いた。ひとつ目の仮定は、観測者とは関係のない実在があるということ——言い換えれば、粒子は、測定される前から、たとえばスピンなどの、はっきりした性質をもっているということだ。ふたつ目の仮定は、局所性が保持されているということ。光よりも速く影響が伝わることはない——つまり、ある場所で起こった出来事が、離れた場所で起こった出来事に、瞬時に影響を及ぼすことはないということだ。アスペの得た結果は、これらふたつの仮定のうち、ひとつは捨てなければならないということを意味していた。しかし、どちらを？　ベルは、局所性は捨ててもよいと考えていた。「人は世界について実在論的な見方をしたいと思っています。たとえ観測されなくても、世界について語るときには、それが本当に存在するものとして語りたいと思っているのです」とベルは述べた。

一九九〇年十月、ベルは六十二歳にして脳出血のために亡くなった。彼は、「量子論はとりあえずの方便」にすぎず、いずれはもっと良い理論で取って代わられるだろうと確信していた。しかしその彼も、実験の示すところによれば、「アインシュタインの世界観は擁護できない」と述べている。ベルの定理は、アインシュタインの局所的実在論を弔う鐘となったのだ。

第十五章　量子というデーモン

アインシュタインは、こう語ったことがある。「わたしは一般相対性理論について考えた時間より、百倍も多くの時間をかけて量子の問題について考えた」。ボーアは、量子力学は原子の世界について何を教えているのかを理解しようとするなかで、客観的な実在があるという考えを捨てた。アインシュタインにとってボーアのその判断は、量子力学はたかだか真実の一部しか含んでいないことを示す明らかな兆候だった。ボーアは、実験や観察でわかることの背後に、量子の世界が実在するわけではないと主張して譲らなかった。アインシュタインは、「それを認めることに論理的な矛盾はないが、その考えはわたしの科学的直観と真っ向から対立するので、わたしとしてはより完全な理論を探さずにはいられないのである」と述べた。彼は、「単に出来事が起こる確率ではなく、出来事そのものを描き出すような実在のモデルを作ることは可能だ」と信じることをやめなかった。しかし結局、アインシュタインはボーアのコペンハーゲン解釈を論駁（ろんばく）することができなかった。プリンストン時代のアインシュタインを知るアブラハム・パイスは、次のように述べた。「相対性理論について語るときの彼は冷静だったが、量子論については熱くなって語った」。そしてパイスはこう言い添えた。「量子は彼のデーモンだった」

著名なアメリカの物理学者で、ノーベル賞受賞者でもあるリチャード・ファインマンは、アインシュタインの死後十年を経た一九六五年に、次のように述べた。「量子力学を理解している者は、ひとりもいないと言ってよいと思う」。コペンハーゲン解釈が、量子論の正統解釈として、あたかもローマから発布される教皇令のごとき権威を打ち立てると、ほとんどの物理学者は、ファインマンの次の忠告に素直に従った。「『こんなことがあっていいのか？』と考え続けるのはやめなさい――やめられるのならば。その問いへの答えは、誰も知らないのだから」。アインシュタインは、〝こんなこと〟はありえないと思っていた。では、もしも彼が生きていたとしたら、ベルの定理と、彼に弔いの鐘を鳴らした実験のことを、どのように考えただろうか？

アインシュタインの物理学の核心にあったのは、観測されるかどうかによらず、「そこ」にある実在へのゆるぎない信念だった。「月は、きみが見上げたときにだけ存在するとでも言うのかね？」と、彼はその考えの愚かしさを印象づけようとしてアブラハム・パイスに言った。アインシュタインの思い描いた実在は局所的で、因果律にのっとった法則に支配されており、そんな法則を発見することが物理学者の仕事なのだった。一九四八年のこと、アインシュタインはマックス・ボルンへの手紙に次のように書いた。「空間内の物体には、どこかほかの場所で起こった出来事に影響されない実在性があるという仮定を捨ててしまうなら、物理学はいったい何を記述するというのでしょう」。アインシュタインは、実在論、因果律、局所性を信じていた。しかし、もしもそのなかのどれかひとつを犠牲にしなければならないとしたら、彼はどれを捨てただろうか？「神はサイコロを振らない」という印象的な言葉を、アインシュタインは一度ならず口にした。今日のコピーライターと同じく、彼は一度聞いたら忘れないキャッチフレーズの価値を知っていた。「神は……」は、コペンハーゲン解釈ではダメだということを印象づけるフレーズであって、彼の科学的世界観の基礎ではなかった。しかしそのことは、つねに誰にでも理解されていたわけではない。半世紀以上にわたりアインシュタインと親交を結んだボルンさえも、その点を理解していなかった。だいぶ後になって、アインシュタインが量子力学に反対する本当の理由をボルンに教えたのは、パウリだった。一九五四年にパウリがプリンストンに二カ月間滞在したときのこと、アインシュタインが彼に、決定論に触れたボルンの論文の草稿を見せてくれた。それを読んだパウリは、かつてのボスに手紙を書いて次のように述べた。「アインシュタインは〝決定論〟が基本的だと思っている、と言われることが多いですが、実はそうではありません」。アインシュタインは何年も前から、「何度も力を込めて」、そのことをパウリに語ったというのだ。「アインシュタインの意見がわれわれと異なるのは、〝決定論〟かどうかではなく、〝実在論〟かどうかという点なのです」とパウリはボルンに言った。「つまり、彼の哲学的偏見は、あなたが思っているのとは別のところにあるのです」。ここでパウリが「実在論」という言葉で表そうとしたのは、アインシュタインは、たとえば電子などの対象が、じっさいに測定される前からあれこれの性質をもつものと決め付けている、ということだった。パウリは、「あなたはアインシュタインの案山子(かかし)をこしらえて、張り切ってそれに殴りかかっているのです」とボルンを批判した。驚いたことに、アインシュタインとは長い付き合いだったにもかかわらず、ボルンは、アインシュタインが真に問題視しているのは神がサイコロを振るかどうかではなく、コペンハーゲン解釈が「観測者とは独立した実在を説明することを断念した」ことだという点を、ついに十分に理解することはなかった。

その誤解が生じたのは、一九二六年十二月にアインシュタインが「神はサイコロを振らない」というフレーズを初めて使った相手が、ボルンだったからかもしれない。アインシュタインがこの言葉を口にしたのは、量子力学において確率と偶然が果たす役割にも、また、因果律と決定論が否定されたことについても、自分は納得していないということを伝えるためだった。しかしパウリは、アインシュタインが量子力学に反対する真の理由は、量子力学の確率的な側面ではなく、もっと深いところにあるということを理解したのだった。パウリはボルンへの手紙のなかで、「アインシュタインとの論争に決定論を持ち込むのは、間違いのもとだと思います」と忠告した。

アインシュタインは一九五〇年に書いた量子力学についての文章のなかで、「問題の核心は、因果律にあるのではなく、実在論にあるのです」と述べた。「実在を描き出すという望みを捨てることなく、量子のパズルを解くことはできる」と、彼はずっと思っていたのだ。そしてその実在は、相対性理論を発見した人間にとってみれば、光よりも速く伝わる影響には居場所のない、局所的なものでなければならなかった。ベルの不等式が破られたということは、アインシュタインが観測者とは独立した量子の世界を求めるのであれば、捨てるべきは局所性だということを意味していた。

ベルの定理によっては、量子力学が完全かどうかを判定することはできない。この定理にできるのは、量子力学と、局所的な隠れた変数理論の、どちらが正しいかを判定することだけなのだ。もしも量子力学が正しいのなら――アインシュタインは、彼の生きていた時代に行われたありとあらゆる実験というテストに合格したこの理論は正しいと信じていた――ベルの定理が意味するのは、量子力学と同じ予測をする隠れた変数理論はすべて、非局所的でなければならないということだ。ボーアもほかの多くの人たちと同じく、アラン・アスペの実験はコペンハーゲン解釈を支持したと考えただろう。アインシュタインは、その実験に抜け穴があったと言って局所的実在を救おうとするのではなく、ベルの不等式が破れていることを示した実験結果を受け入れただろう。しかし、相対性理論の精神に反すると言う者もいるのだが、アインシュタインが受け入れたかもしれない打開策がもうひとつあった——ノー・シグナリング（no signaling）定理である。

エンタングルした粒子ペアの一方にどんな測定を行おうと、個々の測定結果は完全にランダムなので、量子エンタングルメントや非局所性を利用して、意味のある情報を別の場所に瞬時に伝えることはできないと証明されたのだ。ペアの一方に対して測定を行った実験家にわかるのは、遠方の仲間がペアのもう片方に対して行った測定結果についての確率にすぎない。なるほど実在は非局所的で、エンタングルした粒子同士が光よりも速く影響を及ぼし合うことを許すかもしれない。しかし、「不気味な遠距離通信」は起こらないのだから、実害はないのである。

ベルの不等式を検証したアスペのチームやその他いくつかのチームは、局所性または客観的実在のどちらか一方が除外されることを示したが、非局所的実在の可能性はまだ残されていた。これに対して二〇〇六年に、ウィーン大学とグダニスク大学のグループが、非局所性と実在論を検証に付した。この実験にインスピレーションを与えたのは、イギリスの物理学者サー・アンソニー・レゲットの仕事だった。まだナイトに叙されていなかった一九七三年のこと、レゲットは、エンタングルした二個の粒子のあいだで瞬時に伝わる影響があると仮定することによって、ベルの定理を修正できないだろうかと考えた。二〇〇三年、液体ヘリウムの量子的性質に関する仕事でノーベル賞を受賞したその同じ年に、彼は、非局所的な隠れた変数理論を量子力学に対抗させる、新しい不等式――レゲットの不等式――を発表する。

マルクス・アスペルマイアーとアントン・ツァイリンガーに率いられたオーストリアとポーランドのチームが、エンタングルした光子のペアについて、それまで検証されていなかったいくつかの相関を測定した。その結果、それらの相関はレゲットの不等式を破っており、量子力学の予測する通りであることが示された。二〇〇七年四月に、その結果が『ネイチャー』に発表されると、アラン・アスペは、人がそこから引き出す哲学的な「結論は、論理というよりはむしろ趣味の問題だ」と述べた。レゲットの不等式の破れは、実在論と、ある種の非局所性が両立しないということを意味しているにすぎず、あらゆる非局所的な実在モデルが排除されるわけではないのである。

アインシュタインは、一九三五年にEPR論文の末尾で、「以上の議論から、波動関数は物理的実在の完全な記述を与えないことが示されたが、完全な記述が存在するのかどうかについては、今のところは何も言えない。しかしわれわれは、そのような記述のできる理論は存在しうると考える」と述べ、隠れた変数理論を暗黙のうちに支持したように見えた。しかしそれにもかかわらず、アインシュタイン自身が、何らかの隠れた変数理論を提案したことは一度もなかった。その後、一九四九年という最晩年になって、七十歳の記念論文集に寄稿してくれた人たちへの返答として、アインシュタインは、「今日の量子論のもつ本質的に統計的な性質は、この理論が物理系について不完全な記述をしているせいで生じていると固く信じています」と述べた。

量子力学を「完全」なものにするために隠れた変数を導入するという路線は、量子力学が「不完全だ」というアインシュタインの考えに沿うように見えたが、一九五〇年代に入るころまでには、彼はその路線で量子力学を完全化することはできないだろうと考えるようになっていた。一九五四年には、彼ははっきりと次のように述べている。「今日の量子力学の全体的構造に関する基本的な考え方を変えることなく、単に何かを付け加えることによって、この理論の統計的性質を取り除くことはできない」。彼は、ミクロな量子の世界で古典物理学の概念に立ち返るのではなく、何かもっと過激なことが必要だと確信するようになっていた。もしも量子力学が、真実の一部しか捉(とら)えることのできない不完全な理論ならば、完全な理論がきっと存在して、発見されるのを待っているに違いないと彼は考えていたのだ。

アインシュタインは、人生最後の二十五年間をかけて追究したにもかかわらず、いまだ捉えることのできない統一場理論――それは一般相対性理論と電磁気学の結婚だった――が、自分が追い求める完全な理論になると信じていた。その統一場理論は、量子力学を含むような完全な理論になるはずだった。パウリはそんなアインシュタインの統一の夢に対し、「神が引き離したものを、何人たりともふたたび結びつけてはなりません」という辛辣な判定を下した。当時はほとんどすべての物理学者が、アインシュタインは現実が見えていないと言ってあざ笑った。しかし、「重力・電磁力に加えて」放射性崩壊を引き起こす弱い核力と、原子核をまとめている強い核力が発見されて、物理学者が相手にしなければならない力が四つに増えると、まさにアインシュタインが求めていたような理論の探究が、物理学の聖杯になったのである。

量子力学について言えば、たとえばヴェルナー・ハイゼンベルクのように、アインシュタインは「確固たる法則に従い、われわれとは独立して空間と時間のなかで進んで行く物理過程としての客観的世界」の探究に科学者人生を費やしたせいで、今さら「態度を変えることができない」のだと批判する者たちもいた。ハイゼンベルクは、原子のレベルでは「時間と空間のなかにある客観的な世界は存在しない」と主張するような理論を、アインシュタインが受け入れられないのも無理はないというのだ。ボルンは、「アインシュタインはもはや、彼が固く信じる哲学的信念と相容れないような、新しい物理学のアイディアは受け入れられなくなっていた」と見ていた。長年の友人であるアインシュタインが、「量子現象の荒野を征服するという戦いの先駆者」であることは認めつつも、彼の心が量子力学から「遠ざかったまま、この理論を疑問視している」ことは、「悲劇的」だと言って嘆いた。なぜならそのせいで、「アインシュタインはひとり寂しく自分の道を手探りし、われわれは基準を打ち立ててくれる指導者を失ってしまったからだ」とボルンは言うのだった。

アインシュタインの影響力が弱まるにつれ、ボーアのそれは強まった。ハイゼンベルクやパウリのような伝道師たちがその福音を述べ伝えるうちに、コペンハーゲン解釈は、量子力学の同義語となっていった。ジョン・クラウザーは、まだ大学生だった一九六〇年代に、アインシュタインとシュレーディンガーは「年寄り」で、このふたりが量子について語ることは信用できないと言われるのをしばしば耳にしたという。「こういうゴシップを、一流の研究機関の著名な物理学者がみんなしてわたしに話してきかせたのだった」。クラウザーがそう語ったのは、一九七二年に初めてベルの不等式を検証してから長い年月を経たのちのことだった。対するボーアは、ほとんど超自然的な論証力と直観をもつかのように語られた。ほかの人たちは計算をしなければならないが、ボーアは計算をする必要がなかったと言われることもあった。クラウザーが語ったところによれば、彼が学生だったころ、コペンハーゲン解釈には答えられないような、「量子力学に関する疑問や問題点を公にすることは、さまざまな宗教的烙印と社会的圧力によって、事実上禁じられていた。それらが力を合わせて、量子力学に反対する思想を打ち倒そうとする十字軍のようなものになっていた」。しかし、コペンハーゲンの正統信仰に異議を唱える覚悟のある者たちもいた。そのひとりがヒュー・エヴェレット三世である。

一九五五年四月にアインシュタインが死んだとき、二十四歳のエヴェレットはプリンストン大学に学ぶ修士課程の学生だった。二年後、彼は「量子力学の基礎」と題する論文で博士号を取得する。その論文のなかで彼は、量子実験の結果として起こりうることはすべて、現実の世界でじっさいに起こっているものとして扱えることを示した。エヴェレットによれば、箱の中に入れられたシュレーディンガーの猫の場合なら、箱の蓋が開けられた瞬間に宇宙はふたつに分裂し、一方の宇宙の中では猫が死んでおり、他方の宇宙の中では、猫はまだ生きている、ということになる。

エヴェレットはその解釈を、「量子力学の相対状態定式化」と呼んだ。そして、量子論的に起こりうることはすべて現実に起こると仮定すれば、実験結果に関するコペンハーゲン解釈の予測とまったく同じ予測が得られることを示したのである。

一九五七年七月、エヴェレットのこの解釈は、当時の指導教官だったプリンストンの有名な物理学者ジョン・ホイーラーの添え書きをつけて発表された。しかしエヴェレットにとって最初の論文となったこの仕事は、それから十年以上ものあいだ、ほとんど誰の目にも止まらなかった。そんな状況に落胆したエヴェレットは大学を去り、米国国防総省で戦略計画にゲーム理論を応用する仕事に従事した。

アメリカの映画監督ウッディ・アレンはかつてこう言った。「目に見えない世界があることに疑問の余地はない。問題は、それが街からどれぐらい離れているのか、そして夜はどれぐらい遅くまで開いているのかということだ」。アレンとは異なり、ほとんどの物理学者は、起こりうるあらゆる実験結果が現実に起こっているという、無数のパラレルワールドが存在することをほのめかすエヴェレットの解釈に冷淡だった。悔やまれることに、エヴェレットは一九八二年に、五十一歳という若さで心臓発作で亡くなり、今日では「多世界解釈」として知られる彼のアイディアが、宇宙はいかにして生じたのかを理解しようとしている量子宇宙論の研究者にまじめに受け止められるのを、その目で見ることはなかった。量子宇宙論の研究者たちは、彼の多世界解釈のおかげで、コペンハーゲン解釈には答えられなかった問題を回避できるようになったのだ。その問題とはすなわち、全体としての宇宙の波動関数を収縮させ、宇宙を存在に至らしめる観測とは、いったいどんな観測なのかというものだ。

コペンハーゲン解釈によれば、宇宙の外側に、宇宙を全体として観測する者が必要になるが、宇宙の外には誰も――神を別とすれば――いないので、宇宙はいつまでも多くの可能性を重ね合わせた状態のままになるはずだ。これは、ながらく未解決だった測定をめぐる重大な問題だった。量子的な世界を可能性の重ね合わせとして表し、それぞれの可能性に対して確率を割り当てるシュレーディンガー方程式には、測定という行為は含まれていない。量子力学の数学には、観測者は存在しないのだ。いわゆる「波動関数の収縮」——観測や測定が行われて可能性が現実になった瞬間、量子系の状態が突如として不連続に変化すること——については、量子力学は何も語らないのである。それに対してエヴェレットの多世界解釈では、量子的な世界で起こりうることはすべて、無数の平行宇宙のなかで現実に起こるため、波動関数を収縮させる観測や測定は必要ないのである。

一九二七年のソルヴェイ会議から五十年を経て、ポール・ディラックはこう述べた。「解釈を手に入れることは、ただ単に方程式を作るよりもずっと難しいことがわかった」。アメリカのノーベル賞受賞者マレー・ゲルマンは、そうなった理由のひとつは、「ニールス・ボーアが一世代の物理学者をまるごと洗脳して、問題はすでに解決したかのように思い込ませたことだ」と述べた。一九九九年七月に、ケンブリッジ大学で開かれた量子物理学の会議で意見調査が行われた結果、新世代の物理学者たちが、量子力学の解釈問題という、頭の痛い問題をどのように見ているかが明らかになった。九十人の物理学者が回答したなかで、コペンハーゲン解釈に票を投じたのはわずか四名にすぎず、三十名はエヴェレットの多世界解釈の現代版を選んだのである。[1]考えさせられるのは、「上の選択肢のどれでもない、あるいは決心がつかない」という選択肢を選んだ者が、五十名もいたことだ。

未解決の概念的問題——測定問題や、量子的な世界はどこで終わり、古典的な日常世界はどこから始まるのかがはっきりしないことなど——のために、しだいに多くの物理学者が、量子力学より深い理論を探すようになっている。オランダのノーベル賞受賞者で理論物理学者のヘラルト・トホーフトは、「『たぶん』をつけて答えるような理論は、不正確な理論と見なすべきだ」と述べた。彼は、宇宙は決定論的だと考えており、奇妙で直観に反する量子力学の特徴をすべて説明するような、より基本的な理論を捜しているところだ。そのほかにも、エンタングルメントの分野をリードする実験物理学者のニコラス・ギシンは、「量子論が不完全だと考えることには、なんの抵抗もない」と述べている。

ほかにも解釈が登場し、量子力学は完全だという主張が本格的に疑問視されるようになって、アインシュタイン＝ボーア論争ではアインシュタインが敗北したという、従来の判定が見直しを受けている。数学者で物理学者でもあるイギリスのサー・ロジャー・ペンローズは次のように述べた。「アインシュタインは、ボーアの追随者なら言うであろうように、何か重要なところで深く『間違っていた』のだろうか？　わたしはそうは思わない。わたし自身は、微視的なレベルよりもさらに下層の世界が実在し、今日の量子力学は根本的に不完全だというアインシュタインの確信を強く支持している」

ボーアとの論争で決定打を出すことはできなかったものの、アインシュタインの挑戦は後々まで余韻を残し、さまざまな思索の引き金となった。彼の戦いはボーム、ベル、エヴェレットらを力づけ、ボーアのコペンハーゲン解釈が圧倒的影響力を誇って、ほとんどの者がそれを疑うことさえしなかった時期にも検討を促した。実在の本性をめぐるアインシュタイン＝ボーア論争は、ベルの定理へとつながるインスピレーションの源だった。そしてベルの不等式を検証しようという試みから、量子暗号、量子情報理論、量子コンピューティングといった新しい研究分野が直接間接に生まれてきたのである。こうした新しい分野のなかでもとくに注目すべきは、エンタングルメントを利用した量子テレポーテーションだ。ＳＦの世界の話のように聞こえるかもしれないが、一九九七年には、ひとつならずふたつのチームが、一個の粒子のテレポーテーションに成功した。その粒子は物理的に転送されたのではないが、その粒子の量子状態が別の場所にあるもうひとつの粒子に完全に転写されたので、事実上、最初の粒子を移動させたことになるのだ。

アインシュタインは、コペンハーゲン解釈を批判し、彼に取り憑いた量子のデーモンを滅ぼそうとしたせいで人生の最後の三十年は不遇だったが、彼の主張の一部は正しかったことが示された。アインシュタイン＝ボーア論争は、量子力学の数学に含まれる式や数値とはほとんど関係がなかった。量子力学は何を意味しているのか？　実在の本性について量子力学は何を語るのか？　こうした問いにどう答えるかが、ふたりを分けたのである。アインシュタインは、具体的な解釈を示したことは一度もなかった。なぜなら彼は、物理理論を睨んで自分の哲学を作るということをしなかったからだ。その代わりに彼は、実在は観測者とは独立しているという信念にもとづいて量子力学を調べ抜き、この理論には満足できないと考えるようになったのだ。

一九〇〇年十二月には、たいていのことは古典物理学で説明がつき、ほとんどすべてのことが古典物理学の支配する領域に収まっていた。そのときマックス・プランクが量子に出くわし、物理学者たちは今もなお、量子の取り扱いに苦労している。アインシュタインは、「わたしは量子に強い関心を持ち」、半世紀ものあいだ「考え続けた」が、いまだ理解したというには程遠いありさまだと述べた。最後までその努力を続けたアインシュタインが慰めを見出したのは、ドイツの劇作家にして哲学者でもあるゴットホルト・レッシングの次の言葉だった。「真実を手に入れたいという願望は、真実を手に入れたという確信よりも尊い」

注

＊本書では紙幅の都合により、原書「Notes」のうち原則として文章を含む注のみを以下に訳出しました。原注の全文は、弊社のウェブサイト（http://www.shinchosha.co.jp/）内にある本書のページの「関連コンテンツ」欄に掲げました。

プロローグ

（1）来賓として招かれたブリュッセル自由大学の教授三名（ド・ドンデ、アンリオ、ピカール）、ソルヴェイ家の代表ヘルツェン、学術委員のヴェルシャフェルトを別にすると、二十四人の参加者のうち十七人が、当時すでにノーベル賞を受賞していたか、その後受賞している。受賞者および受賞年は次の通り。ローレンツ、一九〇二年。キュリー、一九〇三年（物理学）、一九一一年（化学）。W・L・ブラッグ、一九一五年。プランク、一九一八年。アインシュタイン、一九二一年。ボーア、一九二二年。コンプトン、一九二七年。ウィルソン、一九二七年。リチャードソン、一九二八年。ド・ブロイ、一九二九年。ラングミュア、一九三二年（化学）。ハイゼンベルク、一九三二年。ディラック、一九三三年。シュレーディンガー、一九三三年。パウリ、一九四五年。デバイ、一九三六年（化学）。ボルン、一九五四年。受賞しなかった七名は、エーレンフェスト、ファウラー、ブリユアン、クヌーセン、クラマース、ギー、ランジュヴァン。

第一章

（1）十七世紀には、太陽光線をプリズムに通すと虹色（にじいろ）の帯が生じることはよく知られていた。虹が生じるのは、光がプリズムを通過することで、光の何かが変化するためだと考えられていた。ニュートンは、光はプリズムによって色を付けられるという説に反対して、ふたつの実験を行った。第一の実験は、白色光線をプリズムに通して虹を生じさせ、その中のひとつの色だけを、板に開けた小さなスリットを通過させて第二のプリズムに当てるというものだった。第一のプリズムを通過して光が変化したために色が生じたのなら、第二のプリズムを通過させれば、さらに変化が起こるはずだ、とニュートンは論じた。ところが、プリズムを通す実験を繰り返しても、どの色にも変化は起こらなかった。第二の実験では、ニュートンは色を混合させて白色光を作ることに成功した。

（2）ハーシェルがその偶然の発見をしたのは一八〇〇年二月十一日だが、公表されたのは翌年である。光のスペクトルは、装置の設定に応じて縦にも横にもなる。赤外線（infrared）ということばに、ラテン語で「下」を意味するinfraという言葉が含まれるのは、光のスペクトルを縦として、紫が上、赤が下に来るように設定されていたため。

（3）赤っぽい光は、六二〇から七〇〇ナノメートル（nm）の範囲の波長をもつ。一nmは十億分の一メートル。波長が七〇〇nmの赤い光は、毎秒四三〇兆回振動する。可視光線領域のスペクトルの、赤の領域の反対側には、紫の領域の光が四五〇nmから四〇〇nmまで広がっている。波長が四〇〇nmの光は、毎秒七五〇兆回振動する。

（4）一九〇〇年には、ロンドンの人口は約七四八万八〇〇〇人、パリの人口は約二七一万四〇〇〇人、ベルリンの人口は約一八八万九〇〇〇人だった。

（5）一般に熱はエネルギーの一種だと思われているが、そうではない。熱とは、温度差のために、AからBへとエネルギーが移行するプロセスである。

（6）ケルヴィン卿も、熱力学第二法則を次のように定式化した。「百パーセントの効率で熱を仕事に転換できる機関は存在しない」。クラウジウスの定式化と同じことだった。二人は同じことを、別の言葉で表現したのである。

（7）オットー・ルンマーとエルンスト・プリングスハイムがヴィーンの発見に「変位則」（Verschiebungsgesetz）と名づけたのは、一八九九年のことだった。

（8）振動数と波長は逆数の関係にあるので、温度が上がれば、放射強度が最大の振動数も大きくなる。

(9) 距離がマイクロメートル（ミクロン）、温度が絶対温度で測定された場合、この定数は二九〇〇である。

(10) 一八四五年に設立されたベルリン物理学会（Berliner Physikalische Gesellschaft）は、一八九八年に、名称をドイツ物理学会（Deutsche Physikalische Gesellschaft zu Berlin）に変更した。

(11) プランクは、長さ、時間、質量を、宇宙の至るところで成り立ち、どこででも使える単位系で測定する方法を発見したこともうれしく思っていた。歴史上、場所と時代ごとにさまざまな測定体系が用いられたのは、もっぱら規約と利便性ゆえだった。新しいところでは、長さをメートル、時間を秒、質量をキログラムで測定する体系が用いられるようになった。プランクは、hと、あと二つの定数――光の速度cと、ニュートンの重力定数G――を用いて、普遍的な単位系の基礎となる長さと質量と時間の値を求めた。hとGの値が小さいことから、その単位系は日常の目的には適さないが、地球外生命の文化とのコミュニケーションにはふさわしいだろう。

第二章

(1) オクトーバーフェストは、一八一〇年にバイエルン王国の王太子ルートヴィヒ

（のちのルートヴィヒ一世）と、テレーゼ・フォン・ザクセン＝ヒルトブルクハウゼンの結婚を祝うために十月十七日に催されたのが最初だった。この催しは人びとにたいへん喜ばれたので、それ以来、毎年行われるようになった。オクトーバーとはいっても、十月に始まるわけではなく、九月に始まって十六日間続き、十月の最初の日曜日に終わる。

(2) 六点が最高で、アインシュタインの評価は次の通り。代数六、幾何学六、歴史六、画法幾何学五、物理学五—六、イタリア語五、化学五、博物学五、ドイツ語四—五、地理学四、芸術的ドローイング四、技術的作図四、フランス語三。

(3) ベルンは一一九一年、ツェーリング大公ベルトルト五世によって創設された。伝説によればベルトルトは、この地域で狩りを行い、最初の獲物が熊(くま)（Bär）だったことから、その町をベルン（Bärn）と名づけたという。

(4) ミリカンは「実験的観点から見た電子と光量子」と題するノーベル賞受賞講演で、次のように述べた。「十年間、検証し、変更を施し、勉強し、失敗することを繰り返したあげく、光電子放出のエネルギーを、ときには温度の関数として、またときには波長の関数として、さらにはまた物質の関数として、正確に測定するために費やしたあらゆる努力は、私自身の予想とは逆に、一九一四年に、アインシュタインの方程式がきわめて狭い実験誤差の範囲内で正確に成り立つことを直接的に証明した最初の実験的検証となりました。またそれは、プランクの定数hを光電効果により直接的に求める最初の仕事ともなったのです」
(5) アインシュタインをプロイセン科学アカデミーのメンバーに推薦する一九一三年六月十二日付の文書。署名したのは、マックス・プランク、ヴァルター・ネルンスト、ハインリヒ・ルーベンス、エミール・ヴァールブルク。
(6) ゲーテ『ファウスト』第一部、夜より。
(7) アインシュタインは一九〇六年に「ブラウン運動の理論について」という論文を発表し、自分の理論をエレガントで拡張したかたちで示した。

第三章

(1) 確実な裏づけとなる歴史的資料はないが、十月にラザフォードがケンブリッジで行った、彼の原子モデルに関する講義にボーアが出席していた可能性はある。
(2) 第一回ソルヴェイ会議の公式の報告書は、一九一二年にフランス語で、一九一三年にドイツ語で刊行された。ボーアは公刊された報告書を極力すぐに読んだ。
(3) 教科書や科学史の文献では、ガンマ線を発見したのは、一九〇〇年、フランスの科学者ポール・ヴィラールだったとされていることが多い。たしかにヴィラールはラジウムがガンマ線を放出することを発見したが、その放射線を最初に報告したのはラザフォードだった。ラザフォードのウランの放射に関する最初の論文は一八九九年一月に発表されたが、彼が論文を書き上げたのは一八九八年九月一日。D・ウィルソンの著書『ラザフォード』（一九八三）には事実関係が概説されており、ラザフォードの発見の方が早かったことが説得力をもって裏づけられている。

（4）より正確には、半減期は五十六秒。

（5）トムソンがこのモデルを数学的に詳しく調べはじめたのは、一九〇二年にケルヴィンが提案した、同様のアイディアを知ってからのことだった。

（6）長岡は、土星の輪の安定性に関するジェームズ・クラーク・マクスウェルの有名な分析にヒントを得た。土星の輪の安定性は、二百年以上にわたり天文学者を悩ませた謎（なぞ）だった。ケンブリッジ大学は一八五五年に、優秀な物理学者たちの関心をこの問題に向けさせようと、アダムズ賞という、二年に一度の有名な懸賞問題にこれを選んだ。一八五六年十二月とされた締め切りまでに届いたのは、マクスウェルの論文だけだった。彼の論文は、その懸賞の重要性と彼の仕事の価値を減ずるどころか、この問題の難しさをあらためて認識させるものであり、彼の評判もいっそう高まった。応募できる水準まで論文を仕上げることのできた者は、他にはひとりもいなかったのだ。望遠鏡で見ると土星の輪は固体に見えるが、マクスウェルは、もしも輪が固体または液体だったなら、不安定でなければならないということを最終的に示した。彼は数学の力量を駆使して、土星の輪が安定しているのは、土星の周りを同心円状にまわる無数の粒子から成り立っているおかげであることを明らかにした。王室天文学者のサー・ジョージ・エアリーは、マクスウェルによる解決は、「数学の物理学への応用として、わたしがこれまで見たなかで、もっともすぐれた仕事のひとつである」と述べた。マクスウェルは当然ながらアダムズ賞を受賞した。

(7) ガイガーとマースデンは一九一三年四月に発表したこの論文の中で、自分たちのデータは、「原子はその広がりの中心部に大きな電荷を含んでおり、その大きさは原子の直径にくらべて小さい、という基本仮定の正しさを示す、強力な証拠である」と論じた。

(8) ラジオトリウム、ラジオアクチニウム、イオニウム、ウランXは、二十五個あるトリウム同位体の四つにすぎないことがのちに示された。

第四章

(1) ボーアは、アルファ粒子の速度に関してマンチェスターで行われている実験の結果が出るまで、その論文の発表を遅らせることにした。「物質を通過する際に、運動する荷電粒子の速度が減少することに関する理論について」と題するその論文は、一九一三年に『フィロソフィカル・マガジン』に発表された。

（2）パイ（π）は、円周率（円周の直径に対する比の値）。

（3）1電子ボルト（eV）は、1.6×10^{-19}ジュールのエネルギー。一〇〇ワットの電球は、一秒間に一〇〇ジュールの電気的エネルギーを熱に変える。

（4）バルマーの時代、および二十世紀に入ってからもしばらくは、波長にはアンデシュ・オングストロームにちなみ、オングストローム（Å）の単位が使われていた。1Åは10^{-8}cm、すなわち1センチの一億分の一。今日の単位で言えば、1ナノメートルの十分の一。

（5）一八九〇年、スウェーデンの物理学者ヨハネス・リュードベリは、バルマーよりも一般的な式を作った。その式の中に、のちにリュードベリ定数と呼ばれるようになる数が含まれていた。ボーアも自分のモデルを使って、その数を計算した。ボーアはリュードベリ定数を、プランク定数、電子の質量、電子の電荷で表した。ボーアは、リュードベリ定数の値も導き、実験で得られていた値とほぼ一致する結果を得た。ボーアはそれについてラザフォードに、「予想もしなかった大発見」だと思うと述べた。

（6）モーズリーは、周期表内に、二つ一組になった元素三組を配置する際に生じた異常も解決した。原子量によれば、アルゴン（39.94）は、カリウム（39.10）の次に来るはずだが、それはこれら二つの元素の科学的性質と矛盾する。というのは、カリウムは希ガス類に属し、アルゴンはアルカリ金属に属するからだ。そのような化学上の矛盾を避けるために、これらの元素は原子量とは逆の順序で配置された。しかし、それぞれの原子番号を使えば、正しい順序になる。原子番号を考えることで、ほかにも二組の元素（テルルとヨウ素、コバルトとニッケル）が正しく位置づけられた。

（7）ゾンマーフェルトのkは、ゼロではないことが後年明らかになった。したがってkは、$l+1$と置かれた。ここでlは軌道角運動量で、nを主量子数として、$l=0, 1, 2, \ldots n-1$の値をとる。

（8）実はシュタルク効果には二つのタイプがある。一次シュタルク効果は、線スペクトルの分裂が電場の強さに比例し、水素の励起状態で起こる。それ以外の原子は二次シュタルク効果を示し、線スペクトルの分裂は電場の二乗に比例する。

（9）今日の表記法では、mはm_lと書かれる。与えられたlの値について、m_lの値は、$2l+1$であり、$-l$からlまでの数値になる。もしも$l=1$なら、m_lには、$-1, 0, 1$という三つの値がある。

第五章

（1）ロシア、フランス、イギリス、セルビアは、日本（一九一四）、イタリア（一九一五)、ポルトガルとルーマニア(一九一六)、アメリカとギリシャ(一九一七)と連合した。イギリス連邦内の自治領も連合国側について参戦し、ドイツとオーストリア゠ハンガリーは、トルコ(一九一四)とブルガリア(一九一五)の支援を受けた。

(2)重力場が弱い場合には、光の湾曲に対する一般相対性理論の予測はニュートン理論の予測と一致する。

(3)彼の仕事が大きな関心を呼んだため、『相対性理論』の英訳は一九二〇年に刊行された。

(4)ボーアが電子殻と呼んだものは、じっさいには電子軌道の集まりだった。主要な軌道には、1から7までの番号が与えられ、1は原子核にもっとも近い軌道である。それぞれの殻に含まれる軌道を区別するためには、*s*、*p*、*d*、*f*という文字が用いられた。(それぞれ"sharp"、"principal"、"diffuse"、"fundamental"の略。分光学者たちが、原子のスペクトルに現れる線を区別するために用いていた言葉である)。原子核にもっとも近い軌道はひとつだけであり、1sと書かれた。次に近い軌道は、2sと2pというペアになった軌道であり、その次は、3sと3pと3dという三つ一組の軌道である。軌道は、原子核から遠くなるにつれて、多くの電子を収めることができる。

s軌道には二個の電子、p軌道には六個の電子、d軌道には十個の電子、f軌道には十四個の電子が含まれる。

(5) ボーアの晩餐会(ばんさんかい)でのスピーチは、www.nobelprize.org/で読むことができる。

(6) 可視光線も「コンプトン効果」を起こす。一次可視光線と、散乱された二次可視光線との波長の差は、エックス線の場合よりずっと小さいため、その効果を目で見ることができないが、実験室では測定可能である。

(7) コンプトンのこの短い論文には、「コンプトン効果」の発見につながった実験的証拠と理論的な考察が述べられている。

(8) アメリカの化学者ギルバート・ルイスは、一九二六年に、「光の原子」に対して「光子 (photon)」という名前を提案した。

第六章

(1) Duc とは異なり、Prinz はフランスの称号ではない。兄の死に伴い、フランスの称号のほうが優先され、ルイは公爵(こうしゃく) (Duc) になった。

第七章

(1) ローレンツは、白熱したナトリウム・ガスの原子内にある振動する電子が、ゼーマンが調べた光を放出すると考えていた。ローレンツは、一般の線スペクトルが、放出された光を磁場に対して平行に見るか、垂直に見るかに応じて、ごく接近した二本の線（二重項）または三本の線（三重項）に分裂することを示した。ローレンツはそれら二本の隣り合う線の波長の差を計算し、ゼーマンの実験結果と一致する値を得た。

（2）一九一六年、二十八歳のドイツ人物理学者ヴァルター・コッセル（その父親はノーベル生理学・医学賞を受賞している）は、量子的原子と周期表のあいだの重要な関係を最初に明らかにした。彼は、希ガスの最初の三つの元素、ヘリウム、ネオン、アルゴンの原子番号2、10、18の違いが八であることに注目し、これらの原子の内部にある電子は、「閉殻」の中で軌道運動していると論じた。最初の閉殻には、電子は二個しか含まれない。二番目、三番目の殻にはそれぞれ八個の電子が含まれる。ボーアはコッセルの仕事に言及している。しかし、コッセルにせよ、ほかの誰にせよ、周期表の全体にわたり電子の分布を明らかにしたボーアほど徹底した仕事をしたわけではない。ボーアの仕事の頂点となるのが、ハフニウムは希土類ではないという、正しい分類を行ったことである。

（3）$n=3$ なら $k=1, 2, 3$

$k=1$ なら $m=0$ で、そのエネルギー状態は $(3, 1, 0)$。

$k=2$なら、$m=-1,0,2$で、エネルギー状態は(3, 2, −1)、(3, 2, 0)、(3, 2, 1)。$k=3$なら、$m=-2,-1,0,1,2$で、エネルギー状態が(3, 3, −2)、(3, 3, −1)、(3, 3, 0)、(3, 3, 1)、(3, 3, 2)である。

三番目の殻($n=3$)の内部にある、エネルギー状態の総数は、九であり、最大の電子の数は十八である。$n=4$のとき、エネルギー状態は(4, 1, 0)、(4, 2, −1)、(4, 2, 0)、(4, 2, 1)、(4, 3, −2)、(4, 3, −1)、(4, 3, 0)、(4, 3, 1)、(4, 3, 2)、(4, 4, −3)、(4, 4, −2)、(4, 4, −1)、(4, 4, 0)、(4, 4, 1)、(4, 4, 2)、(4, 4, 3)。与えられたnに対する電子のエネルギー状態の数は、n^2に等しい。最初の四つの殻$n=1,2,3,4$に対して、エネルギー状態の数は一、四、九、十六である。

(4) ボーアは原子の量子モデルを作る際、角運動量($L=nh/2\pi=mvr$)を量子化することにより、原子に量子を持ち込んだことを思い出そう。軌道運動する電子は角運動量をもつ。式ではLと書かれる角運動量は、質量に速度と軌道半径をかけたものである($L=mvr$)。角運動量が$nh/2\pi$、ここで$n=1,2,3...$であるような電子軌道だけが許され、ほかの軌道はすべて禁止される。

(5) それら二つの値は$+1/2(h/2\pi)$と$-1/2(h/2\pi)$である。これは$+h/4\pi$, $-h/4\pi$に等しい。

第八章

（1）$A=\begin{pmatrix} a & b \\ c & d \end{pmatrix}$　$B=\begin{pmatrix} e & f \\ g & h \end{pmatrix}$　$A\times B=\begin{pmatrix} (a\times e)+(b\times g) & (a\times f)+(b\times h) \\ (c\times e)+(d\times g) & (c\times f)+(d\times h) \end{pmatrix}$

$A=\begin{pmatrix} 1 & 2 \\ 3 & 4 \end{pmatrix}$　$B=\begin{pmatrix} 5 & 6 \\ 7 & 8 \end{pmatrix}$　のとき

$$A\times B=\begin{pmatrix} (1\times 5)+(2\times 7) & (1\times 6)+(2\times 8) \\ (3\times 5)+(4\times 7) & (3\times 6)+(4\times 8) \end{pmatrix}=\begin{pmatrix} 5+14 & 6+16 \\ 15+28 & 18+32 \end{pmatrix}=\begin{pmatrix} 19 & 22 \\ 43 & 50 \end{pmatrix}$$

$B=\begin{pmatrix} 5 & 6 \\ 7 & 8 \end{pmatrix}$　$A=\begin{pmatrix} 1 & 2 \\ 3 & 4 \end{pmatrix}$　のとき

$$B\times A=\begin{pmatrix} (5\times 1)+(6\times 3) & (5\times 2)+(6\times 4) \\ (7\times 1)+(8\times 3) & (7\times 2)+(8\times 4) \end{pmatrix}=\begin{pmatrix} 5+18 & 10+24 \\ 7+24 & 14+32 \end{pmatrix}=\begin{pmatrix} 23 & 34 \\ 31 & 46 \end{pmatrix}$$

したがって　$(A\times B)-(B\times A)=\begin{pmatrix} 19 & 22 \\ 43 & 50 \end{pmatrix}-\begin{pmatrix} 23 & 34 \\ 31 & 46 \end{pmatrix}=\begin{pmatrix} -4 & -12 \\ 12 & 4 \end{pmatrix}$

（2）　ボルンからアインシュタインへの、一九二五年七月十五日付の手紙。ボルンがハイゼンベルクの掛け算規則は行列の掛け算と同じということに気がついたのは、アインシュタインにこの手紙を書く前だったかもしれない。ボルンがある機会に、ハイゼンベルクが彼に論文を渡したのは七月十一日か十二日だったと述べているからだ。また別の機会には、奇妙な掛け算規則が行列の積であることに気づいたのは、七月十日だったと述べている。

（3）一九二五年と一九二六年には、ハイゼンベルクとボルンとヨルダンは、「行列力学」という言葉を一度も使っていない。彼らは、「新しい力学」または「量子力学」と言っていた。ほかの人たちは当初、「ハイゼンベルクの力学」または「ゲッティンゲン力学」と言っていたが、数学者たちがmatrizenphysik「行列物理学」という言葉を使いはじめ、一九二七年には、「行列力学」と言われることが多くなった。ハイゼンベルクは一貫してこの名称を嫌っていた。

第九章

（1）シュレーディンガーがコロキウムで話をした正確な日付はわからないが、十一月二十三日と考えるのがもっとも整合的である。

（2）その方程式は一九二七年にオスカル・クラインとヴァルター・ゴルドンにより再発見され、クライン＝ゴルドン方程式と呼ばれるようになった。この方程式はスピン０の粒子にのみ当てはまる。

（3）シュレーディンガーの論文のタイトルが示すように、原子のエネルギー準位の量子化に関する彼の理論は、電子の波長が取りうる値――「固有値（eigenvalues）」

——にもとづく。eigen はドイツ語で「固有の」「特有の」といった意味を持つ。ドイツ語の eigenwert がおざなりに英訳されて eigenvalue となった。

（4）パウリ、ディラック、そしてアメリカ人のカール・エッカルトはそれぞれ独自に、シュレーディンガーは正しいことを示した。

（5）ハイゼンベルクの論文は一九二六年七月二十四日に『ツァイトシュリフト・フュール・フィジーク』に受理され、十月二十六日に掲載された。

（6）もともとのドイツ語は、

Gar Manches rechnet Erwin schon
Mit seiner Wellenfunktion.
Nur wissen möcht' man gerne wohl
Was man sich dabei vorstell'n soll.

（7）厳密に言えば、波動関数の絶対値の二乗である。絶対値とは、正か負かによらず、数の大きさのこと。たとえば、$x=-3$ なら、x の絶対値は3。$|x|=|-3|=3$ のように記される。複素数 $z=x+iy$ の絶対値は、$|z|=\sqrt{x^2+y^2}$ で与えられる。

（8）複素数の二乗は次のように計算される。$z=4+3i$ のとき、z^2 は $z\times z$ ではなく、$z\times\bar{z}$ である。$\bar{z}$ は複素共役で、$z=4+3i$ なら、$\bar{z}=4-3i$ である。したがって、z^2

$$=z\times\bar{z}=(4+3i)\times(4-3i)=16-12i+12i-9i^2=16-9(\sqrt{-1})^2=16-9(-1)$$
$$=16+9=25$$

$z=4+3i$ のとき、z の絶対値は5

（9）この場合も、専門的には、波動関数の絶対値の二乗と言わなければならない。また、波動関数の絶対値の二乗は、「確率」ではなく、「確率密度」を与える。

第十章

（1）ハイゼンベルクは後年、疑問が答えにつながった決定的瞬間について、次のように述べた。「既知の数学的枠組みの中で、与えられた実験的状況をどう表現するか？と問うのではなく、次のように問えばいいのではないだろうか。その数学的定式化の中で表現可能な実験的状況のみが、自然界に現れるのではないだろうか？」

（2）速度よりも運動量のほうが好まれるのは、古典力学でも量子力学でも、基本方程式には運動量が現れるからだ。これらの物理変数は、運動量＝質量×速度という関係により密接に結びついている。このことは、特殊相対性理論を考慮しなければならないようなきわめて大きな速度で運動する電子の場合にも成り立つ。

（3）ハイゼンベルクは発表された論文で、$\Delta p\Delta q\approx h$、すなわち $\Delta p\times\Delta q$ は近似的にプ

ランク定数に等しいと述べている。

(4) マックス・ヤンマーが一九七四年に指摘したように、ハイゼンベルクはUngenauigkeit（不正確さ）またはGenauigkeit（正確さ）という言葉を用いた。これらは彼の論文に三十回以上登場しているのに対し、Unbestimmtheit（不決定性）はわずか二度、Unsicherheit（不確定性）は三度しか登場していない。

(5) ハイゼンベルクは長年のうちに何度か、決定できないのは原子の世界に関するわれわれの知識であると言っている。「不確定性原理は、（自然の固有の特徴ではなく）量子論が扱うさまざまな量の同時的な値について今現在得られる知識が、どの程度決定できないかを表すものである」

(6) もともとのドイツ語のタイトルは、"Über den anschaulichen Inhalt der quantentheoretischen Kinematik und Mechanik", *Zeitschrift für Physik*, 43, 172–98 (1927).

(7) 波と粒子の相補性と、位置と運動量のような観測可能な物理量の組に関する相補性とは違っていた。ボーアによれば、電子や光における波と粒子の相補性側面は互いに排他的である。波か粒子かの、どちらかなのだ。ところが、たとえば電子の位置または運動量は、それらが非常に正確に測定されたときのみ、互いに排他的になる。それ以外の場合——両方の量を測定することができる場合——に、その測定精度の限界を表しているのが、位置と運動量の不確定性関係なのである。

第十一章

(1) 国際連盟規約は一九一九年四月に策定された。

(2) 一九三六年ヒトラーはロカルノ条約を破り、ドイツ軍を非武装地帯のラインラントに侵攻させた。

(3) ウィリアム・ヘンリー・ブラッグは、一九二七年五月にほかにやるべき仕事があるからという理由で委員会を辞任し、招待されたにもかかわらず、会議には出席しなかった。エドモンド・ヴァン・オーベルは委員会には残ったが、ドイツ人たちが招待されていたという理由で出席を拒否した。

(4) この混乱の一因はボーアにある。なぜなら彼はさまざまな機会に、一般的討論で発言した内容を、「報告」と称したからだ。たとえば、「ソルヴェイ会議と量子物理学の発展」と題した講演のなかでもそのように述べている。

(5) 翻訳はアインシュタイン・アーカイブの注にもとづく。公刊されたフランス語の翻訳版の表現は次の通り。「わたしは量子力学に深く踏み込んでいないと言わなければなりません。しかし、いくつか一般的なことを述べたいと思います」

第十二章

（1）次のように考えることもできる。ポインターと物差しが光に照らされたとき、光の箱に対して制御不能な運動量の移行が起こるために、箱は予測不可能な運動をする。すると箱の内部の時計は、重力場の中で動くことになる。時計が進む速度（時の流れ）は予測不可能な大きさで変化するため、シャッターが開いて光子が逃げ出す正確な時刻はあいまいになる。この場合もあいまいさの連鎖は、ハイゼンベルクの不確定性原理による限界に従う。

（2）アインシュタインはスウェーデン・アカデミーに対し、ハイゼンベルクとシュレーディンガーの仕事は非常に重要なので、ひとつのノーベル賞をふたりで分け合うのは不適切であると指摘したことがあった。「どちらが先に受賞すべきかという問いに答えるのは難しい」としたうえで、彼はシュレーディンガーの名前を上げた。アインシュタインが最初にハイゼンベルクとシュレーディンガーを推薦したのは一九二八年。そのとき彼は、ド・ブロイとデイヴィソンを優先させるべきだろうと述べた。彼が提案した別の選択肢として、ド・ブロイとシュレーディンガーの組と、ボルン、ハイゼンベルク、ヨルダンの組に与えるという方法があった。一九二八年の賞は一九二九年に延期され、イギリスの物理学者オーウェン・リチャードソンに与えられた。ルイ・ド・ブロイが一九二九年のノーベル賞を受賞した際にアインシユタインは、ド・ブロイは新世代の量子論の研究者の中で、第一に受賞すべき人物であると述べた。

（3）物理学：アルベルト・アインシュタイン（一九二一）、ジェームズ・フランク（一九二五）、グスタフ・ヘルツ（一九二五）、エルヴィン・シュレーディンガー（一九三三）、ヴィクトル・ヘス（一九三六）、オットー・スターン（一九四三）、フェリックス・ブロッホ（一九五二）、マックス・ボルン（一九五四）、ユージン・ウィグナー（一九六三）、ハンス・ベーテ（一九六七）、ガーボル・デーネシュ（一九七一）。化学：フリッツ・ハーバー（一九一八）、ピーター・デバイ（一九三六）、ゲオルク・フォン・ヘヴェシー（一九四三）、ゲルハルト・ヘルツベルク（一九七一）。生理学・医学：オットー・マイヤーホフ（一九二二）、オットー・レーウィ（一九三六）、エルンスト・ボリス・チェーン（一九四五）、ハンス・クレブス（一九五三）、マックス・デルブリュック（一九六九）。

（4）バイエルヘン『ヒトラー政権と科学者たち』（一九七七）による。この部分はハイルブロン『マックス・プランクの生涯――ドイツ物理学者のディレンマ』（二〇〇〇）にはない。そこでの引用文は次のように終わっている。「そう言いながら彼は激しく膝（ひざ）を打ち、どんどん早くしゃべり出し、激しく怒りはじめたため、わたしは黙って退出するしかなかった」

第十三章

（1）ジェームズ・チャドウィックは一九三五年にノーベル物理学賞を受賞。同じくエンリコ・フェルミは一九三八年に受賞。

（2）EPRは二粒子実験を使ってハイゼンベルクの不確定性原理に挑戦するという誘惑に負けなかった。粒子Aの正確な運動量を直接的に測定することにより、粒子Bの運動量を求めることは可能だ。Aについてすでに測定が行われているため、Aの位置を知ることは不可能だが、Bについては直接的測定が行われていないため、Bの位置を求めることができる。したがって、粒子Bの位置と運動量は同時に求めることができ、不確定性原理は回避できると論じることもできただろう。

第十四章

（1）ボームによるEPR実験の修正版は、彼の著書『量子論』の22章に現れる。その実験では、スピン0の分子が二つの原子に分離し、一方は上向きスピン（＋1/2）他方は下向きスピン（−1/2）を持ち、両者を合わせたスピンはやはり0である。それ以降、原子を電子のペアに置き換えることが標準的になっている。

（2）互いに直交する三つの軸として、x、y、zを選んだのは、広く用いられているおなじみの座標軸だからにすぎない。量子スピンの成分を測定するためには、三つの軸ならばどんなものでもよい。

第十五章

（1）この三十人の中には、多世界解釈に由来する「矛盾のない歴史」というアプローチを支持する人たちもいた。これは、観測される実験結果が起こる際、あらゆる可能な起こり方の中で、量子力学の規則に従う少数の起こり方だけが意味をもつ、という考えにもとづく解釈である。

用語集

あ行

アルカリ金属　共通の化学特性をもち、周期表の左端の列に並ぶ元素のグループで、リチウム、ナトリウム、カリウムなどがこれに属する。

アルファ崩壊　放射性崩壊のひとつで、原子核がアルファ粒子を放出するもの。

アルファ粒子　アルファ崩壊で放出される粒子。二個の陽子と二個の中性子からなり、ヘリウムの原子核に等しい。

一般相対性理論　アインシュタインの重力理論。重力は、時空の歪（ゆが）みとして説明される。

因果律　原因があって結果が生じるということ。

ヴィーンの分布則　一八九六年、ヴィルヘルム・ヴィーンが発見した黒体放射の分布式（振動数ごとに、どれだけのエネルギーが放射されるかを表す式）。当時得られていた実験データと合った。

ヴィーンの変位則　一八九三年、ヴィルヘルム・ヴィーンは、黒体の温度が高くなるにつれて、放射の強度が最大になる波長が短い方にズレていくことを発見した。

運動エネルギー　物体の運動に伴うエネルギー。惑星であれ粒子であれ、静止している物体は運動エネルギーをもたない。

運動量（p）　物体の物理的性質のひとつで、質量に速度をかけたもの。

エックス線　一八九五年にヴィルヘルム・

レントゲンが発見した放射線。彼はこの業績により一九〇一年のノーベル物理学賞を受賞した。のちに、エックス線は非常に波長の短い電磁波であることや、高速で運動する電子が標的に当たったときに放射されることなどが明らかになった。

エーテル　光をはじめあらゆる電磁波を伝える、全空間を満たす目には見えない媒体として存在を仮定されていたもの。

エネルギー　ひとつの物理量で、運動エネルギー、ポテンシャル・エネルギー、化学エネルギー、熱エネルギー、放射エネルギーなど、さまざまな形態で存在する。

エネルギー準位　原子のとりうる離散的な内部エネルギー状態で、各準位が原子そのものの異なる量子状態に対応する。

エネルギー保存　何もないところからエネルギーを作ることも、すでにあるエネルギーを消滅させることもできない。できるのはただ、ひとつのエネルギー形態から別の形態へと変えることだけだ、とする原理。たとえば、りんごが木から落ちるときには、重力によるポテンシャル・エネルギーが運動エネルギーに変わる。

エンタングルメント　二個以上の粒子が、どれほど遠く離れていようとも、分かちがたく結びついている場合があるという量子的現象。

エントロピー　十九世紀にルドルフ・クラウジウスは、系から出入りする熱量を、その熱移行が起こったときの温度で割ったものとして、エントロピーを定義した。エントロピーは系の無秩序さを表す。エントロピーが大きいほど、系は無秩序である。自然界には、孤立系のエントロピーを減少させるような物理プロセスはない。

か行

回折　縁や開口部を通過して波が広がるという現象。たとえば、防波堤の決壊した場所から港に入ってきた波が、その場所から広がって行くのもそのひとつ。

可換性　二つの変数AとBが、$A \times B = B \times A$を満たすとき、両者は可換であると言う。たとえば、Aが5、Bが4のとき、5×4＝4×5である。このような、単なる数の積は、掛け算の順番を変えても何も変わらないため、可換である。しかしAとBが行列なら、$A \times B$と$B \times A$は同じとはかぎらない。両者が異なるとき、AとBは非可換であると言う。

角運動量　回転する物体のもつ性質で、物体が直進するときの運動量に似ている。角運動量は、回転する物体の、質量、大きさ、回転速度で決まる。自転ではなく、他の物体の周囲を軌道運動する物体も角運動量をもつ。この場合の角運動量は、その物体の質量、軌道半径、運動速度で決まる。原子の領域では、角運動量は量子化されており、その値は、プランク定数を2πで割ったものの整数倍となる。

確率解釈　マックス・ボルンが提唱した波動関数の解釈。波動関数は、粒子をどこかの場所に見出す確率しか与えないとする考え方。確率解釈は、「量子力学は、観測可能量を測定したあれこれの結果に対する相対的な確率しか与えず、どれかの結果が得られるという、確実な予測をすることはできない」という考え方の中核となった。

隠れた変数　量子力学は不完全であり、量子の世界について付加的な情報を含む、基礎的な実在が存在するという信念にもとづく量子力学解釈。ここでいう「付加的な情報」は、目には見えないけれども実在する、「隠れた変数」という物理量として与えられる。隠れた変数を突き止めることができれば、測定結果に対し、単なる確率ではなく、正確な予測ができるようになるだろう。隠れた変数の支持者は、そのような変数があれば、コペンハーゲン解釈によって否定された観測とは無関係な実在を取り戻すことができると考える。

重ね合わせ　複数の量子状態を組み合わせること。重ね合わされた状態は、ある確率で、要素となる状態の性質を示す。シュレーディンガーの猫の項を参照のこと。

干渉　波動に特徴的な現象で、二つの波の山と山（谷と谷）が出会うところでは、それぞれの波が強め合って、大きな新しい山（谷）が生じる。しかし谷と山が出会うところでは、二つの波は互いに打ち消し合う。

観測可能量（オブザーバブル）　原則として測定可能な力学変数。たとえば、電子の位置、運動量、運動エネルギーは、いずれも観測可能量である。

ガンマ線　非常に波長の短い電磁波。放射性物質から放射される三種類の放射のうち、もっとも透過性が高い。

基底状態　原子が取りうる最低のエネルギー状態。それ以外の状態は、励起状態と呼ばれる。水素原子が最低エネルギー状態にあるときは、原子内の電子は最低エネルギー状態を占めている。電子がそれ以外のエネルギー状態を占めている場合、水素原子は励起状態にある。

共役変数　位置と運動量、エネルギーと時間のように、不確定性原理において互いに関係をもつ力学変数のペア。

行列　数（または変数）を縦横に並べたもので、独自の演算規則をもつ。物理系の情報を表すためにはきわめて有用である。$n \times n$の正方行列には、n個の行と、n個の列がある。

行列力学　一九二五年にハイゼンベルクが発見したのち、彼とマックス・ボルン、パスクアル・ヨルダンの三人で作り上げた量子力学の一バージョン。

局所性　原因と結果は同じ場所で起こり、遠隔作用は存在しないという要請。もしもAという事象が原因となって、Bという事象が起こったのなら、両者が起こった時刻のあいだには、AからBへ光の速度で信号が伝わるためにかかるだけの時間が必要だ。この要請を満たす理論は、局所的な理論である。**非局所性**の項も参照のこと。

霧箱　一八九七年頃、C・T・R・ウィルソンにより発明された装置。飽和した蒸気を入れた箱を粒子が通過すると、そこに軌跡が生じることを利用して、粒子を検出する。

決定論　古典物理学においては、宇宙の全粒子について、ある時刻における位置と運動量、および粒子間に働くすべての力がわかっているなら、その後の宇宙の状態は原理的には決定される。量子力学では、どの時刻におけるどの粒子についても、位置と運動量を同時に正確に求めることはできない。したがって量子力学の宇宙観は、非決定論的である。その宇宙観によれば、宇宙の未来は、原理的に決定できない。また、一個の粒子の未来も決定できない。

原子　元素の最小構成要素で、正の電荷をもつ原子核と、負の電荷をもち、原子核の周りに束縛されている電子の系からなる。原子核には、正の電荷をもつ陽子が含まれている。原子は電気的に中性なので、陽子と電子の数は等しい。

原子核　原子の中心にあって正の電荷をもつ、非常に小さな物質の塊。当初、原子核は陽子だけでできていると考えられていたが、のちに中性子も含まれていることがわかった。原子の質量の大部分は原子核に集中しているが、原子核の体積は、原子の体積のごく一部に過ぎない。一九一一年にアーネスト・ラザフォードと、マンチェスター大学の共同研究者によって発見された。

原子番号（Z）　原子核に含まれる陽子の個数。元素はそれぞれ決まった原子番号をもつ。水素は、陽子一個と、その周囲をめぐる電子一個からなり、原子番号は1である。陽子と電子それぞれ九十二個からなるウランの原子番号は92。

光子　光の粒子で、エネルギー $E=h\nu$ と、運動量$p=h/\lambda$をもつ。ここで、νはその電磁放射の振動数、λは波長である。光子という名前は一九二六年にアメリカの化学者ギルバート・ルイスによって与えられた。光量子の項も参照のこと。

光電効果　ある値よりも大きな振動数の電磁放射を金属に照射すると、金属表面から電子が飛び出す現象。

光量子　一九〇五年に、光の粒子を記述するためにアインシュタインが初めて用いた名前。のちに光子と改称された。

黒体　理想化された架空の物体で、あらゆる電磁放射を吸収・放出する。実験室では、箱の壁の一カ所に小さな穴を開けて加熱したもので近似できる。

黒体放射　黒体が出す電磁放射。

黒体放射スペクトルのエネルギー分布　与えられた温度で、それぞれの波長（または振動数）で黒体が放出する電磁放射の強度。黒体スペクトルと呼ばれることもある。

古典物理学　電磁気学や熱力学など、量子物理学以外のあらゆる物理学。アインシュタインの一般相対性理論は、二十世紀に登場した「現代」物理学と見なされるが、「古典」的理論である。

古典力学　ニュートンの三つの運動法則から導かれる物理学。ニュートン力学ともいわれる。粒子の特徴（たとえば位置と運動量）は、原理的には、どこまでも正確に、同時に測定することができる。

コペンハーゲン解釈　コペンハーゲンを本拠地とするニールス・ボーアが中心となって作った量子力学解釈。長年のうちには、ボーアと、たとえばヴェルナー・ハイゼンベルクのようなコペンハーゲン解釈の主唱者のあいだに意見の違いも生じたが、次のような基本的部分については、支持者全員の意見が一致していた。すなわち、ボーアの対応原理、ハイゼンベルクの不確定性原理、ボルンの波動関数の確率解釈、ボーアの相補性の原理、波動関数の収縮。また、測定または観測の行為によって明らかにされたものを超えて、何か量子的な実在というものが存在するわけではないとされた。したがって、実際の観測とは無関係に、電子がどこかに存在すると主張することには意味がない。また、ボーアとその支持者たちは、量子力学は完全な理論であると主張した。アインシュタインが異議を唱えたのは、その完全性の主張だった。

コンプトン効果 原子内電子により光子が散乱される現象。一九二三年アメリカの物理学者アーサー・H・コンプトンにより発見された。

さ行

散乱 粒子の進行方向が、別の粒子との相互作用により曲げられること。

紫外光 可視光線の紫色の光よりも波長の短い電磁放射。

紫外破局（紫外発散） 古典物理学を使うと、黒体放射スペクトルのなかでも、振動数の高い領域に対して、無限に多くのエネルギーを分配することになる。これが、古典物理学の予想する、紫外発散である。このようなことは現実には起こらない。

思考実験　理想化された仮想的な実験。物理理論または物理的概念の無矛盾性や限界を調べるために行われる。

実在論　観測者とは無関係な世界が存在するという哲学的世界観。実在論者にとって、月は、誰も見ていなくてもそこに存在する。

自発放出（自然放出）　原子が、励起状態から、より低いエネルギー状態に遷移するときに、自発的に光子を放出する現象。

周期　波長ひとつ分の長さが、決められた位置を通過するのにかかる時間。振動の1サイクルが完結するために必要な時間ともいえる。周期は振動数に逆比例する。

周期表　元素を原子番号の順番に並べたもの。同じ化学的性質が、周期的に現れる様子が表されている。

自由度　系の状態を指定するためにn個の座標が必要なら、その系は自由度nをもつと言う。それぞれの自由度は、物体の運動様式として互いに独立したもの（または、ひとつの系の変化として、互いに独立したもの）に対応している。日常世界の物体は、運動できる方向が三つあること（上下、前後、左右）に対応して、自由度は3である。

シュタルク効果　電場中に置かれた原子の線スペクトルが分裂する現象。

ジュール　古典物理学で用いられるエネルギーの単位。一〇〇ワットの電気は、1秒間に一〇〇ジュールの電気的エネルギーを熱と光に変える。

シュレーディンガーの猫　エルヴィン・シ

ュレーディンガーが考案した思考実験。量子力学の規則によれば、観測されるまでは、猫は生きている状態と死んだ状態との重ね合わせになっている。

シュレーディンガー方程式　波動力学版の量子力学の基礎方程式で、粒子または物理系の振る舞いを、その波動関数の時間変化から求める方程式。

$$-\frac{\hbar^2}{2m}\nabla^2\psi+V\psi=i\hbar\frac{\partial\psi}{\partial t}$$

ここで、mは粒子の質量。∇^2は、波動関数ψの場所的な変化を追跡する役割をもつ演算子。Vは粒子に作用する力を記述する。iは-1の平方根、$\partial\psi/\partial t$は、波動関数ψの時間変化を記述し、$\hbar$はプランク定数hを2πで割ったもので、「エイチバー」と発音する。ある時刻のスナップショットを与える方程式もあり、「時間に依存しないシュレーディンガー方程式」と呼ばれる。

振動数（ν（ニュー））　振動する系が一秒間に振動する回数。波の振動数は、一秒間に決められた点を通過する波の数。測定単位はヘルツ（Hz）。一ヘルツは、一秒間に一サイクル。

振幅　波や振動の変位の最大値。波（振動）の最高点と最低点の距離の半分にあたる。量子力学で言う振幅は、考察下のプロセスが現実に起こる確率と関係している。

赤外放射　可視光線よりも長い波長をもつ電磁放射。

ゼーマン効果　原子を磁場中に置いたとき、線スペクトルが分裂する現象。

線スペクトル　黒い背景に明るい色の線が生じるものを放出スペクトル、虹(にじ)のような背景に暗線が生じるものを吸収スペクトルと言う。元素はそれぞれ独自の吸収スペクトル、放出スペクトルを示し、線スペクトルは、異なるエネルギー準位のあいだで原子内の電子が量子飛躍をするとき、光子が放出または吸収されることにより生じる。

相補性　光と物質には、波としての側面と、粒子としての側面があり、これら二つの側面は互いに補い合いつつ、排他的であるとする考え方で、ニールス・ボーアにより唱導された。光と物質がもつこれら二つの側面は、同じコインの裏と表のように、一度に両面を見ることはできない。光の波としての性質、または粒子としての性質の、どちらか一方を見るように実験を計画することはできるが、同時に両方を得るための実験を行うことはできない。

速度（ヴェロシティ）　物体が運動するときの、向きと速さ（スピード）を合わせて速度という。

た行

対応原理　ニールス・ボーアにより提唱された指導原理で、プランク定数の影響が無視できるような場合、量子物理学の法則および方程式は、古典物理学の法則および方程式になるという原理。

中性子　陽子とほぼ等しい質量を持ち、電荷をもたない粒子。

調和振動　振動数が振幅に依存しないよう

な振動。

電子 負の電荷をもつ素粒子。陽子や中性子とは異なり、より基本的な要素から成り立つ複合粒子ではない。

電子ボルト（eV） 原子物理学、原子核物理学、素粒子物理学の領域で用いられるエネルギー単位。一電子ボルトは1.6×10^{-19}ジュール。

電磁気 電気と磁気は、それぞれ別の方程式によって記述される現象と見なされていたが、十九世紀の後半に、じつは同じ現象の二つの側面であることが明らかになった。マイケル・ファラデーらの実験的研究に続き、ジェームズ・クラーク・マクスウェルは、電気と磁気を統一した電磁気の理論を作り、その振る舞いを四つの連立方程式によって記述することに成功した。

電磁スペクトル 電磁波の全波長領域のこと。波長の長い方から、電波、赤外放射、可視光線、紫外放射、エックス線、ガンマ線などがある。

電磁波 電荷が振動することによって生じる波。波長と振動数により区別されるが、すべての電磁波は真空中を、秒速約三〇万キロメートルという同じ速さで進む。これは光の速さに等しい。この値が測定されたことにより、光は電磁波の一種であることが明らかになった。

電磁放射 電磁波には、運ぶエネルギーの大きさに応じてさまざまなタイプがある。電磁波によって運ばれるエネルギーのことを電磁放射と言う。振動数の低い波（たとえば電波）は、振動数の高い波

（たとえばガンマ線）よりも電磁放射は少ない。電磁波と電磁放射は、交換可能な言葉として使われることも多い。**電磁波**、**放射**の項も参照のこと。

同位体　同じ元素の異なる形態。原子核内の陽子の数（したがって原子番号）は、元素ごとにすべて同じである。しかし同じ元素でも、中性子の数が異なるものがある。それを同位体という。たとえば、水素原子には、中性子を〇個、一個、二個含む、三つの種類（同位体）がある。これら三つの水素は、化学特性は等しいが、質量が異なる。

特殊相対性理論　アインシュタインが一九〇五年に提唱した空間と時間の理論。この理論によれば、光の速さは、観測者の運動速度によらず、すべての観測者にとって同じである。「特殊」という言葉がつくのは、加速度運動は扱わないため。同じことだが、この理論では重力は扱わない。

ド・ブロイ波長　粒子の波長λは、その粒子の運動量pと、$\lambda=h/p$という式で結びついている。ここでhはプランク定数。

な行

ナノメートル（nm）　一ナノメートルは十億分の一メートル。

波と粒子の二重性　電子と光子、物質と放射は、どんな実験を行うかによって、波として振る舞うこともあれば、粒子として振る舞うこともあるという意味で、二重性をもつということ。

熱力学　熱をそれ以外の形態のエネルギー

に変換する（あるいは逆に、他のエネルギー形態を熱に変換する）プロセスを扱う物理学。

熱力学第一法則　孤立系の内部エネルギーは一定であるとする法則。または同じことだが、エネルギーを作り出したり、消滅させたりすることはできないとする法則。エネルギー保存。

熱力学第二法則　熱が低温の物体から高温の物体へと自発的に流れることはないとする法則。あるいは同じことだが（この法則にはさまざまな定式化があるため）、閉じた系のエントロピーは減少できないとする法則。

は行

排他原理　ひとつの量子状態を、二個の電子が占めることはできない。したがって、四つある量子数の値がすべて同じであるような状態を、二個の電子が占めることはできない。

波束　多数の波を重ね合わせることにより、波が空間内の小さな領域にのみ存在し、それ以外のすべての領域で打ち消し合うようにすることができる。これにより、波で粒子を表すことができる。

波長（λ）　波の隣り合う山と山（同じことだが、谷と谷）のあいだの距離。電磁放射の波長がわかれば、その放射が、電磁スペクトルのどの領域に属するかが決まる。

波動関数（ψ）　系または粒子の、波としての性質に伴う関数。量子力学において、物理系や粒子の状態について知りうることはすべて、波動関数に含まれている。たとえば、水素原子の波動関数を使えば、水素の電子が、原子核の周囲のどの場所にみつかるかを確率として計算することができる。**確率解釈**、**シュレーディンガー方程式**も参照のこと。

波動関数の収縮　コペンハーゲン解釈によれば、たとえば電子のような微視的な対象は、観測されたり測定されたりするまでは、どこにも存在しない。測定と測定のあいだには、波動関数という抽象的な確率以外には、何も存在しない。観測や測定が行われたときに初めて、電子が取りうる「可能な」状態のひとつが「現実の」状態となり、それ以外のあらゆる可能性はゼロになる。測定によって突如引き起こされる、このような不連続な波動関数の変化を、「波動関数の収縮」という。

波動力学　一九二六年にエルヴィン・シュレーディンガーが作った量子力学の一バージョン。

バルマー系列　水素原子のスペクトルに現れる、放出線または吸収線。水素の電子が、二番目に高いエネルギー準位と、それよりもさらに高いエネルギー準位とのあいだで遷移することにより生じる。

光　人間の目は、電磁波のなかでもほんの一部分しか検出できない。目に見える電磁スペクトルの波長範囲は、四〇〇ナノメートル（紫）から七〇〇ナノメートル（赤）まで。白色光は、赤、橙、黄、緑、青、藍、紫の光から成り立っている。白色光線がガラスのプリズムを通過すると、色が分離して虹のような色の帯が生じる。その色の帯を、連続スペクトルと呼ぶ。

非局所性　二つの系（または二つの粒子）のあいだで、瞬間的に影響が伝わるという性質。影響が伝わる速さは光の速さよりも大きく、遠くの場所で起こった出来事の影響が、瞬時に別の場所に及ぶ。非局所性を許す理論を非局所理論と呼ぶ。**局所性**の項も参照のこと。

微細構造　エネルギー準位、もしくは線スペクトルが分裂することにより、それまで単一の準位（線スペクトル）と思われていたものに生じた微細な構造。

不確定性原理　一九二七年に、ヴェルナー・ハイゼンベルクの発見した原理。これにより、ある種の観測可能量のペア（たとえば位置と運動量、エネルギーと時間など）は、プランク定数により課される限界を超えて、同時に正確に測定することはできないことが示された。

複素数　$a+ib$という形式で書かれる数。iは-1の平方根、aとbは普通の実数。$(\sqrt{-1})^2=-1$。bのことを、複素数の「虚部」という。

物質波　粒子が波のような振る舞いをするとき、その波は物質波またはド・ブロイ波と言われる。**ド・ブロイ波長**の項も参照のこと。

ブラウン運動　液体中の微小な花粉粒子のでたらめな運動で、一八二七年にロバート・ブラウンが観測を行った。一九〇五年アインシュタインが、液体分子に衝突されるために生じるランダムな運動として説明。

プランク定数（h） 量子物理学の核心というべき、自然界の基本定数。その値は6.626×10^{-34}ジュール秒。原子の領域のエネルギーや物理量が離散的に量子化されるのは、プランク定数がゼロでないためである。

分光学 放出スペクトルと吸収スペクトルを研究する分野。

ベータ粒子 陽子と中性子が互いに変換する過程で、放射性元素の原子核から放出される高速の電子。アルファ粒子よりも速度が大きく、透過性は高いが、薄い金属箔で止めることができる。

ベルの定理 一九六四年にジョン・ベルによって発見された定理で、量子力学の予測と一致する予測をする隠れた変数理論はすべて、非局所的でなければならないことが証明された。非局所性の項も参照のこと。

ベルの不等式 一九六四年にジョン・ベルが導いた、エンタングルした粒子ペアの量子スピンの相関に関する数学的条件。局所的な隠れた変数理論はすべて、この条件を満たさなければならない。

放射（放射線） エネルギーまたは粒子が飛び出してくること。たとえば、電磁放射、熱放射、放射性物質から飛び出すもの。放射能の項も参照のこと。

放射能 不安定な原子核が自発的に崩壊し、アルファ線、ベータ線、ガンマ線を出す現象。不安定な放射性元素の原子核は、崩壊することで、より安定な核になる。このプロセスを放射性崩壊と呼ぶ。

保存則 物理量のなかには、どんな物理的プロセスでも変化しないものがあるという法則。保存される物理量には、運動量やエネルギーなどがある。

ポテンシャル・エネルギー　物体または系の、位置または状態に伴うエネルギー。たとえば、地球の表面からの物体の高さには、重力ポテンシャル・エネルギーが伴う。

ま行

マクスウェル方程式　一八六四年にジェームズ・クラーク・マクスウェルにより導かれた四つの方程式からなる連立方程式で、それまで別々の現象に見えていた電気的現象と磁気的現象を、電磁気というひとつの現象の異なる側面として記述する。

や行

誘導放出　励起状態にある原子に光子を当てたとき、入射光子が吸収されず、原子を「誘導して」、同じ振動数をもつ第二の光子を放出させる現象。

陽子　原子核に含まれる粒子で、電子と同じ大きさで符号が反対の（したがってプラスの）電荷をもつ。陽子の質量は、電子の質量のおよそ二千倍。

ら行

力学における変数　粒子の状態を特徴づけるために用いられる量。位置、運動量、運動エネルギー、ポテンシャル・エネルギーなど。

量子　一九〇〇年にマックス・プランクが

導入した言葉。彼が黒体放射の分布を再現する式を導くときに使ったモデルにおいて、一個の振動子が放出または吸収するエネルギーの塊のこと。それ以上小さく分割することはできない。エネルギー量子（E）は、$E=h\nu$ の大きさをもつ。ここで h はプランク定数、ν はその放射の振動数である。「量子」（より正確には「量子化されたもの」）は、微視的物理系や微視的物体の、不連続で離散的に変化するような、あらゆる属性に対して用いられる。

量子化 量子化されている物理量は、離散的な値しかとることができない。たとえば、原子は離散的なエネルギー準位しかとることができず、原子のエネルギーは量子化されていると言う。電子のスピンは、$+1/2$（上向きスピン）または $-1/2$（下向きスピン）しか取ることができず、やはり量子化されていると言う。

量子数 量子化されている物理量（エネルギー、量子スピン、角運動量など）を指定する数。たとえば、水素原子の量子化されたエネルギー準位は、基底状態に対応する $n=1$ に始まり、順番に大きくなる整数で指定される。n は主量子数と呼ばれる。

量子スピン 古典物理学には対応物のない性質。電子の「スピン（回転）」を、クルクルまわるコマのようなものとイメージしても、スピンという量子的概念の本質を捉えることはできない。粒子の量子スピンは、整数または半整数に、プランク定数 h を 2π で割ったもの（$\hbar$：エイチバーと呼ばれる）をかけた値ずつしか変化せず、古典的な回転では説明できない。量子スピンは、測定方向に対し、上向き（時計回り）または下向き（反時計回り）の値をとる。

量子飛躍 原子や分子の内部で、電子が光子を放出／吸収することにより、二つのエネルギー準位間を飛び移ること。

量子力学 原子や、原子よりも小さなスケールの領域の物理理論は、一九〇〇年から一九二五年までの時期は、古典力学と量子的なアイディアをつぎはぎしたものだった。そのつぎはぎの理論に代わって登場した、ハイゼンベルクの行列力学とシュレーディンガーの波動力学は、形式上は大きく異なるが、数学的には等価な量子力学の表現である。

謝辞

わたしの部屋の壁には、長年、一枚の写真が掛かっていた。一九二七年十月、第五回ソルヴェイ会議のためにブリュッセルに参集した人たちの写真だ。わたしは時折その前を行き来しては、この写真は量子の歴史を語るための、格好の出発点になると思ったものだった。ようやく書き上げた企画書を送った先が、コンヴィル・アンド・ウォルシュ社のパトリック・ウォルシュだったことは、わたしにとっては大きな幸運だった。ウォルシュの熱烈な支持が、この企画が動き出すうえで大きな力になったからだ。また優秀な科学書の編集者で出版人でもあるピーター・タラクが、コンヴィル・アンド・ウォルシュ社に加わり、わたしの担当になってくれたことも幸運だった。この本の執筆に要した長い年月、わたしが体調を崩したせいで次々と問題が起こった時期にも、ピーターは友人として、そしてまた編集者として、暖かくわたしを支え、ともに困難を乗り越えてくれた。また、ピーターとともに外国での本書の出版交渉にあたってくれたジェイク・スミス＝ボサンケットにもお世話になった。そのほかにもコンヴィル・アンド・ウォルシュ社のスタッフ、とりわけクレア・コンヴィルとスー・アームストロングの支援と協力に感謝する。マイケル・カーライルとエマ・パリーは、アメリカでの代理人となってくれた。ここに記して感謝する。

研究者の方々の著作にはたいへんお世話になった。とくにデニス・ブライアン、デーヴィッド・C・キャシディー、アルブレヒト・フェルシング、ジョン・L・ハイルブロン、マーティン・J・クライン、ヤグディッシュ・メーラ、ウォルター・ムーア、デニス・オーバービー、アブラハム・パイス、ヘルムート・レッヘンベルク、ジョン・スタチェルの各氏の仕事には多くを負っている。グイド・バッチャガルッピとアントニー・ヴァレンティーニには、第五回ソルヴェイ会議の議事録を初めて英語に翻訳してくれたこと、またその出版に先立ち、ふたりの手になる注釈書を公開してくれたことに感謝したい。

パンドラ・ケイ＝クライツマン、ラヴィ・バリ、スティーヴン・ベーム、ジョー・ケンブリッジ、ボブ・コーミカン、ジョン・ジロット、イヴ・ケイの各氏は本書の草稿を読み、有益な指摘や提案をしてくれた。一時期、わたしの担当編集者だったミッチ・エンジェルは、本書にとってかけがえのない貴重なコメントをくれた。クリストファー・ポターが非常に早い時期から本書を支持してくれたことをありがたく思っている。アイコン・ブックス社のスタッフであるサイモン・フリンは、精力的な仕事ぶりで本書を出版までもっていってくれた。単なる義務の域を超えた熱意で仕事に取り組んでくれたサイモンに感謝する。驚くべき眼力をもつダンカン・ヒースに、コピーエディティングをやってもらえたことは実にありがたかった——彼と仕事ができた作家は幸運だと思う。アイコン・ブックス社のアンドルー・ハーロウとナジマ・フィンレーは、熱心に本書に取り組んでくれた。ニコラス・ホリデイはすばらしい図を作ってくれた。ファーバー・アンド・ファーバー社のニール・プライスと彼のチームにもたいへんお世話になった。

次の人たちの長年にわたる支えなしには、本書は実現しなかっただろう。ラームバー・ラム、グルミット・カウル、ロドニー・ケイ＝クライツマン、レオノラ・ケイ＝クライツマン、ラジンダー・クマル、サントシュ・モーガン、イヴ・ケイ、ジョン・ジロット、ラヴィ・バリの各氏に感謝する。

最後に、妻のパンドラと、ふたりの子どもたち、ラヴィンダーとジャスヴィンダーに心から感謝する。この三人にどれだけ助けられたかは、言葉には尽くせない。

二〇〇八年八月、ロンドンにて

マンジット・クマール

訳者あとがき

量子力学は難しいと言われる。「本当に理解している者はひとりもいない」とか、「物理学者でも本当のところは理解できていないのだから、物理学者でない者にわかるはずがない」とか、「量子力学を一般向けに解説することに成功した本はない」などと言われることもある。たしかにそれはそうなのかもしれない。しかし、なぜ量子力学ばかりがそこまで難しい、難しいと言われ続けなければならないのだろうか？　本書『量子革命』の翻訳を進めながら、わたしは考え込んでしまった。古典力学と量子力学の、いったいどこがそれほど違うというのだろう？

もちろん量子力学には未解決の問題があるし、量子力学の数学を扱うにはそれなりの準備もいる。しかしそれを言うなら、古典力学だって同じようなものだったのではないだろうか？　古典力学にも深い謎(なぞ)やパラドックスはあった。たとえばニュートンの重力理論で記述される重力は、遠く隔たった物体同士に瞬時に力が伝わるという謎めいた遠隔作用（今風に言えば、非局所相互作用）であるため、中世の呪術(じゅじゅつ)的な世界に逆戻りするものだとして、ライプニッツをはじめ多くの知識人に厳しく批判されたのだった——

遠隔作用ではない重力理論がアインシュタインにより与えられたのは、ようやく一九一六年のことである。

また、古典力学が描き出す世界は、原理的には未来永劫(えいごう)すべてが決まっているという決定論的な世界だから、人間の自由意志はどうなってしまうのかという深い問題をはらんでもいた。さらに言えば、古典力学では数学の取り扱いが簡単だと思っている人がいるなら、それは大きな誤解である。ニュートンの運動方程式は十八世紀の大数学者オイラーによって、$F = ma$ というおなじみの形に表され、一見すると簡単そうに見えるかもしれない（しかしそれを言うなら $\hat{H}\psi = E\psi$ と書けるシュレーディンガー方程式なども十分簡単そうに見えるのでは？）。だが、ニュートンの運動方程式は、じつは（線形近似をしない限り）複雑な非線形方程式なのであって、その豊穣(ほうじょう)な非線形の世界を探れるようになったのは、二十世紀も半ばにコンピューターが誕生してからのことなのだ。

このように古典力学にしたところで、原理的にも哲学的にも数学的にも、一筋縄ではいかないのである。それなのになぜ、古典力学は直感的にわかりやすい理論なのに対し、量子力学は直感に反する理論だと、決まり文句のように言われ続けているのだろう？　もういい加減に、量子力学は謎だ、パラドックスだ、不条理だという、手垢(てあか)のついた常(じょう)套句(とうく)に頼るのはやめたらどうなのだろう？　われわれはもう十分に、この理論の素性を知り、使いこなしているではないか——なんといっても量子力学は、特殊および一般相対性理論とともに、現代の科学技術社会を支えている理論なのだから。

わたしがそんなことをあれこれと考えてしまったのは、本書には量子革命の百年の歴史が、じつに骨太に描き出されていたからだ。とくに、コペンハーゲン解釈はどのようにして生まれたのか、なぜコペンハーゲン解釈は、量子力学と同義語のようになってしまったのかが明らかにされていく。じっさい本書の狙いのひとつは、コペンハーゲン解釈がその役割を終え、量子力学についての理解が新たな段階に入ったという状況を明らかにすることなのだろう。著者マンジット・クマールは、今日に至る量子革命の歴史絵図を、確かなタッチで描き出す。二十一世紀に入ってすでに十年あまりが経った今、もはや一般読者向けの本でさえ、量子力学のパラドックスにフォーカスする時代ではなく、われわれは量子力学に「慣れる」必要があるということを、本書は静かに伝えているようにも見える。

もちろん、本書を読んだからといって、シュレーディンガー方程式が解けるだけの数学力がつくわけではない（どうかご安心を！）。そもそも、たとえシュレーディンガー方程式が扱えたとしても、それで量子力学がわかった気になれるというものでもないことは、シュレーディンガーその人が請け合ってくれるだろう。では、量子力学に慣れる、つまりこの理論を現代の常識に組み込むためには、いったい何がわかればよいのだろうか？　これは難しい問いだが、おそらくポイントは、われわれの世界観という大きな絵のなかに、この理論を描き込めるかどうかなのだろう。そして一般向けの本のなかでそれができるほどの技量の持ち主は、これまで現れなかったということなのではないだろうか。

　このあとがきのはじめのところで引用した、「量子力学を一般向けに解説することに成功した本はない」というセリフを吐いたのが誰だったか、どうしても思い出せないのだが、一九八八年に亡くなったリチャード・ファインマンだったかもしれない。もしそうなら、わたしは本書（の英語版）を持ってあの世のファインマンに会いに行き、「ファインマンさん、これを読んでみてください！　どうです、成功していると思いませんか？」と尋ねたい。きっと彼は、「うん、成功しているね。たいしたもんだね。こんな力量のある書き手が現れたんだね」と言ってくれると信じている。

　著者マンジット・クマールが、ファインマンを（わたしの空想のなかでだが）うならせるのは、政治的にも（なにしろ二度の大戦があったのだ）、物理学上も、まさに激動の時代と言うしかなかった二十世紀前半に、量子革命の立役者たちがどんな問題にぶつかり、それをどのように克服しようとしたかをみごとに描き切っているからだろう。物理学・社会状況・物理学者という、三つの要素のどれが欠けてもいけない。その三つのどれが欠けても、量子革命は描けないのだ。

　たとえば第一章では、マックス・プランクによる量子の発見という出来事が扱われている。プランクの偉業は、大学の量子力学の入門コースではどうしても避けて通れない、量子の世界への第一歩である。しかし、教える側にとってはここが鬼門なのだ（少なくともわたしの貧しい経験では）。というのも、火かき棒や黒体といった、何やら時代がかった代物（しろもの）を黒板に描いて、なんとかプランクの分布式を導くところまで持っていこうとするのだが、教室には「それの何が面白いの？」という盛り下がり感が漂うことになるからだ。かくして量子力学のコースは、船出するやいなや沈没しそうになってしまう。教える側としてそんなわびしい経験をしたことのあるわたしにとって、第一章にみなぎる緊迫感は、正直、ショックだった。量子の発見を、これほどドラマチックに語ることができるのか、と。

　普仏（ふふつ）戦争に勝利してヨーロッパの大国となった統一ドイツが、電気という最新テクノロジーのイニシアティブを取ることに国家の威信をかけていた時代、当時はまだめずらしかった理論専門の物理学者プランクが、たまたま見つけた式になんとか理論的基礎を与えようと躍起になって手探りし、量子という魔物を摑（つか）み取ってしまう。恥ずかしながら、わたしは本書の第一章を読んではじめて、黒体という概念のテクノロジーに接する歴史的重要性ががっちりと飲み込めたし、プランク当人を含め、ドイツ帝国の首都ベルリンにいた錚々（そうそう）たる物理学者たちが、誰一人として量子の革命的意味に気づかなかったことも、むしろそれが当然だったのだと納得がいった。

続く第二章では、就職に失敗して先行き不透明な生活を続けつつ、アマチュアでもい い、物理学を続けていこうと決意し、その覚悟を手紙に綴る若きアインシュタインの姿に胸を打たれる。しかし大学に残れなかったことは、はたして彼にとって不運だったのだろうか？ というのもアインシュタインは、特許局という「世俗の修道院」のなかで、提案されてから事実上二十年ものあいだ、彼自身を別にすれば誰ひとりとして支持する者のいなかった、「光量子」という、「真に革命的な」概念を世に送り出すことになったのだから。

第三章と第四章では、ニールス・ボーアと彼を取り巻く人びと、とりわけアーネスト・ラザフォードというキーパーソンの果たした役割が描かれる。英語が苦手なボーアは、留学した先のイギリスでコミュニケーションに不自由しながらも、研究室のみんなを励まして引っ張っていくラザフォードに魅了される。ラザフォードがボーアの人間形成にとってこれほどの影響を及ぼしたとは、わたしはうかつにも知らなかった。やがてラザフォードの原子モデルの根本的な正しさを確信したボーアは、原子の世界に量子を持ち込むという、大胆な一歩を踏み出すことになる。

ハイゼンベルクと彼を取り巻く人びとのドラマも、本書の読みどころのひとつだろう。それにしても感嘆のため息を漏らさずにいられないのは、ハイゼンベルクはなんと幸運だったのだろうかということだ。ゾンマーフェルト、ボルン、ボーア、パウリという、これ以上は望みようのない面々に期待され、見守られ、惜しみなく与えられ、さらにはアインシュタインからさえも受け取れるだけのものはしっかりと受け取って、量子力学の建設に邁進する若きハイゼンベルク。ボーアとの重厚な議論のプレッシャーに耐えきれず、ポロポロと涙をこぼしてしまったというのには、さすがに同情を禁じ得ないが（シュレーディンガーも同情するだろう）、それでもわたしはこう言いたい。「ハイゼンベルクよ、きみは猛烈に恵まれている！」と。

　こうして、当時の物理学に固有の問題や、社会状況、物理学者たちのドラマに引き込まれるように物語を読み進めていくうちに、ふと気がつくと、クマールのカンバスには量子の肖像が浮かび上がっているのである。どんな革命とも同じように、量子革命もまた、時代の要請と、革命に関わった人びとの働きぶりによって成し遂げられるということなのだろう。

　どの章も緊張をはらんで読む者の気を逸らさせないが、しかしなんといっても本書の最大の山場は、量子力学の解釈をめぐるアインシュタインとボーアの論争だろう。一九二七年と一九三〇年のソルヴェイ会議の場では、アインシュタインはハイゼンベルクの不確定性原理に狙いを定めて論争を挑み、ボーアはその都度、どうにかアインシュタインの挑戦を退けることに成功する、という展開になった。

　アインシュタインはその場は引き下がったものの、一九三五年、今度は量子力学の完全性に狙いを定め、ポドルスキーとローゼンと組んで、いわゆるEPR論文を発表する。これによりアインシュタインは論争の戦線を、不確定性原理から、実在論と反実在論、局所的な宇宙像と非局所的な宇宙像という局面に移したのだった。アインシュタインとボーアの死後になって、両者の哲学的論争は、ジョン・スチュアート・ベルが発見した不等式のおかげで検証可能な科学上の争点となり、やがてじっさいに検証され、アインシュタインの局所的な実在論は擁護できないことが示された。

さて、アインシュタインが最後まで量子力学を受け入れなかったことについては、ながらく次のような理解が広くゆきわたっていた。「かつては革命的な考えを次々と打ち出したアインシュタインも、年老いてひびの入った骨董品(こっとうひん)のようになり、新しい量子力学の考え方についてこられなくなった」と。わたしが大学に入った一九七〇年代半ばにも、そんなアインシュタイン像が、いわば歴史の常識のようになっていた。もちろん量子力学の解釈問題が未解決であることは周知の事実だったが、そういう哲学的な問題に首を突っ込むのは老人の仕事であって、若者のやるべきことではないというのが暗黙の了解になっていたのだ。というより、本来は頭のキレる若いうちに果敢に挑戦すべき大問題なのだろうが、それをやっていては就職できない（論文数が稼げないから）……というのが本音だったように思う。「つべこべ言わずに計算しろ（shut up and calculate!）」という諦(あきら)めまじりのスローガンに多くの物理学者が共感していた、とまでは言わないまでも、それが現実的な態度だと了解していたのである。

解釈問題が未解決だとわかっていたにもかかわらず、「アインシュタイン＝ひび割れ骨董品説」がみんなの了解事項のようになっていたのは、彼に続く世代の物理学者たちがコペンハーゲン解釈を受け入れ、その観点からアインシュタインを評価した発言が広くゆきわたっていたためだろう。そのなかでもおそらくもっとも影響力が大きかったのは、プリンストン時代のアインシュタインを間近に見ていたアブラハム・パイスのそれではないだろうか。パイスは浩瀚（こうかん）なアインシュタインの伝記『神は老獪（ろうかい）にして…』をはじめとする一連の著作のなかで、アインシュタインを尊敬しているからこそ、コペンハーゲン解釈を受け入れようとしない晩年の彼の姿を、悲しみをにじませながら愛情を込めて描き出し、読む者の胸を打った。パイスの目には、孤立したアインシュタインは、かつて革命家だった偉大な人物の哀れな末路のように見えたのだろう。

このようなアインシュタイン像は、パイスのような人たちの著作が基本文献であるかぎり、今後もまだまだ再生産されるのかもしれない。しかしマンジット・クマールがはっきりと論じているように、流れは大きく変わっている。今日では、コペンハーゲン解釈とはいったい何だったのか（コペンハーゲン解釈に関する解釈問題があると言われたりするほど、この解釈にはあいまいなところがあるのだ）、そしてアインシュタイン＝ボーア論争とは何だったのかが、改めて問い直され、それにともなってアインシュタインの名誉回復が進んでいるのである。

それについて言えば、量子コンピューターの父と呼ばれる物理学者デーヴィッド・ドイチュが、二〇一一年に『ニューヨーカー』誌のインタビューに答えて語った次の言葉を、わたしは忘れることができない。アインシュタイン＝ボーア論争について、ドイチュはこう言ったのだ。「もちろん両者とも間違っていました。しかしボーアが問題をあやふやにしたのに対し、アインシュタインはきちんと問題を解決しようとしたのです」。ボーアにはあまりにも酷な言い方で胸が痛むけれど、ドイチュのこの見立ては、今日進んでいるアインシュタイン＝ボーア論争の再評価の流れを的確に示しているように思う。

ベルの不等式が導き出され、実験によりそれが破れていることが明らかになったのだから、軍配はボーアに上がったように見えるかもしれない。ではなぜ、ドイチュは二人とも間違っていたと言うのだろうか？　それは、非局所相関（たとえば、離れた場所にある二つの粒子の性質が、必ずしも無関係ではないということ）があるとしても、それは必ずしもコペンハーゲン解釈の正しさを意味しないからである。もしもあの世のアインシュタインに会いに行き、ベルの不等式のことを説明して、クラウザーやアスペら新世代の物理学者による実験結果を伝えたならば、アインシュタインはちょっと遠くを見るような目をして、「ああ、そうか、そういうことだったのか」と言うのではないだろうか。そして彼は、非局所相関のある宇宙像を受け入れ、実在論は堅持するに違いない。

量子の悪魔は細部に宿る。そして新しい時代の実験は、かつて思考実験には分け入ることのできなかった、量子の世界の細部に光を当てたのである。

ボーアについて言えば、たしかにコペンハーゲン解釈がドグマ化してしまったのは不幸だったかもしれない。だが、ボーアが量子革命に果たした役割の大きさについては、誰も異論はないだろう。しかもそれだけでなく、ボーアはまた別の面で大きな貢献をしているのである。それは若き日のボーアがラザフォードから学びとり、彼自身が持って生まれた資質によって発展させた、物理学における共同研究のスタイルをつくったことである。

ボーア研究所、正式にはコペンハーゲン大学理論物理学研究所は、世界情勢に翻弄(ほんろう)され分断された研究者間の国際交流を支え、研究者たちの孤立化に歯止めをかけるという社会的な役割を果たした。また、上下の別なく活発な議論を重んじ、若手研究者それぞれの個性を大切にして支援するという思想の醸成に、ボーアが果たした役割の大きさは計り知れない。世界各地からやってきた多くの若手がボーア研究所に滞在し、その思想――のちにハイゼンベルクが「コペンハーゲン精神」と呼んだもの――を胸に刻み、母国に戻っていったのである。

たとえば日本では、クォーク・モデルの先駆けである「坂田模型」を一九五五年に発表した坂田昌一も、その前年の一九五四年にボーア研究所に滞在している。コペンハーゲンに着いてまもなく、坂田は宿の主人からこう言われたという。「もし街で何か困ったことが起こったら、ボーアさんの研究所にいる、と言いなさい。ボーアさんの名を言えば、どんな難しい問題でもたちどころに解決しますよ」。デンマークの人びとはボーアを愛していた。第二次世界大戦中、占領統治していたナチスはデンマークの原子物理学者に強く協力を要請したが、ボーアは身の危険も顧みず、断固としてそれを拒んだ。デンマークの人びとは、そんな高潔なボーアを心から誇りに思っていたのだ。

本書の第五章には、一九二〇年にボーアと知り合ったのちのアインシュタインが、その印象をローレンツへの手紙のなかで次のように述べるくだりがある。「優れた物理学者が人間的にも立派だというのは、物理学にとってありがたいことですね」。本当にそうだと思う。そして、アインシュタインとボーアという類い稀なふたりの人物を得たことは、物理学にとって本当にありがたいことだった。その二人の巨人が、宇宙の本性をめぐって知的に激突した歴史的論争を、マンジット・クマールのみごとな描写で観戦していただけるなら、そしてわれわれのこの宇宙は、非局所相関のある量子的宇宙なのだということに思いを致していただけるなら訳者として嬉しく思う。

最後になるが、本書を翻訳する機会を与えてくださった新潮社新潮文庫編集部の北本壮氏に、心より感謝申し上げる。クマールのこの作品に惚れ込んでいたわたしは、翻訳出版のゴーサインが出たときは心の中でガッツポーズをとってしまった。また、同じく学芸出版部の長井和博氏、校閲部の田島弘氏には、訳稿の仕上げにあたってひとかたならぬお世話になった。ここに記してお礼を申し上げる。

二〇一三年二月

青木 薫

良質の歴史小説のような物理学史

竹内薫

物理学の歴史というと、たいていの人は「自分には関係ないや」と思うだろう。だが、物理学は意外に身近であり、日常生活のあらゆる場面に顔をのぞかせる。たとえばあなたがスマートフォンをいじっているとしよう。それは物理学の成果を元に設計され、組み立てられている。スマホの中では、電子が所狭しと走り回っている。いわゆるエレクトロニクスというやつである。あるいは病院で受けるMRI検査の原理も物理学だし、工場で使われるレーザーも物理学なのだ。

いま、物理学といったが、実は、ここであげた例はすべて「量子力学」の応用だ。つまり、現代のハイテクの根底にあるのが量子力学なのである。

しかし、これだけ人類に貢献している量子力学なのに、それがどうやって発見され、応用されるに至ったのか、学校ではほとんど教えてくれない。もし、あなたが量子力学の歴史をよく知らないなら、私はこう忠告したい。「こんな知的エンタテインメントを見過ごしたら、大損しますよ！」。

量子力学は、ワクワクドキドキの宝庫だ。通常は、物理学をある程度専門的に勉強した人でないとその興奮を味わうことができない。でも、すぐれた書き手が、数式を使わずに、量子力学の驚きの歴史を一般読み物として世に送り出してくれれば話は別だ。

故・朝永振一郎博士（1965年度ノーベル物理学賞受賞）が量子力学の不思議な世界を描いた『光子の裁判』というエッセイがある。量子の一種である光子が、ある地点から別の地点まで移動したとき、途中の「経路」が存在するか否か(いな)かが、このエッセイのテーマだ。量子力学に馴染(なじ)みがない読者は驚くかもしれないが、（古典的な粒子とちがい）量子に経路があるかどうかについて、科学者たちは真剣な議論を続けてきた。

本書『量子革命』は、ドイツの製鉄業や鉄血宰相ビスマルクといった話に始まり、量子の経路という不可解な謎(なぞ)の解明までが、臨場感あふれるタッチで描かれる。そこにあるのは、壮絶な人間ドラマだ。この本の読後感は、ちょうど、良質の歴史小説のそれに近い。戦場を駆け抜ける英雄の代わりに、ここには知的アリーナで丁々発止の一騎打ちをくりひろげる科学者たちの勇姿がある。

　私はこれまでに量子力学の本を何十冊も読んできたが、その多くは、数式を駆使して、理論のエッセンスを伝える類（たぐい）の本だった。あるいは、ハイゼンベルク、アインシュタイン、ボームといった、量子力学の立役者たちの伝記もたくさん読んできた。だが、この本のように、量子力学全般にまつわる歴史人物伝には、あまりお目にかかったことがない。おそらく、あまりにも多くの科学者が量子力学の構築にかかわっているせいで、バランスの取れた歴史を書くのは大変なのだ。実際、サイエンス作家の私にしても、下調べの手間を考えたら、量子力学の歴史なんぞ書こうとは思わない。この本の著者マンジット・クマールは、きわめて厄介な大仕事をなしとげたわけである。

　私は個人的に、本の終わりに近づくにしたがって、どんどん話が面白くなっていくように感じた。原爆の父と称されるロバート・オッペンハイマーとその弟子デーヴィッド・ボームが登場して、量子の「経路」についての驚くべき理論が生まれる。「隠れた変数の理論」は、もともと量子力学の黎明（れいめい）期にフランスの貴公子ルイ・ド・ブロイが提唱したものだが、ボームは、ある意味、それを完成させたのである。ボームの理論に接したアインシュタインの反応、そしてアインシュタインの敵陣営の反応も興味深い。最後に、真打ちのジョン・スチュアート・ベルが颯爽（さっそう）と舞台のそでから登場する。アイルランドの労働者階級出身の天才物理学者は、量子の「経路」に関する論争に終止符を打つ定理を証明してしまう。

いやあ、本の終わりに近づくと、もう、興奮するのなんのって。本当に歴史小説のクライマックスみたいなんだ、これが。あくまでも、知的アリーナでの戦いだけれど、手に汗握る展開になる。

青木薫さんの翻訳もていねいで読みやすく、ちょっと非の打ち所がない。うーん、こんなに褒めてしまっていいのだろうか（笑）。騙（だま）されたと思って、本屋さんで手にとってみてください。それにしても、物理学者の議論って、惚（ほ）れ惚（ぼ）れするほど格好いいですねぇ。知のバトルロワイヤル。とくとご覧あれ。

（「波」　2013年4月号より転載、サイエンス作家）

P・スヴェンソン
大沢章子訳
ウナギが故郷に帰るとき
どこで生まれて、どこへ去っていくのか？アリストテレスからフロイトまで古代からヒトを魅了し続ける生物界最高のミステリー！

T・トウェイツ
村井理子訳
人間をお休みしてヤギになってみた結果
よい子は真似しちゃダメぜったい！　イグノーベル賞を受賞した馬鹿野郎が体を張って実験した爆笑サイエンス・ドキュメント！

H・A・ジェイコブズ
堀越ゆき訳
ある奴隷少女に起こった出来事
絶対に屈しない。自由を勝ち取るまでは——残酷な運命に立ち向かった少女の魂の記録。人間の残虐性と不屈の勇気を描く奇跡の実話。

カフカ
頭木弘樹編訳
絶望名人カフカの人生論
ネガティブな言葉ばかりですが、思わず笑ってしまったり、逆に勇気付けられたり。今までにはない巨人カフカの元気がでる名言集。

ボードレール
堀口大學訳
悪の華
頽廃の美と反逆の情熱を謳って、象徴派詩人のバイブルとなったこの詩集は、息づまるばかりに妖しい美の人工楽園を展開している。

ボーヴォワール
青柳瑞穂訳
人間について
あらゆる既成概念を洗い落して、人間の根本問題を捉えた実存主義の人間論。古今の歴史や文学から豊富な例をひいて平易に解説する。

S・シン
青木 薫訳
フェルマーの最終定理

数学界最大の超難問はどうやって解かれたのか? 3世紀にわたって苦闘を続けた数学者たちの挫折と栄光、証明に至る感動のドラマ。

S・シン
青木 薫訳
暗号解読(上・下)

歴史の背後に秘められた暗号作成者と解読者の攻防とは。『フェルマーの最終定理』の著者が描く暗号の進化史、天才たちのドラマ。

S・シン
青木 薫訳
宇宙創成(上・下)

宇宙はどのように始まったのか? 古代から続く最大の謎への挑戦と世紀の発見までを生き生きと描き出す傑作科学ノンフィクション。

S・シン
E・エルンスト
青木 薫訳
代替医療解剖

鍼、カイロ、ホメオパシー等に医学的効果はあるのか? 二〇〇〇年代以降、科学的検証が進む代替医療の真実をドラマチックに描く。

S・シン
青木 薫訳
数学者たちの楽園
—「ザ・シンプソンズ」を作った天才たち—

アメリカ人気ナンバー1アニメ『ザ・シンプソンズ』。風刺アニメに隠された数学トリビアを発掘する異色の科学ノンフィクション。

M・デュ・ソートイ
冨永 星訳
素数の音楽

神秘的で謎めいた存在であり続ける素数。世紀を越えた難問「リーマン予想」に挑んだ天才数学者たちを描く傑作ノンフィクション。

この作品は平成二十五年三月新潮社より刊行された。

人名索引

【あ行】

【か行】

【さ行】

【た行】

【な行】

【は行】

【ま行】

【や行】

【ら行】

【わ行】

年表

1858年4月23日	マックス・プランクがドイツのキールに生まれる。
1871年8月30日	アーネスト・ラザフォードがニュージーランドのスプリンググローブに生まれる。
1879年3月14日	アルベルト・アインシュタインがドイツのウルムに生まれる。
1882年12月11日	マックス・ボルンがドイツのシレジア地方の町ブレスラウに生まれる。
1885年10月7日	ニールス・ボーアがデンマークのコペンハーゲンに生まれる。
1887年8月12日	エルヴィン・シュレーディンガーがオーストリアのウィーンに生まれる。
1892年8月15日	ルイ・ド・ブロイがフランスのディエップに生まれる。
1893年2月	ヴィルヘルム・ヴィーンが黒体放射の変位則を発見。
1895年11月	ヴィルヘルム・レントゲンがエックス線を発見。
1896年3月 6月	アンリ・ベクレルが、ウラン化合物から未知の放射が出ることを発見し、「ウラン線」と呼ぶ。 ヴィーンが、当時得られていたデータと合う黒体放射の分布則を発表。

1897年4月	J・J・トムソンが電子を発見。
1900年4月25日	ヴォルフガング・パウリがオーストリアのウィーンに生まれる。
7月	アインシュタインがチューリヒ工科大学を卒業。
9月	黒体放射スペクトルの赤外領域でヴィーンの分布則が破れていることが明白になる。
10月	プランクがベルリンで開催されたドイツ物理学会の会合で、黒体放射の放射法則を発表。
12月14日	プランクがドイツ物理学会の講演で、黒体の放射法則の導出方法を示す。エネルギー量子の導入はほとんど注目されず。せいぜい理論家の巧妙なテクニックで、あとで消せばよいものと見なされた。
1901年12月5日	ヴェルナー・ハイゼンベルクがドイツのヴュルツブルクに生まれる。
1902年6月	アインシュタインがスイスのベルンの特許局で「技術専門職、三級」として働き始める。
8月8日	ポール・ディラックがイギリスのブリストルに生まれる。
1905年6月	アインシュタインが、光量子の存在と、光電効果に関する論文を、『アナーレン・デア・フィジーク』に発表。
7月	アインシュタインがブラウン運動を説明する論文を『アナーレン・デア・フィジー

	ク』に発表。
9月	アインシュタインが特殊相対性理論について概説した論文、「運動物体の電気力学について」を『アナーレン・デア・フィジーク』に発表。
1906年1月	アインシュタインが、「分子の大きさを求める新しい方法」と題する論文で、3度目の挑戦にしてチューリヒ大学博士号を取得。
4月	アインシュタインがベルンの特許局で「技術専門職、二級」に昇格。
9月	ルートヴィヒ・ボルツマンがイタリアのトリエステ近郊で休暇中に自殺。
12月	比熱の量子論に関するアインシュタインの論文が『アナーレン・デア・フィジーク』に発表される。
1907年5月	ラザフォードがマンチェスター大学物理学主任教授となる。
1908年2月	アインシュタインがベルン大学の私講師になる。
1909年5月	アインシュタインがチューリヒ大学の物理学員外教授に任命される。10月着任。
9月	アインシュタインが、オーストリアのザルツブルクで開催されたドイツ自然学芸術協会の年次総会で基調報告を行い、「理論物理学が次の段階に発展するとき、波動理論と放出理論が融合したようなものとしての、光の理論がもたらされるだろう」と述べる。

12月	ボーアがコペンハーゲン大学修士号を取得。
1911年1月 3月 5月 9月 10月29日	アインシュタインがプラハ大学ドイツ部で正教授に任命される。4月着任。 ラザフォードがイギリスのマンチェスターで開かれた学会で、原子核の発見を発表。 ボーアが金属の電子理論の論文でコペンハーゲン大学から博士号取得。 ボーアがJ・J・トムソンのもとでポスドクとして研究すべく、ケンブリッジ大学に到着。 この日から11月4日まで、ブリュッセルで第1回ソルヴェイ会議が開催される。アインシュタイン、プランク、マリー・キュリー、ラザフォードらが参加。
1912年1月 3月 9月	アインシュタインがチューリヒ工科大学を改称したスイス連邦工科大学（ETH）の理論物理学教授に任命される。 ボーアがケンブリッジからマンチェスター大学のラザフォードの研究所に移る。 ボーアがコペンハーゲン大学の私講師、および物理学教授の助手に任命される。
1913年2月 7月	ボーアが、量子的な原子モデルを作る際に決定的な鍵（かぎ）となった、水素原子の線スペクトルに対するバルマーの式のことを初めて聞く。 水素原子の量子論に関するボーアの3部作のうち、第1の論文が『フィロソフィカル・マガジン』に発表される。プランクと

	ヴァルター・ネルンストがアインシュタインをベルリンへ勧誘するためチューリヒに向かう。アインシュタインはふたりの申し出を受ける。
9月	ボーアがイギリスのバーミンガムで開催された英国科学振興協会（BAAS）の年会で、新しい原子の量子論を発表。
1914年4月	フランク＝ヘルツの実験により、ボーアの量子飛躍と電子のエネルギー準位に関する説の正しさが証明される。ふたりは水銀蒸気に電子を当て、放出された放射の振動数を測定。その放射の存在は、異なるエネルギー準位間の遷移が起こっていることに対応する。アインシュタインがプロイセン科学アカデミー教授およびベルリン大学教授としてベルリンに到着。
8月	第1次世界大戦始まる。
10月	ボーアがマンチェスター大学再訪。プランクとレントゲンらが、ドイツはこの戦争にまったく責任がなく、ベルギーの中立性を侵犯してもいないし、残虐行為も犯していないとする「93名のマニフェスト」に署名。
1915年11月	アインシュタインが一般相対性理論を完成させる。
1916年1月	アルノルト・ゾンマーフェルトが水素の線スペクトルにみられる微細構造を説明し、ボーアの円軌道を楕円軌道で置き換え、第

	２の量子数を導入する。
５月	ボーアがコペンハーゲン大学の理論物理学教授に任命される。
７月	アインシュタインが量子論の研究に戻り、原子からの自然放出および誘導放出の現象を発見。ゾンマーフェルトがボーアの原子モデルに、磁気量子数を導入。
1918年９月	パウリがウィーンを離れ、ミュンヘン大学のアルノルト・ゾンマーフェルトのもとで学びはじめる。
11月	第１次世界大戦が終わる。
1919年11月	プランクが1918年のノーベル物理学賞を受賞。ロンドンで王立協会と王立天文学会が共同開催した会議で、アインシュタインの予測した重力場による光の湾曲が同年５月に起こった日食の際、２つのイギリスの観測隊の測定により確かめられたと発表。アインシュタインは一夜にして世界的有名人になる。
1920年３月	アルフレート・ランデが４番目の量子数を提案。
４月	ボーアがベルリンを訪問し、プランクとアインシュタインに初めて会う。
８月	相対性理論に反対する大衆集会がベルリン・フィルハーモニック・ホールで開かれる。怒ったアインシュタインは新聞記事で批判に答える。アインシュタインが初めて

	コペンハーゲンにボーアを訪問する。
10月	ハイゼンベルクがミュンヘン大学に入学して物理学を学び始め、同じ学生だったヴォルフガング・パウリに出会う。
1921年3月	ボーアが創設し、所長を務める理論物理学研究所が、コペンハーゲンに正式に開所する。
4月	ボルンがフランクフルトからゲッティンゲンに移り、理論物理学教授兼理論物理学研究所所長に就任し、ミュンヘンのゾンマーフェルトの研究所と肩を並べるような研究所を作ろうと堅く決意する。
1922年4月	田舎の大学街よりも都会のナイトライフを好むパウリがゲッティンゲンを去り、ハンブルク大学で助手のポストに就く。
6月	ボーアがゲッティンゲンで、原子の理論と周期表に関する喧伝(けんでん)された連続講演を行う。この「ボーア祭り」で、ハイゼンベルクとパウリは初めてボーアに会う。ボーアはこのふたりの若者に強い印象を受ける。
10月	ハイゼンベルクは、ボルンのもとで研究すべく6カ月の予定でゲッティンゲンに向かう。パウリはボーアの助手としてコペンハーゲンに向かい、1923年9月まで滞在。
11月	アインシュタインは1921年の、ボーアは1922年のノーベル賞を受賞。
1923年5月	エックス線光子が原子内電子に散乱される

	ことを発見したアーサー・コンプトンが、包括的論文を発表。「コンプトン効果」として知られることになるこの現象により、1905年にアインシュタインが発表した光量子仮説は、反論の余地なく立証された。
7月	アインシュタインがふたたびコペンハーゲンにボーアを訪問。ハイゼンベルクは博士号の口頭試問で、実験物理学に関する質問に対し惨憺たる答えをしたが、どうにかミュンヘン大学博士号を取得。
9月	ド・ブロイが、波と粒子の二重性を物質に拡張し、波を電子と結びつける。
10月	ハイゼンベルクがゲッティンゲンでボルンの助手になる。パウリはコペンハーゲンで１年間過ごしたのち、ハンブルクに戻る。
1924年２月	ボーア、ヘンドリク・クラマース、ジョン・スレーター（BKS）は、アインシュタインの光量子仮説に反対する立場から、原子の領域では、エネルギーは統計的にしか保存されないという説を提唱。BKSのその説は、1925年の４月から５月にかけて実験により反証される。
3月	ハイゼンベルクが初めてコペンハーゲンにボーアを訪ねる。
9月	ハイゼンベルクがゲッティンゲンを離れ、コペンハーゲンのボーア研究所に向かう。1925年５月まで滞在。
11月	ド・ブロイが波と粒子の二重性を物質に拡

	張した博士論文の口頭試問に合格。ポール・ランジュヴァンからその論文の写しを送ってもらっていたアインシュタインは、あらかじめOKを出していた。
1925年1月	パウリが排他原理の発見を公表。
6月	ハイゼンベルクが重症の花粉症のため北海に浮かぶ小さな島ヘルゴラントに向かう。その島に滞在中、ハイゼンベルク版の量子力学である行列力学へとつながる重要な手掛かりをつかむ。
9月	ハイゼンベルクが、行列力学に関する最初の画期的論文、「運動学的および力学的な諸関係についての量子論的再解釈」を『ツァイトシュリフト・フュール・フィジーク』に発表。
10月	サムエル・ハウトスミットとヘオルヘ・ウーレンベックが量子スピンを提案。
11月	パウリが力技で行列力学を水素原子に応用。論文の発表は1926年3月。
12月	シュレーディンガーは、昔の愛人とアルプスのスキーリゾート、アローザで秘密の逢瀬を楽しみながら、物理学者から熱烈に歓迎されることになる波動方程式を作る。
1926年1月	チューリヒに戻ったシュレーディンガーは、波動方程式を水素原子に応用し、ボーア＝ゾンマーフェルト・モデルによる水素原子のエネルギー準位が再現されることを発見。

2月	行列力学の数学的構造を詳細に説明したハイゼンベルク、ボルン、パスクアル・ヨルダンの3者論文が『ツァイトシュリフト・フュール・フィジーク』に掲載される。投稿は1925年11月。
3月	波動力学に関するシュレーディンガーの最初の論文が、『アナーレン・デア・フィジーク』に掲載される。投稿は1月。彼は、さらに5篇の論文を発表。シュレーディンガーらが、波動力学と行列力学は数学的に等価であることを証明する。この2つの理論は、量子力学という1つの理論の異なる形式である。
4月	ハイゼンベルクは、アインシュタインやプランクらが居並ぶ前で、行列力学に関する2時間の講演を行う。講演後、アインシュタインは若いハイゼンベルクを自分の家に招く。ハイゼンベルクは後年、ふたりは彼の「最近の仕事の、哲学的背景」について論じ合ったと述べた。
5月	ハイゼンベルクは、ボーアの助手と、コペンハーゲン大学講師になる。ボーアは重症のインフルエンザで寝込み、ハイゼンベルクは波動力学を使ってヘリウムの線スペクトルを説明する。 ディラックがケンブリッジ大学から、「量子力学」と題する論文で博士号を取得。
7月	ボルンが波動関数の確率解釈を提唱。シュレーディンガーはミュンヘンで講演を行う。

	その質疑応答の時間に、ハイゼンベルクが波動力学の欠点を指摘する。
9月	ディラックがコペンハーゲンに向かう。彼はコペンハーゲン滞在中に変換理論を作り、シュレーディンガーの波動力学とハイゼンベルクの行列力学は、量子力学に対するより一般的な定式化の、２つの特殊ケースであることを示す。
10月	シュレーディンガーがコペンハーゲンを訪れる。彼とボーア、ハイゼンベルクの３人は、行列力学であれ波動力学であれ、量子力学の物理的解釈に関していかなる合意にも到達しなかった。
1927年１月	クリントン・デイヴィソンとレスター・ガーマーが電子を回折させることに成功。波と粒子の二重性は物質にも当てはまることが決定的に証明される。
2月	数カ月にわたり努力したにもかかわらず、量子力学の首尾一貫した物理的解釈を作ることができず、ボーアとハイゼンベルクは神経を擦り減らした。ボーアは１カ月の休暇をとって、ノルウェーにスキー旅行に出かける。ボーアの留守中、ハイゼンベルクは不確定性原理を発見する。
5月	ボーアとハイゼンベルクのあいだで解釈をめぐる論争ののち、不確定性原理の論文が発表される。
9月	イタリアのコモ湖で開かれたボルタ会議で、

	ボーアは相補性原理と、のちに「コペンハーゲン解釈」として知られることになる量子力学解釈の中核的要素を発表する。この会議にはボルン、ハイゼンベルク、パウリは出席していたが、シュレーディンガーとアインシュタインは欠席していた。
10月	ブリュッセルで開催された第５回ソルヴェイ会議で、量子力学の基礎と自然の本性に関するアインシュタイン＝ボーア論争が始まる。シュレーディンガーはプランクの跡を継ぎ、ベルリン大学理論物理学教授に就任。コンプトンが「コンプトン効果」を発見した功績でノーベル賞を受賞。ハイゼンベルクはわずか25歳にして、ライプツィヒ大学の教授に任命される。
11月	電子の発見者であるＪ・Ｊ・トムソンの息子、ジョージ・トムソンが、デイヴィソン＝ガーマーとは別の方法で、電子の回折に成功したことを発表。
1928年１月	パウリがチューリヒのスイス連邦工科大学理論物理学教授に任命される。
２月	ハイゼンベルクがライプツィヒ大学理論物理学教授の就任講演を行う。
1929年10月	ド・ブロイが電子の波としての性質を発見した功績でノーベル賞を受賞。
1930年10月	ブリュッセルでの第６回ソルヴェイ会議で、アインシュタイン＝ボーア論争の第２ラウンドが行われる。コペンハーゲン解釈の無

	矛盾性に異議を唱える「箱の中の時計」の思考実験に、ボーアが反駁(はんばく)する。
1931年12月	デンマーク王立科学文学アカデミーは、カールスバーグ醸造所の創設者が建設した「名誉の家」の次期居住者にボーアを選出。
1932年	ジョン・フォン・ノイマンの著書『量子力学の数学的基礎』がドイツ語で刊行される。その中には、有名なフォン・ノイマンの「不可能性の証明」——量子力学の予測を再現できるような隠れた変数理論は存在しないという証明——が含まれていた。ディラックが、アイザック・ニュートンも就いていたケンブリッジ大学のルーカス数学教授職に選出される。
1933年1月	ドイツでナチスが権力を握る。幸いにもアインシュタインはカリフォルニア工科大学の客員教授として在米中だった。
3月	アインシュタインがドイツに帰るつもりはないことを公言。彼はベルギーに到着するなり、プロイセン科学アカデミーを辞任し、公的なドイツの機関とのつながりをすべて断つ。
4月	ナチスが、政敵、社会主義者、共産主義者、ユダヤ人を標的とした「職業官吏再建法」を制定。第3条は悪名高い「アーリア条項」で、「アーリア人ではない公務員は退職すべし」とされた。1936年末には1600人以上の学者が追放されたが、その3分の1

	は科学者であり、それ以前、またはその後にノーベル賞を受賞する者が20名含まれていた。
5月	ベルリンで２万冊の書籍が燃やされ、ドイツの至る所で「非ドイツ的」な著作が同様に焚書(ふんしょ)された。シュレーディンガーは、ナチスの規制の網にはかからなかったが、ボルンやその他多くの同僚達とは異なり、ドイツを去ってオックスフォードに移る。ハイゼンベルクはドイツに止まる。ドイツを逃れた科学者、芸術家、作家を助けるために、イギリスではラザフォードを会長とする学術支援評議会が設立される。
9月	身の安全が危うくなったアインシュタインはベルギーを去ってイギリスに移る。パウル・エーレンフェストが自殺する。
10月	アインシュタインは、数カ月ほど滞在する予定でニュージャージー州プリンストンを訪れるが、結局、これ以降二度とヨーロッパに戻ることはなかった。
11月	ハイゼンベルクが1932年のノーベル賞受賞。ディラックとシュレーディンガーが1933年のノーベル賞を分け合う。
1935年５月	アインシュタイン、ポドルスキー、ローゼン（EPR）論文「物理的実在に関する量子力学の記述は完全だと考えることができるか？」が、『フィジカル・レビュー』に発表される。

10月	EPR に対するボーアの解答が『フィジカル・レビュー』に発表される。
1936年３月	シュレーディンガーとボーアがロンドンで会う。ボーアは、シュレーディンガーとアインシュタインが量子力学を攻撃するのには、「啞然（あぜん）とするばかり」だし、そんな企ては「大逆罪」に値すると述べた。
10月	ボルンが、ケンブリッジ大学で3年、インドのバンガロールで数カ月ほど過ごした後、エディンバラ大学の自然哲学教授に着任。1953年に引退するまでそのポストに留まる。
1937年２月	ボーアが世界旅行の途中でプリンストンに１週間滞在する。アインシュタインとボーアは、EPR 論文が発表されて以来初めて量子力学の解釈について直接論じ合う。しかし、ふたりの言葉はお互いを通り抜け、多くのことが語られないままに残された。
７月	ハイゼンベルクは、アインシュタインの相対性理論のような「ユダヤ物理学」を大学で教えているとして、SS の雑誌で「白いユダヤ人」のレッテルを貼（は）られる。
10月	ラザフォードが絞扼性（こうやくせい）ヘルニアのため、ケンブリッジにて66歳で死去。
1939年１月	ボーアが１学期間、客員教授を務めるためにプリンストン高等研究所に来る。アインシュタインはボーアとの議論を避け、それからの４カ月間にふたりが会ったのは、レセプションのとき一度きりだった。

8月	アインシュタインは、原子爆弾が製造可能であることを指摘し、ドイツがまさにそのような兵器を作っている恐れがあるとするローズベルト大統領宛ての手紙に署名。
9月	第2次世界大戦が始まる。
10月	シュレーディンガーは、オーストリアのグラーツとベルギーのヘントで短期間過ごした後、ダブリンに到着。彼は1956年にウィーンに戻るまで、ダブリンの高等研究所の上級教授としてアイルランドに留まる。
1940年3月	アインシュタインが原子爆弾に関する2通目の手紙をローズベルトへ送る。
8月	パウリが戦火のヨーロッパを離れ、プリンストン高等研究所に加わり、アインシュタインの同僚となり、1946年にチューリヒのスイス連邦工科大学に戻るまでそこに留まる。
1941年10月	ハイゼンベルクがコペンハーゲンにボーアを訪問。1940年4月以来、デンマークはドイツ軍に占領されていた。
1943年9月	ボーア一家がスウェーデンに逃れる。
12月	ボーアはプリンストンに立ち寄り、アインシュタインやパウリとともに食事をした後、原子爆弾の仕事をするためにニューメキシコ州ロスアラモスに向かう。ボーアとアインシュタインは、1939年1月にボーアがプリンストンを訪れて以来の再会。

1945年５月	ドイツが降伏。ハイゼンベルクは連合軍に捕らえられる。
８月	広島と長崎に原子爆弾が投下される。ボーアはコペンハーゲンに戻る。
11月	パウリが排他原理を発見した功績でノーベル賞を受賞。
1946年７月	ハイゼンベルクがゲッティンゲンのカイザー・ヴィルヘルム物理学研究所（後にマックス・プランク研究所と改称）の所長に任命される。
1947年10月	プランクが89歳にしてゲッティンゲンで死去。
1948年２月	ボーアが客員教授としてプリンストン高等研究所に到着、６月まで滞在。量子力学の解釈に関する両者の食い違いは相変わらずだったが、アインシュタインとの関係は、過去数次の訪問よりも良好だった。ボーアはプリンストン滞在中、1927年と1930年のソルヴェイ会議でのアインシュタインとの論争についての文章を執筆し、翌年３月に70歳の誕生日を迎えるアインシュタインの誕生記念論文集に寄せる。
1950年２月	ボーアが高等研究所に５月まで滞在。
1951年２月	デーヴィッド・ボームが『量子論』を発表。EPR 思考実験の、新しいよりシンプルなバージョンを含む。
1952年１月	ボームが２篇の論文を発表。その中で彼は、

	フォン・ノイマンが不可能だと言っていたことを成し遂げ、量子力学の隠れた変数解釈を提唱。
1954年9月	ボーアが12月まで高等研究所に滞在。
10月	1932年にハイゼンベルクがノーベル賞を受賞した際、自分の貢献を無視されたことで落胆したボルンが、「量子力学における基本的な仕事、とくに波動関数の統計的解釈に対して」、ついにノーベル賞を受賞する。
1955年4月	アインシュタインがプリンストンにて76歳で死去。簡単な葬儀の後、彼の遺灰は非公開の場所に撒かれた。
1957年7月	ヒュー・エヴェレット3世が、のちに多世界解釈として知られることになる、「量子力学の相対状態定式化」を提唱。
1958年12月	パウリがチューリヒで58歳で死去。
1961年1月	シュレーディンガーがウィーンで73歳で死去。
1962年11月	ボーアがコペンハーゲンで77歳にて死去。
1964年11月	ジョン・ベルが、量子力学の予測と一致するような予測をする隠れた変数理論はすべて、非局所的であることを発見。その論文を非常にマイナーな雑誌に発表。ベルの不等式は、エンタングルした粒子ペアの量子スピンが、どの程度相関しているかについて、あらゆる局所的な隠れた変数理論が満

	たすべき条件を表している。
1966年７月	ベルが、フォン・ノイマンの証明（1932年の著書『量子力学の数学的基礎』の中で発表された、隠れた変数理論の可能性を排除する証明）には欠陥があることを明らかにする。ベルは1964年の末にこの論文を『レビュー・オブ・モダン・フィジックス』に投稿したが、不幸にも発表が遅れてしまう。
1970年１月	ボルンがゲッティンゲンにて87歳で死去。
1972年４月	カリフォルニア大学バークレー校のジョン・クラウザーとスチュアート・フリードマンが、ベルの不等式を検証する実験を初めて行い、不等式が破れていることを報告。この結果は、局所的な隠れた変数理論はすべて、量子力学の予測を再現することができないことを意味する。しかし、彼らの結果の正確さについてはいくつか疑問が残された。
1976年２月	ハイゼンベルクがミュンヘンで74歳にして死去。
1982年	何年間も予備的研究を重ねたのち、アラン・アスペとパリ第11大学光学理論応用研究所の共同研究者たちが、ベルの不等式を、当時としては考えられるかぎりもっとも厳密な方法で検証する。彼らの結果は、不等式が破れていることを示していた。いくつか検討を要する点も残されていたものの、

	ベルを含め多くの物理学者は、その結果を受け入れた。
1984年10月	ディラックがフロリダ州タラハシーにて82歳で死去。
1987年３月	ド・ブロイがフランスにて94歳で死去。
1997年12月	アントン・ツァイリンガー率いるインスブルック大学のチームが、１個の粒子の量子状態を、別の場所に移すことに成功。それは事実上、粒子のテレポーテーションである。そのプロセスの鍵になるのが、量子のエンタングルメントだ。フランチェスコ・デマルティーニ率いるローマ大学のチームも量子テレポーテーションを成功させる。
2003年10月	アンソニー・レゲットが、実在は非局所的であるという仮定にもとづき、ベルの不等式と同様のタイプの不等式を導出。
2007年４月	マルクス・アスペルマイアーとアントン・ツァイリンガー率いるオーストリア＝ポーランドのチームが、エンタングルした光子のペアについて、それまで行われていなかった相関を測定し、レゲットの不等式が破れていることを示す。この実験では、非局所的な隠れた変数理論の、ある部分集合だけが除外されたことになる。
20??年	量子重力理論？　すべてを説明する理論？　量子論を超える理論？